O CAMINHO
DESDE *A ESTRUTURA*

30
anos
editora
unesp

THOMAS S. KUHN

O CAMINHO
DESDE *A ESTRUTURA*

ENSAIOS FILOSÓFICOS,
1970-1993, COM UMA ENTREVISTA
AUTOBIOGRÁFICA

Editado por James Conant e John Haugeland

Tradução
Cezar A. Mortari

Revisão técnica
Jézio Hernani B. Gutierre

editora
unesp

Direitos de publicação reservados à:
Fundação Editora da Unesp (FEU)
Praça da Sé, 108
01001-900 – São Paulo – SP
Tel.: (0xx11) 3242-7171
Fax: (0xx11) 3242-7172
www.editoraunesp.com.br
www.livrariaunesp.com.br
feu@editora.unesp.br

Dados Internacionais de Catalogação na Publicação (CIP)
Odilio Hilario Moreira Junior CRB-8/9949

K96c
Kuhn, Thomas S., 1922-1996
    O caminho desde *A estrutura*: ensaios filosóficos, 1970-1993, com uma
entrevista autobiográfica / Thomas S. Kuhn; traduzido por Cezar A. Mortari. –
2.ed. – São Paulo: Editora Unesp, 2017.
    Tradução de: The Road Since Structure
    ISBN: 978-85-393-0693-0
    1. Kuhn, Thomas S., 1922-1996 – Entrevistas. 2. Kuhn, Thomas S., 1922-
1996 – Bibliografia 3. Ciência-Filosofia. 4. Ciência-História. I. Mortari, Cezar
A. II. Título.
2017-230   CDD: 320.1
                                                                      CDU: 321.01

Editora afiliada:

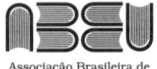

Asociación de Editoriales Universitarias
de América Latina y el Caribe

Associação Brasileira de
Editoras Universitárias

Sumário

Prefácio   7
Jehane R. Kuhn

Introdução dos editores   9

Parte 1
Reconcebendo as revoluções científicas

1 O que são revoluções científicas?   23
2 Comensurabilidade, comparabilidade, comunicabilidade   47
3 Mundos possíveis na história da ciência   77
4 O caminho desde *A estrutura*   115
5 O problema com a filosofia histórica da ciência   133

Parte 2
Comentários e réplicas

6 Reflexões sobre meus críticos   155
7 Mudança de teoria como mudança de estrutura: comentários sobre o formalismo de Sneed   217
8 A metáfora na ciência   241
9 Racionalidade e escolha de teorias   255
10 As ciências naturais e as ciências humanas   265
11 Pós-escritos   275

Parte 3

Um debate com Thomas S. Kuhn

Um debate com Thomas S. Kuhn   311
Publicações de Thomas S. Kuhn   389

Referências bibliográficas   403
Índice onomástico   411

PREFÁCIO

Jehane R. Kuhn

O prefácio de Tom a uma seleção anterior de seus artigos publicados, *The Essential Tension* [*A tensão essencial*], publicada em 1977, foi formulado como a narrativa de uma jornada de investigação – uma jornada em direção a *The Structure of Scientific Revolutions* [*A estrutura das revoluções científicas*], publicado quinze anos antes, e prosseguindo a partir dela. Alguma contextuação autobiográfica fazia-se necessária, explicou ele, uma vez que seus artigos publicados não contavam a história de uma jornada que achou seu caminho da física à historiografia e à filosofia. O prefácio àquele volume terminava concentrando-se nas questões filosóficas e meta-históricas que "atualmente [...] mais me interessam, e espero ter, em breve, mais o que dizer a respeito delas". Na introdução a este novo volume, os editores situam cada artigo em relação a essas questões recorrentes, mais uma vez apontando para a frente: dessa vez, para o trabalho ainda em andamento que estão preparando para publicação, o qual não vai representar o termo da jornada de Tom, mas o estágio em que ele a deixou.

O título deste livro, mais uma vez, invoca a metáfora de uma jornada, e sua seção final, que registra uma extensa entrevista na Universidade de Atenas, corresponde a uma outra narrativa, mais longa e mais pessoal. Fico feliz por os entrevistadores e o corpo editorial da revista *Neusis*, que a publicou pela primeira vez, terem consentido em sua republicação neste volume. Estive presente à entrevista e pude admirar o conhecimento, a percepção e a simpática franqueza dos três colegas, que também foram nossos anfitriões em Atenas. Tom sentiu-se excepcionalmente à vontade com esses três amigos e falou despreocupadamente, pressupondo que revisaria a transcrição;

o tempo, porém, esgotou-se, e essa tarefa ficou para mim, com o apoio de consultas aos demais participantes. Sei que Tom teria feito intervenções substanciais na transcrição – não tanto por discrição, que não era a maior das suas virtudes, mas por cortesia. Em sua fala, do modo como ela aparece aqui, há algumas expressões de sentimentos e de opiniões que, estou razoavelmente certa, ele teria moderado ou talvez omitido. Não achei que coubesse a mim – ou a qualquer outro – moderá-las ou omiti-las em seu nome. Muitas das inconsistências gramaticais e sentenças incompletas do falar informal foram, por essa razão, deixadas sem retoques, como um lembrete do estatuto não autorizado da entrevista. Fico agradecida a colegas e amigos, em particular a Karl Hufbauer, que detectaram erros localizados de cronologia ou auxiliaram a decifrar nomes.

As circunstâncias em que Jim Conant e John Haugeland aceitaram a tarefa de editar este volume são relatadas na introdução que fazem a ele. Devo, apenas, acrescentar que a integral confiança de Tom é a melhor referência que poderiam ter. Fico muito agradecida a eles e, do mesmo modo, a Susan Abrams por sua amizade aliada a seu discernimento profissional, tanto durante este projeto como no passado. Sarah, Liza e Nathaniel Kuhn são participantes que muito me apoiam em meu papel de executora do testamento literário de seu pai.

Introdução dos editores

James Conant e John Haugeland

Mudanças acontecem.[1]

Em *The Structure of Scientific Revolutions*, como quase todos sabem, Thomas Kuhn argumentou que a história da ciência não é gradual e cumulativa, mas, ao contrário, entremeada por uma série de "mudanças de paradigma" [*paradigm shifts*], mais ou menos radicais. O que não é tão conhecido é que o entendimento do próprio Kuhn sobre como melhor caracterizar esses episódios também passou por várias mudanças significativas. Os ensaios reunidos neste volume representam várias das suas tentativas posteriores de repensar e estender suas próprias hipóteses "revolucionárias".

Discutimos algo demoradamente com Kuhn o conteúdo deste volume pouco antes de sua morte. Embora declinasse especificá-lo em detalhes, Kuhn tinha uma ideia bastante definida do que desejava que este livro fosse. Ao deixar isso claro para nós, fez várias estipulações explícitas, revisou conosco os prós e os contras em vários casos, e deu-nos, então, quatro diretrizes gerais que deveríamos seguir. Para os leitores interessados em saber como as escolhas finais foram feitas, iniciaremos com um breve resumo dessas diretrizes.

---

1 Em inglês, *shifts happen*. Jogo de palavras intraduzível, que alude tanto à noção kuhniana de mudanças de paradigma (*paradigm shifts*) quanto à conhecida expressão inglesa *shit happens*, a qual poderia ser eufemisticamente traduzida por "coisas ruins e desagradáveis acontecem". O leitor interessado poderá facilmente descobrir a tradução literal consultando qualquer bom dicionário. (N. T.)

Os três primeiros parâmetros que nos foram dados derivam da visão que Kuhn´ tinha deste volume como uma sequência moldada à semelhança de sua coletânea anterior, *A tensão essencial*, que apareceu em 1977. Naquela coletânea, Kuhn restringiu-se a ensaios substanciais que, a seu ver, desenvolviam temas filosoficamente significativos (embora, em geral, no contexto de considerações históricas ou historiográficas), em oposição àqueles que exploravam, sobretudo, estudos de caso históricos específicos. Coerentemente, nossas três primeiras diretrizes foram: incluir apenas ensaios cujas preocupações sejam expressamente filosóficas; incluir apenas os ensaios filosóficos escritos nas últimas duas décadas[2] da vida de Kuhn; incluir apenas ensaios substanciais, e não de breves resenhas ou comunicações.

A quarta diretriz diz respeito ao material que Kuhn considerava essencialmente preparatório para o livro, no qual vinha trabalhando por alguns anos – de fato, suas primeiras versões. Uma vez que também é parte de nossa tarefa editar e publicar essa obra, fazendo uso, quando apropriado, desse material, fomos instruídos a não incluí-los aqui. Caem sob essa restrição três importantes séries de conferências: "The Natures of Conceptual Change" [As naturezas da mudança conceitual] (Perspectivas da Filosofia da Ciência, Universidade de Notre Dame, 1980), "Scientific Development and Lexical Change" [Desenvolvimento científico e mudança lexical] (as conferências Thalheimer, Universidade Johns Hopkins, 1984) e "The Presence of Past Science" [A presença da ciência passada] (as conferências Shearman, University College, Londres, 1987). Embora versões datilografadas dessas conferências tenham circulado aqui e ali de forma clandestina, bem como tenham sido ocasionalmente citadas e discutidas em publicações de outros autores,[3] Kuhn não queria que nenhuma delas fosse publicada em sua presente forma.

***

---

2 Kuhn deixou claro que os ensaios com preocupações expressamente filosóficas que decidiu omitir de *A tensão essencial* foram suprimidos porque não se sentia mais satisfeito com eles, e que também não os queria coligidos neste volume. Em particular, foi inflexível a respeito da não inclusão aqui de seu ensaio de 1963, "The Function of Dogma in Scientific Research" [A função do dogma na pesquisa científica], ainda que tenha sido amplamente lido e citado.

3 Talvez a mais notável dessas publicações seja o ensaio de Hacking, "Working in a New World: The Taxonomic Solution" (In: Horwich (Ed.), *World Changes*), no qual ele expõe e tenta refinar o argumento central das conferências Shearman.

De modo geral, pode-se afirmar que os ensaios aqui reimpressos tratam de quatro tópicos principais. Em primeiro lugar, Kuhn reitera e defende sua concepção, que remonta a *A estrutura das revoluções científicas* (doravante citada como a *Estrutura*), de que a ciência é uma investigação cognitiva empírica da natureza que exibe uma espécie singular de progresso, ainda que esse progresso não possa ser mais bem descrito como "aproximação cada vez maior à realidade". Ao contrário, o progresso toma a forma de uma capacidade técnica de resolver quebra-cabeças, cada vez mais aperfeiçoada, operando de acordo com padrões estritos – embora sempre ligados à tradição – de sucesso ou fracasso. Esse padrão de progresso, em sua realização mais plenamente exclusiva da ciência, é um pré-requisito para as investigações extraordinariamente esotéricas (e, com frequência, dispendiosas) características da pesquisa científica, assim como, por conseguinte, para o conhecimento surpreendentemente preciso e detalhado que ela torna possível.

Em segundo lugar, Kuhn desenvolve mais o tema, que também remonta à *Estrutura*, de que a ciência é, fundamentalmente, um empreendimento social. Isso é evidenciado de modo especial nas épocas em que há problemas, com o potencial para uma mudança mais ou menos radical. É apenas porque os indivíduos que trabalham em uma tradição comum de pesquisa são capazes de chegar a juízos diferentes a respeito do grau de seriedade das várias dificuldades que enfrentam coletivamente, que alguns deles serão individualmente induzidos a explorar possibilidades alternativas (com frequência – como Kuhn gosta de enfatizar – absurdas em sua aparência), ao passo que outros tentarão, com tenacidade, resolver os problemas segundo o referencial corrente.

O fato de os últimos estarem em maioria quando tais dificuldades surgem pela primeira vez é essencial à fertilidade das práticas científicas, pois, *usualmente*, os problemas podem ser resolvidos e, no fim, o são. Na ausência da persistência requerida para encontrar aquelas soluções, os cientistas não são capazes de concentrar-se, como o fazem naqueles casos raros, mas cruciais, em que os esforços para introduzir uma revisão conceitual radical são inteiramente recompensados. Não obstante, é claro, se ninguém jamais desenvolvesse alternativas possíveis, as grandes reconceitualizações nunca poderiam emergir, nem mesmo naqueles casos em que elas se tornam genuinamente necessárias. Assim, uma tradição científica *social* é capaz de "distribuir os riscos conceituais" de uma maneira que seria impossível para qualquer indivíduo isoladamente; contudo, esse é um pré-requisito para a viabilidade a longo prazo da ciência.

Em terceiro lugar, Kuhn esclarece e enfatiza a analogia, apenas sugerida nas páginas finais da *Estrutura*, entre progresso científico e desenvolvimento evolutivo biológico. Ao trabalhar esse tema, ele diminui a importância de sua imagem original, que apresentava períodos de ciência normal, no interior de uma área individual de pesquisa, entremeados de revoluções cataclísmicas ocasionais, introduzindo em seu lugar uma nova imagem, que apresenta períodos de desenvolvimento no interior de uma tradição coerente dividida, ocasionalmente, por períodos de "especiação" em duas tradições distintas, com áreas de pesquisa um tanto diferentes. Sem dúvida, resta a possibilidade de que uma das tradições resultantes se estagne e desapareça, caso em que temos, de fato, a estrutura anterior de revolução e substituição. Na história da ciência, contudo, com pelo menos a mesma frequência, ambas as sucessoras, nenhum delas completamente igual à sua antecessora comum, florescem como novas "especialidades" científicas. Na ciência, especiação é especialização.

Finalmente, e muitíssimo importante, Kuhn passou suas últimas décadas defendendo, esclarecendo e desenvolvendo substancialmente a ideia de incomensurabilidade. Esse tema também já era conspícuo na *Estrutura*, embora não fosse muito bem articulado. É o aspecto do livro que foi mais amplamente criticado na literatura filosófica, e Kuhn acabou por ficar insatisfeito com sua apresentação original. Comensurabilidade e incomensurabilidade, tais como apresentadas na obra posterior de Kuhn, são termos que denotam uma relação que vigora entre estruturas *linguísticas*. Há, basicamente, dois novos pontos subjacentes a essa reformulação linguística da noção de incomensurabilidade.

Primeiro, Kuhn explica, com cuidado, a diferença entre linguagens (ou fragmentos de linguagens) distintas, mas comensuráveis, e linguagens incomensuráveis. Uma tradução é perfeitamente possível entre pares das primeiras: o que puder ser dito em uma poderá ser dito na outra (embora possa ser um trabalho considerável descobrir como). Entre linguagens *incomensuráveis*, contudo, não é possível uma tradução estrita (ainda que, caso a caso, várias paráfrases *possam* ser suficientes para a comunicação adequada).

A ideia de incomensurabilidade, tal como elaborada na *Estrutura*, foi amplamente criticada com o argumento de que tornava ininteligível como cientistas, trabalhando em diferentes paradigmas, seriam capazes de se comunicar uns com os outros (sem falar em ajuizar e resolver seus desacordos) através de uma linha divisória revolucionária. Uma crítica relacionada com esse argumento dizia respeito às explicações putativas de paradigmas científicos passados fornecidas nas páginas da própria *Estrutura*: não estaria a obra minando sua própria doutrina da incomensurabilidade ao apresentar explicações esclarecedoras (em inglês contemporâneo) de como eram usados termos científicos estranhos?

Kuhn responde aqui a essas objeções assinalando a diferença entre a tradução de línguas e o aprendizado de línguas. Só porque uma língua estrangeira não é traduzível em qualquer língua que já se fale não significa que não se possa aprendê-la. Ou seja, não há nenhum motivo para que uma única pessoa não possa falar e entender duas línguas que não possa traduzir entre si. Kuhn chama o processo de compreender uma tal língua estranha (digamos, a partir de textos históricos) de *interpretação*, bem como – para enfatizar seu caráter distinto da assim chamada "interpretação radical" (à *la* Davidson) – de *hermenêutica*. Suas próprias explicações da terminologia, digamos, da "física" aristotélica ou da "química" do flogístico são exercícios de interpretação hermenêutica e, ao mesmo tempo, auxílios ao leitor no aprendizado de uma linguagem incomensurável com a dele própria.

O segundo ponto principal de Kuhn a respeito da incomensurabilidade é uma explicação nova e bastante detalhada de como e por que ela ocorre em dois tipos de contexto científico. A terminologia científica técnica, explica ele, sempre ocorre em famílias de termos essencialmente inter-relacionados, e ele discute duas variedades de tais famílias. Na primeira variedade, encontram-se termos para espécies [*kind terms*][4] – de modo geral, sortais [*sortals*] –, que Kuhn denomina "categorias taxonômicas". Estes são sempre ordenados numa hierarquia estrita, o que significa dizer que estão sujeitos ao que ele chama de "o princípio da não superposição": para quaisquer

---

4 *Kind*. O costume no Brasil tem sido traduzir *kind* por "espécie natural", para diferenciar o conceito do de *species*, "espécie biológica". Contudo (por exemplo, no capítulo 4), Kuhn também fala de *artifactual kinds* e *social kinds*, ou seja, tomando *kind* por um conceito mais geral, que pode ser subdividido em espécies naturais e espécies não naturais. A opção, assim, foi por traduzir *kind* simplesmente como "espécie", indicando-se, no entanto, os poucos casos em que no texto em inglês é usado o termo *species*. (N. T.)

duas de tais categorias ou espécies, não pode haver nenhuma instância em comum a menos que uma delas subsuma inteira e necessariamente a outra.

Qualquer taxonomia adequada aos propósitos de descrição e explicação científicas é construída com base em um princípio implícito de não superposição. Os significados dos termos relevantes para espécies que especificam tais categorias taxonômicas, argumenta Kuhn, são parcialmente constituídos por essa pressuposição implícita: os significados dos termos dependem de suas respectivas relações de subsunção e exclusão mútua (além, é claro, das habilidades em reconhecer membros que possam ser aprendidas). Uma tal estrutura – que Kuhn denomina um "léxico" – tem em si um conteúdo empírico considerável, pois sempre existem múltiplas maneiras de reconhecer (múltiplos "critérios" para) a pertinência a qualquer categoria dada. Estruturas taxonômicas distintas (aquelas com diferentes relações de subsunção e exclusão) são inevitavelmente incomensuráveis, porque essas próprias diferenças resultam em termos com significados fundamentalmente díspares.

A outra variedade de família terminológica (também denominada um "léxico") envolve aqueles termos cujos significados são determinados em parte – mas crucialmente – pelas leis científicas que os relacionam. Os exemplos mais claros são as variáveis quantitativas que ocorrem em leis expressas por equações – por exemplo, *peso*, *força* e *massa* na dinâmica newtoniana. Embora esse tipo de caso não esteja tão bem desenvolvido nos textos kuhnianos existentes, Kuhn acreditava que também aqui os significados dos termos fundamentais relevantes são parcialmente constituídos por suas ocorrências em asserções – nesse caso, leis científicas – que excluem categoricamente certas possibilidades; portanto, quaisquer mudanças na compreensão ou formulação das leis relevantes devem resultar, de acordo com Kuhn, em diferenças fundamentais no entendimento (portanto, nos significados) dos termos correspondentes e, assim, em incomensurabilidade.

***

Este volume está dividido em três partes: dois grupos de ensaios, cada qual cronologicamente ordenado, e uma entrevista. A primeira parte inclui cinco ensaios independentes apresentando vários dos pontos de vista de Kuhn e acompanhando sua evolução, do início dos anos 1980 até o início dos anos 1990. Dois desses ensaios incluem breves réplicas a comentários feitos à época de sua primeira apresentação. Embora, é claro, tais réplicas possam ser inteiramente apreciadas apenas no contexto dos próprios comentários, Kuhn tem o cuidado, em cada caso, de resumir os pontos específicos aos quais está respondendo, e as observações resultantes acrescentam uma clarificação proveitosa ao artigo principal. A segunda parte inclui seis ensaios, de extensão muito variável, e cada um dos quais consiste essencialmente na resposta de Kuhn às contribuições de um ou mais filósofos – com frequência, embora não sempre, desenvolvimentos da obra anterior do próprio Kuhn, ou críticas a ela. Finalmente, na terceira parte, incluímos uma alentada e franca entrevista com Kuhn, realizada em Atenas, em 1995, conduzida por Aristides Baltas, Kostas Gavroglu e Vassiliki Kindi.

Parte 1: Reconcebendo as revoluções científicas

O ensaio 1, "O que são revoluções científicas?" (cerca de 1981), consiste principalmente em uma análise filosófica de três guinadas ocorridas na história da ciência (referentes às teorias do movimento, à célula voltaica e à radiação do corpo negro) como ilustrações do então nascente tratamento dado por Kuhn às estruturas taxonômicas.

O ensaio 2, "Comensurabilidade, comparabilidade, comunicabilidade" (1982), é uma elaboração e defesa da importância da incomensurabilidade com respeito às duas principais acusações de que (1) ela é impossível, porque inteligibilidade, seja lá em que grau, acarreta tradutibilidade, logo, comensurabilidade; e (2) se ela fosse possível, implicaria que grandes mudanças científicas não podem ser sensíveis à evidência e devem, portanto, ser fundamentalmente irracionais. Versões dessas acusações feitas por Donald Davidson, Philip Kitcher e Hilary Putnam recebem particular atenção.

O ensaio 3, "Mundos possíveis na história da ciência" (1989), desenvolve a ideia – entusiasticamente proposta, mas não bem explicada na *Estrutura* – de que linguagens científicas incomensuráveis (agora denominadas léxicos) dão acesso a diferentes conjuntos de mundos possíveis. Em sua discussão, Kuhn se distancia de forma explícita da semântica de mundos possíveis e da teoria causal da referência (assim como das formas associadas de "realismo").

O ensaio 4, "O caminho desde *A estrutura*" (1990), é anunciado como um breve esboço do livro no qual Kuhn (em 1990) vinha trabalhando por pouco mais de uma década (o livro que nunca terminou). Embora, no nível mais elevado, o tópico do livro seja realismo e verdade, o que mais se discutirá é a incomensurabilidade – com particular ênfase no porquê não seria ela uma ameaça à racionalidade científica e à sua base na evidência. Assim, o livro é, em parte, concebido como um repúdio ao que Kuhn considerava certos excessos do chamado "programa forte" na filosofia (ou sociologia) da ciência. Na conclusão do ensaio (e, em maior detalhe, nas conferências Shearman), ele descreve sua posição como um "kantismo pós-darwiniano", pois ela pressupõe algo como uma *"Ding an sich"* inefável, ainda que permanente e fixa. Kuhn havia, antes, rejeitado a noção de *Ding an sich* (ver ensaio 8), e, posteriormente (em conversas conosco), repudiou de novo tanto essa noção quanto as razões que havia apresentado para sustentá-la.

O ensaio 5, "O problema com a filosofia histórica da ciência" (1992), aborda tanto a filosofia tradicional da ciência quanto o "programa forte" ora em voga na sociologia da ciência, bem como o que há de errado com cada um deles. Kuhn sugere que "o problema" com este último talvez seja o de que *retém* uma concepção tradicional de conhecimento, e acrescenta que a ciência não procede em conformidade com tal concepção. A reconceitualização requerida – e que recoloca em cena a racionalidade e a evidência – consiste em dar destaque não à avaliação racional de crenças, mas sim à avaliação racional de *mudanças* de crenças.

Parte 2: Comentários e réplicas

O ensaio 6, "Reflexões sobre meus críticos" (1970), é o mais antigo desta coletânea, e o único que antecede a compilação de *The Essential Tension*. Discutimos sua inclusão explicitamente com Kuhn, que, tanto quanto nós, estava indeciso a esse respeito. Por um lado, o ensaio infringe a terceira diretriz já aqui mencionada e, além do mais, consiste essencialmente em correções de várias leituras errôneas da *Estrutura* – correções que, num mundo perfeito, não deveriam ser necessárias. Por outro lado, muitos desses equívocos persistem, e, assim, sua correção *ainda* é necessária – algo que esse ensaio realiza com singular clareza, perfeição e vigor. Por fim, Kuhn delegou a nós a decisão. Decidimos reimprimir o ensaio por causa de seus méritos especiais, ainda relevantes, e também pelo fato de o volume no qual ele originalmente apareceu – *Criticism and the Growth of Knowledge* – estar esgotado há algum tempo.

O ensaio 7, "Mudança de teoria como mudança de estrutura: comentários sobre o formalismo de Sneed" (1976), é uma discussão tentativa, mas de maneira geral bastante favorável ao formalismo modelo-teorético de Joseph Sneed para a semântica das teorias científicas, juntamente com as aplicações e elaborações desse modelo feitas por Wolfgang Stegmüller. Embora o ensaio seja especialmente interessante para os leitores já familiarizados com a abordagem de Sneed-Stegmüller, as considerações de Kuhn não são técnicas, mas revelam um interesse mais geral. Ele é particularmente favorável ao modo como, de acordo com essa abordagem, os termos principais de uma teoria adquirem, por meio de múltiplas *aplicações* exemplares, uma parte significativa de seu conteúdo determinado. É importante que existam *várias* dessas aplicações, porque elas se limitam mutuamente (por intermédio da teoria), evitando com isso uma espécie de circularidade. É importante que as aplicações sejam *exemplares*, porque isso enfatiza o papel das habilidades que podem ser aprendidas, as quais podem ser depois estendidas a casos novos. A única reserva expressa de Kuhn a respeito dessa abordagem – embora uma reserva séria – é a de que ela não deixa nenhum lugar evidente para o fenômeno essencial da incomensurabilidade teórica.

O ensaio 8, "A metáfora na ciência" (1979), responde a uma exposição de Richard Boyd sobre as analogias que ele vê entre a terminologia científica e as metáforas da linguagem ordinária. Embora concordem em vários pontos importantes, Kuhn mostra se relutante com respeito à *maneira* específica como Boyd estende tal analogia de modo que inclua a teoria causal da referência, especialmente em relação a termos para espécies naturais [*natural-kind terms*]. Em sua conclusão, Kuhn descreve-se como um "realista convicto", da mesma forma que Boyd, mas pensa que isso não significa a mesma coisa em seu caso e no de Boyd. Em particular, opõe-se à metáfora de Boyd aplicada às teorias científicas, capazes (ou chegando bem perto) de "trinchar a natureza em suas articulações".[5] Ele compara essa

---

5 Em inglês: *carving nature at the joints*. Cf. Platão, *Fedro*, 265d-266a. (N. T.)

ideia das "articulações" da natureza à *Ding an sich* de Kant, um aspecto do kantismo que rejeita.

O ensaio 9, "Racionalidade e escolha de teorias" (1983), é a contribuição de Kuhn a um simpósio sobre a filosofia de Carl G. Hempel. Nele, responde a um pergunta que Hempel lhe havia feito em várias ocasiões: reconheceria Kuhn a diferença entre *explicar* o comportamento de escolha de teorias e *justificar* tal comportamento? Admitindo-se que as escolhas de teorias sejam, *de fato*, baseadas em sua capacidade de resolver quebra-cabeças (incluindo-se exatidão, alcance etc.), não se segue daí nenhum impacto filosófico equivalente a uma *justificação*, a menos e até que esses próprios critérios sejam justificados como sendo, de algum modo, não arbitrários. Kuhn replica que eles são não arbitrários ("necessários") de maneira relevante, porque fazem, em conjunto, parte de uma taxonomia de disciplinas com conteúdo empírico; a confiança *justamente em tais* critérios (plural) é o que distingue a investigação *científica* de outros empreendimentos profissionais (belas-artes, direito, engenharia etc.) – por isso é, de fato, definidora de "ciência" como um genuíno termo para espécies.

O ensaio 10, "As ciências naturais e as ciências humanas" (1989), discute sobretudo o respeitado ensaio de Charles Taylor "Interpretation and the Sciences of Man" [A interpretação e as ciências humanas], que Kuhn muito admira. Embora inclinado a concordar com Taylor quanto a serem diferentes as ciências naturais e as humanas, Kuhn provavelmente não concorda a respeito de qual seja tal diferença. Depois de argumentar que também as ciências naturais têm uma "base hermenêutica", reconhece que, diferentemente das ciências humanas atuais, elas não são, em si mesmas, hermenêuticas. Mas Kuhn questiona se isso reflete uma diferença essencial ou se, em lugar disso, simplesmente indica que a maioria das ciências humanas não alcançou ainda o estágio de desenvolvimento que ele costumava associar à aquisição de um paradigma.

O ensaio 11, "Pós-escritos" (1993), como o ensaio 6, foi publicado originalmente como capítulo final de uma coletânea de ensaios dedicada em grande parte a discutir a obra de Kuhn.[6] À diferença de seu algo feérico predecessor, contudo, esse ensaio é, fundamentalmente, um debate apreciativo e construtivo com ensaios que são, eles próprios, construtivos em

---

6 Horwich, *World Changes*.

essência. Os temas centrais são estruturas taxonômicas, incomensurabilidade, o caráter social da pesquisa científica, e verdade *cum* racionalidade *cum* realismo. A discussão desses temas é apresentada aqui na forma de um breve esboço de algumas das ideias centrais do livro há muito prometido, mas nunca terminado, de Kuhn – livro no qual ele continuou trabalhando até não poder mais fazê-lo.

Parte 3: Um debate com Thomas S. Kuhn

"Um debate com Thomas S. Kuhn" (1997) é uma franca autobiografia intelectual sob a forma de uma entrevista, conduzida por Aristides Baltas, Kostas Gavroglu e Vassiliki Kindi em Atenas no outono de 1995. Ela está reimpressa aqui, ligeiramente editada, em sua integralidade.

O volume encerra com uma bibliografia completa da obra publicada de Kuhn.

PARTE 1

RECONCEBENDO AS REVOLUÇÕES CIENTÍFICAS

1
O QUE SÃO REVOLUÇÕES CIENTÍFICAS?

"What Are Scientific Revolutions?" foi publicado pela primeira vez em The Probabilistic Revolution, volume I: Ideas in History, editado por Lorenz Krüger, Lorraine J. Daston e Michael Heidelberger (Cambridge, MA: MIT Press, 1987). Os três exemplos que constituem sua parte principal foram desenvolvidos nessa forma para a primeira de três conferências proferidas com o título "As naturezas da mudança conceitual" na Universidade de Notre Dame em fins de novembro de 1980 como parte da série Perspectivas na Filosofia da Ciência. Praticamente em sua presente forma, mas com o título "De revoluções a características relevantes", o artigo foi apresentado no terceiro congresso anual da Cognitive Science Society, em agosto de 1981.

***

Faz agora quase vinte anos desde que introduzi a distinção entre o que considerei serem dois tipos de desenvolvimento científico, o normal e o revolucionário.[1] A maioria das pesquisas científicas bem-sucedidas resulta numa mudança do primeiro tipo, e sua natureza é bem capturada por uma imagem habitual: a ciência normal é aquilo que produz os tijolos que a pesquisa científica está sempre adicionando ao crescente acervo de conhecimento científico. Essa concepção cumulativa do desenvolvimento científico é familiar, e guiou a elaboração de uma considerável literatura metodológica. Tanto ela quanto seus subprodutos metodológicos apli-

---

1 Kuhn, *The Structure of Scientific Revolutions.*

cam-se a uma grande quantidade de trabalhos científicos significativos. Mas o desenvolvimento científico também compreende um modo não cumulativo, e os episódios que o exibem fornecem pistas únicas sobre um aspecto central do conhecimento científico. Retornando a uma preocupação há muito existente, tentarei, portanto, isolar aqui algumas dessas pistas, primeiro descrevendo três exemplos de mudança revolucionária e, depois, discutindo brevemente três características que todos eles compartilham. Sem dúvida, as mudanças revolucionárias partilham também outras características, mas essas três fornecem uma base suficiente para as análises mais teóricas com as quais estou envolvido no presente, e que mencionarei, um tanto cripticamente, ao concluir este artigo.

Antes de passar a um primeiro exemplo mais extenso, tentarei – em benefício daqueles ainda não familiarizados com meu vocabulário – sugerir de que coisa ele é um exemplo. A mudança revolucionária é definida, em parte, por sua diferença com respeito à mudança normal, e a mudança normal, como já dito, é o tipo que resulta em crescimento, acréscimo, adição cumulativa ao que era antes conhecido. As leis científicas, por exemplo, são usualmente produtos desse processo normal: a lei de Boyle ilustra o que está envolvido nisso. Seus descobridores já dispunham anteriormente dos conceitos de pressão e volume dos gases, bem como dos instrumentos requeridos para determinar suas magnitudes. A descoberta de que, para uma dada amostra de gás, o produto da pressão pelo volume era constante, sob temperatura constante, simplesmente levou a um acréscimo ao conhecimento do modo como se comportam essas variáveis previamente disponíveis.[2] A esmagadora maioria dos avanços científicos é desse tipo cumulativo normal, mas não multiplicarei os exemplos.

---

2 A expressão "previamente disponíveis" (*antecedently understood*) foi introduzida por C. G. Hempel, o qual mostra que ela serve a muitos dos mesmos propósitos que "observacional" nas discussões que envolvem a distinção entre termos observacionais e teóricos (cf., particularmente, seu *Aspects of Scientific Explanation and Other Essays in the Philosophy of Science*, p.208 et seq.). Tomo emprestada dele essa expressão porque a noção de um termo previamente entendido é intrinsecamente evolutiva ou histórica, e seu uso no empirismo lógico aponta para importantes áreas de superposição entre essa abordagem tradicional da filosofia da ciência e a abordagem histórica, mais recente. Em particular, o aparato, com frequência elegante, desenvolvido pelos empiristas lógicos para discussões da formação de conceitos e da definição de termos teóricos pode ser transferido por inteiro para a abordagem histórica e usado para analisar a formação de novos conceitos, assim como a definição de novos termos,

As mudanças revolucionárias são diferentes e bem mais problemáticas. Elas envolvem descobertas que não podem ser acomodadas nos limites dos conceitos que estavam em uso antes de elas terem sido feitas. A fim de fazer ou assimilar uma tal descoberta, deve-se alterar o modo como se pensa, e se descreve, algum conjunto de fenômenos naturais. A descoberta (em casos como esses, "invenção" pode ser uma palavra melhor) da segunda lei de Newton sobre o movimento é desse tipo. Os conceitos de força e massa empregados nessa lei diferiam daqueles em uso antes de a lei ser introduzida, e a própria lei foi essencial para a sua definição. Um segundo exemplo, mais amplo, embora mais simples, é dado pela transição da astronomia ptolemaica para a copernicana. Antes de ocorrer essa transição, o Sol e a Lua eram planetas; a Terra não era. Depois dela, a Terra era um planeta, como Marte e Júpiter; o Sol era uma estrela, e a Lua era uma nova espécie de corpo, um satélite. Mudanças desse tipo não foram simplesmente correções de erros individuais ensejados pelo sistema ptolemaico. Assim como a transição para as leis de Newton sobre o movimento, elas envolveram não apenas mudanças nas leis da natureza mas também mudanças nos critérios pelos quais alguns termos nessas leis ligavam-se à natureza. Esses critérios, além do mais, eram, em parte, dependentes da teoria com a qual foram introduzidos.

Quando mudanças referenciais desse tipo acompanham mudanças de lei ou de teoria, o desenvolvimento científico não pode ser inteiramente cumulativo. Não se pode passar do velho ao novo simplesmente por um acréscimo ao que já era conhecido. Nem se pode descrever inteiramente o novo no vocabulário do velho ou vice-versa. Considere-se a seguinte sentença composta: "No sistema ptolemaico, os planetas giravam em torno da Terra; no sistema copernicano, eles giram em torno do Sol". Rigorosamente

---

ambas as quais usualmente ocorrem em íntima associação com a introdução de uma nova teoria. Uma maneira mais sistemática de preservar uma parte importante da distinção observacional/teórico por meio de sua inserção em uma abordagem evolutiva foi desenvolvida por Joseph D. Sneed (*The Logical Structure of Mathematical Physics*, p.1-64, 249-307). Wolfgang Stegmüller esclareceu e ampliou a abordagem de Sneed por meio da postulação de uma hierarquia de termos teóricos, cada nível sendo introduzido dentro de uma teoria histórica particular (*The Structure and Dynamics of Theories*, p.40-67, 196-231). A resultante imagem de estratos linguísticos mostra paralelos intrigantes com aquela discutida por Michel Foucault em *A arqueologia do saber*, 2008.

interpretada, a sentença é incoerente. A primeira ocorrência do termo "planeta" é ptolemaica; a segunda, copernicana, e as duas ligam-se à natureza de modos diferentes. A sentença não é verdadeira para nenhuma leitura unívoca do termo "planeta".

Exemplos tão esquemáticos podem apenas sugerir o que está envolvido na mudança revolucionária. Portanto, passo imediatamente a alguns exemplos mais completos, começando por aquele que, há uma geração, apresentou-me à mudança revolucionária: a transição da física aristotélica para a newtoniana. Apenas uma pequena parte dele, centrada em problemas do movimento e da mecânica, pode ser considerada aqui, e, até mesmo a seu respeito, eu serei esquemático. Além disso, minha abordagem inverterá a ordem histórica e descreverá não o que os filósofos naturais aristotélicos precisavam para chegar a conceitos newtonianos, mas o que eu, educado como um newtoniano, precisei para chegar aos conceitos da filosofia natural aristotélica. A rota que trilhei para trás, com a ajuda de textos escritos, é – e vou simplesmente afirmar isso – aproximadamente a mesma que os cientistas anteriores utilizaram para a frente, sem o auxílio de nenhum texto, exceto da natureza, para guiá-los.

Li, pela primeira vez, alguns dos textos de física escritos por Aristóteles no verão de 1947, quando era um estudante de pós-graduação em física tentando preparar um estudo de caso sobre o desenvolvimento da mecânica para um curso de ciência para não cientistas. Como seria de esperar, abordei os textos de Aristóteles tendo clara em minha mente a mecânica newtoniana que eu havia lido antes. A questão que eu esperava responder era quanto de mecânica Aristóteles soubera, bem como quanto havia deixado para pessoas como Galileu e Newton descobrirem. Dada essa formulação, descobri rapidamente que Aristóteles não soubera praticamente nada de mecânica. Tudo foi deixado para seus sucessores, na maior parte aqueles dos séculos XVI e XVII. Essa conclusão era a usual e poderia, em princípio, ter sido correta. Mas eu a achei incômoda porque, à medida que eu o lia, Aristóteles parecia-me não apenas ignorante da mecânica, mas também um físico terrivelmente ruim. Sobre o movimento em particular, seus escritos pareciam-me cheios de erros clamorosos, tanto de lógica quanto de observação.

Essas conclusões eram implausíveis. Aristóteles, afinal de contas, tinha sido o muito admirado codificador da lógica antiga. Por quase dois milênios após sua morte, sua obra desempenhou na lógica o mesmo papel que a de Euclides desempenhou na geometria. Além disso, Aristóteles tinha amiúde se mostrado um observador da natureza extraordinariamente aguçado. Em especial na biologia, seus escritos descritivos forneceram modelos que foram fundamentais nos séculos XVI e XVII para a emergência da tradição biológica moderna. Como seus característicos talentos puderam abandoná-lo tão sistematicamente quando passou ao estudo do movimento e da mecânica? Do mesmo modo, se seus talentos tinham-no abandonado dessa maneira, por que foram seus escritos em física levados tão a sério por tantos séculos após sua morte? Essas questões me perturbaram. Eu poderia tranquilamente admitir que Aristóteles tivesse experimentado tropeços, mas não que, ao passar para a física, sofresse um colapso total. Perguntei-me: em vez de ser uma falha de Aristóteles, não seria uma falha minha? Talvez suas palavras não tivessem sempre significado para ele e para seus contemporâneos exatamente o que significavam para mim e para os meus.

Com essa sensação, continuei a refletir sobre o texto, e minhas suspeitas provaram-se, afinal, bem fundadas. Estava sentado à minha escrivaninha com o texto da *Física* de Aristóteles aberto à minha frente, e com um lápis de quatro cores na mão. Levantando a cabeça, olhei distraído para fora da janela de minha sala – ainda conservo a imagem. Subitamente, os fragmentos em minha cabeça rearrumaram-se de uma nova maneira, e encaixaram-se todos juntos em seus devidos lugares. Meu queixo caiu, pois, de repente, Aristóteles parecia, na verdade, um físico realmente muito bom, mas de um tipo que eu jamais havia sonhado possível. Agora, eu podia entender tanto por que ele havia dito o que disse quanto o peso de sua autoridade. Enunciados que antes pareciam erros clamorosos assemelhavam-se agora, na pior das hipóteses, a pequenos erros no interior de uma tradição poderosa e geralmente bem-sucedida. Esse tipo de experiência – as peças subitamente se rearrumando e se organizando de uma nova maneira – é a primeira característica geral da mudança revolucionária que isolarei após considerar mais alguns exemplos. Embora as revoluções científicas deixem muita coisa para ser gradualmente completada, a mudança central não pode ser experienciada de modo fragmentado, um passo de cada vez. Ao contrário, ela envolve uma transformação relativamente súbita e não estruturada na qual alguma parte do fluxo da experiência se rearranja de maneira diferente e exibe padrões que antes não eram visíveis.

Para tornar tudo isso mais concreto, permitam-me agora ilustrar algo do que esteve envolvido em minha descoberta de uma maneira de ler a física aristotélica que conferia sentido aos textos. Um primeiro exemplo será familiar a muitos. Quando o termo "movimento" ocorre na física aristotélica, ele se refere à mudança em geral, não apenas à mudança de posição de um corpo físico. A mudança de posição, o tópico exclusivo da mecânica para Galileu e Newton, é para Aristóteles uma entre várias subcategorias do movimento. Outras incluem crescimento (a transformação de uma bolota em um carvalho), alterações de intensidade (o aquecimento de uma barra de ferro), e várias mudanças qualitativas mais gerais (a transição da doença à saúde). Em consequência, embora Aristóteles reconheça que as várias subcategorias não sejam similares em *todos* os aspectos, as características básicas relevantes ao reconhecimento e à análise do movimento têm de se aplicar a mudanças de todos os tipos. Em certo sentido que não é meramente metafórico, todas as variedades de mudança são vistas como semelhantes umas às outras, como constituintes de uma única família natural.[3]

Um segundo aspecto da física de Aristóteles – mais difícil de identificar e ainda mais importante – é o caráter central que têm as qualidades para a sua estrutura conceitual. Não quero dizer simplesmente que ela almeja explicar qualidade e mudança de qualidade, pois outros tipos de física fizeram isso. Penso, ao contrário, que a física aristotélica inverte a hierarquia ontológica de matéria e qualidade que tem sido a norma desde meados do século XVII. Por um lado, na física newtoniana, um corpo é constituído por partículas de matéria, e suas qualidades são uma consequência do modo como essas partículas estão organizadas, se movem e interagem. Na física de Aristóteles, por outro lado, a matéria é quase dispensável. É um substrato neutro, presente onde quer que um corpo possa estar – o que significa onde quer que haja espaço ou lugar. Um corpo particular, uma substância, existe em qualquer lugar em que esse substrato neutro, algo semelhante a uma esponja, esteja suficientemente impregnado de qualidades tais como calor,

---

3 A respeito disso tudo, ver: Aristóteles, *Física*, livro V, capítulos 1-2 (224a21-226b16). Note-se que Aristóteles possui um conceito de mudança que é mais amplo que o de movimento. Movimento é mudança de substância, mudança de algo para algo (225a1). Mas mudança também inclui o vir a ser e o deixar de existir, isto é, mudança de nada a algo, e de algo a nada (225a34-225b9), e tais mudanças não são movimentos.

umidade, cor etc., que lhe conferem uma identidade individual. A mudança ocorre ao mudarem as qualidades, não a matéria, ao serem removidas de determinada matéria algumas qualidades que são substituídas por outras. Há, até mesmo, algumas leis de conservação implícitas a que as qualidades, aparentemente, precisam obedecer.[4]

A física de Aristóteles apresenta outros aspectos semelhantemente gerais, alguns de grande importância. De qualquer maneira, examinarei os pontos que me interessam a partir desses dois, tocando, de passagem, num outro bem conhecido. Quero, agora, começar a sugerir que, na medida em que se reconhecem esses e outros aspectos do ponto de vista de Aristóteles, eles começam a se ajustar uns aos outros, a apoiar-se de modo mútuo e, assim, a criar, em conjunto, um certo tipo de sentido que, individualmente, não possuem. Em minha experiência original de penetrar no texto de Aristóteles, os novos elementos que descrevi e o sentido de seu ajuste coerente emergiram, de fato, juntos.

Comecemos pela noção, que acaba de ser esboçada, de uma física qualitativa. Quando se analisa determinado objeto por meio da especificação das qualidades impostas a uma matéria neutra onipresente, uma das qualidades que têm de ser especificadas é a posição do objeto ou, na terminologia de Aristóteles, seu lugar. Assim, a posição, como a umidade ou o calor, é uma qualidade do objeto, qualidade que muda à medida que o objeto se move ou é movido. Para Aristóteles, portanto, o movimento local (movimento *tout court* no sentido de Newton) é mudança-de-qualidade ou mudança-de-estado, em vez de ser, como para Newton, um estado. Mas ver o movimento como mudança-de-qualidade é, precisamente, o que permite sua assimilação a todos os outros tipos de mudança – da bolota para o carvalho, ou da doença para a saúde, por exemplo. Tal assimilação é o aspecto da física de Aristóteles pelo qual comecei; entretanto, eu também poderia ter percorrido adequadamente essa rota na outra direção. A concepção de movimento--como-mudança e a concepção de uma física qualitativa mostram-se como noções profundamente interdependentes, quase equivalentes, e isso é um primeiro exemplo do ajustar-se ou encaixar-se de partes.

---

4 Compare-se a *Física* de Aristóteles, livro I, e especialmente seu *Da geração e da corrupção*, livro II, capítulos 1-4.

Contudo, se isso é claro, então um outro aspecto da física de Aristóteles – um que em geral parece ridículo, se considerado isoladamente – também começa a fazer sentido. A maioria das mudanças de qualidade, especialmente no reino orgânico, é assimétrica, ao menos quando deixadas à sua sorte. Uma bolota desenvolve-se naturalmente em um carvalho, e não vice-versa. Um homem doente, muitas vezes, fica sadio por si mesmo, mas é necessário – ou acredita-se que seja necessário – um agente externo para fazê-lo adoecer. Um conjunto de qualidades, um ponto final de mudança, representa o estado natural de um corpo, aquele que ele concretiza voluntariamente e depois disso repousa. A mesma assimetria deveria ser característica do movimento local, da mudança de posição – e de fato é. A qualidade que uma pedra, ou outro corpo pesado, procura concretizar é a posição no centro do universo; a posição natural do fogo é na periferia. É por isso que as pedras caem em direção ao centro até serem bloqueadas por um obstáculo, assim como o fogo sobe em direção aos céus. Eles estão realizando suas propriedades naturais exatamente como a bolota o faz por meio de seu desenvolvimento. Uma outra parte inicialmente estranha da doutrina aristotélica começa a se encaixar em seu devido lugar.

Poder-se-ia continuar por algum tempo dessa maneira, alocando, em seu devido lugar no todo, as porções individuais da física aristotélica. Em vez disso, porém, concluirei esse primeiro exemplo com uma última ilustração: a doutrina de Aristóteles sobre o vácuo ou vazio. Ela exibe, com particular clareza, como várias teses que parecem arbitrárias quando tomadas isoladamente dão umas às outras autoridade e apoio mútuos. Aristóteles afirma que o vazio é impossível: sua tese implícita é que a própria noção de vazio é incoerente. A essa altura, as razões para isso já devem ser evidentes. Se a posição é uma qualidade, e se as qualidades não podem existir separadas da matéria, então deve haver matéria onde quer que haja posição, onde quer que um corpo possa estar. Mais ainda: isso significa dizer que deve haver matéria por todo o espaço: o vazio, o espaço sem matéria, adquire o estatuto, digamos, de um círculo quadrado.[5]

---

5 Falta um ingrediente em meu esboço desse argumento: a doutrina aristotélica do lugar, desenvolvida na *Física*, livro IV, imediatamente antes da discussão que Aristóteles faz do vácuo. O lugar, para Aristóteles, é sempre o lugar de um corpo ou, mais precisamente, a superfície interior do corpo continente ou circundante (212a2-7). Passando a seu tópico seguinte, Aristóteles diz: "Uma vez que o vazio (se houver algum) deve ser concebido como

Esse argumento tem força, mas sua premissa parece arbitrária. Aristóteles não precisava, supõe-se, ter concebido a posição como uma qualidade. Talvez, mas já notamos que essa concepção é subjacente à sua visão do movimento como mudança-de-estado, e outros aspectos de sua física dependem igualmente dela. Se pudesse haver um vazio, então o universo ou cosmos aristotélico não poderia ser finito. É justamente porque matéria e espaço são coextensivos que o espaço pode acabar onde acaba a matéria, na esfera mais exterior além da qual não há absolutamente nada, nem espaço, nem matéria. Também essa doutrina pode parecer dispensável, mas expandir a esfera estelar ao infinito causaria problemas para a astronomia, uma vez que as rotações dessa esfera conduzem as estrelas ao redor da Terra. Uma outra dificuldade, mais fundamental, é ainda anterior. Em um universo infinito, não existe um centro – qualquer ponto é tão central quanto qualquer outro – e não há, assim, nenhuma posição natural na qual as pedras e outros corpos pesados concretizam sua qualidade natural. Ou, para formular esse ponto de outra maneira – do modo efetivamente usado por Aristóteles –, em um vazio um corpo não poderia ter consciência da localização de seu lugar natural. É justamente por estar em contato com todas as posições no universo, através de uma cadeia de matéria interveniente, que um corpo é capaz de achar seu caminho até o lugar onde suas qualidades naturais são plenamente realizadas. A presença de matéria é o que fornece uma estrutura ao espaço.[6] Assim, tanto a teoria de Aristóteles do movimento local natural quanto a antiga astronomia geocêntrica são ameaçadas por um ataque à doutrina aristotélica do vazio. Não há nenhuma maneira de "corrigir" as concepções de Aristóteles sobre o vazio sem reconstruir muito do restante de sua física.

Essas observações, ainda que tão simplificadas quanto incompletas, devem ilustrar de maneira suficiente como a física aristotélica recorta e

---

um lugar no qual poderia haver um corpo, mas não há, está claro que, assim concebido, o vazio não pode de modo algum existir, seja como inseparável seja como separável" (214a16-20). (Cito da tradução da Loeb Classical Library feita por Philip H. Wickstead e Francis M. Cornford, uma versão que, nesse difícil aspecto da *Física*, parece-me mais clara do que a maioria, tanto no texto quanto nos comentários.) Que não é meramente um erro substituir "lugar" por "posição" num esboço desse argumento é indicado pela última parte do parágrafo seguinte de meu texto.

6 Sobre esse argumento, assim como acerca de outros estreitamente relacionados, ver: Aristóteles, *Física*, livro IV, capítulo 8 (especialmente 214b27-215a24).

descreve o mundo dos fenômenos. Também, e mais importante, elas devem indicar como as peças dessa descrição se encaixam para formar um todo integrado, um todo que precisou ser quebrado e reformado no percurso até a mecânica newtoniana. Em vez de estender ainda mais essas observações, passarei, portanto, imediatamente a um segundo exemplo, retornando para esse propósito ao início do século XIX. O ano de 1800 é notável, entre outras coisas, pela descoberta da pilha elétrica por Alessandro Volta. Tal descoberta foi anunciada em uma carta a sir Joseph Banks, presidente da Royal Society.[7] Ela era destinada à publicação e acompanhada pela ilustração aqui reproduzida como Figura 1. Para um público moderno, há algo de estranho a respeito dela, embora a estranheza raramente seja notada, até mesmo por historiadores. Examinando qualquer uma das chamadas "pilhas" (de moedas) nos dois terços inferiores do diagrama, vê-se, lendo-se de baixo para cima a partir do canto inferior direito, uma peça de zinco, Z, a seguir uma peça de prata, A, depois uma peça de papel mata-borrão úmido, então uma segunda peça de zinco, e assim por diante. O ciclo zinco, prata e papel mata-borrão úmido é repetido um número inteiro de vezes, oito na ilustração original de Volta. Ora, suponhamos que, em vez de ter tudo isso explicitado, vocês tivessem sido simplesmente solicitados a examinar o diagrama e, a seguir, a colocá-lo de lado e reproduzi-lo de memória. Quase certamente aqueles que conhecessem um pouco de física, mesmo a mais elementar, teriam desenhado zinco (ou prata) seguido de papel mata-borrão úmido, seguido de prata (ou zinco). Em uma pilha [*battery*], como todos sabemos, o líquido deve ficar entre dois metais diferentes.

Caso se reconheça essa dificuldade e se procure resolvê-la com o auxílio dos textos de Volta, é provável que se dê conta, subitamente, de que, para Volta e seus seguidores, a unidade de célula consistia em duas peças de metal em contato. A fonte de energia é a interface metálica, a junção bimetálica que Volta tinha anteriormente descoberto ser a fonte de uma tensão elétrica, o que hoje denominaríamos uma voltagem.

---

7 Volta, On the Electricity Excited by the Mere Contact of Conducting Substances of Different Kinds, *Philosophical Transactions*, v.90, p.403-31, 1800. Sobre esse assunto, ver: Brown, The Electric Current in Early Nineteenth-Century French Physics, *Historical Studies in the Physical Sciences*, v.1, p.61-103.

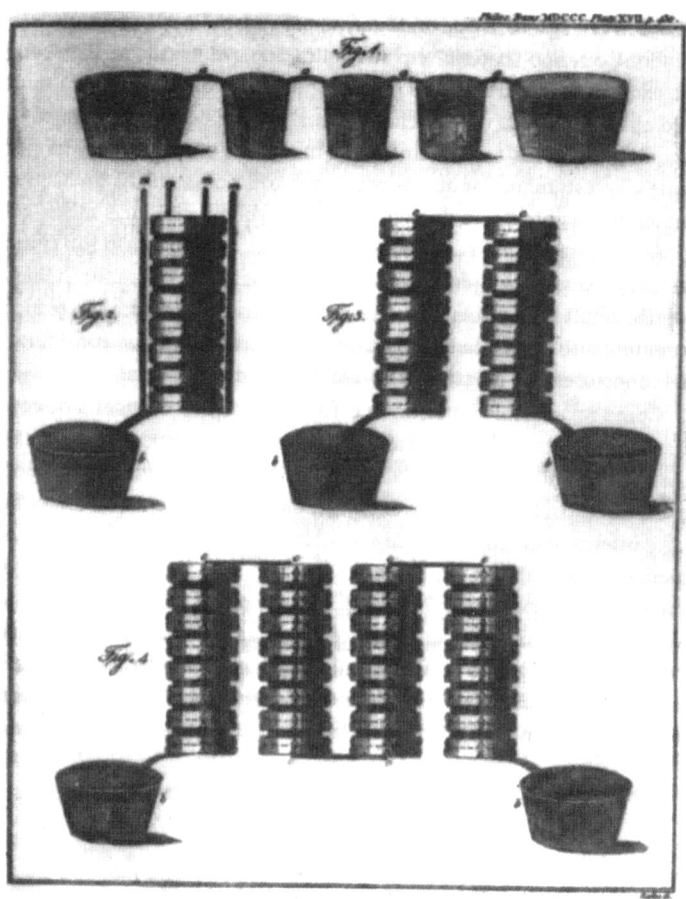

Figura 1

O papel do líquido, assim, é simplesmente o de conectar uma célula unitária à próxima sem gerar um potencial de contato, o que neutralizaria o efeito inicial. Indo ainda mais adiante no texto de Volta, compreende-se que ele está incorporando sua nova descoberta à eletrostática. A junção bimetálica é um condensador ou garrafa de Leyden, mas um condensador que carrega a si próprio. A pilha de moedas é, nesse caso, um conjunto interligado, ou "bateria", de garrafas de Leyden carregadas, e é de onde deriva, por especialização do grupo a seus membros, o termo "bateria" em sua aplicação na eletricidade. Para confirmar, examine-se a parte superior do diagrama de Volta, que ilustra um arranjo que ele chamou de "cadeia de copos". Dessa vez, a semelhança com diagramas em livros-texto elementares modernos é notável, mas há novamente algo estranho. Por que os copos nos dois pontos finais do diagrama contêm apenas uma peça de metal? Por que Volta inclui duas meias-células? A resposta é a mesma de antes. Para Volta, os copos não são células, mas simplesmente recipientes para os líquidos que conectam células. As próprias células são faixas bimetálicas em forma de ferradura. As posições aparentemente desocupadas nos copos exteriores são os que consideraríamos conectores. No diagrama de Volta, não há meias-células.

Como no exemplo anterior, as consequências dessa maneira de considerar a bateria são amplas. Por exemplo, como mostrado na Figura 2, a transição do ponto de vista de Volta ao ponto de vista moderno reverte a direção do fluxo da corrente. Um diagrama moderno de uma célula (parte inferior da Figura 2) pode ser derivado do diagrama de Volta (parte superior esquerda) por um processo parecido com virar o último de trás para a frente (parte superior direita). Nesse processo, o que era anteriormente fluxo de corrente interno à célula passa a ser corrente externa, e vice-versa. No diagrama de Volta, o fluxo de corrente externo vai do metal preto ao branco, de modo que o preto é positivo. No diagrama moderno, tanto a direção do fluxo como a polaridade estão invertidas. Conceitualmente muito mais importante é a mudança na fonte de corrente efetivada pela transição.

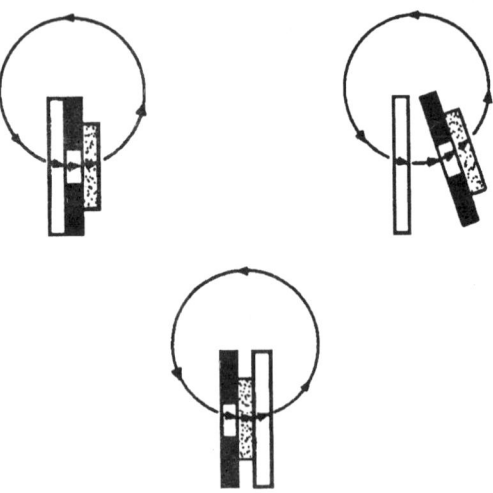

Figura 2

Para Volta, a interface metálica era o elemento essencial da célula e, necessariamente, a fonte da corrente produzida pela célula. Quando a célula foi virada de trás para a frente, o líquido e suas duas interfaces com os metais passaram a lhe fornecer os elementos essenciais, e a fonte da corrente passaram a ser os efeitos químicos que têm lugar nessas interfaces. Quando ambos os pontos de vista estiveram, por um breve período, simultaneamente em competição, o primeiro era conhecido como a teoria de contato da pilha, e o segundo, como a teoria química.

Essas são apenas as consequências mais óbvias da concepção eletrostática da pilha, e algumas outras foram importantes de maneira ainda mais imediata. Por exemplo, o ponto de vista de Volta suprimia o papel conceitual do circuito externo. O que nós consideraríamos um circuito externo é simplesmente uma via de descarga, tal como o curto-circuito que uma garrafa de Leyden descarrega na terra. Como resultado, os primeiros diagramas de uma pilha não mostram um circuito externo, a menos que esteja ocorrendo aí algum efeito especial, como a eletrólise ou o aquecimento de um fio e, nesse caso, a pilha, muitas vezes, não é mostrada. Somente a partir da década de 1840 é que os diagramas de célula modernos começam a aparecer regularmente em livros a respeito de eletricidade. Quando o fazem, ou o circuito externo ou pontos explícitos para sua ligação aparecem em tais diagramas.[8] As figuras 3 e 4 mostram exemplos disso.

Finalmente, a concepção eletrostática da pilha leva a um conceito de resistência elétrica muito diferente daquele que agora é o padrão. Há, ou havia nesse período, um conceito eletrostático de resistência. Para um material isolante de determinada seção transversal, a resistência era medida pelo menor comprimento que o material poderia ter sem perder a eficiência ou vazar – deixar de isolar – quando sujeito a certa voltagem. Para um material condutor de determinada seção transversal, a resistência era medida pelo menor comprimento que o material podia ter sem derreter quando conectado a certa voltagem.

---

8 As ilustrações são de A. de la Rive (*Traité d'électricité théorique et appliquée*, v.2, p.600, 656). Diagramas estruturalmente similares, mas esquemáticos, aparecem nas pesquisas experimentais de Faraday, no início da década de 1830. Minha escolha da década de 1840 como o período em que tais diagramas tornaram-se padrão resulta de um exame informal dos textos de eletricidade facilmente acessíveis. Um estudo mais sistemático, de qualquer maneira, teria tido de distinguir entre as respostas britânicas, francesas e alemãs à teoria química da pilha.

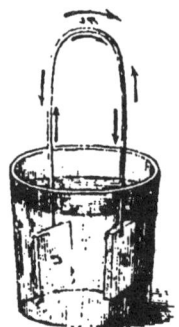

Figura 3

Figura 4

É possível medir a resistência concebida dessa maneira, mas os resultados não são compatíveis com a lei de Ohm. Para obter esses resultados, é preciso conceber a pilha e o circuito num modelo mais hidrodinâmico. A resistência deve se tornar algo semelhante à resistência friccional ao fluxo de água em canos. A assimilação da lei de Ohm exigiu uma mudança não cumulativa desse tipo, e isso é parte daquilo que determinou que essa lei fosse, para muitas pessoas, tão difícil de aceitar. Ela forneceu, por algum tempo, um exemplo-padrão de uma importante descoberta que foi, inicialmente, rejeitada ou ignorada.

Concluo, nesse momento, meu segundo exemplo e passo, imediatamente, a um terceiro, mais moderno e mais técnico que seus predecessores. Do ponto de vista objetivo, é um exemplo controverso, que envolve uma nova versão, ainda não aceita universalmente, das origens da teoria quântica.[9]

---

9 Para a versão completa, com evidência de apoio, ver meu livro *Black-Body Theory and the Quantum Discontinuity: 1894-1912.*

Seu tema é o trabalho realizado por Max Planck sobre o chamado problema do corpo negro, e pode ser proveitoso mencionar de antemão, como segue, sua estrutura. Planck apresentou uma primeira solução para o problema do corpo negro em 1900, usando um método clássico desenvolvido pelo físico austríaco Ludwig Boltzmann. Seis anos mais tarde, um erro pequeno mas crucial foi encontrado em sua derivação, e um de seus elementos principais teve de ser reconcebido. Quando isso foi realizado, a solução de Planck não apenas, de fato, funcionou mas também rompeu radicalmente com a tradição. Por fim, essa ruptura difundiu-se e causou a reconstrução de boa parte da física.

Principiemos por Boltzmann, que havia estudado o comportamento de um gás, concebido como uma coleção de muitas moléculas minúsculas movendo-se com rapidez dentro de um recipiente e colidindo frequentemente tanto umas com as outras quanto com as paredes do recipiente. Com base em trabalhos anteriores de outros pesquisadores, Boltzmann conhecia a velocidade média das moléculas (mais precisamente, a média do quadrado de sua velocidade). Mas muitas das moléculas, é claro, estavam se movendo com muito mais vagar que a média, ao passo que outras, com muito mais rapidez. Boltzmann queria saber que proporção delas estava se movendo, digamos, a 1/2 da velocidade média, a 4/3 da média, e assim por diante. Nem essa questão, nem a resposta que ele encontrou para ela eram novas. Mas Boltzmann chegou à resposta por um novo caminho, com base na teoria das probabilidades, e esse caminho foi fundamental para Planck, desde cujo trabalho se tornou padrão.

Somente um aspecto do método de Boltzmann é de interesse nesse contexto. Ele considerou a energia cinética total E das moléculas. Depois, para permitir a introdução da teoria das probabilidades, subdividiu mentalmente essa energia em pequenas células ou elementos de tamanho ε, como na Figura 5. A seguir, imaginou distribuir as moléculas ao acaso entre essas células, retirando tiras de papel numeradas de uma urna para especificar a atribuição de cada molécula e excluindo, depois disso, todas as distribuições cuja energia total fosse diferente de E. Por exemplo, se a primeira molécula fosse atribuída à última célula (energia E), então a única distribuição aceitável seria a que atribuísse todas as outras moléculas à primeira célula (energia 0). Essa distribuição específica é, claramente, a mais improvável de todas. É muito mais provável que a maioria das moléculas apresente uma energia considerável, e, pela teoria da probabilidade, pode-se descobrir a distribuição mais provável de todas.

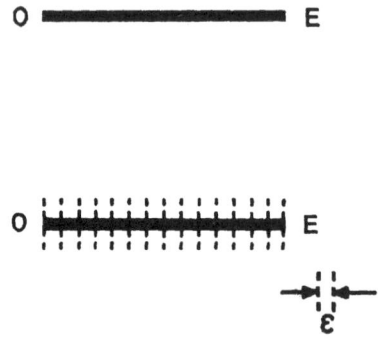

Figura 5

Boltzmann mostrou como fazer isso, e o resultado foi o mesmo que ele e outros tinham obtido anteriormente por meios mais problemáticos.

Essa maneira de resolver o problema foi inventada em 1877, e 23 anos depois, no final de 1900, Max Planck a aplicou a um problema que parecia um tanto diferente: a radiação do corpo negro. Fisicamente, o problema é explicar como a cor de um corpo aquecido muda com a temperatura. Pensem, por exemplo, na radiação proveniente de uma barra de ferro, a qual, à medida que a temperatura aumenta, primeiro emite calor (radiação infravermelha), a seguir fica incandescente, de uma cor vermelho-escura, e por fim adquire, gradualmente, uma cor branca brilhante. Para analisar essa situação, Planck imaginou uma cavidade ou recipiente repleto de radiação, isto é, de luz, calor, ondas de rádio etc.; também supôs que a cavidade continha uma grande quantidade do que ele denominou "ressoadores" (pensem neles como minúsculos diapasões elétricos, cada qual sensível à radiação de uma determinada frequência, mas não a outras). Esses ressoadores absorvem energia da radiação, e a questão de Planck era: até que ponto a energia absorvida por um ressoador depende de sua frequência? Qual é a distribuição de frequência da energia pelos ressoadores?

Concebido desse modo, o problema de Planck estava bem próximo do de Boltzmann, e Planck aplicou a ele as técnicas probabilísticas de Boltzmann. De modo geral, usou a teoria da probabilidade para descobrir a proporção de ressoadores que caíam em cada uma das várias células, exatamente como Boltzmann havia descoberto a proporção das moléculas. Sua resposta ajustava-se aos resultados experimentais melhor do que qualquer outra conhecida na época, ou desde então, mas surgiu uma diferença inesperada entre seu problema e o de Boltzmann. Para Boltzmann, a célula de tamanho ε poderia ter muitos valores diferentes sem que o resultado mudasse. Embora os valores permissíveis tivessem um limite, não podendo ser muito grandes nem muito pequenos, uma infinidade de valores satisfatórios estava disponível em tal intervalo. O problema de Planck mostrou ser diferente: outros aspectos da física determinavam ε, o tamanho da célula. Ele poderia ter apenas um único valor, dado pela famosa fórmula $ε = hv$, na qual v é a frequência do ressoador e h é a constante universal mais tarde conhecida pelo nome de Planck. É claro que Planck estava intrigado com o motivo para a restrição no tamanho da célula, embora tivesse uma forte intuição a esse respeito, intuição que tentou desenvolver. Porém, excetuando-se esse quebra-cabeça residual, ele havia resolvido seu problema, e sua abordagem permaneceu muito próxima da de Boltzmann. Em particular – o ponto aqui crucial –, em ambas as soluções, a divisão da energia total E em células de tamanho ε foi uma divisão mental feita com finalidades estatísticas. As moléculas e os ressoadores poderiam se localizar em qualquer lugar ao longo da linha e eram governados por todas as leis usuais da física clássica.

O resto da história pode ser contado muito rapidamente. Esse trabalho foi realizado no fim de 1900. Seis anos mais tarde, em meados de 1906, dois outros físicos afirmaram que o resultado de Planck não podia ser obtido ao modo de Planck. Era necessária uma alteração pequena, mas absolutamente crucial, no argumento. Não se podia permitir que os ressoadores se localizassem em qualquer lugar da linha contínua de energia, mas somente nas divisões entre células. Ou seja, um ressoador poderia ter energia 0, ε, 2ε, 3ε, e assim por diante, mas não $(1/3)$ ε, $(4/5)$ ε etc. Quando um ressoador mudava de energia, ele não o fazia de maneira contínua, mas por meio de saltos descontínuos de tamanho ε ou de um múltiplo de ε.

Depois dessas alterações, o argumento de Planck ficou tanto radicalmente diferente como basicamente o mesmo. Do ponto de vista matemático, ele permaneceu virtualmente inalterado, com o resultado de que foi comum, por vários anos, ler o artigo de Planck, de 1900, como apresentando o argumento moderno posterior. Da perspectiva da física, contudo, as entidades às quais a derivação se refere são muito diferentes. Em particular, o elemento ε deixou de ser uma divisão mental da energia total para ser um átomo separável de energia física, do qual cada ressoador pode ter 0, 1, 2, 3 ou qualquer outro número. A Figura 6 tenta capturar essa transformação ao sugerir sua semelhança com a pilha de trás para a frente de meu último exemplo. Mais uma vez, a transformação é sutil, difícil de ver.

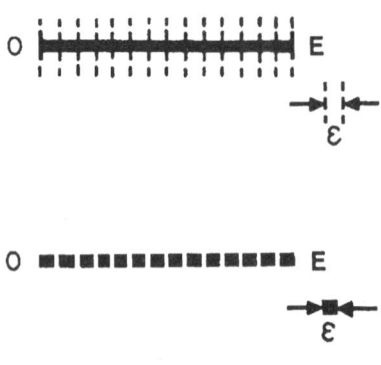

Figura 6

Contudo, mais uma vez, a mudança é relevante. O ressoador já havia sido transformado de uma entidade familiar, governada por leis clássicas usuais, em uma criatura estranha cuja própria existência é incompatível com as maneiras tradicionais de se fazer física. Como a maioria de vocês sabe, mudanças do mesmo tipo continuaram acontecendo por outros vinte anos, à medida que fenômenos não clássicos similares foram sendo descobertos em outras partes do campo.

Não tentarei seguir essas mudanças posteriores, mas concluirei, em vez disso, esse meu último exemplo, indicando uma outra espécie de mudança que ocorreu perto do seu início. Ao discutir os exemplos anteriores, assinalei que as revoluções foram acompanhadas por mudanças na maneira pela qual termos como "movimento" ou "célula" se ligavam à natureza. Nesse último exemplo, houve uma mudança efetiva nas próprias palavras, mudança que realça aquelas características da situação física que a revolução tornou proeminentes. Quando Planck, por volta de 1909, foi por fim persuadido de que a descontinuidade tinha vindo para ficar, passou a usar um vocabulário que tem sido padrão desde essa época. Antes, ele havia usualmente se referido ao tamanho ε da célula como o "elemento" de energia. Em vez disso, em 1909, começou regularmente a falar do *"quantum"* de energia; pois *"quantum"*, tal como o termo era usado na física alemã, era um elemento separável, uma entidade semelhante a um átomo que podia existir por si mesma. Enquanto fora meramente o tamanho de uma subdivisão mental, ε não tinha sido um *quantum*, mas um elemento. Também em 1909, Planck abandonou a analogia acústica. As entidades que ele havia introduzido como "ressoadores" tornaram-se, nesse momento, "osciladores", termo neutro, que se refere a qualquer entidade que simplesmente vibre, de maneira regular, para a frente e para trás. "Ressoador", por oposição, refere-se, em primeira instância, a uma entidade acústica ou, por extensão, a um vibrador que responde gradualmente a uma estimulação, crescendo e diminuindo de acordo com o estímulo aplicado. Para alguém que acreditava que a energia muda de modo descontínuo, "ressoador" não era um termo apropriado, e Planck abandonou-o a partir de 1909.

Essa mudança de vocabulário conclui meu terceiro exemplo. Em vez de apresentar outros, encerrarei esta discussão perguntando quais características da mudança revolucionária são exibidas pelos exemplos disponíveis. As respostas podem ser discriminadas em três grupos, e serei relativamente breve a respeito de cada um deles. Não estou preparado por completo para fornecer a discussão extensa que eles requerem.

Um primeiro conjunto de características compartilhadas foi mencionado logo no início deste artigo. As mudanças revolucionárias são, de certa forma, holísticas. Isto é, elas não podem ser feitas gradualmente, um passo de cada vez, e, assim, contrastam com as mudanças normais ou cumulativas como, por exemplo, a descoberta da lei de Boyle. Na mudança normal, simplesmente revisa-se ou acrescenta-se uma única generalização e todas as outras permanecem as mesmas. Na mudança revolucionária, é preciso ou viver com a incoerência ou revisar em conjunto várias generalizações inter-relacionadas. Se essas mesmas mudanças fossem introduzidas uma de cada vez, não haveria um refúgio intermediário. Apenas os conjuntos inicial e final de generalizações proveem uma explicação coerente da natureza. Mesmo no meu último exemplo, o mais aproximadamente cumulativo dos três, não se pode apenas mudar a descrição do elemento de energia ε. É preciso também mudar a noção que se tem do que seja um ressoador, pois os ressoadores, em qualquer sentido normal do termo, não podem se comportar como se comportam. Simultaneamente, para permitir o novo comportamento, é preciso mudar, ou tentar mudar, as leis da mecânica e da teoria eletromagnética. Do mesmo modo, no segundo exemplo, não se pode apenas mudar de ideia sobre a ordem dos elementos numa célula de uma pilha. A direção da corrente, o papel do circuito externo, o conceito de resistência elétrica etc., precisam também ser modificados. Ou ainda, no caso da física aristotélica, não se pode simplesmente descobrir que o vácuo é possível ou que o movimento é um estado, e não uma mudança-de--estado; uma imagem integrada de vários aspectos da natureza tem de ser mudada ao mesmo tempo.

Uma segunda característica desses exemplos está intimamente relacionada com isso. É aquela que descrevi no passado como mudança de significado, e que venho aqui descrevendo, de forma um tanto mais precisa, como mudança na maneira em que as palavras e expressões se ligam à natureza, uma mudança na maneira como são determinados seus referentes. Mesmo essa versão, contudo, é um pouco geral demais. Como enfatizado por recentes estudos sobre a referência, qualquer coisa que se saiba sobre os referentes de um termo pode ser útil para a conexão desse termo à natureza. Uma recém-descoberta propriedade da eletricidade, ou da radiação, ou dos efeitos da força no movimento pode, subsequentemente, ser invocada (em geral ao lado de outras) para determinar a presença de eletricidade, radiação ou força e, assim, discriminar os referentes do termo correspondente. Tais descobertas não precisam ser – e com frequência não o são – revolucionárias. Também a ciência normal altera o modo em que os termos se ligam à natureza. O que caracteriza as revoluções não é, portanto, simplesmente uma mudança no modo como os referentes são determinados, mas uma mudança de um tipo ainda mais restrito.

Entre os problemas com que atualmente me ocupo está o de melhor caracterizar esse tipo restrito de mudança, e não tenho uma solução completa. Contudo, de modo geral, o caráter distintivo da mudança revolucionária na linguagem é que ela altera não apenas os critérios pelos quais os termos se ligam à natureza, mas também, por extensão, o conjunto de objetos ou situações a que esses termos se ligam. O que tinham sido exemplos paradigmáticos de movimento para Aristóteles – da bolota para o carvalho, ou da doença para a saúde – não eram, de modo algum, movimentos para Newton. Na transição, uma família natural deixou de ser natural; seus membros foram redistribuídos entre conjuntos preexistentes; e apenas um deles continuou mantendo o nome antigo. Ou ainda, o que tinha sido a unidade de célula da pilha de Volta não era mais o referente de termo algum quarenta anos depois de ela ter sido inventada. Embora os sucessores de Volta ainda lidassem com metais, líquidos e o fluxo de carga, as unidades de suas análises eram diferentes, e inter-relacionadas de modo diferente.

O que caracteriza as revoluções, assim, é a mudança em várias das categorias taxonômicas que são pré-requisitos para descrições e generalizações científicas. Essa mudança, além do mais, é um ajuste não apenas dos critérios relevantes para a categorização, mas também do modo por que determinados objetos e situações são distribuídos entre as categorias preexistentes. Uma vez que tal redistribuição sempre envolve mais do que uma categoria, e uma vez que essas categorias são interdefinidas, esse tipo de alteração é necessariamente holístico. Esse holismo, além do mais, está arraigado na natureza da linguagem, pois os critérios relevantes para a categorização são, *ipso facto*, os critérios que ligam os nomes dessas categorias ao mundo. A linguagem é uma moeda, com uma das faces voltada para fora, para o mundo, e a outra voltada para dentro, para o reflexo do mundo na estrutura referencial da linguagem.

Examinemos, agora, a última das três características compartilhadas pelos meus três exemplos. Foi, para mim, a mais difícil de ver das três, mas parece agora a mais óbvia e, provavelmente, a mais importante. Até mais do que no caso das outras, deve valer a pena investigá-la em detalhe. Todos os meus exemplos envolveram uma mudança central de modelo, metáfora ou analogia – uma mudança na ideia que se tem do que é similar a quê, e do que é diferente do quê. Às vezes, como no exemplo de Aristóteles, a similaridade é interna à área de investigação. Assim, para os aristotélicos, o movimento era um caso especial de mudança, de modo que a pedra que cai era *como* o carvalho que cresce, ou *como* a pessoa convalescendo de uma doença. Esse é o padrão de similaridades que constitui uma família natural para esses fenômenos, que os coloca na mesma categoria taxonômica e que teve de ser substituído no desenvolvimento da física newtoniana. Em outros casos, a similaridade é externa. Assim, os ressoadores de Planck eram *como* as moléculas de Boltzmann; as células da pilha de Volta eram *como* garrafas de Leyden; a resistência era *como* a vazão eletrostática. Também nesses casos, o velho padrão de similaridades tinha de ser descartado e substituído antes do processo de mudança, ou durante ele. Todos esses casos exibem características inter-relacionadas que são familiares aos estudiosos da metáfora. Em cada um deles, dois objetos ou situações são justapostos, e diz-se que são o mesmo ou que são semelhantes. (Uma discussão, ainda que ligeiramente mais extensa, teria também de considerar exemplos de dessemelhança, pois também eles são, com frequência, importantes no estabelecimento de uma taxonomia.) Além do mais, seja qual for a origem dessas justaposições – uma questão distinta, com a qual não estou por ora preocupado –, a função principal de todas elas é transmitir e manter uma taxonomia. Os itens justapostos são exibidos a um público ainda não iniciado por alguém que já é capaz de reconhecer a similaridade entre eles, e que instiga esse público a aprender a fazer o mesmo. Se a exibição é bem-sucedida, os novos iniciados emergem com uma lista adquirida das características relevantes para a relação de similaridade requerida – isto é, com um espaço de características [*feature space*] no interior do qual os itens antes justapostos são firmemente agrupados como exemplos da mesma coisa e, em simultâneo, separados de objetos ou situações com que eles poderiam, de outro modo, ter sido confundidos. Assim, a educação de um aristotélico associa o voo de uma flecha a uma pedra que cai, e ambos ao crescimento de um carvalho e ao retorno à saúde. Todos são, depois disso, mudanças-de-estado; seus pontos terminais e o tempo de transição decorrido são suas características relevantes. Visto dessa maneira, o movimento não pode ser relativo, e precisa estar em uma categoria distinta do repouso, o qual é um estado. Igualmente, um movimento infinito, nessa concepção, passa a ser uma autocontradição, porque carece de um ponto terminal.

As justaposições semelhantes a metáforas que mudam em épocas de revolução científica são, portanto, fundamentais para o processo pelo qual é adquirida a linguagem, seja ela científica ou não. Apenas depois de esse processo de aquisição ou de aprendizagem ter passado de um certo ponto é que a prática da ciência pode começar. A prática científica sempre envolve a produção e a explicação de generalizações sobre a natureza e essas atividades pressupõem uma linguagem com um grau mínimo de riqueza, e a aquisição de uma tal linguagem traz consigo conhecimento da natureza. Quando a exibição de exemplos faz parte do processo de aprendizagem de termos como "movimento", "célula" ou "elemento de energia", o que é adquirido é um conhecimento conjunto da linguagem e do mundo. Por um lado, o estudante aprende o que esses termos significam, que características são relevantes para ligá-los à natureza, que coisas não se pode dizer deles sob pena de autocontradição, e assim por diante. Por outro lado, o estudante aprende quais categorias de coisas povoam o mundo, quais são as características relevantes, e algo sobre o comportamento do que lhes é e do que não lhes é permitido. Em boa parte do aprendizado da linguagem, esses dois tipos de conhecimento – conhecimento das palavras e conhecimento da natureza – são adquiridos em conjunto; na realidade, não são dois tipos de conhecimento, mas as duas faces da moeda única que uma linguagem fornece.

O reaparecimento do caráter de dupla face da linguagem científica proporciona um final apropriado para este artigo. Se estou certo, a característica principal das revoluções científicas é que elas alteram o conhecimento da natureza intrínseco à própria linguagem, e que é, assim, anterior a qualquer coisa que seja em absoluto caracterizável como descrição ou generalização, científica ou cotidiana. Fazer que o vazio ou um movimento linear infinito fossem parte da ciência exigiu relatos observacionais que somente podiam ser formulados alterando-se a linguagem com a qual a natureza era descrita. Até que essas mudanças ocorressem, a própria linguagem resistiu à invenção e à introdução das novas teorias procuradas. Suponho que a mesma resistência por parte da linguagem seja a razão para a mudança de Planck de "elemento" e "ressoador" para *"quantum"* e "oscilador". A violação ou distorção de uma linguagem científica anteriormente não problemática é a pedra de toque para a mudança revolucionária.

2
COMENSURABILIDADE, COMPARABILIDADE, COMUNICABILIDADE[1]

"Commensurability, Comparability, Communicability" foi o artigo principal em um simpósio durante os encontros bianuais da Philosophy of Science Association, em 1982, do qual Philip Kitcher e Mary Hesse foram os comentadores; a réplica de Kuhn aos comentários de ambos foi incluída aqui na forma de um pós-escrito ao ensaio. Os anais do simpósio foram publicados em PSA 1982, volume 2 (East Lansing, MI: The Philosophy of Science Association, 1983).

* * *

Passaram-se vinte anos desde que Paul Feyerabend e eu usamos pela primeira vez, em textos publicados, um termo que tínhamos tomado emprestado da matemática para descrever a relação entre teorias científicas consecutivas. O termo era "incomensurabilidade", e cada um de nós foi conduzido a ele pelos problemas que tínhamos encontrado ao interpretar textos científicos.[2] Meu uso do termo era mais amplo que o de Feyerabend; as

---

1 Desde a primeira redação deste artigo, muitas pessoas contribuíram para seu aprimoramento, entre as quais colegas no MIT e ouvintes no encontro da PSA e no seminário em História e Filosofia da Ciência na Universidade Columbia, onde uma versão preliminar foi testada. Fico agradecido a todos eles, especialmente a Ned Block, Paul Horwich, Nathaniel Kuhn, Stephen Stich, e a meus dois comentadores oficiais.
2 Feyerabend, Explanation, Reduction, and Empiricism. In: Feigl; Maxwell (Eds.), *Scientific Explanation, Space and Time*; Kuhn, *The Structure of Scientific Revolutions*. Acredito que o

consequências que ele atribuía ao fenômeno eram de alcance mais geral que as identificadas por mim; mas o que tínhamos em comum naquela época era substancial.[3] Cada um de nós estava especialmente preocupado em mostrar que os significados de termos e conceitos científicos – "força" e "massa", por exemplo, ou "elemento" e "composto" – com frequência mudavam de acordo com a teoria na qual eram empregados.[4] E cada um de nós afirmava que, quando tais mudanças ocorriam, era impossível definir todos os termos de uma teoria no vocabulário da outra. Essa última afirmação nós incorporamos de maneira independente no tratamento dado à incomensurabilidade de teorias científicas.

Tudo isso ocorreu em 1962. Desde então, os problemas da variação de significado foram amplamente discutidos, mas ninguém de fato enfrentou por completo as dificuldades que nos levaram, eu e Feyerabend, a falar em incomensurabilidade. Sem dúvida, tal negligência decorre, em parte, do papel desempenhado pela intuição e pela metáfora em nossas apresentações iniciais. Eu, por exemplo, usei muito o duplo sentido, visual e conceitual, do verbo "ver" e, reiteradamente, equiparei mudanças de teoria a mudanças de *gestalt*. Seja lá por quê, contudo, o conceito de incomensurabilidade tem sido ampla e frequentemente descartado, mais recentemente em um livro publicado no final do ano passado por Hilary Putnam.[5] Putnam redesen-

---

emprego que eu e Feyerabend demos a "incomensurabilidade" foi independente, e tenho uma vaga lembrança de Paul encontrando o termo no rascunho de um manuscrito meu e dizendo-me que também o estava usando. Passagens que ilustram nossos usos anteriores são: Kuhn, *The Structure of Scientific Revolutions*, 2.ed., p.102 et seq., 112, 128 et seq., 148-51 (nenhuma delas modificada em relação à primeira edição); e Feyerabend, op. cit., p.56-9, 74-6, 81.

3 Tanto Feyerabend quanto eu escrevemos a respeito da impossibilidade de definir os termos de uma teoria com base nos termos de uma outra. Mas ele restringiu a incomensurabilidade à linguagem; eu falei também sobre diferenças nos "métodos, campo de problemas e padrões de solução" (Kuhn, *The Structure of Scientific Revolutions*, 2.ed., p.103), algo que não mais faria, exceto pelo ponto considerável de que tais diferenças são consequências necessárias do processo de aprendizagem da linguagem. Feyerabend (op. cit., p.59), por outro lado, escreveu que "não é possível nem definir os termos primitivos de T' com base nos termos primitivos de T, nem estabelecer relações empíricas corretas envolvendo ambos esses termos". Não fiz uso algum de uma noção de termos primitivos e incomensurabilidade restrita a uns poucos termos específicos.

4 Esse ponto fora previamente enfatizado em Hanson, *Patterns of Discovery*.

5 Putnam, *Reason, Truth and History*, p.113-24.

volve de modo convincente duas críticas que haviam figurado extensamente na literatura filosófica anterior. Uma breve reapresentação dessas críticas, aqui, deve preparar o caminho para alguns comentários mais longos.

A maioria das discussões, ou todas, sobre a incomensurabilidade dependeram da hipótese, literalmente correta, mas em geral interpretada de modo exagerado, de que se duas teorias são incomensuráveis, então elas devem estar enunciadas em linguagens mutuamente intraduzíveis. Se isso é verdade, reza uma primeira crítica: se não há nenhuma maneira de enunciar as duas numa única linguagem, então não é possível compará-las, e nenhum argumento evidencial pode ser relevante para a escolha entre as duas. Falar de diferenças e comparações pressupõe a existência de um terreno comum, e isso é o que os proponentes da incomensurabilidade, que com frequência falam de comparações, pareceram negar. Nesse ponto, sua fala é necessariamente incoerente.[6] Uma segunda linha de ataque é, no mínimo, tão contundente quanto a anterior. Pessoas como Kuhn – afirmam – dizem-nos que é impossível traduzir velhas teorias numa linguagem moderna. Mas, logo a seguir, essas pessoas fazem justamente isso, reconstruindo a teoria de Aristóteles, ou de Newton, ou de Lavoisier, ou de Maxwell, sem abandonar a linguagem que eles e nós falamos todos os dias. O que tais pessoas querem dizer, nessas circunstâncias, quando falam de incomensurabilidade?[7]

Minhas preocupações, neste artigo, originam-se, sobretudo, da segunda dessas linhas de argumentação, mas as duas não são independentes, e, por isso, precisarei também falar da primeira. Começo por esta, tentando, inicialmente, colocar de lado certos mal-entendidos, bastante disseminados, ao menos a respeito de meu ponto de vista. Mesmo eliminando-se os mal-entendidos, contudo, ainda permanece um resíduo danoso da primeira crítica. Retornarei a ele apenas no fim deste artigo.

---

6 Para essa linha de ataque, ver: Davidson, The Very Idea of a Conceptual Scheme, *Proceedings and Addresses of the American Philosophical Association*, v.47, p.5-20, 1974; Shapere, Meaning and Scientific Change. In: Colodny (Ed.), *Mind and Cosmos: Essays in Contemporary Science and Philosophy*, p.41-85; Scheffler, *Science and Subjectivity*, p.81-3.

7 Para essa linha de ataque, ver: Davidson, op. cit., p.17-20; Kitcher, Theories, Theorists, and Theoretical Change, *Philosophical Review*, v.87, p.519-47, 1978; Putnam, op. cit.

Incomensurabilidade local

Recordem de onde veio o termo "incomensurabilidade". A hipotenusa de um triângulo retângulo isósceles é incomensurável relativamente a qualquer um dos catetos do triângulo, assim como a circunferência de um círculo o é com respeito ao raio do círculo, no sentido de que não há nenhuma unidade de comprimento pela qual ambos os elementos do par possam ser divididos, sem deixar resto, um número inteiro de vezes. Não há, portanto, nenhuma medida comum. Mas a falta de uma medida comum não torna impossível uma comparação. Pelo contrário, magnitudes incomensuráveis podem ser comparadas até qualquer grau de aproximação que se requeira. O demonstrar que isso podia ser feito e como fazê-lo encontra-se entre as esplêndidas conquistas da matemática grega. Mas essa conquista foi possível apenas porque, desde o início, a maioria das técnicas geométricas aplicava-se, sem modificações, a ambos os itens entre os quais se buscava uma comparação.

Aplicado ao vocabulário conceitual usado numa teoria científica e em seu entorno, o termo "incomensurabilidade" funciona metaforicamente. A expressão "nenhuma medida comum" passa a ser "nenhuma linguagem comum". A afirmação de que duas teorias são incomensuráveis é, assim, a afirmação de que não há uma linguagem, neutra ou não, em que ambas as teorias, concebidas como conjuntos de sentenças, possam ser traduzidas sem haver resíduos ou perdas. A incomensurabilidade em sua forma metafórica não implica incomparabilidade, não mais do que o faz em sua forma literal e praticamente pela mesma razão. A maioria dos termos comuns às duas teorias funciona da mesma maneira em ambas; seus significados, quaisquer que sejam, são preservados; sua tradução é simplesmente homofônica. Problemas de tradutibilidade surgem apenas para um pequeno subgrupo de termos (usualmente interdefinidos) e para as sentenças que os contenham. A afirmação de que duas teorias são incomensuráveis é mais modesta do que supuseram muitos de seus críticos.

Chamarei essa versão modesta da incomensurabilidade de "incomensurabilidade local". Até o ponto em que incomensurabilidade constituiu uma tese referente à linguagem, à mudança de significado, sua forma local é a minha versão original. Se ela puder ser mantida consistentemente, então a primeira linha de ataque dirigida contra a incomensurabilidade deve fracassar. Os termos que preservam seus significados ao longo de uma mudança de teoria fornecem uma base suficiente para a discussão de diferenças e para as comparações relevantes para a escolha de teorias.[8] Eles fornecem até mesmo, como veremos, uma base de onde podem ser explorados os significados de termos incomensuráveis.

Não está claro, contudo, que a incomensurabilidade possa ser restrita a uma região localizada. No estado atual da teoria do significado, a distinção entre termos que mudam de significado e termos que o preservam é, na melhor das hipóteses, difícil de explicar ou aplicar. Significados são um produto histórico e modificam-se inevitavelmente, com o passar do tempo, por meio de mudanças impostas sobre os termos que os veiculam. É simplesmente implausível que alguns termos mudem de significado, quando transferidos para uma nova teoria, sem contaminar os termos transferidos consigo. Longe de fornecer uma solução, a expressão "invariância de significado" pode apenas proporcionar um novo lar para os problemas apresentados pelo conceito de incomensurabilidade. Essa dificuldade é real, e não o produto de um mal-entendido. Retornarei a ela no fim deste artigo, e aí tornar-se-á óbvio que "significado" não é a rubrica sob a qual melhor se pode discutir a incomensurabilidade. No entanto, não há, por ora, nenhuma alternativa mais adequada. À busca de uma, volto-me agora para a segunda linha principal de ataque regularmente dirigida contra a incomensurabilidade, linha que sobrevive ao retorno à versão original local dessa noção.

Tradução *versus* interpretação

Se quaisquer termos não vazios de uma teoria mais velha escapam à tradução na linguagem de sua sucessora, como podem os historiadores e outros analistas ser tão bem-sucedidos em reconstruir ou interpretar essa teoria mais velha, incluindo-se o uso e a função desses próprios termos? Os historiadores afirmam ser capazes de produzir interpretações bem-sucedidas. Os antropólogos, num empreendimento estreitamente correlato, fazem

---

8 Note-se que esses termos não são independentes de uma teoria, mas são, simplesmente, usados da mesma maneira nas duas teorias em questão. Segue-se que testar é um processo que compara duas teorias, não um processo que possa avaliar teorias uma de cada vez.

o mesmo. Vou aqui simplesmente pressupor que suas afirmações sejam justificadas, que não haja limites de princípio para a extensão em que esses critérios podem ser satisfeitos. Sejam ou não corretas, como penso que o são, essas suposições são, em todo caso, fundamentais para os argumentos dirigidos contra a incomensurabilidade por críticos tais como Davidson, Kitcher e Putnam.[9] Todos os três fazem um esboço da técnica de interpretação, todos descrevem seu resultado como uma tradução ou um esquema de tradução e todos concluem que seu êxito é incompatível até mesmo com a incomensurabilidade local. Ao tentar mostrar, agora, qual é o problema com o argumento deles, chego às preocupações centrais deste artigo.

O argumento, ou esboço de argumento, que acabo de apresentar depende crucialmente da equiparação da interpretação à tradução. Essa equiparação pode ser rastreada pelo menos até *Word and Object*, de Quine.[10] Acredito que esteja errada e que o erro é importante. Sustento que interpretação, um processo a respeito do qual terei mais a dizer, não é o mesmo que tradução, pelo menos não como a tradução tem sido concebida em boa parte da filosofia recente. É fácil fazer essa confusão, porque a tradução real frequentemente, ou talvez sempre, envolve, pelo menos, um pequeno componente interpretativo. Nesse caso, porém, a tradução real deve comportar dois processos distinguíveis. A filosofia analítica recente concentrou-se, exclusivamente, sobre um de tais processos e subsumiu o outro a ele. Para evitar confusões, seguirei aqui o uso recente e aplicarei o termo "tradução" ao primeiro desses processos, e "interpretação" ao segundo. Contudo, na medida em que é reconhecida a existência de dois processos, nada em meu argumento depende da preservação do termo "tradução" para o primeiro.

Assim, para os presentes propósitos, a tradução é algo feito por uma pessoa que sabe duas línguas. Perante um texto, escrito ou oral, em uma dessas línguas, o tradutor sistematicamente substitui as palavras ou sequências de palavras do texto por palavras ou sequências de palavras da outra língua, de modo que produza um texto equivalente nessa outra língua. Não é preciso, por enquanto, especificar o que significa ser um "texto equivalente". Igualdade de significado e igualdade de referência são, ambos, desideratos óbvios, mas não os invoco ainda. Digamos, simplesmente, que o texto da

---

9 Davidson, op. cit., p.19; Kitcher, op. cit., p.519-29; Putnam, op. cit., p.116 et seq.
10 Quine, *Word and Object*.

tradução conta mais ou menos a mesma história, apresenta mais ou menos as mesmas ideias, ou descreve mais ou menos a mesma situação que o texto do qual ele é uma tradução.

Duas características da tradução assim concebida requerem ênfase especial. Em primeiro lugar, a língua na qual a tradução é concretizada já existia antes de a tradução ter sido iniciada. Ou seja, a existência da tradução não modificou os significados de palavras ou de expressões. Pode, é claro, ter aumentado o número de referentes conhecidos de certo termo, mas não alterou a maneira como esses referentes, novos e velhos, são determinados. Uma segunda característica é intimamente relacionada com essa. A tradução consiste, exclusivamente, em palavras e expressões que substituem (não necessariamente uma a uma) as palavras e expressões do original. Notas explicativas e prefácios de tradutores não fazem parte da tradução, e uma tradução perfeita não teria necessidade de nenhum deles. Se ambos são, não obstante, necessários, é preciso que perguntemos por quê. Sem dúvida alguma, essas características da tradução parecem idealizações – e certamente o são. Mas a idealização não é minha. Ambas derivam, dentre outras fontes, diretamente da natureza e função de um manual de tradução quineano.

Passemos agora à interpretação. Ela é um empreendimento praticado por historiadores e antropólogos, entre outros. Ao contrário do tradutor, o intérprete pode, inicialmente, dominar apenas uma única língua. A princípio, o texto no qual ele trabalha consiste, no todo ou em parte, em ruídos ou inscrições ininteligíveis. O "tradutor radical" de Quine é, de fato, um intérprete, e "gavagai" exemplifica o material ininteligível do qual ele parte. Observando o comportamento e as circunstâncias que cercam a produção do texto e sempre supondo que se possa atribuir sentido a algo que aparentemente é um comportamento linguístico, o intérprete busca esse sentido, esforça-se por aventar hipóteses, tais como a de que "gavagai" significa "olhe, um coelho", as quais tornam inteligíveis o proferimento [*utterance*] ou a inscrição. Se o intérprete for bem-sucedido, o que ele faz, em primeira instância, é aprender uma nova língua, talvez a língua da qual "gavagai" seja um termo, ou, talvez, uma versão anterior da própria língua do intérprete, na qual termos ainda correntes como "força" e "massa", ou como "elemento" e "composto", funcionavam de maneira diferente. É uma questão aberta se essa língua pode ser traduzida naquela da qual partiu o intérprete. Adquirir uma nova língua não é o mesmo que traduzir dela para a própria língua. O êxito no primeiro caso não implica um êxito no segundo.

É a respeito justamente desses problemas que os exemplos de Quine são sistematicamente enganadores, pois confundem interpretação e tradução. Para *interpretar* o proferimento "gavagai", o antropólogo imaginário de Quine não precisa ser proveniente de uma comunidade linguística que conheça coelhos e possua uma palavra que faça referência a eles. Em vez de descobrir um termo que corresponda a "gavagai", o intérprete/antropólogo poderia adquirir o termo dos nativos de maneira muito semelhante àquela em que, num estágio anterior, foram adquiridos alguns termos de sua própria língua.[11] Isto é, o antropólogo ou intérprete pode aprender, e com frequência aprende, a reconhecer as criaturas que suscitam o proferimento "gavagai" entre os nativos. Em vez de traduzir, o intérprete pode simplesmente aprender qual é o animal em questão e usar, para esse animal, o termo empregado pelos nativos.

A disponibilidade dessa alternativa, é claro, não impede a tradução. O intérprete, pelas razões já explicitadas, não pode simplesmente introduzir o termo "gavagai" em sua língua, digamos, o inglês. Isso seria alterar o inglês, e o resultado não seria uma tradução. Mas o intérprete pode tentar descrever em inglês os referentes do termo "gavagai" – eles são criaturas peludas, de orelhas longas, com caudas felpudas etc. Se a descrição for bem-sucedida, se ela se ajustar a todas e somente àquelas criaturas que suscitam proferimentos envolvendo "gavagai", então "criatura peluda, de orelhas longas, cauda felpuda..." é a tradução procurada, e "gavagai" pode, daí em diante, ser introduzido no inglês como uma abreviação dela.[12] Nessas circunstâncias, não surge nenhuma questão referente à incomensurabilidade.

Mas essas circunstâncias podem não ocorrer. Pode não haver nenhuma descrição em inglês que seja correferencial com o termo nativo "gavagai".

---

11 Quine (op. cit., p.47, 70 et seq.) observa que seu tradutor radical poderia escolher o caminho mais "custoso" e "aprender a língua diretamente, como faria uma criança". Mas ele considera esse processo mera rota alternativa para o mesmo fim que os alcançados por seu modo usual, tal fim sendo um manual de tradução.

12 Poder-se-ia objetar que uma sequência de palavras como "criatura peluda, de orelhas longas, cauda peluda..." é longa e complicada demais para ser considerada tradução de um termo isolado em outra língua. Inclino-me, porém, à opinião de que qualquer termo que possa ser introduzido por uma sequência de palavras pode ser internalizado de modo que, com a prática, seus referentes sejam reconhecidos de forma direta. Em todo caso, meu interesse é em uma versão mais forte de intradutibilidade, na qual nem mesmo sequências longas estejam disponíveis.

Ao aprender a reconhecer "gavagais", o intérprete pode ter aprendido a reconhecer características distintivas desconhecidas dos falantes do inglês e para as quais o inglês não provê nenhuma terminologia descritiva. Ou seja, talvez os nativos estruturem o mundo animal de maneira diferente de como o fazem os falantes do inglês, usando, para tanto, discriminações diferentes. Nessas circunstâncias, "gavagai" permanece um termo irredutivelmente nativo, não traduzível em inglês. Embora falantes de inglês possam aprender a usar o termo, falam a língua nativa quando o usam. São essas as circunstâncias para as quais eu reservaria o termo "incomensurabilidade".

Determinação da referência *versus* tradução

Isso posto, tenho afirmado que os historiadores da ciência, ao tentar compreender textos científicos obsoletos, regularmente se deparam com circunstâncias desse tipo, ainda que nem sempre as reconheçam como tais. A teoria do flogístico tem fornecido um de meus exemplos-padrão, e Philip Kitcher utilizou-o como base para uma crítica contundente da noção ampla de incomensurabilidade. O que está agora em questão ficará consideravelmente esclarecido se eu primeiro expuser o centro dessa crítica e, depois, indicar o ponto em que ela se perde.

Kitcher argumenta, penso que com sucesso, que a linguagem da química do século XX pode ser usada para identificar os referentes dos termos e expressões da química do século XVIII, pelo menos na medida em que esses termos e expressões realmente se refiram a alguma coisa. Lendo um texto da autoria de, digamos, Priestley, e considerando-se, de uma perspectiva moderna, os experimentos que ele descreve, pode-se ver que "ar deflogisticado" às vezes se refere ao próprio oxigênio, às vezes a uma atmosfera enriquecida com oxigênio. "Ar flogisticado" é, normalmente, ar do qual foi removido o oxigênio. A expressão "α é mais rico em flogístico do que β" é correferencial com "α tem uma afinidade maior com o oxigênio do que β". Em alguns contextos – por exemplo, na expressão "durante a combustão é emitido flogístico" –, o termo "flogístico" não se refere a nada, mas há outros contextos nos quais ele se refere ao hidrogênio.[13]

---

13 Kitcher, op. cit., p.531-6.

Não tenho dúvida de que historiadores lidando com velhos textos científicos possam e devam usar a linguagem moderna para identificar os referentes de termos obsoletos. Como os nativos apontando para "gavagais", essas determinações da referência frequentemente fornecem os exemplos concretos com base nos quais os historiadores nutrem a esperança de aprender o que significam as expressões problemáticas em seus textos. Além disso, a introdução de uma terminologia moderna torna possível explicar por que e em que áreas as teorias mais velhas foram bem-sucedidas.[14] Kitcher, contudo, descreve esse processo de determinação de referência como tradução, e sugere que sua disponibilidade deveria pôr um fim à menção da incomensurabilidade. Em ambos esses aspectos, parece-me estar enganado.

Pensem, por um momento, na aparência que teria um texto traduzido pelas técnicas de Kitcher. Como, por exemplo, seriam vertidas as ocorrências não referenciais de "flogístico"? Uma possibilidade – sugerida tanto pelo silêncio de Kitcher a respeito do assunto quanto por sua preocupação em preservar valores de verdade, os quais, nessas circunstâncias, são problemáticos – seria deixar em branco os espaços correspondentes. Deixar espaços em branco, contudo, é fracassar como tradutor. Se somente expressões com referência possuem tradução, então nenhuma obra de ficção jamais poderia ser traduzida, e, para os presentes propósitos, velhos textos científicos têm de ser tratados, pelo menos, com a cortesia normalmente oferecida a obras de ficção. Eles relatam em que os cientistas do passado

---

14 Kitcher supõe que suas técnicas de tradução lhe permitem especificar quais enunciados da teoria mais velha eram verdadeiros e quais eram falsos. Assim, os enunciados a respeito da substância liberada na combustão eram falsos, mas os enunciados sobre o efeito do ar deflogisticado nas atividades vitais eram verdadeiros porque, nesses enunciados, "ar deflogisticado" se referia ao oxigênio. Penso, contudo, que Kitcher está apenas usando a teoria moderna para explicar por quê alguns enunciados constituídos por praticantes da teoria mais velha foram confirmados pela experiência e outros não. A capacidade de explicar tais sucessos e fracassos é básica para a interpretação que o historiador da ciência faz dos textos. (Se uma interpretação atribui ao autor de um texto asserções repetidas que observações facilmente disponíveis teriam infirmado, então a interpretação quase certamente é errada, e o historiador deve voltar ao trabalho. Para um exemplo do que poderia ser então necessário, consulte-se meu artigo A Function for Thought Experiments. In: Cohen; Taton (Eds.), *Mélanges Alexandre Koyré: L'aventure de l'esprit*, p.307-34, v.2; reimpresso em Kuhn, *The Essential Tension*, p.240-65.) Mas nem a interpretação nem as técnicas de tradução de Kitcher permitem que sentenças individuais contendo termos da teoria mais velha sejam declaradas verdadeiras ou falsas. As teorias, creio, são estruturas que devem ser avaliadas como um todo.

acreditavam, independentemente de seu valor de verdade, e isso é o que uma tradução deve comunicar.

Alternativamente, Kitcher poderia usar a mesma estratégia dependente de contexto que ele desenvolveu para termos referenciais como "ar deflogisticado". "Flogístico" seria, então, às vezes vertido como "substância liberada por corpos em combustão", às vezes, como "princípio metalizante", e, às vezes, por ainda outras locuções. Essa estratégia, contudo, também conduz ao desastre, não apenas com respeito a termos como "flogístico", mas também com respeito a expressões com referência. O uso de uma palavra isolada, "flogístico", juntamente com termos compostos dela derivados, como "ar flogisticado", é uma das maneiras pelas quais o texto original comunicava as crenças de seu autor. Substituir termos do original que são inter-relacionados, e às vezes idênticos, por expressões não inter-relacionadas ou relacionadas entre si de modo diferente obriga, no mínimo, a que se suprimam essas crenças, tornando incoerente o texto resultante. Examinando uma tradução de Kitcher, alguém ficaria repetidamente perplexo ao procurar entender por que essas sentenças foram justapostas em um único texto.[15]

Para ver mais claramente o que está envolvido no lidar com textos obsoletos, considere-se o seguinte resumo de alguns aspectos centrais da teoria do flogístico. Por clareza e brevidade, eu mesmo o elaborei, mas ele poderia, exceto pelo estilo, ter sido retirado de um manual de química do século XVIII.

Todos os corpos físicos são compostos de elementos e princípios químicos, os últimos dotando os primeiros de propriedades especiais. Entre os elementos estão as terras e os ares, e entre os princípios está o flogístico. Algumas terras, por exemplo o carbono e o enxofre, são, em seu estado normal, especialmente ricas em flogístico e deixam um resíduo ácido quando privadas dele. Outras, as cais ou os minérios, são, normalmente, pobres em flogístico e tornam-se luzidias, dúcteis e boas condutoras de calor – metálicas, portanto – quando impregnadas com ele. A transferência de flogístico para o ar ocorre durante a

---

15 Kitcher, é claro, explica tais justaposições referindo-se às crenças do autor do texto e à teoria moderna. Mas os trechos em que ele faz isso são notas explicativas, não sendo, de modo algum, partes de sua tradução.

combustão e processos relacionados, tais como a respiração e a calcinação. O ar cujo conteúdo de flogístico foi, então, aumentado desse modo (ar flogisticado) tem elasticidade reduzida e reduzido poder de sustentação de vida. O ar do qual parte do componente flogístico normal foi removido (ar deflogisticado) dá sustentação à vida de maneira especialmente vigorosa.

O manual continua a partir daqui, mas esse excerto servirá em lugar do todo.

O resumo que elaborei consiste em sentenças da química do flogístico. A maioria das palavras, nessas sentenças, aparece em textos de química tanto do século XVIII quanto do século XX e funciona do mesmo modo em ambos. Alguns outros termos em tais textos, mais notadamente "flogisticação", "deflogisticação" e seus correlatos, podem ser substituídos por expressões nas quais apenas o termo "flogístico" é alheio à química moderna. Depois de terem sido completadas todas essas substituições, no entanto, permanece um pequeno grupo de termos para os quais o vocabulário da química moderna não apresenta nenhum equivalente. Alguns desses termos desapareceram inteiramente da linguagem da química: "flogístico" é o exemplo, atualmente, mais óbvio. Outros, como o termo "princípio", perderam toda a significação puramente química. (O imperativo "purifiquem seus reagentes" é um princípio químico em um sentido muito diferente daquele em que o flogístico era um princípio.) Ainda outros termos, "elemento", por exemplo, permanecem centrais no vocabulário da química e herdam algumas funções de seus homônimos mais antigos. Termos como "princípio", contudo, antes aprendidos com eles, desapareceram dos textos modernos e, com eles, perdeu-se também a generalização, anteriormente constitutiva, de que qualidades como cor e elasticidade fornecem evidência direta da composição química. Em consequência, os referentes desses termos sobreviventes, bem como os critérios para identificá-los, encontram-se, agora, drástica e sistematicamente alterados. Em ambos os casos, o termo "elemento", na química do século XVIII, funcionava seja como a expressão moderna "estado de agregação", seja como o termo moderno "elemento".

Quer esses termos da química do século XVIII – tais como "flogístico", "princípio" e "elemento" – se refiram a alguma coisa, quer não, eles não são elimináveis de nenhum texto que pretenda ser uma tradução de um texto original de química do flogístico. Eles devem, no mínimo, servir como parâmetros para os conjuntos inter-relacionados de propriedades que permitem a identificação dos presumidos referentes desses termos inter-relacionados. Para ser coerente, um texto que empregue a teoria do flogístico deve representar a substância liberada na combustão como um princípio químico, o mesmo princípio que torna o ar impróprio para respirar e que também, quando extraído de um material apropriado, deixa um resíduo ácido. Mas se esses termos não são elimináveis, também parecem não ser individualmente substituíveis por algum conjunto de palavras ou expressões modernas. E se esse é o caso – um ponto a ser imediatamente considerado –, então o trecho elaborado, no qual esses termos apareceram, não pode ser uma tradução, pelo menos não no sentido usual desse termo na filosofia recente.

O historiador como intérprete e professor de idiomas

Contudo, seria correto afirmar que termos da química do século XVIII como "flogístico" são intraduzíveis? Afinal de contas, já descrevi, numa linguagem moderna, várias maneiras em que o velho termo "flogístico" tem referência. Por exemplo, o flogístico é liberado na combustão, reduz a elasticidade e as propriedades do ar que dão sustentação à vida, e assim por diante. Parece que expressões da linguagem moderna como essas podem ser combinadas a fim de produzir uma tradução, na linguagem moderna, de "flogístico". Mas não podem. Entre as expressões que descrevem como são selecionados os referentes do termo "flogístico", encontram-se várias que incluem outros termos intraduzíveis, como "princípio" e "elemento". Junto com "flogístico", eles constituem um conjunto inter-relacionado ou interdefinido que deve ser adquirido conjugadamente, num todo, antes que qualquer um deles possa ser usado e aplicado a fenômenos naturais.[16] Apenas depois de terem sido assim adquiridos, alguém pode reconhecer a química do século XVIII pelo que ela era, uma disciplina que diferia de

---

16 Talvez apenas "elemento" e "princípio" tenham de ser aprendidos conjuntamente. Uma vez aprendidos – mas só então –, "flogístico" poderia ser introduzido como um princípio que se comporta de certas maneiras especificadas.

sua sucessora do século XX não simplesmente no que tinha a dizer acerca de substâncias e processos individuais, mas no modo como estruturava e parcelava grande parte do mundo químico.

Um exemplo mais restrito esclarecerá meu ponto. Ao se aprender a mecânica newtoniana, os termos "massa" e "força" precisam ser adquiridos em conjunto, e a segunda lei de Newton tem de desempenhar um papel em sua aquisição. Isto é, não se pode aprender "massa" e "força" de maneira independente e depois descobrir, empiricamente, que força é igual a massa vezes aceleração. Nem se pode primeiro aprender "massa" (ou "força") e, depois, usá-la para definir "força" (ou "massa") com auxílio da segunda lei. Ao contrário, todos os três têm de ser aprendidos em conjunto, partes de toda uma nova maneira (mas não maneira totalmente nova) de fazer mecânica. Esse ponto, infelizmente, é obscurecido pelas formalizações usuais. Ao formalizar a mecânica, pode-se selecionar ou "massa" ou "força" como primitivo e introduzir depois o outro como um termo definido. Mas essa formalização não fornece nenhuma informação sobre como as forças e massas são selecionadas em situações físicas reais. Embora "força", digamos, possa ser um primitivo em alguma formalização particular da mecânica, não se pode aprender a reconhecer forças sem aprender simultaneamente como selecionar massas e sem recorrer à segunda lei. É por isso que os termos newtonianos "força" e "massa" não são traduzíveis na linguagem de uma teoria física (aristotélica ou einsteiniana, por exemplo) na qual a versão de Newton da segunda lei não se aplica. Para aprender qualquer uma dessas três maneiras de fazer mecânica, os termos inter-relacionados, em alguma parte local da rede da linguagem, têm de ser aprendidos ou reaprendidos em conjunto e, então, aplicados à natureza como um todo. Eles não podem ser simplesmente traduzidos um a um.

Como é possível, então, para um historiador que ensina a teoria do flogístico ou escreve sobre ela comunicar seus resultados? O que ocorre quando o historiador apresenta aos leitores um grupo de sentenças como aquelas sobre o flogístico no resumo que apresentei anteriormente? A resposta a essa pergunta varia de acordo com o público, e começo com aquele que é, presentemente, o mais relevante. Ele consiste em pessoas que não tiveram antes nenhum tipo de contato com a teoria do flogístico. Para eles, o historiador está descrevendo o mundo no qual acreditava o químico do flogístico do século XVIII. Simultaneamente, está ensinando a linguagem que os químicos do século XVIII usavam ao descrever, explicar e explorar esse mundo. A maioria das palavras, nessa linguagem mais antiga, é idêntica, tanto na forma quanto na função, a palavras na linguagem do historiador e de seu público. Outras, porém, são novas e precisam ser aprendidas ou reaprendidas. Esses são os termos intraduzíveis para os quais o historiador ou algum predecessor seu tiveram de descobrir ou inventar significados a fim de tornar inteligíveis os textos sobre os quais trabalham. A interpretação é o processo por meio do qual é descoberto o uso desses termos, processo que tem sido muito discutido recentemente com a rubrica de hermenêutica.[17] Uma vez que esse processo tenha sido completado e as palavras tenham sido adquiridas, o historiador as usa em seu próprio trabalho e as ensina a outros. A questão da tradução simplesmente não emerge.

Tudo isso se aplica, sugiro, quando passagens como a anteriormente enfatizada são apresentadas a um público que não sabe nada a respeito da teoria do flogístico. Para esse público, essas passagens são glosas de textos flogísticos, cuja intenção é ensinar-lhes a linguagem em que tais textos foram escritos e como devem ser lidos. Contudo, também, deparam-se com tais textos pessoas que já aprenderam a lê-los, pessoas para quem tais textos são simplesmente mais um exemplo de um tipo já familiar. São essas as pessoas para quem tais textos parecerão meras traduções, ou talvez meramente texto, pois elas esqueceram que precisaram aprender uma linguagem especial antes de poder lê-los. É fácil cometer esse erro. A linguagem que elas aprenderam coincidia extensivamente com a linguagem nativa que tinham aprendido antes. Contudo, diferia de sua linguagem nativa, em parte, por enriquecimento – por exemplo, a introdução de termos como "flogístico" – e, em parte, pela introdução de usos, sistematicamente modificados, de termos como "princípio" e "elemento". Esses textos não poderiam ser vertidos para a sua linguagem nativa não revisada.

---

17 Para o sentido de "hermenêutica" que tenho em mente (há outros), a introdução mais útil é Taylor, Interpretation and the Sciences of Man, *Review of Metaphysics*, v.25, p.3-51, 1971; reimpresso em Dallmayr; McCarthy, *Understanding and Social Inquiry*, p.101-31. Taylor, contudo, assume como dado que a linguagem descritiva das ciências naturais (bem como a linguagem comportamental das ciências sociais) é fixa e neutra. Um corretivo proveitoso, advindo da tradição hermenêutica, é fornecido por Karl-Otto Apel, The *A Priori* of Communication and the Foundation of the Humanities, *Man and World*, v.5, p.3-37, 1972; reimpresso em Dallmayr; McCarthy, op. cit., p.292-315.

Embora esse ponto exija muito mais discussão do que é possível tentar fazer aqui, muito do que estive dizendo é capturado com nitidez pela forma das sentenças de Ramsey. As variáveis existencialmente quantificadas com que tais sentenças iniciam podem ser vistas como o que denominei anteriormente "parâmetros" para os termos que exigem interpretação, por exemplo, "flogístico", "princípio" e "elemento". Assim como suas consequências lógicas, a própria sentença de Ramsey é, pois, um compêndio das pistas disponíveis para um intérprete, pistas que, na prática, ele teria de descobrir por meio de uma longa exploração de textos. Essa, penso, é a maneira apropriada de entender a plausibilidade da técnica introduzida por David Lewis para definir termos teóricos por meio de sentenças de Ramsey.[18] Como as definições ostensivas, as definições de Ramsey utilizadas por Lewis esquematizam um modo importante (e talvez essencial) de aprendizagem da linguagem. No entanto, em todos os três casos, o sentido de "definição" envolvido é metafórico ou, pelo menos, ampliado. Nenhum desses três tipos de "definição" suporta uma substituição: sentenças de Ramsey não podem ser usadas para uma tradução.

Lewis, é claro, discorda desse último ponto. Este não é o lugar para responder aos detalhes de sua argumentação, muitos deles técnicos, mas duas linhas de crítica podem, ao menos, ser indicadas. As definições de Ramsey utilizadas por Lewis determinam a referência apenas na hipótese de que a sentença de Ramsey correspondente tenha uma única realização. É questionável que essa hipótese seja sustentável, e improvável que seja regularmente sustentada. Além do mais, quando, e se, ela se verifica, as definições que possibilita não são informativas. Se há uma, e apenas uma, realização referencial de determinada sentença de Ramsey, é claro que alguém pode esperar encontrá-la simplesmente por meio de tentativa e erro. Mas ter encontrado o referente de um termo definido por meio de uma sentença de Ramsey em determinado ponto de um texto não seria de nenhuma ajuda para achar o referente desse termo em sua próxima ocorrência. A força do argumento de Lewis depende, portanto, de sua asserção adicional de que as definições de Ramsey determinam não apenas a referência mas também o

---

18 Lewis, How to Define Theoretical Terms, *Journal of Philosophy*, v.67, p.427-46, 1970; Id., Psychophysical and Theoretical Identifications, *Australasian Journal of Philosophy*, v.50, p.249-58, 1972.

sentido, e essa parte de sua argumentação depara-se com dificuldades não apenas intimamente relacionadas com as que acabo de esboçar, mas ainda mais graves do que elas.

Mesmo que as definições de Ramsey escapassem dessas dificuldades, restaria ainda um outro grande conjunto delas. Já assinalei, em outra ocasião, que as leis de uma teoria científica, ao contrário dos axiomas de um sistema matemático, são apenas esboços de leis, visto que suas formalizações simbólicas dependem do problema ao qual são aplicadas.[19] Esse ponto foi, desde então, consideravelmente ampliado por Joseph Sneed e Wolfgang Stegmüller, que discutem sentenças de Ramsey e mostram que sua formulação sentencial padrão varia de um âmbito de aplicações a outro.[20] A maioria das ocorrências de termos novos ou problemáticos em um texto científico, contudo, encontra-se no campo das aplicações, e as sentenças de Ramsey correspondentes simplesmente não são uma fonte de indicações suficientemente rica a ponto de bloquear um grande número de interpretações triviais. Para permitir uma interpretação razoável de um texto repleto de definições de Ramsey, os leitores teriam de, antes, coletar uma variedade de diferentes âmbitos de aplicação. E, tendo feito isso, teriam ainda de cumprir o que o historiador/intérprete tenta fazer na mesma situação. Ou seja, eles teriam de inventar e testar hipóteses sobre o sentido dos termos introduzidos por definições de Ramsey.

O manual de tradução quineano

A maioria das dificuldades consideradas aqui deriva, mais ou menos diretamente, de uma tradição que sustenta que uma tradução pode ser elaborada em termos puramente referenciais. Tenho reiterado que isso não é possível, e meus argumentos implicaram, pelo menos, a necessidade de se invocar alguma coisa do reino dos significados, intensionalidades e concei-

---

19 Kuhn, *The Structure of Scientific Revolutions*, 2.ed., p.188 et seq.
20 Sneed, *The Logical Structure of Mathematical Physics*; Stegmüller, *Probleme und Resultate der Wissenschaftstheorie und analytischen Philosophie* [reeditado como *The Structure and Dynamics of Theories*].

tos. Para sustentar essas posições, considerei um exemplo proveniente da história da ciência, um exemplo do mesmo tipo daquele que me conduziu primeiro ao problema da incomensurabilidade e, depois, ao da tradução. Contudo, conclusões do mesmo tipo podem ser sustentadas diretamente com base nas discussões recentes da semântica referencial e nas discussões sobre tradução que estão associadas a ela. Considerarei aqui o único exemplo ao qual aludi no início: a concepção de Quine de um manual de tradução. Um tal manual – o produto final dos esforços de um tradutor radical – consiste em listas paralelas de palavras e expressões, uma delas na língua do próprio tradutor, a outra na língua da tribo que ele está investigando. Cada item em cada uma das listas é vinculado a um ou, frequentemente, a vários itens na outra, e cada vínculo especifica uma palavra ou expressão de uma língua que pode, supõe o tradutor, ser substituída nos contextos apropriados pela palavra ou expressão vinculada da outra língua. Onde os vínculos são do tipo um-para-muitos, o manual inclui especificações dos contextos nos quais cada um dos vários vínculos deve ser preferido.[21]

A rede de dificuldades que pretendo identificar diz respeito ao último desses componentes do manual, os especificadores de contexto. Considere-se a palavra francesa "*pompe*". Em alguns contextos (tipicamente, os que envolvem cerimônias), seu equivalente em inglês é "*pomp*" [pompa]; em outros contextos (tipicamente hidráulicos), seu equivalente é "*pump*" [bomba]. Ambos os equivalentes são precisos. "*Pompe*" fornece, assim, um exemplo típico de ambiguidade semelhante ao exemplo inglês padrão, "*bank*": às vezes, a margem de um rio e, às vezes, uma instituição financeira.

Compare-se agora o caso de "*pompe*" com o de palavras francesas como "*esprit*" ou "*doux*"/"*douce*". "*Esprit*" pode ser substituída, dependendo do contexto, por termos ingleses como "*spirit*" [espírito], "*aptitude*" [aptidão], "*mind*" [mente], "*intelligence*" [inteligência], "*judgement*" [juízo], "*wit*" [perspicácia], ou "*attitude*" [atitude]. Já a segunda, um adjetivo, pode ser aplicada, entre outras coisas, ao mel ("*sweet*") [doce], à lã ("*soft*") [macia], a uma sopa muito pouco temperada ("*bland*") [insossa], a uma lembrança ("*tender*") [agradável], ou a um declive ou ao vento ("*gentle*") [suave]. Esses não são casos de ambiguidade, mas de disparidade conceitual entre o francês e o inglês. "*Esprit*" e "*doux/douce*" são conceitos unos para os

---

21 Quine, op. cit., p.27, 68-82.

falantes de francês, ao passo que os falantes de inglês, considerados em grupo, não possuem equivalentes para eles. Em consequência, embora as várias traduções apresentadas acima preservem o valor de verdade nos contextos apropriados, nenhuma delas é intensionalmente precisa em contexto algum. *"Esprit"* e *"doux"/"douce"*, assim, são exemplos de termos que podem ser traduzidos apenas em parte e por meio de compromissos. A escolha do tradutor de uma particular palavra ou expressão inglesa para um deles é, *ipso facto*, a escolha de alguns aspectos da intensão do termo francês em detrimento de outros. Simultaneamente, a escolha introduz associações intensionais características do inglês mas alheias à obra que está sendo traduzida.[22] Creio que a análise de Quine da tradução se ressente muito de sua incapacidade de distinguir casos desse tipo de ambiguidade direta do caso de termos como *"pompe"*.

A dificuldade é idêntica à encontrada pela tradução de Kitcher de "flogístico". Sua origem já deve estar evidente: uma teoria da tradução baseada em uma semântica extensional e, portanto, restrita à preservação de valores de verdade ou a algum critério de adequação equivalente a isso. Do mesmo modo que "flogístico", "elemento" etc., tanto *"doux"/"douce"* quanto *"esprit"* pertencem a grupos de termos inter-relacionados, vários dos quais precisam ser aprendidos em conjunto e que, quando aprendidos, dão uma estrutura a uma certa parte do mundo da experiência que é diferente daquela familiar aos falantes contemporâneos do inglês. Tais palavras ilustram a incomensurabilidade entre linguagens naturais. No caso de *"doux"/"douce"*, o grupo inclui, por exemplo, *"mou"/"molle"*, uma palavra mais próxima que *"doux"/"douce"* à palavra inglesa *"soft"* [macio/macia], mas que também se aplica ao tempo morno e úmido. Ou considerem, no mesmo grupo que *"esprit"*, *"disposition"*. Essa palavra superpõe-se a *"esprit"* na área de atitudes e aptidões, mas também se aplica a um estado de saúde ou à disposição das palavras numa frase. Essas intensionalidades são o que uma

---

22 Notas explicativas que descrevem como os franceses veem o mundo psíquico (ou sensorial) podem ser de grande auxílio em relação a esse problema, e os manuais da língua francesa costumam incluir material a respeito de tais questões culturais. Mas notas explicativas descrevendo a cultura não fazem parte da tradução em si. Longas paráfrases em inglês de termos franceses não levam a um substituto adequado, em parte por sua deselegância, mas principalmente porque termos como *esprit* ou *doux/douce* são itens em um vocabulário do qual certas partes precisam ser aprendidas em conjunto. O argumento é o mesmo que o apresentado anteriormente para "elemento" e "princípio" ou "força" e "massa".

tradução perfeita preservaria, e é por isso que não pode haver traduções perfeitas. Mas aproximar-se desse ideal inatingível permanece uma exigência para as traduções reais, e, se tal exigência fosse levada em conta, os argumentos para a indeterminação da tradução exigiriam uma forma muito diferente daquela ora corrente.

Por tratar, em seus manuais de tradução, os vínculos do tipo um-para--muitos como casos de ambiguidade, Quine descarta as exigências intensionais para a tradução adequada. Paralelamente, descarta a principal pista para a descoberta de como as palavras e expressões em outras línguas se referem a algo. Embora os vínculos do tipo um-para-muitos sejam, às vezes, causados por ambiguidade, com muito mais frequência fornecem evidência de quais objetos e situações são similares, bem como quais são diferentes, para os falantes da outra língua; isto é, mostram como a outra língua estrutura o mundo. Sua função é, assim, quase a mesma que a desempenhada pelas observações múltiplas na aprendizagem de uma primeira língua. Do mesmo modo como se deve mostrar à criança que está aprendendo a palavra "cão" muitos cães diferentes e, para efeito de comparação, alguns gatos, assim também o falante de inglês que esteja aprendendo *"doux"/"douce"* precisa observar a palavra em muitos contextos, além de tomar nota dos contextos em que um francês emprega, em vez disso, *"mou"/"molle"*. Essas são as maneiras, ou algumas delas, pelas quais são aprendidas as técnicas para ligar palavras e expressões à natureza, primeiro as de sua própria língua e, depois, talvez, as demais presentes em outras línguas. Ao desistir delas, Quine elimina a própria possibilidade da interpretação, e a interpretação é, como argumentei desde o início, o que o tradutor radical quineano precisa fazer antes mesmo de que a tradução possa ter início. É de admirar, então, que Quine descubra dificuldades anteriormente não previstas a respeito da "tradução"?

Os invariantes da tradução

Volto-me, finalmente, a um problema que foi mantido a uma certa distância desde o início deste artigo: o que uma tradução deve preservar? Afirmei que não é meramente a referência, pois traduções que preservam a referência podem ser incoerentes e impossíveis de compreender ainda que os termos por ela empregados estejam sendo tomados em seus sentidos usuais. Essa descrição da dificuldade sugere uma resposta óbvia: as traduções têm de preservar não apenas a referência mas também o sentido ou a intensão. Essa é, com a rubrica de "invariância de significado", a posição que tomei no passado e que adotei, *faute de mieux*, na introdução a este artigo. Ela não é, de modo algum, trivialmente errada, mas também não é inteiramente correta, uma ambiguidade sintomática, creio, de uma profunda dualidade no conceito de significado. Num outro contexto, seria essencial confrontar essa dualidade de forma direta. Vou aqui contorná-la, evitando inteiramente falar de "significado". Em vez disso, discutirei, embora em termos ainda bastante gerais, quase metafóricos, como membros de uma comunidade linguística selecionam os referentes dos termos que empregam.

Considere-se o seguinte experimento mental, com o qual alguns de vocês já terão se deparado antes, sob a forma de uma piada. Uma mãe conta à filha a história de Adão e Eva; depois, mostra à criança uma imagem do par no Jardim do Éden. A criança olha, franze, intrigada, as sobrancelhas e diz: "Mamãe, me diga quem é quem. Eu saberia se estivessem usando roupas". Mesmo numa forma assim tão condensada, essa história ressalta duas características óbvias da linguagem. Ao associar termos e seus referentes pode-se legitimamente fazer uso de qualquer coisa que se saiba ou se julgue saber a respeito desses referentes. Além disso, duas pessoas podem falar a mesma língua e, não obstante, usar diferentes critérios para selecionar os referentes de seus termos. Um observador ciente das diferenças entre esses indivíduos simplesmente concluiria que os dois diferem no que sabem a respeito dos objetos em discussão. Que pessoas diferentes usem diferentes critérios ao identificar os referentes de termos compartilhados pode, penso, ser assumido com segurança como dado. Postularei, além disso, a tese agora amplamente compartilhada de que nenhum dos critérios usados na determinação da referência é apenas convencional, associado apenas por definição aos termos que ajuda a caracterizar.[23]

---

23 Há dois pontos que precisam ser salientados. Em primeiro lugar, não estou igualando significado a um conjunto de critérios. Em segundo, "critérios" devem ser entendidos num sentido muito amplo, que inclua seja lá quais forem as técnicas, nem todas elas necessariamente conscientes, que as pessoas de fato usam ao conectar palavras ao mundo. Em particular, do

No entanto, por que pessoas com critérios diferentes selecionam tão sistematicamente os mesmos referentes para seus termos? Uma primeira resposta é direta. Sua linguagem é adaptada ao mundo social e natural em que vivem, e esse mundo não apresenta os tipos de objeto e situação que as levariam, ao explorar suas diferenças de critérios, a fazer identificações diferentes. Essa resposta, por sua vez, levanta uma outra questão, mais difícil: o que determina a adequação dos conjuntos de critérios que um falante emprega ao aplicar uma linguagem ao mundo que essa linguagem descreve? O que falantes com critérios díspares de determinação da referência devem compartilhar para que sejam falantes da mesma língua, membros da mesma comunidade linguística?[24]

Os membros de uma mesma comunidade linguística são membros de uma cultura comum, e cada um pode esperar, portanto, deparar-se com o mesmo rol de objetos e situações. Se eles devem correferir, cada um deve associar cada termo individual a um conjunto de critérios suficiente para distinguir seus referentes de outros tipos de objeto ou situação que o mundo da comunidade realmente apresenta, embora não de outros objetos adicionais que sejam meramente imagináveis. Por conseguinte, a capacidade de identificar corretamente os membros de um conjunto demanda, com frequência, também um conhecimento de conjuntos de contrastes. Há alguns anos, por exemplo, sugeri que aprender a identificar gansos pode também exigir o conhecimento de criaturas tais como patos e cisnes.[25] O grupo de critérios adequados à identificação de gansos depende, indiquei, não apenas das características compartilhadas por gansos reais, mas também das

---

modo como está sendo aqui usada, a expressão "critérios" pode certamente incluir similaridade com exemplos paradigmáticos (mas, nesse caso, é preciso que a relação de similaridade relevante seja conhecida) ou recurso a especialistas (mas, nesse caso, é preciso que os falantes saibam como encontrar os especialistas relevantes).

24 Não encontrei nenhuma maneira breve de discutir esse tópico que não parecesse implicar que critérios são, de algum modo, lógica e psicologicamente anteriores aos objetos e situações para os quais eles constituem critérios. Mas penso, de fato, que ambos, critérios e situações, têm de ser aprendidos, e que eles são, frequentemente, aprendidos em conjunto. Por exemplo, a presença de massas e forças é um critério para o que eu poderia denominar "situação-mecânico-newtoniana", situação à qual a segunda lei de Newton se aplica. Pode-se aprender, contudo, a reconhecer massa e força apenas dentro da situação-mecânico-newtoniana, e vice-versa.

25 Kuhn, Second Thoughts on Paradigms. In: Suppe, F. (Ed.). *The Structure of Scientific Theories*, p.459-82; reimpresso em *The Essential Tension*, p.293-319.

características de certas outras criaturas que estão no mundo habitado por gansos e por aqueles que falam sobre eles. Poucos termos ou expressões referenciais são aprendidos isoladamente, seja do mundo, seja uns dos outros.

Esse modelo muito parcial de como os falantes associam a linguagem ao mundo procura reintroduzir dois temas intimamente relacionados que emergiram repetidamente neste artigo. O primeiro, claro, é o papel essencial dos conjuntos de termos que precisam ser aprendidos de forma associada por aquelas pessoas educadas no interior de uma cultura, científica ou de outro tipo, e que os estrangeiros que se deparam com essa cultura devem considerar conjuntamente durante o processo de interpretação. Esse é o elemento holístico presente neste artigo, desde o início, com a incomensurabilidade local, e sua base deve estar clara agora. Se falantes diferentes, usando diferentes critérios, conseguem selecionar os mesmos referentes para os mesmos termos, então conjuntos de contrastes devem ter desempenhado algum papel na determinação dos critérios que cada um deles associa com termos individuais. Pelo menos devem tê-lo feito quando, como é usual, esses critérios não constituem, eles mesmos, condições necessárias e suficientes para a referência. Nessas circunstâncias, algum tipo de holismo local tem de ser uma característica essencial da linguagem.

Essas observações podem também fornecer uma base para o meu segundo tema recorrente: a asserção reiterada de que línguas diferentes impõem ao mundo estruturas diferentes. Imagine-se, por um momento, que, para cada indivíduo, um termo referencial seja um nó em uma rede lexical do qual irradiam rótulos para os critérios que ele usa para identificar os referentes do termo nodal. Esses critérios irão ligar alguns termos e distanciá-los de outros, construindo assim uma estrutura multidimensional no interior do léxico. Essa estrutura espelha aspectos da estrutura do mundo que o léxico pode ser usado para descrever e, simultaneamente, limita os fenômenos que podem ser descritos com a ajuda do léxico. Se, mesmo assim, surgem fenômenos anômalos, sua descrição (talvez até seu reconhecimento) requererá alterar alguma parte da linguagem, mudando as vinculações entre termos, anteriormente constitutivas.

Note-se, agora, que estruturas homólogas, estruturas que espelham o mesmo mundo, podem ser moldadas ao se usar diferentes conjuntos de vínculos como critérios [*criterial linkages*]. O que tais estruturas homólogas preservam, despidas dos rótulos definidos pelos critérios, são as categorias taxonômicas do mundo e as relações de similaridade/diferença entre elas. Embora eu esteja aqui à beira de uma metáfora, meu rumo deve estar claro. O que os membros de uma comunidade linguística compartilham é uma homologia de estrutura lexical. Seus critérios não precisam ser os mesmos, pois podem aprendê-los uns dos outros à medida que for preciso. Mas é preciso que haja uma correspondência entre suas estruturas taxonômicas, pois onde há uma diferença de estrutura, o mundo é diferente, a linguagem é privada, e a comunicação cessa até que uma das partes adquira a linguagem da outra.

Deve estar claro, entrementes, onde, a meu ver, devem ser buscados os invariantes da tradução. À diferença de dois membros da mesma comunidade linguística, os falantes de línguas mutuamente traduzíveis não precisam compartilhar termos: *"Rad"* não é *"wheel"*.[26] Porém, é preciso que as expressões referenciais de uma língua possam corresponder a expressões correferenciais da outra, e as estruturas lexicais empregadas por falantes das línguas devem ser as mesmas, não apenas internamente a cada língua, mas também de uma língua para a outra. Em resumo, a taxonomia precisa ser preservada para que se estabeleçam tanto categorias compartilhadas quanto relações compartilhadas entre elas. Onde ela não é preservada, a tradução é impossível, um resultado precisamente ilustrado pela valorosa tentativa de Kitcher de ajustar a teoria do flogístico à taxonomia da química moderna.

É claro que a tradução é apenas o primeiro recurso daqueles que buscam a inteligibilidade. A comunicação pode ser estabelecida na sua ausência. Mas onde a tradução não é exequível, são necessários os processos, muito diferentes, de interpretação e aquisição de linguagem. Esses processos não são arcanos. Historiadores, antropólogos e, talvez, crianças pequenas empregam-nos todos os dias. Contudo, não estão ainda bem compreendidos, e entendê-los provavelmente exigirá a atenção de um círculo filosófico mais amplo do que aquele que correntemente deles se ocupa. Desse aumento de atenção depende um entendimento não apenas da tradução e de suas limitações mas também da mudança conceitual. Não é por acaso que a análise sincrônica do *Word and Object* de Quine seja introduzida pela epígrafe diacrônica do barco de Neurath.

---

26 *Rad* e *wheel*. "Roda", em alemão e em inglês respectivamente. Mas, por exemplo, *wheel* também pode significar "volante" e *Rad*, "bicicleta". (N. T.)

Pós-escrito: resposta a alguns comentários

Sou grato a meus comentadores por sua paciência com meus atrasos, pelo cuidado de suas críticas e pela proposta de que eu forneça uma resposta escrita. Concordo inteiramente com muito do que disseram, mas não com tudo. Parte de nosso desacordo residual baseia-se em mal-entendidos, e começarei por essa parte.

Segundo Kitcher, eu acredito que seu "procedimento de interpretação" (sua "estratégia interpretativa") fracasse quando confrontado com porções incomensuráveis de um vocabulário científico mais antigo.[27] Suponho que por "estratégia interpretativa" ele queira se referir a seu procedimento para identificar numa linguagem moderna os referentes de termos mais velhos. Mas não pretendo sugerir que essa estratégia necessariamente fracasse. Pelo contrário, sugeri que ela é uma ferramenta essencial do historiador/intérprete. Se em algum ponto ela necessariamente entra em colapso, algo que duvido, então nesse momento a interpretação é impossível.

Kitcher pode ler a sentença precedente como uma tautologia, pois parece considerar seu procedimento de determinação de referência como sendo, ele próprio, uma interpretação, em vez de um mero pré-requisito para ela. Mary Hesse percebe o que está faltando quando ela diz que, para uma interpretação, "temos não apenas de *dizer* que o flogístico às vezes se referia ao hidrogênio e às vezes à absorção de oxigênio, mas temos de transmitir a ontologia do flogístico inteira, de modo que torne plausível por que ele era considerado uma espécie natural individual".[28] Os processos a que ela se refere são independentes, e a literatura mais antiga da história da ciência fornece inúmeros exemplos da facilidade com que se pode completar o primeiro sem ter dado sequer um passo em direção ao segundo. O resultado é um ingrediente essencial da história comprometida com o progresso contínuo [*Whig history*].

Até aqui, tratei apenas de mal-entendidos. No que se segue, pode começar a emergir um tipo mais substancial de desacordo. (Nessa área, não há linha nítida de separação entre mal-entendidos e desacordos substanciais.)

---

27 Kitcher, Implications of Incommensurability. In: Asquith; Nickles (Eds.), *PSA 1982*, v.2, p.692-3.

28 Hesse, Comment on Kuhn's Commensurability, Comparability, Communicability. In: Asquith; Nickles (Eds.), op. cit., p.707-11, grifo no original.

Kitcher supõe que a interpretação possibilita uma "comunicação plena atra-vés da linha divisória revolucionária" e que o processo por cujo intermédio ela o faz "amplia os recursos da linguagem original", por exemplo, por meio do acréscimo de termos como "flogístico" e seus correlatos.[29] Penso que Kitcher está seriamente enganado, pelo menos, a respeito do segundo desses pontos. Embora as linguagens possam ser enriquecidas, só podem sê-lo em certas direções. A linguagem da química do século XX, por exemplo, foi enriquecida pelo acréscimo do nome de novos elementos, como berquélio e nobélio. Mas não há nenhuma maneira coerente ou interpretável de acres-centar o nome de um princípio que envolva qualidades sem alterar o que se assume como elemento e muitas outras coisas além disso. Tais alterações não são simplesmente enriquecimentos; elas modificam o que havia antes, em vez de levar a um acréscimo, e a linguagem que delas resulta não pode mais representar diretamente todas as leis da química moderna. Em parti-cular, ficam fora disso as leis que envolvem o termo "elemento".

É, no entanto, possível uma "comunicação plena" entre um químico do século XVIII e um do século XX, como supõe Kitcher? Talvez sim, mas apenas se um deles aprender a linguagem do outro, tornando-se, nesse sentido, um participante na prática da química que é própria do outro. Essa transformação pode ser alcançada, mas as pessoas que se comunicam dessa maneira são químicos de séculos diferentes somente num sentido pickwickiano. Tal comunicação permite uma comparação significativa (embora não completa) da eficácia dos dois modos de prática, mas isso, para mim, nunca esteve em questão. O que estava, e está, em questão não é a comparabilidade significativa, mas sim o moldar da cognição pela lin-guagem, um ponto, de modo algum, epistemologicamente inócuo. Tenho sustentado que os enunciados-chave de uma ciência mais velha, incluindo--se alguns que seriam ordinariamente considerados meramente descritivos, não podem ser representados na linguagem de uma ciência posterior, e vi-ce-versa. Por linguagem de uma ciência, refiro-me aqui não apenas àquelas partes dessa linguagem que estão realmente sendo usadas, mas também a todas as extensões que podem ser incorporadas nessa linguagem sem alterar os componentes que já se encontram no devido lugar.

---

29 Kitcher, Implications of Incommensurability. In: Asquith; Nickles (Eds.), op. cit., p.691.

O que tenho em mente pode ser esclarecido se eu esboçar uma resposta à demanda de Mary Hesse por uma nova teoria do significado. Compartilho de sua convicção de que a teoria tradicional do significado está falida, e que se faz necessário algum tipo de substituição não puramente extensiva. Suspeito também que Hesse e eu estejamos bastante próximos em nossas conjecturas a respeito de como será o substituto. Porém, de algum modo, ela não percebe o sentido de minha conjectura, tanto ao supor que minhas breves observações sobre taxonomias homólogas não são dirigidas a uma teoria do significado, quanto ao descrever minha discussão sobre *"doux"/"douce"* e *"esprit"* como voltada para uma espécie de "tropo de significado", em vez de direta e literalmente para o significado.[30]

Retornando à minha metáfora anterior, que é tudo o que me permite o espaço de que disponho no momento, permitam-me considerar *"doux"* como um nó em uma rede lexical multidimensional na qual sua posição é especificada por sua distância em relação a outros nós, tais como *"mou"*, *"sucré"* etc. Saber o que *"doux"* significa é dominar a rede relevante e também *algum* conjunto de técnicas suficientes para vincular ao nó *"doux"* as mesmas experiências, objetos ou situações a ele associados por outros falantes de francês. Até o ponto em que vincula os referentes certos aos nós certos, o conjunto particular de técnicas empregado não faz diferença; o significado de *"doux"* consiste, simplesmente, em sua relação estrutural com outros termos da rede. Uma vez que *"doux"* é, ele próprio, influenciado reciprocamente pelos significados desses outros termos, nenhum deles, tomado de forma isolada, tem um significado especificável de maneira independente.

Algumas das relações entre termos que são constitutivas de significado, por exemplo, *"doux"/"mou"*, são semelhantes a metáforas, mas não são metáforas. Pelo contrário, o que esteve até agora em questão foi o estabelecimento de significados literais sem os quais não poderia haver nem metáfora, nem outros tropos. Os tropos operam sugerindo estruturas lexicais alternativas construtíveis com os mesmos nós, e sua própria possibilidade depende da existência de uma rede básica com a qual a alternativa sugerida

---

30 Hesse, Comment on Kuhn's Commensurability, Comparability, Communicability. In: Asquith; Nickles (Eds.), op. cit., p.709.

é contrastada ou está em tensão. Embora haja tropos na ciência, ou algo muito parecido com eles, não fizeram parte do assunto do meu artigo.

Note-se, agora, que o termo inglês *"sweet"* [doce] também é um nó numa rede lexical na qual sua posição é especificada por sua distância em relação a outros termos, tais como *"soft"* [macio] e *"sugary"* [açucarado]. Mas essas distâncias relativas não são exatamente iguais àquelas na rede para o francês, e os nós do inglês ligam-se a apenas algumas das mesmas situações e propriedades a que estão vinculados os nós na rede para o francês, que mais de perto correspondem a eles. Essa ausência de homologia estrutural é o que torna incomensuráveis essas partes do vocabulário do inglês e do francês. Qualquer tentativa de remover a incomensurabilidade, digamos, por meio da inserção de um nó para *"sweet"* na rede francesa, modificaria as relações de distância preexistentes e, assim, alteraria a estrutura preexistente em vez de simplesmente estendê-la. Não tenho certeza do grau de aprovação com que Hesse vai acolher esses *aperçus* ainda não muito bem desenvolvidos, mas eles devem ao menos indicar a extensão em que meu tratamento das taxonomias é direcionado pela preocupação com uma teoria do significado.

Volto-me, por fim, para um problema levantado, ainda que de maneira diferente, por ambos os meus comentadores. Hesse sugere que minha condição de que a taxonomia seja compartilhada talvez seja forte demais, e que um "compartilhamento *aproximado*" ou uma "intersecção *significativa*" de taxonomias provavelmente seria suficiente "nas situações particulares em que se encontram os falantes de diferentes línguas".[31] Kitcher pensa que a incomensurabilidade é comum demais para ser um critério de mudança revolucionária, e suspeita que eu, de todo modo, já não esteja preocupado em distinguir, precisamente, desenvolvimento normal de desenvolvimento revolucionário, na ciência.[32] Reconheço a força dessas posições, pois minha própria concepção da mudança revolucionária tem se tornado cada vez mais moderada, como Kitcher supõe. Não obstante, penso que ele e Hesse levam longe demais a argumentação em favor da continuidade da mudança. Permitam-me esboçar uma posição que pretendo desenvolver e defender em outro lugar.

---

31 Ibid., p.708, grifos no original.
32 Kitcher, Implications of Incommensurability. In: Asquith; Nickles (Eds.), op. cit., p.697.

O conceito de revolução científica originou-se na descoberta de que, para compreender qualquer porção da ciência do passado, o historiador precisa, em primeiro lugar, aprender a linguagem em que tal passado estava escrito. Tentativas de tradução para uma linguagem posterior seguramente falham, e o processo de aprendizagem de linguagem é, portanto, interpretativo e hermenêutico. Uma vez que o sucesso na interpretação é em geral alcançado em grandes parcelas ("entrando no círculo hermenêutico"), a descoberta que o historiador faz do passado repetidamente envolve o reconhecimento súbito de novos padrões ou *gestalts*. Segue-se que pelo menos o historiador experiencia, com efeito, revoluções. Essas teses encontravam-se no cerne de minha posição original, e ainda insisto nelas.

Fica em aberto, pelo que eu disse até agora, se os cientistas, movendo-se ao longo do tempo numa direção oposta à do historiador, também experienciam revoluções. Se o fazem, suas mudanças de *gestalt* serão ordinariamente menores que as do historiador, pois, o que o último experiencia como uma única mudança revolucionária, usualmente se aplica a várias de tais mudanças durante o desenvolvimento das ciências. Não está claro, além disso, que mesmo essas pequenas mudanças precisem ter tido o caráter de revoluções. Será que as mudanças holísticas de linguagem que o historiador experiencia como revolucionárias não poderiam ter ocorrido, originalmente, por um processo de derivação linguística gradual?

Em princípio poderiam, e em algumas áreas do discurso – na vida política, por exemplo – presumivelmente o fazem, mas não penso que assim ocorra nas ciências desenvolvidas. Aí, as mudanças holísticas costumam acontecer em simultaneidade, como nas mudanças de *gestalt* às quais antes comparei as revoluções. Parte da evidência para essa posição permanece empírica: relatos de experiências de súbita iluminação, casos de ininteligibilidade mútua, e assim por diante. Mas há, também, um argumento teórico que pode aumentar o entendimento daquilo que considero estar envolvido.

Contanto que os membros de determinada comunidade linguística concordem a respeito de alguns exemplos-padrão (paradigmas), a utilidade de termos tais como "democracia", "justiça", ou "equidade" não é muito ameaçada pela ocorrência paralela de casos nos quais membros da comunidade diferem a respeito da aplicabilidade desses termos. Palavras desse tipo não precisam operar inequivocamente; uma imprecisão nos limites é esperada, e é a aceitação dessa imprecisão que permite a derivação, a distorção gradual ao longo do tempo dos significados de um conjunto de termos inter-relacionados. Nas ciências, por sua vez, um desacordo recorrente em dizer se a substância x é um elemento ou um composto, se o corpo celeste y é um planeta ou um cometa, ou se a partícula z é um próton ou um nêutron colocaria rapidamente em dúvida a integridade dos conceitos correspondentes. Nas ciências, casos limítrofes desse tipo são fontes de crise, e a derivação é, consequentemente, inibida. Em vez disso, as pressões vão se acumulando até que seja introduzido um novo ponto de vista, incluindo-se novos usos para algumas partes da linguagem. Se eu estivesse reescrevendo agora a *Estrutura*, enfatizaria mais a mudança de linguagem e menos a distinção normal/revolucionário. Mas eu ainda discutiria as dificuldades especiais sofridas pelas ciências com a mudança holística de linguagem, e procuraria explicar essa dificuldade como resultado da necessidade que têm as ciências de uma precisão especial na determinação da referência.

3
MUNDOS POSSÍVEIS NA HISTÓRIA DA CIÊNCIA[1]

"Possible Worlds in History of Science" é a versão publicada de um artigo apresentado no 65º Simpósio Nobel, em 1986, do qual Arthur I. Miller e Tore Frängsmyr foram os debatedores; a réplica de Kuhn aos comentários deles foi incluída aqui como um pós-escrito ao ensaio. Os anais do simpósio foram publicados como Possible Worlds in Humanities, Arts and Sciences, *editado por Sture Allén (Berlin: Walter de Gruyter, 1989).*

***

O convite para abrir o debate nesse simpósio a respeito de mundos possíveis na história da ciência foi particularmente bem-vindo, pois várias questões levantadas por esse tema são fundamentais para a minha pesquisa atual. Seu caráter fundamental, contudo, é também uma fonte de problemas. No livro em que estou trabalhando, essas questões surgem apenas depois de uma longa discussão preliminar ter levado a conclusões que terei de apresentar aqui como premissas. Alguma exemplificação e alguma evidência para essas premissas seguir-se-ão, mas apenas nas seções finais deste artigo, em que elas são aplicadas.

O que estou pressupondo será sugerido pela seguinte afirmação: para compreender algum corpo de crenças científicas passadas, o historiador

---

1 Este artigo foi consideravelmente revisado desde sua apresentação no Simpósio. Fico agradecido a Barbara Partee e a meus colegas do MIT, Ned Block, Sylvain Bromberger, Dick Cartwright, Jim Higginbotham, Judy Thomson e Paul Horwich, por muitas críticas e conselhos relevantes no decorrer desse processo.

precisa adquirir um léxico que, aqui e ali, difere sistematicamente daquela corrente em sua própria época. Apenas usando esse léxico mais antigo pode ele traduzir acuradamente determinados enunciados que são básicos para a ciência sob investigação. Esses enunciados não são acessíveis por meio de uma tradução que use o léxico corrente, nem mesmo se o rol de palavras nele contidas for ampliado pelo acréscimo de termos selecionados, retirados de seu predecessor.

Essa afirmação é desenvolvida na primeira das quatro seções deste artigo, e sua relevância para um debate corrente na semântica de mundos possíveis é brevemente sugerida na segunda. A terceira seção, uma extensa análise de alguns termos inter-relacionados da mecânica newtoniana, ilustra os envolvimentos do léxico com as asserções substantivas de uma teoria científica, envolvimentos que podem tornar impossível mudar a teoria sem mudar também o léxico. Finalmente, a última seção do artigo examina como tais envolvimentos restringem a aplicabilidade da concepção de mundos possíveis ao desenvolvimento científico.

* * *

Um historiador, ao ler um texto científico obsoleto, normalmente encontra passagens que não fazem sentido. Essa é uma experiência que tive muitas vezes, fosse meu assunto um Aristóteles, um Newton, um Volta, um Bohr ou um Planck.[2] Tem sido a norma ignorar tais passagens ou descartá-las como produtos de erro, ignorância ou superstição, e essa resposta é, por vezes, apropriada. Mais frequentemente, contudo, um exame simpático às passagens incômodas sugere um diagnóstico diferente. As aparentes anomalias textuais são artefatos, produtos, de uma leitura errônea.

Por falta de alternativa, o historiador entendia as palavras e expressões no texto como o faria se tivessem ocorrido num discurso contemporâneo.

---

2 Sobre Newton, ver meu Newton's "31st Query" and the Degradation of Gold, *Isis*, v.42, p.296-8, 1951. Sobre Bohr, ver Heilbron; Kuhn, The Genesis of the Bohr Atom (*Historical Studies in the Physical Sciences*, v.1, p.211-90, 1969), em cuja p.271 são citadas as passagens sem sentido que deram origem ao projeto. Para uma introdução aos outros exemplos mencionados, ver meu What Are Scientific Revolutions?, *Occasional Paper*, v.18, 1981; reimpresso em Krüger; Daston; Heidelberger, *The Probabilistic Revolution*, v.1, *Ideas in History*, p.7-22; também reimpresso neste volume como o Ensaio 1.

Durante boa parte do texto, essa maneira de ler prossegue sem dificuldade; a maioria dos termos no vocabulário do historiador ainda é usada como o era pelo autor do texto. Mas alguns conjuntos de termos inter-relacionados não o são, e é a falha em isolar esses termos e descobrir como eram usados que faz as passagens em questão parecerem anômalas. Uma aparente anomalia, assim, é comumente evidência da necessidade de um ajuste local no léxico e, com frequência, também fornece pistas para a natureza desse ajuste.[3] Um importante indício dos problemas ensejados pela leitura da física de Aristóteles é fornecido pela descoberta de que, em seu texto, o termo traduzido por "movimento" não se refere simplesmente à mudança de posição, mas a todas as mudanças caracterizadas por dois pontos terminais. Dificuldades semelhantes na leitura dos primeiros artigos de Planck começam a se desfazer com a descoberta de que, para Planck antes de 1907, "o elemento de energia hv" não se referia a um átomo de energia fisicamente indivisível (posteriormente denominado "o *quantum* de energia"), mas a uma subdivisão mental do contínuo de energia, no qual qualquer ponto poderia ser fisicamente ocupado.

Esses exemplos acabam envolvendo mais que meras mudanças no uso de termos, ilustrando assim o que eu tinha em mente, anos atrás, ao falar da "incomensurabilidade" de teorias científicas sucessivas.[4] Em seu uso matemático original, "incomensurabilidade" significava "nenhuma medida comum", por exemplo, entre a hipotenusa e qualquer um dos catetos de um triângulo retângulo isósceles. Aplicado a um par de teorias na mesma linhagem histórica, o termo significava que não havia nenhuma linguagem comum na qual as duas pudessem ser inteiramente traduzidas.[5] Alguns

---

3 Por todo este artigo continuarei a falar do léxico, de termos e de enunciados. Meu interesse, contudo, é de fato voltado para as categorias conceituais ou intensionais de maneira mais geral, por exemplo por aquelas que podem ser razoavelmente atribuídas a animais ou ao sistema perceptual. Para o apoio que esse âmbito mais amplo recebe da semântica de mundos possíveis, ver Partee, Possible Worlds in Model-Theoretic Semantics: A Linguistic Perspective. In: Allén, *Possible Worlds in Humanities, Arts and Sciences*, p.93-123.

4 Para uma discussão mais completa e matizada a respeito desse ponto e dos que seguem, ver meu Commensurability, Comparability, Communicability. In: Asquith; Nickles (Eds.), *PSA 1982*, v.2, p.669-88; reimpresso neste volume como o Ensaio 2.

5 Minha discussão original descrevia formas tanto não linguísticas quanto linguísticas de incomensurabilidade. Penso agora que isso foi uma ampliação exagerada, resultante de minha falha em reconhecer que uma grande parte do componente aparentemente não linguístico

enunciados constitutivos da teoria mais velha não podiam ser formulados em nenhuma linguagem adequada a expressar sua sucessora, e vice-versa.

Incomensurabilidade, assim, equivale a intradutibilidade, mas o que a incomensurabilidade impede não é tanto a atividade de tradutores profissionais. Ao contrário, o que impede é uma atividade quase mecânica inteiramente governada por um manual que especifica, em função do contexto, qual sequência de palavras de uma linguagem pode, *salva veritate*, ser substituída por determinada sequência da outra. A tradução desse tipo é quineana, e o ponto que estou visando será sugerido pela observação de que a maioria dos argumentos de Quine para a indeterminação da tradução, ou todos eles, podem, com a mesma eficácia, ser dirigidos a uma conclusão oposta: em vez de haver um número infinito de traduções compatíveis com todas as disposições normais de um comportamento linguístico, frequentemente não há nenhuma.

Quine poderia concordar com quase tudo isso. Seus argumentos demandam que seja feita uma escolha, mas não ditam seu resultado. Na opinião dele, é preciso ou abandonar inteiramente as noções tradicionais de significado, de intensão, ou então abandonar a hipótese de que a linguagem é, ou poderia ser, universal, de que qualquer coisa exprimível em uma linguagem, ou pelo uso de um léxico, pode também ser expressa em qualquer outra. A conclusão do próprio Quine – de que o significado deve ser abandonado – segue-se apenas porque ele assume a universalidade como dada, e este artigo vai sugerir que não há base suficiente para isso. Possuir um léxico, um vocabulário estruturado, é ter acesso ao conjunto variado de mundos que esse léxico pode ser usado para descrever. Léxicos diferentes – os de diferentes culturas ou de diferentes períodos históricos, por exemplo – dão acesso a diferentes conjuntos de mundos possíveis, superpondo-se em grande parte, mas jamais por completo. Embora um léxico possa ser enriquecido de forma que dê acesso a mundos previamente acessíveis apenas por meio de outro léxico, o resultado é peculiar, um ponto a ser desenvolvido adiante. Para que o léxico "enriquecido" continue a cumprir algumas

era adquirida junto com a linguagem durante o processo de aprendizagem. A aquisição, durante o aprendizado da linguagem, daquilo que uma vez considerei como incomensurabilidade com respeito à instrumentação é ilustrada, por exemplo, pela discussão da balança de mola na próxima seção deste artigo.

funções essenciais, os termos acrescentados durante o enriquecimento devem ser rigidamente segregados e reservados para um propósito especial.

O que tem feito da hipótese da tradutibilidade universal algo praticamente inescapável é, creio, sua semelhança enganadora com uma hipótese bem diferente, nesse caso uma hipótese da qual compartilho: qualquer coisa que possa ser dita em uma linguagem pode, com esforço e imaginação, ser *compreendida* por um falante de outra. O que é pré-requisito para uma tal compreensão, contudo, não é a tradução, mas a aprendizagem de uma linguagem. O tradutor radical de Quine é, de fato, aprendiz de uma linguagem. Se ele tiver êxito, o que, creio, não é vedado por nenhum princípio, ele se torna bilíngue. Mas isso não garante que ele, ou qualquer outra pessoa, vá ser capaz de traduzir da língua recém-adquirida para aquela na qual foi educado. Embora a capacidade de ser aprendida possa, em princípio, implicar a tradutibilidade, essa é uma tese que demanda comprovação. Entretanto, muita discussão filosófica assume isso como um dado. O *Word and Object*, de Quine, fornece um exemplo notavelmente explícito.[6]

Sugiro, em resumo, que os problemas de traduzir um texto científico, seja para uma língua estrangeira, seja para uma versão posterior da língua na qual ele foi escrito, são muito mais parecidos com os da tradução literária do que se tem geralmente suposto. Em ambos os casos, o tradutor encontra, repetidas vezes, sentenças que podem ser vertidas de várias maneiras alternativas, nenhuma das quais as apreende completamente. É preciso, então, tomar decisões difíceis sobre quais aspectos do original é mais importante preservar. Diferentes tradutores podem diferir, e o mesmo tradutor pode fazer escolhas diferentes em pontos diferentes, mesmo que os termos envolvidos não sejam ambíguos em nenhuma das línguas. Tais escolhas são governadas por padrões de responsabilidade, mas não são determinadas por eles. Nesses assuntos, não existe o estar genuinamente certo ou errado. A preservação de valores de verdade ao se traduzir prosa científica é uma tarefa quase tão delicada quanto a preservação da riqueza de associações e da inflexão emocional na tradução literária. Nenhuma das duas pode ser inteiramente realizada; mesmo uma aproximação responsável requer o maior tato e bom gosto. No caso científico, essas generalizações não se aplicam somente a passagens que fazem uso explícito de teoria, mas também,

---

6 Quine, *Word and Object*, p.47, 70 et seq.

e de forma mais significativa, àquelas consideradas por seus autores como meramente descritivas.

Ao contrário de muitas pessoas que compartilham de minhas inclinações, em geral estruturalistas, não estou tentando eliminar, nem mesmo reduzir, a brecha que normalmente se acredita separar o uso literal da linguagem de seu uso figurado. Pelo contrário, não consigo imaginar uma teoria do uso figurado – uma teoria, por exemplo, da metáfora e outros tropos – que não pressuponha uma teoria de significados literais. Nem mesmo, para passar da teoria à prática, consigo imaginar como as palavras possam ser efetivamente empregadas em tropos como metáforas exceto em uma comunidade cujos membros tenham antes assimilado seu uso literal.[7] Meu ponto é simplesmente que o uso literal e o uso figurado dos termos assemelham-se em suas dependências de associações preestabelecidas entre palavras.

Essa observação evoca uma teoria do significado, mas apenas dois aspectos dessa teoria são fundamentalmente relevantes para os argumentos que seguem, e devo aqui me limitar a eles. Em primeiro lugar, saber o que uma palavra significa é saber como usá-la para fins de comunicação com outros membros da comunidade linguística na qual essa palavra é corrente. Mas essa capacidade não implica que se saiba algo associado à palavra em si mesma, seu significado, digamos, ou seus marcadores semânticos. As palavras, com ocasionais exceções, não auferem significados individualmente, mas apenas por meio de suas associações com outras palavras no interior de um campo semântico. Se o uso de um termo individual muda, então o uso dos termos associados a ele normalmente muda também.

O segundo aspecto de minha concepção – ainda em elaboração – do significado é tanto menos usual quanto mais importante. Duas pessoas podem utilizar um conjunto de termos inter-relacionados da mesma maneira, mas podem empregar diferentes conjuntos (em princípio, conjuntos que não têm nenhum elemento em comum) de coordenadas de campo ao fazê-lo. A próxima seção deste artigo dará exemplos; entrementes, a metáfora seguinte pode se mostrar sugestiva. Os Estados Unidos podem ser mapeados de acordo com muitos sistemas diferentes de coordenadas. Indivíduos com

---

7 Ver meu Metaphor in Science. In: Ortony (Ed.), *Metaphor and Thought*, p.409-19; reimpresso neste volume como o Ensaio 8.

mapas diferentes especificarão a localização de Chicago, digamos, por meio de um par de coordenadas diferente. Não obstante, todos irão localizar a mesma cidade, contanto que os mapas sejam escalonados de modo que se preservem as distâncias relativas entre os itens mapeados. Ou seja, a métrica que acompanha cada um dos vários conjuntos de coordenadas precisa ser escolhida de forma que se preservem as relações geométricas estruturais no interior da área mapeada.[8]

***

As premissas que acabo de esboçar têm implicações para um debate continuado na área da semântica de mundos possíveis, um assunto que resumirei brevemente antes de relacioná-lo ao que já foi dito. Costuma-se falar de um mundo possível como uma versão do que nosso mundo poderia ter sido, e essa descrição informal praticamente servirá para nossos propósitos presentes.[9] Assim, em nosso mundo, a Terra tem apenas um único satélite natural (a Lua), mas há outros mundos possíveis, quase iguais ao nosso exceto por neles ter a Terra dois ou mais satélites, ou nenhum. (O "quase" permite o ajuste de fenômenos tais como as marés, as quais, permanecendo as mesmas leis da natureza, iriam variar de acordo com o número de satélites.) Há também mundos possíveis menos parecidos com o nosso: alguns em que a Terra não existe, outros em que não há planetas, e ainda outros em que nem as leis da natureza são as mesmas.

O que recentemente tem estimulado vários filósofos e linguistas a respeito do conceito de mundos possíveis é que ele fornece um caminho tanto para uma lógica dos enunciados modais quanto para uma semântica intensional para a lógica e para as linguagens naturais. Enunciados necessariamente verdadeiros, por exemplo, são verdadeiros em todos os mundos possíveis; enunciados possivelmente verdadeiros são verdadeiros em alguns; e um contrafactual verdadeiro é um enunciado verdadeiro em

---

8 Algumas indicações preliminares do que pretendem essas observações crípticas são dadas em meu Commensurability, Comparability, Communicability. In: Asquith; Nickles (Eds.), op. cit. [N. E.: Ensaio 2 deste volume.]

9 O ensaio de Barbara Partee [citado na nota 3] fornece um elegante resumo dos objetivos e técnicas da semântica de mundos possíveis tal como ela é vista tanto por linguistas como por filósofos. Recomenda-se aos leitores não familiarizados com o assunto que o leiam primeiro.

alguns mundos, mas não naquele da pessoa que o fez. Dado um conjunto de mundos possíveis sobre os quais quantificar, uma lógica formal dos enunciados modais parece estar ao alcance da mão. A quantificação sobre mundos possíveis pode também levar a uma semântica intensional, embora por uma via mais complexa. Uma vez que o significado ou intensão de um enunciado é aquilo que seleciona os mundos possíveis nos quais esse enunciado é verdadeiro, cada enunciado corresponde a e pode ser concebido como uma função de mundos possíveis em valores de verdade. De maneira similar, uma propriedade pode ser concebida como uma função de mundos possíveis nos conjuntos cujos elementos exibem essa propriedade em cada mundo. Outros tipos de termos referenciais podem ser conceitualmente reconstruídos de maneira semelhante.

Mesmo um esboço tão breve da semântica de mundos possíveis sugere a provável importância do universo de mundos possíveis sobre o qual ocorre a quantificação, e a respeito desse tópico as opiniões variam. David Lewis, por exemplo, quantificaria sobre o universo inteiro de mundos que foram ou poderiam ser concebidos. Saul Kripke, no outro extremo, restringe a atenção aos mundos possíveis que podem ser estipulados. Posições intermediárias podem ser assumidas, e algumas delas o foram.[10] Partidários dessas posições debatem sobre uma variedade de questões, a maioria das quais não tem relevância nesse momento. Mas todos os participantes do debate parecem assumir, com Quine, que qualquer coisa pode ser dita em qualquer linguagem. Se, como pressupus, essa hipótese não se sustenta, considerações adicionais passam a ser relevantes.

Questões sobre a semântica dos enunciados modais, ou sobre a intensão de palavras e sequências de palavras, são, *ipso facto*, questões sobre enunciados e palavras numa linguagem especificada. Apenas os mundos possíveis estipuláveis nessa linguagem podem ser relevantes para elas nesse contexto. Ampliar a quantificação para incluir mundos acessíveis apenas por meio de um recurso a outras linguagens parece ser, na melhor das hipóteses, inútil e, em algumas aplicações, pode ser uma fonte de erro e

---

10 Partee apresenta um tratamento mais completo dessas divisões, bem como uma bibliografia útil. Um tratamento mais analítico encontra-se em Stalnaker, *Inquiry*. O debate concentra-se no estatuto ontológico dos mundos possíveis, isto é, em sua realidade: as diferenças sobre o âmbito de quantificação apropriado para as teorias de mundos possíveis seguem-se diretamente disso.

confusão. Um importante tipo de confusão já foi mencionado – aquele do historiador que, em sua própria linguagem, tenta apresentar uma ciência mais antiga –, e as duas próximas seções vão explorar alguns outros. Pelo menos em sua aplicação ao desenvolvimento histórico, a força e utilidade de argumentos que empregam a noção de mundos possíveis parecem requerer a restrição destes àqueles mundos acessíveis por meio de determinado léxico, os mundos que podem ser estipulados pelos membros de determinada comunidade linguística ou determinada cultura.[11]

***

Fiz até agora asserções gerais, omitindo tanto ilustração quanto defesa. Permitam-me então começar a fornecê-las, reconhecendo, mais uma vez, que não completarei aqui a tarefa. Minha argumentação será processada em dois estágios. Esta seção examina parte do léxico da mecânica newtoniana, especialmente os termos inter-relacionados "força", "massa" e "peso". Ela indaga, em primeiro lugar, o que alguém precisa e o que não precisa saber para ser membro da comunidade que usa esses termos e, depois, de que maneira a posse desse conhecimento restringe os mundos que os membros dessa comunidade podem descrever sem cometer abusos de linguagem. É claro que alguns dos mundos que eles não podem descrever são descritos em uma época posterior, mas somente depois de uma mudança de léxico

---

11 Partee enfatiza que mundos *possíveis* não são mundos *concebíveis*, assinala "que podemos conceber que haja possibilidades as quais não podemos conceber", e sugere que restringir mundos possíveis a mundos concebíveis pode fazer que seja impossível tratar de tais casos. Conversas com ela, posteriores ao simpósio, fizeram que eu percebesse a necessidade de ainda uma outra distinção. Nem todos os mundos acessíveis ou estipuláveis por meio de determinado léxico são concebíveis: um mundo contendo círculos quadrados pode ser estipulado, mas não concebido; outros exemplos ocorrerão mais adiante. Ao quantificar sobre mundos possíveis, pretendo excluir apenas aqueles mundos que só possam ser acessados com base em uma reestruturação do léxico. Note-se também que falar que diferentes léxicos dão acesso a diferentes conjuntos de mundos possíveis não é simplesmente acrescentar mais um tipo de relações de acessibilidade ao tipo-padrão discutido no início do artigo de Partee. Não há nenhum tipo de necessidade que corresponda à acessibilidade lexical. Com exceção de enunciados que estipulam um mundo inconcebível, nenhum enunciado formulável em determinado léxico é necessariamente verdadeiro ou falso apenas porque pode ser acessado nesse léxico. Mais geralmente, a questão da acessibilidade lexical parece surgir para todas as aplicações de argumentos que empregam a noção de mundos possíveis, ultrapassando, assim, o conjunto-padrão de relações de acessibilidade.

que impede a descrição coerente de alguns mundos antes descritíveis. Esse tipo de mudança é o tema da última seção deste artigo. Ela concentra-se na chamada teoria causal da referência, uma aplicação de conceitos de mundos possíveis que, diz-se, elimina a importância de tais mudanças.

O vocabulário no qual os fenômenos de um campo como a mecânica são descritos e explicados é um produto histórico, desenvolvido ao longo do tempo e, continuamente, transmitido, em seu estado então corrente, de uma geração à sua sucessora. No caso da mecânica newtoniana, o grupo de termos necessário tem se mantido estável já faz algum tempo, e as técnicas de transmissão são relativamente padronizadas. Seu exame sugerirá algumas características daquilo que o estudante adquire no decorrer do processo de tornar-se um praticante licenciado do campo.[12]

Antes que a exposição à terminologia newtoniana possa se dar com proveito, outras partes importantes do léxico já precisam estar a postos. Os estudantes precisam, por exemplo, já ter um vocabulário adequado para fazer referência a objetos físicos e a suas localizações no espaço e no tempo. A isso, precisam já ter enxertado um vocabulário matemático rico o suficiente para permitir a descrição quantitativa de trajetórias e as análises de velocidade e aceleração de corpos movendo-se ao longo delas.[13] Além disso, ao menos implicitamente, eles precisam dominar uma noção de magnitude extensa, uma quantidade cujo valor para o todo de um corpo é a soma de seus valores para as partes do corpo. A quantidade de matéria fornece um exemplo-padrão. Todos esses termos podem ser adquiridos sem recurso à teoria newtoniana, e o estudante precisa dominá-los antes que essa teoria seja aprendida. Os outros itens lexicais que essa teoria requer – mais

---

12 Discuto a aquisição de um léxico porque é uma fonte de pistas sobre o que é acarretado pela posse de um léxico por parte do indivíduo. Nada sobre o produto final depende, contudo, de o léxico ser adquirido por meio de uma transmissão de geração a geração. As consequências seriam as mesmas caso o léxico, por exemplo, fosse um dote genético ou tivesse sido implantado por um hábil neurocirurgião. Enfatizarei em breve, por exemplo, que transmitir um léxico demanda um recurso reiterado a exemplos concretos. Assim, estou sugerindo que implantar o mesmo léxico cirurgicamente teria envolvido implantar os traços de memória impressos pela exposição a tais exemplos.

13 Na prática, as técnicas para descrever velocidades e acelerações ao longo de trajetórias são usualmente aprendidas nos mesmos cursos que introduzem os termos que considerarei a seguir. Mas o primeiro conjunto pode ser adquirido sem o segundo, ao passo que o segundo não pode ser adquirido sem o primeiro.

notadamente, "força", "massa" e "peso" em seus sentidos newtonianos – podem ser adquiridos apenas em conjunto com a própria teoria.

Cinco aspectos de como são aprendidos esses termos newtonianos requerem particular esclarecimento e ênfase. O primeiro deles, como já indicado, refere-se a que o aprendizado não pode começar até que um considerável vocabulário anterior esteja presente. O segundo aspecto significativo do processo por meio do qual termos novos são adquiridos refere-se a que as definições desempenham aí um papel insignificante. Em vez de serem definidos, esses termos são introduzidos pela exposição a exemplos de seu uso, exemplos fornecidos por alguém que já pertença à comunidade linguística na qual são costumeiros. Essa exposição frequentemente inclui apresentações reais, por exemplo, num laboratório para estudantes, de uma ou mais situações exemplares a que os termos em questão são aplicados por alguém que já sabe como usá-los. Os itens apresentados não precisam, contudo, ser reais. As situações exemplares podem, em vez disso, ser introduzidas por uma descrição elaborada, sobretudo, com base em termos retirados do vocabulário previamente disponível, mas na qual os termos a serem aprendidos também aparecem aqui e ali. Os dois processos são geralmente intercambiáveis, e a maioria dos estudantes depara-se com ambos, numa ou noutra combinação. Ambos incluem um indispensável elemento ostensivo ou estipulativo: os termos são ensinados por meio da apresentação, direta ou descritiva, de situações às quais eles se aplicam.[14] O aprendizado que resulta de um tal processo, contudo, não é somente a respeito de palavras, mas também a respeito do mundo no qual elas operam. Quando uso, no que se segue, a expressão "descrições estipulativas", as estipulações que tenho em mente serão, simultânea e inseparavelmente, a respeito tanto

---

14 Os termos "ostensão" e "ostensivo" parecem ter dois usos diferentes, os quais, para os propósitos presentes, precisam ser distintos. Num dos usos, esses termos implicam que *nada*, *exceto* a exibição do referente de uma palavra, é necessário para aprender tal palavra ou para defini-la. No outro uso, eles implicam apenas que *alguma* exibição é necessária durante o processo de aquisição. Usarei, é claro, o segundo sentido dos termos. A propriedade de estendê-los a casos nos quais a descrição em um vocabulário anterior substitui uma exibição real depende de se reconhecer que uma descrição não fornece uma sequência de palavras equivalente aos enunciados que contêm as palavras a serem aprendidas. Em vez disso, capacita os estudantes a visualizar a situação e a aplicar à visualização os mesmos processos mentais (quaisquer que sejam eles), que, de outra forma, teriam sido aplicados à situação tal como percebida.

da substância quanto do vocabulário da ciência, a respeito tanto do mundo quanto da linguagem.

Um terceiro aspecto significativo do processo de aprendizagem é que a exposição a uma única situação exemplar raramente, ou nunca, fornece informação suficiente para permitir que o estudante use um termo novo. São necessários vários exemplos de variados tipos, com frequência acompanhados de exemplos de situações, aparentemente similares, aos quais o termo em questão não se aplica. Os termos a serem aprendidos, além do mais, raramente são aplicados a essas situações de maneira isolada, mas estão, ao contrário, inseridos em sentenças ou enunciados inteiros, entre os quais há alguns a que usualmente se faz referência como leis da natureza.

O quarto aspecto diz respeito a que, entre os enunciados envolvidos na aprendizagem de um termo desconhecido, alguns também incluem outros termos novos, termos que devem ser adquiridos junto com o primeiro. O processo de aprendizagem, assim, inter-relaciona um conjunto de termos novos, conferindo uma estrutura ao léxico que os contém. Por último, embora normalmente haja uma considerável superposição entre as situações às quais são expostos os aprendizes individuais da linguagem (e ainda mais entre os enunciados que as acompanham), os indivíduos podem, em princípio, comunicar-se plenamente, ainda que tenham adquirido os termos que usam ao longo de percursos muito diferentes. Mesmo que o processo que estou descrevendo forneça aos indivíduos algo parecido com uma definição, não se trata de uma definição que precise ser compartilhada por outros membros da comunidade linguística.

À guisa de ilustração, considere-se, primeiro, o termo "força". Várias são as situações que exemplificam a presença de uma força. Elas incluem, por exemplo, uma estrutura muscular submetida a esforço, uma corda ou mola distendida, um corpo dotado de peso (note-se a ocorrência de outro dos termos a serem aprendidos), ou certos tipos de movimento. A última é particularmente importante e apresenta dificuldades especiais para o estudante. Do modo como os newtonianos usam "força", nem todos os movimentos indicam a presença de seu referente; portanto, são precisos exemplos que exibam a distinção entre movimentos forçados e sem força. A assimilação do termo, além do mais, exige a supressão de uma intuição pré-newtoniana altamente desenvolvida. Para crianças e aristotélicos, o exemplo-padrão de um movimento forçado é o do projétil lançado. O movimento sem força é exemplificado, para eles, pela pedra que cai, pelo pião que gira, ou pelo volante[15] em rotação. Para o newtoniano, todos esses são casos de movimento forçado. O único exemplo de um movimento newtoniano sem força é o movimento em linha reta a uma velocidade constante, o que só pode ser exibido diretamente no espaço interplanetário. Os professores, contudo, tentam. (Ainda recordo a engenhosa demonstração numa aula – um bloco de gelo deslizando sobre uma placa de vidro – que me ajudou a desfazer intuições prévias e a adquirir o conceito newtoniano de "força".) Mas, para a maioria dos estudantes, o principal acesso a esse aspecto-chave do uso do termo é dado pela sequência de palavras conhecida como a primeira lei de Newton sobre o movimento: "na ausência de uma força externa a ele aplicada, um corpo move-se continuamente a uma velocidade constante em uma linha reta". Ela exibe, por descrição, os movimentos que não requerem nenhuma força.[16]

Mais terá de ser dito a respeito de "força", mas permitam-me, antes, examinar brevemente seus dois companheiros newtonianos, "peso" e "massa". O primeiro refere-se a uma espécie particular de força, aquela que induz um corpo físico a fazer pressão sobre seus pontos de sustentação enquanto em repouso, ou a cair quando não sustentado. Nessa forma ainda qualitativa, o termo "peso" está disponível antes do termo "força" newtoniano e é usado durante a aquisição deste último. "Massa" é geralmente introduzido como equivalente a "quantidade de matéria", no que matéria é o substrato básico dos corpos físicos, aquilo que conserva sua quantidade enquanto as qualidades dos corpos materiais se modificam. Qualquer característica que, como o peso, identifique um corpo físico é também um índice da presença de matéria e de massa. Como no caso de "peso" e diferentemente do caso de "força", os aspectos qualitativos por meio dos quais

---

15 Evidentemente, o termo "volante" [flywheel], na acepção assumida no texto, não se refere ao volante de direção de um automóvel, mas à roda que opera dando o impulso necessário para vencer a inércia de um maquinismo e regulando o movimento deste. (N. T.)

16 A primeira lei de Newton é consequência lógica de sua segunda lei, e a razão de Newton para enunciá-las separadamente tem sido há longo tempo um enigma. A resposta bem pode estar numa estratégia pedagógica. Se Newton tivesse permitido que sua segunda lei subsumisse a primeira, seus leitores teriam de distinguir, em simultâneo, seu uso de "força" e "massa", uma tarefa intrinsecamente difícil, complicada ainda mais pelo fato de os termos serem antes diferentes, não apenas em seu uso individual, mas também em sua inter-relação. Separar as duas leis até onde possível exibia mais claramente a natureza das mudanças necessárias.

são selecionados os referentes de "massa" são idênticos aos da utilização pré-newtoniana.

Mas o uso newtoniano de todos os três termos é quantitativo, e a forma newtoniana de quantificação altera tanto seus usos individuais quanto suas inter-relações.[17] Apenas as unidades de medida podem ser estabelecidas por convenção; as escalas devem ser escolhidas de modo que peso e massa sejam quantidades extensas e que as forças possam ser somadas vetorialmente. (Contraste-se o caso da temperatura, em que tanto a unidade como a escala podem ser escolhidas por convenção.) Uma vez mais, o processo de aprendizagem requer a justaposição de enunciados que envolvem os termos a serem aprendidos e de situações direta ou indiretamente extraídas da natureza.

Comecemos pela quantificação de "força". Os estudantes adquirem o conceito qualitativo pleno aprendendo a mensurar forças com uma balança de mola ou algum outro aparelho elástico. Tais instrumentos não haviam aparecido em lugar algum na teoria ou prática científicas antes da época de Newton, quando assumiram o papel conceitual anteriormente desempenhado pela balança de pratos. Desde então, contudo, têm sido fundamentais, por razões conceituais, mas não por razões pragmáticas. O uso de uma balança de mola para exibir a medida adequada de uma força requer, contudo, o subsídio de dois enunciados ordinariamente descritos como leis da natureza. Um deles é a terceira lei de Newton, que afirma, por exemplo, que a força exercida por um peso sobre uma mola é igual e oposta à força exercida pela mola sobre o peso. O outro é a lei de Hooke, que afirma que a força exercida por uma mola distendida é proporcional ao deslocamento da mola. Como a primeira lei de Newton, tais enunciados são encontrados pela primeira vez durante o aprendizado de linguagem, no qual são justapostos a exemplos das situações a que eles se aplicam. Tais justaposições desem-

---

17 Embora minha análise divirja das deles, muitas das considerações que se seguem (bem como algumas das introduzidas anteriormente) foram sugeridas pelo estudo das técnicas desenvolvidas por J. D. Sneed e W. Stegmüller para a formalização de teorias físicas, especialmente pela maneira de introduzir termos teóricos. Notem também que essas observações sugerem uma via para a solução de um problema central de sua abordagem, o de como distinguir o núcleo de uma teoria de suas ampliações. Sobre esse problema, ver meu artigo Theory Change as Structure Change: Comments on the Sneed Formalism, *Erkenntnis*, v.10, p.179-99, 1976; reimpresso neste volume como o Ensaio 7.

penham um papel duplo, simultaneamente estipulando como a palavra "força" deve ser usada e como se comporta o mundo povoado por forças.

Passemos, agora, à quantificação dos termos "massa" e "peso". Ela ilustra, com especial clareza, um aspecto-chave do processo de aquisição lexical que ainda não foi considerado. Até este ponto, minha discussão da terminologia newtoniana provavelmente sugeriu que, na presença do necessário vocabulário antecedente, os estudantes aprendem os termos remanescentes pela exposição a algum conjunto único e especificável de exemplos de sua utilização. Esses exemplos particulares bem podem ter dado a impressão de fornecer condições necessárias para a aquisição daqueles. Na prática, contudo, casos desse tipo são muito raros. Em geral, existem conjuntos alternativos de exemplos que servirão para a aquisição do mesmo termo ou termos. E, embora usualmente não faça diferença a qual conjunto desses exemplos um indivíduo tenha, de fato, sido exposto, há circunstâncias especiais em que as diferenças entre os conjuntos se mostram muito importantes.

No caso de "massa" e "peso", um desses conjuntos alternativos é o padrão. Ele é capaz de fornecer os elementos faltantes tanto do vocabulário quanto da teoria e, portanto, provavelmente faz parte do processo de aquisição lexical para todos os estudantes. Do ponto de vista lógico, porém, outros exemplos teriam igualmente servido, e alguns deles também desempenham um papel para a maioria dos estudantes. Comecemos com a rota usual, que quantifica "massa" primeiro sob a forma daquilo que é hoje denominado "massa inercial". A segunda lei de Newton – força igual a massa vezes aceleração – é apresentada aos estudantes como uma descrição da maneira pela qual corpos em movimento realmente se comportam, mas essa descrição faz uso essencial do termo "massa", ainda não completamente estabelecido. Esse termo e a segunda lei, assim, são adquiridos em conjunto, e a lei pode, a partir de então, ser utilizada para fornecer a medida que falta: a massa de um corpo é proporcional à sua aceleração sob a influência de uma força conhecida. Para fins de aquisição de conceitos, os aparelhos de força centrípeta proporcionam uma maneira particularmente eficaz de empreender a mensuração.

Uma vez que a massa e a segunda lei tenham sido acrescentadas dessa maneira ao léxico newtoniano, a lei da gravitação pode ser introduzida como uma regularidade empírica. A teoria newtoniana é aplicada à observação dos céus, e as atrações aí manifestas são comparadas àquelas entre a

Terra e corpos em repouso sobre ela. Mostra-se, assim, que a atração mútua entre corpos é proporcional ao produto de suas massas, uma regularidade empírica que pode ser empregada para introduzir os aspectos ainda faltantes do termo newtoniano "peso". Vê-se agora que "peso" denota uma propriedade relacional que depende da presença de dois ou mais corpos. O peso pode, portanto, ao contrário da massa, diferir de um lugar para outro, por exemplo, na superfície da Terra e na da Lua. Essa diferença é capturada apenas pela balança de mola, mas não por aquela que antes era padrão, a balança de pratos (que dá o mesmo resultado em todos os lugares). O que a balança de pratos mede é a massa, uma quantidade que depende apenas do corpo e da escolha de uma unidade de medida.

Em virtude de estabelecer tanto a segunda lei quanto o uso do termo "massa", a sequência que acabo de esboçar fornece a rota mais direta a muitas aplicações da teoria newtoniana.[18] É por isso que desempenha um papel tão central na introdução do vocabulário da teoria. Porém, como já indicado, ela não é necessária para esse propósito e, de qualquer modo, raramente funciona sozinha. Permitam-me, agora, considerar uma segunda rota ao longo da qual pode ser estabelecido o uso de "massa" e "peso". Ela parte do mesmo ponto que a primeira, com a quantificação da noção de força com o auxílio de uma balança de mola. Em seguida, "massa" é introduzido sob a forma do que hoje é denominado "massa gravitacional". Uma descrição estipulativa de como o mundo é fornece aos estudantes a noção de gravitação como uma força universal de atração entre pares de corpos materiais, sendo sua magnitude proporcional à massa de cada um deles. Com os aspectos faltantes de "massa" assim fornecidos, o peso pode ser explicado como uma propriedade relacional, a força resultante da atração gravitacional.

Essa é a segunda maneira de estabelecer o uso dos termos newtonianos "massa" e "peso". Com eles à mão, a segunda lei de Newton, o componente ainda faltante da teoria newtoniana, pode ser introduzida como empírica, uma consequência simples da observação. Para esse propósito, o aparelho de força centrípeta é mais uma vez apropriado, não mais para medir a massa, como o fez na primeira rota, mas, agora, para determinar a relação entre a força aplicada e a aceleração de uma massa previamente mensurada

---

18 Todas as aplicações da teoria newtoniana dependem da compreensão de "massa", mas, para muitas delas, a compreensão de "peso" é dispensável.

por meios gravitacionais. As duas rotas diferem, assim, com respeito ao que é preciso ser estipulado acerca da natureza a fim de aprender termos newtonianos, bem como ao que pode ser deixado, em vez disso, para a descoberta empírica. Na primeira rota, a segunda lei entra estipulativamente, a lei da gravitação empiricamente. Na segunda, seu *status* epistêmico é invertido. Em cada caso, uma das leis, mas somente uma, é, por assim dizer, embutida no léxico. Não quero exatamente chamar tais leis de analíticas, pois a experiência com a natureza foi essencial à sua formulação inicial. Contudo, elas têm algo da necessidade implicada pelo rótulo "analítico". Talvez "sintético *a priori*" chegue mais perto.

Existem, é claro, ainda outras maneiras pelas quais podem ser adquiridos os elementos quantitativos de "massa" e "peso". Por exemplo, caso a lei de Hooke tivesse sido introduzida juntamente com a noção de "força", a balança de mola poderia ser estipulada como aferidora do peso, e a massa poderia ser um peso na extremidade de uma mola. Na prática, várias dessas aplicações da teoria newtoniana costumam fazer parte do processo de aquisição da linguagem newtoniana, sendo a informação sobre o léxico e a informação sobre o mundo distribuídas entre elas numa mistura indivisível. Nessas circunstâncias, um ou outro dos exemplos introduzidos durante a aquisição do léxico pode, quando a ocasião o exigir, ser ajustado ou substituído à luz de novas observações. Outros exemplos manterão o léxico estável, conservando um conjunto de quase-necessidades equivalentes àquelas inicialmente induzidas pelo aprendizado da linguagem.

Com clareza, contudo, apenas um certo número de exemplos pode ser alterado isoladamente dessa maneira. Se demasiados deles requerem um ajuste, então não são mais leis ou generalizações individuais que estão em risco, mas o próprio vocabulário no qual estão formuladas. E uma ameaça a esse vocabulário é também uma ameaça à teoria ou às leis essenciais à sua aquisição e a seu uso. Poderia a mecânica newtoniana subsistir à revisão da segunda lei, da terceira lei, da lei de Hooke ou da lei da gravidade? Poderia sobreviver à revisão de quaisquer duas delas, ou de três, ou de todas as quatro? Essas não são perguntas que tenham, individualmente, um sim ou um não como resposta. Ao contrário, tal como a pergunta de Wittgenstein, "Poderia alguém jogar xadrez sem a rainha?", sugerem as tensões colocadas sobre um léxico por questões que seu projetista, seja Deus, seja a evolução cognitiva, não previu que seria intimado a responder.[19] O que deveria alguém dizer ao deparar-se com uma criatura que põe ovos e amamenta seus filhotes? É mamífero, ou não? Essas são as circunstâncias em que, como formulou Austin, *"não sabemos o que dizer.* As palavras literalmente nos faltam".[20] Tais circunstâncias, caso perdurem por muito tempo, produzem um léxico localmente diferente, que autoriza uma resposta, mas a uma pergunta ligeiramente modificada: "Sim, a criatura é um mamífero" (mas ser um mamífero não é o que era antes). O novo léxico abre novas possibilidades, as quais não poderiam ter sido estipuladas pelo uso do antigo.

Para esclarecer o que tenho em mente, permitam-me supor que há apenas duas maneiras pelas quais pode ser adquirido o uso dos termos "massa" e "peso": uma que estipula a segunda lei e descobre a lei da gravitação empiricamente; outra que estipula a lei da gravitação e descobre a segunda lei empiricamente. Suponhamos, além disso, que as duas rotas sejam excludentes; os estudantes percorrem uma ou outra de forma tal que, em cada uma delas, as necessidades do léxico e as contingências da experimentação são mantidas em separado. De modo claro, essas duas rotas são bem diferentes, mas as diferenças ordinariamente não interferirão na comunicação plena entre aqueles que usam os termos. Todos eles selecionarão os mesmos objetos e situações, bem como os referentes dos termos que compartilham, e todos concordarão a respeito das leis e de outras generalizações que governam esses objetos e situações. Todos são, assim, participantes plenos de uma única comunidade linguística. Aquilo a cujo respeito os falantes individuais podem diferir é o estatuto epistêmico das generalizações compartilhadas pelos membros da comunidade, e tais diferenças em geral não são importantes. De fato, no discurso científico *ordinário* elas não surgem

---

19 Há 25 anos, essa citação era parte usual do que agora descubro ser uma mera tradição oral. Embora claramente "wittgensteiniana", não se pode encontrá-la em nenhum dos escritos publicados de Wittgenstein. Preservo-a, aqui, por seu papel recorrente em meu próprio desenvolvimento filosófico e por não ter encontrado nenhum substituto publicado que tão claramente impeça a réplica de que informações adicionais poderiam permitir a resposta à questão.

20 Austin, Other Minds. In: *Philosophical Papers*, p.44-84. A passagem citada ocorre na p.56, e o grifo é de Austin. Para exemplos, extraídos da literatura, de situações nas quais as palavras nos faltam, ver White, *When Words Lose Their Meaning*. Comparei um exemplo retirado das ciências com um da psicologia do desenvolvimento em A Function for Thought Experiments. In: Cohen; Taton (Eds.), *Mélanges Alexandre Koyré*: *L'aventure de l'esprit*, p.307-34, v.2; reimpresso em Kuhn, *The Essential Tension*, p.240-65.

de modo algum. Enquanto o mundo se comporta nas maneiras previstas – aquelas para as quais o léxico evoluiu –, essas diferenças entre falantes individuais interferem muito pouco.

Mas uma mudança de circunstâncias pode torná-las importantes. Imaginem que seja descoberta uma discrepância entre a teoria newtoniana e a observação, por exemplo observações celestes do deslocamento do perigeu lunar. Cientistas que aprenderam "massa" e "peso" newtonianos ao longo da primeira de minhas duas rotas de aquisição de léxico estariam, por um lado, livres para considerar a alteração da lei da gravitação como um modo de remover a anomalia. Por outro, ver-se-iam compelidos pela linguagem a preservar a segunda lei. Já os cientistas que adquiriram "massa" e "peso" ao longo de minha segunda rota estariam livres para sugerir uma alteração na segunda lei, mas estariam compelidos pela linguagem a preservar a lei da gravitação. Uma diferença na rota de aprendizagem da linguagem, irrelevante caso o mundo se comportasse como o previsto, levaria a diferenças de opinião quando fossem encontradas anomalias.

Suponhamos, agora, que nem as revisões que preservaram a segunda lei nem as que preservaram a lei da gravitação se mostrassem eficazes na eliminação da anomalia. O próximo passo seria tentar revisões que alterassem ambas as leis conjuntamente, mas o léxico, em sua forma presente, não permitirá tais revisões.[21] Tentativas desse tipo, não obstante, são com frequência bem-sucedidas, mas exigem um recurso a artifícios como a extensão metafórica, artifícios que alteram o significado dos próprios itens lexicais. Depois de uma tal revisão – digamos, a transição para um vocabulário einsteiniano –, podem-se escrever sequências de símbolos que *parecem* versões revisadas da segunda lei e da lei da gravitação. Mas a semelhança é enganosa, porque alguns símbolos nas novas sequências ligam-se à natureza de maneira distinta da que fazem os símbolos correspondentes nas velhas sequências, discriminando, assim, entre situações que, no vocabu-

---

21 Nesse ponto, pareço estar reintroduzindo a noção, anteriormente banida, de analiticidade, e talvez o esteja. Usando-se o léxico newtoniano, o enunciado "a segunda lei de Newton e a lei da gravitação são ambas falsas" é, ele próprio, falso. Mais que isso, é falso em virtude do significado dos termos newtonianos "força" e "massa". Mas não é – diferentemente do enunciado "Alguns solteiros são casados" – falso em virtude das *definições* desses termos. Não é nas definições que podem ser incorporados os significados de "força" e "massa", mas, em vez disso, em sua relação com o mundo. A necessidade à qual estou aqui recorrendo é mais sintética *a priori* do que analítica.

lário anteriormente disponível, eram a mesma.[22] Eles são os símbolos para termos cuja aquisição envolvia leis que mudaram de forma com a mudança de teoria: as diferenças entre as velhas e as novas leis são refletidas pelos termos adquiridos com elas. Cada um dos léxicos resultantes dá, então, acesso a seu próprio conjunto de mundos possíveis, e esses dois conjuntos não têm elementos em comum. Traduções envolvendo termos introduzidos com as leis alteradas são impossíveis.

A impossibilidade da tradução não impede, é claro, que os usuários de um léxico aprendam outro. Tendo feito isso, eles podem unir os dois, enriquecendo seu léxico original pelo acréscimo de conjuntos de termos do léxico que acabaram de adquirir. Para alguns propósitos, tal enriquecimento é essencial. No início deste artigo, por exemplo, sugeri que os historiadores, frequentemente, necessitavam de um léxico enriquecido para entender o passado, bem como argumentei, em outra ocasião, que eles precisam transmitir esse léxico a seus leitores.[23] Mas o sentido de enriquecimento aí envolvido é peculiar. Cada um dos léxicos combinados para os propósitos do historiador envolve conhecimento da natureza, e os dois tipos de conhecimento são incompatíveis, não podendo, de modo coerente, descrever o mesmo mundo. Exceto em circunstâncias muito especiais, como aquelas em que o historiador atua, o preço de combiná-los é a incoerência na descrição dos fenômenos aos quais qualquer um deles poderia isoladamente ter sido aplicado.[24] Até mesmo o historiador só evita a incoerência certificando-se, o tempo todo, de qual léxico está usado, e por quê. Nessas circunstâncias, é razoável perguntar se o termo "enriquecido" realmente se aplica ao léxico ampliado formado por combinações desse tipo.

Um problema intimamente relacionado com isso – o das esmeraldas verzuis [*grue*] – foi muito discutido na filosofia recente. Um objeto é verzul se foi observado ser verde antes do instante *t* ou se, alternativamente, é

---

22 De fato, para a transição de Newton a Einstein, a mudança lexical mais significativa encontra-se no vocabulário cinemático anterior para "espaço" e "tempo", e move-se daí até o vocabulário da mecânica.

23 Kuhn, Commensurability, Comparability, Communicability. In: Asquith; Nickles (Eds.), op. cit. [N. E.: Ensaio 2 deste volume.]

24 Ao descrever o léxico ampliado, é essencial usar termos como "incompatível" e "incoerente" no lugar de "contraditório" e "falso". Os dois últimos termos seriam aplicados apenas se fosse possível uma tradução.

azul. O problema é que o mesmo conjunto de observações, se feitas antes do instante *t*, dão suporte a duas generalizações incompatíveis: "Todas as esmeraldas são verdes" e "Todas as esmeraldas são verzuis". (Note-se que uma esmeralda verzul, se não tiver sido examinada antes do instante *t*, só pode ser azul.) Também aqui a solução depende de segregar o léxico contendo o vocabulário normal descritivo de cores, "azul", "verde", e assim por diante, do léxico que contém "verzul", "azerde" [*bleen*], e os nomes de outros ocupantes do espectro correspondente. Um dos conjuntos de termos é projetável, suporta indução, o outro, não. Um conjunto de termos está disponível para descrições do mundo, o outro é reservado para os propósitos especiais do filósofo. As dificuldades surgem apenas quando os dois, englobando corpos de conhecimento da natureza incompatíveis, são usados em combinação, pois não há nenhum mundo a que o léxico ampliado poderia ser aplicado.[25]

Os estudiosos da literatura há muito tempo assumem como dado que a metáfora e seus artefatos associados (aqueles que alteram as inter-relações entre palavras) franqueiam acesso a novos mundos e, ao fazer isso, impossibilitam a tradução. Características similares foram amplamente atribuídas à linguagem da vida política e, por alguns, a todo âmbito das ciências humanas. Mas as ciências naturais, lidando objetivamente com o mundo real (como o fazem), em geral são consideradas imunes. Acredita-se que suas verdades (e falsidades) transcendam as devastações causadas por mudanças temporais, culturais e linguísticas. Estou sugerindo, é claro, que não podem fazer isso. Nem a linguagem descritiva de uma ciência natural, nem sua linguagem teórica fornecem o fundamento sólido que tal transcendência exigiria. Não irei, aqui, nem mesmo tentar lidar com os problemas filosóficos resultantes desse ponto de vista. Permitam-me, em vez disso, tentar reforçar sua relevância.

***

25 Para o paradoxo original, ver Goodman, *Fact, Fiction, and Forecast*, capítulos 3 e 4. Note-se que a similaridade que acabo de enfatizar está, em um aspecto muito importante, incompleta. Tanto os termos newtonianos aqui discutidos quanto os termos em qualquer vocabulário de cores formam um conjunto inter-relacionado. No último caso, porém, a diferença entre os vocabulários não afeta a estrutura do vocabulário, e é, portanto, possível traduzir entre o vocabulário projetável, que tem "verde"/"azul", e o não projetável, que contém "azerde" e "verzul".

A ameaça ao realismo é o mais notável dos problemas que tenho em mente, e pode aqui representar o conjunto todo.[26] Um léxico adquirido por técnicas semelhantes às discutidas na seção anterior propicia aos membros da comunidade que o empregam acesso conceitual a um conjunto infinito de mundos lexicamente estipuláveis, mundos descritíveis pelo léxico da comunidade. Desses mundos, somente uma pequena fração é compatível com o que eles sabem a respeito de seu próprio mundo, o mundo real: os demais são barrados por requisitos de consistência interna ou de conformidade com experimentação e observação. À medida que o tempo passa, a pesquisa continuada exclui mais e mais mundos possíveis do subconjunto daqueles que poderiam ser o mundo real. Se todo desenvolvimento científico procedesse dessa maneira, o progresso da ciência consistiria em uma especificação cada vez mais acurada de um único mundo, o mundo efetivo ou real.

Contudo, um tema recorrente deste ensaio tem sido o de que um léxico dá acesso a um conjunto de mundos possíveis e também impede o acesso a outros. (Recordem a incapacidade do léxico newtoniano de descrever um mundo no qual a segunda lei e a lei da gravitação não fossem simultaneamente satisfeitas.) E o desenvolvimento científico resulta ser dependente não apenas da eliminação, dentre o conjunto corrente de mundos possíveis, dos candidatos a mundo real, mas também de transições ocasionais a um outro conjunto, viabilizado por um léxico de estrutura diferente. Quando tal transição ocorre, alguns enunciados que antes descreviam mundos possíveis mostram-se intraduzíveis na terminologia desenvolvida para a ciência subsequente. Esses são os enunciados que o historiador inicialmente encara como sequências anômalas de palavras; não se consegue imaginar o que aqueles que os proferiram ou escreveram estavam tentando dizer. Apenas quando um novo léxico for dominado é que tais enunciados podem ser compreendidos, e essa compreensão não lhes fornece equivalentes posteriores. Individualmente, eles não são nem compatíveis, nem

---

26 Contrariamente a uma impressão difundida, o tipo de posição aqui esboçado não levanta problemas de relativismo, pelo menos não se "relativismo" for usado em qualquer sentido usual. Existem padrões compartilhados e justificáveis, embora não necessariamente permanentes, que as comunidades científicas usam ao escolher entre teorias. Sobre esse assunto, ver meus artigos Objectivity, Value Judgement, and Theory Choice. In: *The Essential Tension*, p.320-39; e Rationality and Theory Choice, *Journal of Philosophy*, v.80, p.563-70, 1983; reimpresso neste volume como o Ensaio 9.

incompatíveis com enunciados que expressam as crenças de uma época posterior; são, portanto, imunes a uma avaliação norteada por suas categorias conceituais.

A imunidade de tais enunciados, é claro, só se constata quando são eles avaliados um por vez, rotulados individualmente com valores de verdade ou algum outro índice de estatuto epistêmico. Um outro tipo de avaliação é possível, e no desenvolvimento científico ocorre, com frequência, algo muito parecido com ele. Diante de enunciados intraduzíveis, o historiador torna-se bilíngue, primeiro aprendendo o léxico necessário para formular os enunciados problemáticos e, depois, se isso parecer relevante, comparando o sistema antigo integral (um léxico mais a ciência desenvolvida com ele) ao sistema correntemente em uso. A maioria dos termos usados em qualquer um dos sistemas é compartilhada por ambos, e a maioria desses termos compartilhados ocupa as mesmas posições em ambos os léxicos. Comparações feitas com esses termos apenas costumam fornecer uma base suficiente para avaliações. Mas o que está sendo julgado, nesse caso, é o sucesso relativo de dois sistemas inteiros ao perseguir um conjunto praticamente estável de metas científicas, uma questão muito diferente do ajuizamento de enunciados individuais no interior de determinado sistema.

A avaliação dos valores de verdade de um enunciado é, em resumo, uma atividade que pode ser levada adiante somente se um léxico já estiver disponível, e seu resultado depende desse léxico. Se, como supõem formas usuais de realismo, a verdade ou falsidade de um enunciado depender apenas de ele corresponder ou não ao mundo real – independentemente de tempo, linguagem e cultura –, então o próprio mundo deve ser, de algum modo, dependente de um léxico. Qualquer que seja a forma que tome essa dependência, ela apresenta problemas para uma perspectiva realista, problemas que considero tanto genuínos como cruciais. Em vez de explorá-los aqui em mais detalhes – tarefa para um outro ensaio –, concluirei examinando uma tentativa usual de descartá-los.

O que descrevi como o problema da dependência lexical é, frequentemente, denominado como o problema da variação de significado. Para evitá-lo, bem como a problemas correlatos oriundos de outras fontes, muitos filósofos enfatizaram, em anos recentes, que os valores de verdade dependem apenas da referência e que uma teoria adequada da referência não precisa recorrer ao modo pelo qual são, de fato, selecionados os referentes de termos individuais.[27] A versão mais influente de tais teorias é a chamada teoria causal da referência, desenvolvida, notadamente, por Kripke e Putnam. Ela está firmemente enraizada na semântica de mundos possíveis, e seus expositores recorrem com frequência a exemplos tirados do desenvolvimento científico. Um exame dela deve tanto reforçar quanto estender o ponto de vista aqui esboçado. Para esse propósito, restrinjo-me, sobretudo, à versão desenvolvida por Hilary Putnam, pois Putnam trata mais explicitamente do que outros autores de problemas do desenvolvimento científico.[28]

De acordo com a teoria causal, os referentes de termos para espécies naturais, tais como "ouro", "tigre", "eletricidade", "gene", "força", são determinados por algum ato original de batizar ou intitular amostras da espécie em questão com o nome que irão portar daí em diante. Esse ato, ao qual falantes posteriores são vinculados pela história, é a "causa" de o termo referir-se como o faz. Assim, algumas amostras de um metal que naturalmente parece amarelo, maleável, foram uma vez batizadas de "ouro" (ou um equivalente em alguma outra língua), e o termo, desde então, tem

---

27 Concepções que, como a minha, dependem de falar sobre como as palavras são realmente usadas e sobre as situações em que elas são aplicáveis são regularmente acusadas de invocar "uma teoria verificacionista do significado", algo que, hoje em dia, não é muito respeitável fazer. Mas, pelo menos no meu caso, essa acusação não se sustenta. Teorias verificacionistas atribuem significados a sentenças individuais e, por meio delas, aos termos individuais que essas sentenças contêm. Cada termo tem um significado determinado pelo modo como as sentenças que o contêm são verificadas. Contudo, tenho sugerido que, com ocasionais exceções, termos, tomados individualmente, não têm significado algum. Mais importante, a concepção acima esboçada sustenta que as pessoas podem usar o mesmo léxico, referir-se com ele aos mesmos itens e, no entanto, selecionar esses itens de modo diferente. Referência é uma função da estrutura compartilhada do léxico, mas não dos variados espaços de características [*feature-spaces*] no interior dos quais os indivíduos representam essa estrutura. Há, no entanto, uma segunda acusação, intimamente relacionada com o verificacionismo, da qual sou culpado. Aqueles que sustentam a independência entre referência e significado também sustentam que a metafísica é independente da epistemologia. Nenhuma concepção semelhante à minha (nos aspectos presentemente em questão, há várias) é compatível com tal separação. A separação da metafísica da epistemologia pode se dar somente depois que tenha sido elaborada uma posição que envolva a ambas.

28 Kripke, *Naming and Necessity*; Putnam, The Meaning of "Meaning". In: *Mind, Language and Reality*. Putnam, creio, agora abandonou componentes significativos da teoria, passando dela para uma teoria ("realismo interno") que tem paralelos importantes com a minha própria. Mas poucos filósofos o seguiram. As concepções discutidas a seguir continuam muito vivas.

se referido a todas as amostras da mesma substância que as amostras originais, quer elas exibam as mesmas qualidades superficiais, quer não. O que estabelece a referência de um termo é, assim, a amostra original juntamente com a relação primitiva, identidade de espécie [*sameness-of-kind*]. Se as amostras originais não fossem todas, ou em sua maioria, da mesma espécie, então o termo em questão, "flogístico", por exemplo, fracassaria em se referir. Teorias sobre o que faz que as amostras sejam as mesmas são, conforme essa posição, irrelevantes para o referir, como o são as técnicas usadas na identificação de amostras adicionais. Ambas podem variar com o passar do tempo, bem como de indivíduo para indivíduo num mesmo momento. Mas as amostras originais e a relação de identidade de espécie são estáveis. Se significados são os tipos de coisas que os indivíduos podem portar em sua mente, então o significado não determina a referência.

Com exceção dos nomes próprios, duvido que haja algum conjunto de termos para os quais essa teoria funcione com precisão, mas ela chega bem perto disso para termos como "ouro", e a plausibilidade da aplicação da teoria causal a termos para espécies naturais depende da existência de tais casos. Termos que se comportam de maneira semelhante a "ouro" se referem, em geral, a substâncias que ocorrem naturalmente, são amplamente distribuídas, funcionalmente significativas e facilmente reconhecíveis. Eles ocorrem nas línguas da maioria das culturas, ou nas línguas de todas elas, retêm seu uso original ao longo do tempo e se referem em toda parte aos mesmos tipos de amostra. Não há muita dificuldade em traduzi-los, pois esses termos ocupam posições aproximadamente equivalentes em todos os léxicos. "Ouro" encontra-se entre o que temos de mais próximo a um item num vocabulário observacional neutro, independente da mente.

Quando um termo é desse tipo, a ciência moderna pode, com frequência, ser usada não apenas para especificar a essência comum de seus referentes, mas realmente para isolá-los. A teoria moderna, por exemplo, identifica o ouro como a substância de número atômico 79 e autoriza os especialistas a identificá-lo pela aplicação de técnicas tais como a espectrografia de raios X. Nem a teoria, nem o instrumento estavam disponíveis 75 anos atrás, mas, apesar disso, é razoável sugerir que "os referentes de 'ouro' são e sempre foram os mesmos que os referentes de 'substância de número atômico 79'". As exceções a essa equiparação são poucas e resultam, notadamente, de nossa maior capacidade de detectar impurezas e falsificações.

Para o adepto da teoria causal, portanto, "ter número atômico 79" é *a* propriedade essencial do ouro – se o ouro de fato a tem, então essa seria a única propriedade que tem necessariamente. Outras propriedades – amarelidão e ductilidade, por exemplo – são superficiais e, correspondentemente, contingentes. Kripke sugere que o ouro poderia, até mesmo, ser azul, sendo sua amarelidão aparente resultado de uma ilusão de óptica.[29] Embora os indivíduos possam, de fato, usar a cor e outras características superficiais ao selecionar amostras de ouro, tal prática não diz nada de essencial a respeito dos referentes do termo.

Contudo, "ouro" apresenta um caso relativamente especial, e aquilo que é especial a seu respeito obscurece limitações essenciais das conclusões a que dá suporte. Mais representativo é o exemplo muito bem desenvolvido por Putnam, "água", e os problemas que surgem com ele são ainda mais graves do que no caso de outros termos amplamente discutidos, como "calor" e "eletricidade".[30] Com respeito à água, a discussão se divide em duas partes. Na primeira, que é a mais familiar, Putnam imagina um mundo possível que contém a Terra-gêmea, um planeta exatamente como o nosso, exceto pela substância denominada "água" pelos habitantes da Terra-gêmea, que não é H_2O, mas um líquido diferente, com uma fórmula química muito longa e complicada, abreviada por XYZ. "Indistinguível da água sob temperaturas e pressões normais", XYZ é a substância que, na Terra-gêmea, sacia a sede, cai dos céus sob a forma de chuva, preenchendo os oceanos e lagos, exatamente como a água na Terra. Se uma espaçonave terrestre alguma vez visitasse a Terra-gêmea, escreve Putnam:

> então, a suposição, de início, será de que "água" tem o mesmo significado na Terra e na Terra-gêmea. Essa suposição será corrigida quando for descoberto que "água" na Terra-gêmea é XYZ, e a espaçonave terrestre vai relatar algo como o seguinte:
>
> Na Terra-gêmea, a palavra "água" significa XYZ.

---

29 Kripke, op. cit., p.118.

30 A força da argumentação de Putnam repousa, em parte, sobre um equívoco que precisa ser eliminado. Do modo como é usado na vida cotidiana ou por leigos, o termo "água" se comportou ao longo da história de modo muito semelhante a "ouro". Mas esse não é o caso dentro da comunidade de cientistas e filósofos a que o argumento de Putnam precisa ser aplicado.

E, tal qual no caso do ouro, qualidades superficiais, como matar a sede ou cair dos céus sob a forma de chuva, não desempenham papel algum na determinação de a que substância o termo "água" propriamente se refere.

Dois aspectos da fábula de Putnam exigem uma atenção especial. Em primeiro lugar, o fato de os habitantes da Terra-gêmea chamarem XYZ pelo nome de "água" (o mesmo símbolo que os terráqueos usam para a substância que se encontra nos lagos, mata a sede etc.) é irrelevante. As dificuldades apresentadas por essa história surgirão mais claramente se os visitantes da Terra usarem o tempo todo sua própria linguagem. Em segundo lugar, e, a essa altura, fundamental: seja lá como for que os visitantes denominem a substância que se encontra nos lagos da Terra-gêmea, o relato que enviarem para casa deve assumir forma semelhante a: "De volta à mesa de trabalho! Há algo terrivelmente errado com a teoria química".

Os termos "XYZ" e "H_2O" são extraídos da teoria química moderna, e essa teoria é incompatível com a existência de uma substância com propriedades que são praticamente as mesmas da água, mas descrita por uma fórmula química elaborada. Uma tal substância, entre outras coisas, seria pesada demais para evaporar a temperaturas terrestres normais. Sua descoberta apresentaria os mesmos problemas que uma violação simultânea da segunda lei de Newton e da lei da gravitação descrita na seção anterior. Isto é, tal descoberta demonstraria a presença de erros fundamentais na teoria química que dá significado a nomes compostos como "H_2O" e à forma não abreviada de "XYZ". No léxico da química moderna, um mundo contendo tanto a nossa Terra quanto a Terra-gêmea de Putnam é lexicalmente possível, mas o enunciado composto que o descreve é necessariamente falso. Apenas por meio de um léxico diferentemente estruturado, configurado de modo a descrever uma espécie bem diferente de mundo, é que se poderia, sem contradição, descrever o comportamento de XYZ, mas, nesse léxico, "H_2O" poderia não mais se referir ao que nós chamamos "água".

Isso é o suficiente no que diz respeito à primeira parte do argumento de Putnam. Na segunda, ele o aplica mais concretamente à história referencial de "água", sugerindo que "retrocedamos no tempo até 1750", e continuando:

Naquela época, a química não estava desenvolvida nem na Terra nem na Terra-gêmea. O típico falante terrestre de inglês não sabia que a água consistia em hidrogênio e oxigênio, e o típico habitante da Terra-gêmea falante de inglês não sabia que "água" consistia em XYZ... Contudo, a extensão do termo "água" já era H_2O na Terra em 1750; e a extensão do termo "água" já era XYZ na Terra-gêmea em 1750, tanto quanto em 1950.

Nas viagens através do tempo, bem como naquelas através do espaço, sugere Putnam, é a fórmula química, e não as qualidades superficiais, que determina se certa substância é ou não água.

Para os presentes propósitos, podemos restringir a atenção à história terrestre, e, na Terra, o argumento de Putnam com relação a "água" é o mesmo que foi a respeito de "ouro". A extensão de "água" é determinada pela amostra original juntamente com a relação de identidade de espécie. Essa amostra data de antes de 1750, e a natureza de seus elementos tem se mantido estável. O mesmo vale para a relação de identidade de espécie, embora tenham variado amplamente as *explicações* do que significa dois corpos serem da mesma espécie. O que importa, contudo, não são as explicações, mas o que acaba sendo selecionado, e identificar amostras de H_2O é, de acordo com a teoria causal, o melhor meio já encontrado para selecionar amostras da mesma espécie que as do conjunto original. Excetuando-se umas poucas discrepâncias marginais, discrepâncias decorrentes de refinamentos de técnica ou, talvez, de uma mudança de interesses, "H_2O" se refere às mesmas amostras a que "água" se referia, seja em 1750, seja em 1950. Aparentemente, a teoria causal tornou os referentes de "água" imunes a mudanças no conceito de água, na teoria da água e no modo como são selecionadas as amostras de água. O paralelo entre o tratamento dado pela teoria causal a "ouro" e o dado a "água" parece perfeito.

No caso da água, porém, surgem dificuldades. "H_2O" seleciona amostras não apenas de água, mas também de gelo e vapor. H_2O pode existir em todos esses três estados de agregação – sólido, líquido e gasoso – e não é, portanto, a mesma coisa que água, ao menos não como selecionada pelo termo "água" em 1750. A diferença entre os itens citados, além do mais, não é, de modo algum, marginal como, por exemplo, aquela originada de impurezas. Categorias inteiras de substância estão envolvidas, e seu envolvimento entre as espécies químicas eram os estados de agregação ou distinções modeladas neles. A água, em particular, era um corpo elementar do qual a fluidez era uma propriedade essencial. Para alguns químicos, o termo "água" referia-se ao líquido genérico, e assim o foi para ainda muitos outros, apenas poucas gerações antes. Somente na década de 1780, num episódio há muito conhecido como A Revolução Química, é que a taxonomia da química foi transformada de modo que uma espécie química possa existir em todos os três estados de agregação. Daí em diante, a distinção entre sólidos, líquidos e gases passou a ser uma distinção física, e não química. A descoberta de que a água *líquida* era um composto de duas substâncias *gasosas*, hidrogênio e oxigênio, foi parte essencial dessa transformação maior e não poderia ter sido feita sem ela.

Isso não quer dizer que a ciência moderna seja incapaz de selecionar a substância que as pessoas, em 1750, chamavam (e a maioria das pessoas ainda chama) "água". Esse termo refere-se ao H_2O *líquido*. E ele não deveria ser descrito simplesmente como H_2O, mas como partículas densamente compactadas de H_2O em rápido movimento relativo. Deixando de lado mais uma vez diferenças marginais, as amostras que respondem por essa descrição composta são aquelas selecionadas, em 1750 e anteriormente, pelo termo "água". Mas essa descrição moderna leva a uma nova rede de dificuldades, dificuldades que podem, em última instância, ameaçar o conceito de espécies naturais e que, paralelamente, devem impedir que a teoria causal seja aplicada a elas de forma automática.

A teoria causal foi inicialmente desenvolvida com notável sucesso para a aplicação a nomes próprios. Sua transferência destes para termos para espécies naturais foi facilitada – talvez possibilitada – pelo fato de as espécies naturais, como as criaturas individuais isoladas, serem denotadas por nomes curtos e aparentemente arbitrários, nomes coextensivos com os da única propriedade essencial da espécie correspondente. Nossos exemplos foram "ouro" emparelhado com "ter número atômico 79" e "água" emparelhado com "ser H_2O". O segundo elemento de cada par de nomes, é claro, é uma propriedade, ao passo que o nome ligado a ela não o é. Contudo, até o ponto em que, para cada espécie natural, for requisitada apenas uma única propriedade essencial, a diferença é irrelevante. Quando, contudo, são precisos dois nomes não coextensivos – "H_2O" e "fluidez" no caso da água –, então, cada nome, se empregado isoladamente, seleciona uma classe maior do que o faz o par quando unido, e o fato de que eles nomeiam propriedades passa a ser essencial, pois, se são necessárias duas propriedades, por que não três ou quatro? Não estaríamos de volta ao conjunto usual de problemas que se pretendia resolver com a teoria causal: quais propriedades são essenciais, quais são acidentais; quais propriedades pertencem a uma espécie por definição, quais são apenas contingentes? Será que a transição para um vocabulário científico desenvolvido realmente ajudou?

Acho que não. O léxico requerido para rotular atributos como ser-H_2O ou ser-partículas-densamente-compactadas-em-rápido-movimento-relativo é rico e sistemático. Ninguém pode usar qualquer um dos termos que ele contém sem ser capaz de usar muitos. E, dado esse vocabulário, os problemas envolvidos com a escolha de propriedades essenciais surgem outra vez, mas, agora, as propriedades envolvidas não podem mais ser descartadas como superficiais. Será que o deutério é hidrogênio, por exemplo, e a água pesada realmente água? E o que se pode dizer a respeito de uma amostra de partículas densamente compactadas de H_2O em rápido movimento relativo no ponto crítico, isto é, nas condições de temperatura e pressão em que os estados líquido, sólido e gasoso são indistintos? Isso é realmente água? O uso de propriedades teóricas em vez de propriedades superficiais apresenta grandes vantagens, é claro. As primeiras são em menor número, as relações entre elas são mais sistemáticas, permitindo discriminações mais ricas e mais precisas. Mas não estão mais próximas de serem propriedades essenciais ou necessárias do que as propriedades superficiais que aparentam suplantar. Os problemas de significado e variação de significado ainda subsistem.

O argumento inverso mostra-se ainda mais significativo. As chamadas propriedades superficiais não são menos necessárias do que suas sucessoras aparentemente essenciais. Dizer que a água é H_2O líquido é localizá-la no interior de um elaborado sistema lexical e teórico. Dado esse sistema – o que é preciso para o uso do rótulo –, podem-se, em princípio, predizer as propriedades superficiais da água (exatamente como se podiam predizer as de XYZ), calcular seus pontos de ebulição e congelamento, os comprimentos de onda ópticos que ela vai transmitir, e assim por diante.[31] Se a água é H_2O líquido, então essas propriedades lhe são necessárias. Se elas não fossem

---

31 Leigos, é claro, podem dizer que a água é H_2O sem dominar o léxico inteiro ou a teoria a que ele dá sustentação. Mas, ao fazer isso, sua capacidade de comunicar-se depende da presença de especialistas em sua sociedade. Os leigos devem ser capazes de identificar os especialistas e de dizer algo a respeito da natureza da especialidade relevante. E os especialistas, por sua vez, têm de dominar o léxico, a teoria, e os cálculos.

constatadas na prática, isso seria uma razão para duvidar de que a água realmente fosse H_2O.

Esse último argumento aplica-se também ao caso do ouro, no qual a teoria causal foi aparentemente bem-sucedida. "Número atômico" é um termo do léxico da teoria atômico-molecular. Como "força" e "massa", precisa ser aprendido juntamente com outros termos empregados nessa teoria, e a própria teoria tem de desempenhar um papel no processo de aquisição. Tendo sido completado o processo, pode-se substituir o rótulo "ouro" por "número atômico 79", mas se pode, então, também substituir o rótulo "hidrogênio" por "número atômico 1", "oxigênio" por "número atômico 8", e assim por diante, até um total de mais de cem. Do mesmo modo, pode-se fazer algo mais importante. Invocando-se outras propriedades teóricas, tais como carga e massa do elétron, podem-se, em princípio e, em considerável medida, também de fato, predizer as qualidades superficiais – densidade, cor, ductilidade, condutividade, e assim por diante – que amostras da substância correspondente possuirão a temperaturas normais. Essas propriedades não são mais acidentais do que ter-número-atômico-79. Que a cor seja uma propriedade superficial não faz dela uma propriedade contingente. Não apenas isso: numa comparação entre qualidades superficiais e teóricas, as primeiras têm uma dupla prioridade. Se a teoria que postula as propriedades teóricas relevantes não pudesse predizer essas qualidades superficiais, ou algumas delas, não haveria razão para levá-la a sério. Se o ouro fosse azul para um observador normal, sob condições normais de iluminação, seu número atômico não seria 79. Além disso, propriedades superficiais são aquelas a que se recorre nos difíceis casos de discriminação caracteristicamente suscitados por novas teorias. O deutério é realmente hidrogênio, por exemplo? Estão vivos os vírus?[32]

---

32 Evidentemente, o que está em questão é onde traçar as linhas de fronteira que delimitam os referentes de "água", "ser vivo", e assim por diante – um problema que surge da noção de espécies naturais [natural kinds] e parece ameaçá-las. Essa noção é estreitamente modelada pelo conceito de uma espécie biológica [biological species], e discussões da teoria causal invocam com frequência a relação entre um genótipo particular e uma espécie [species] correspondente (usualmente tigres) para ilustrar a relação que se diz haver entre uma espécie natural [natural kind] e sua essência, entre "H_2O" e "água", por exemplo, ou entre "número-atômico-79" e "ouro". Mas mesmo indivíduos que, de maneira não problemática, são membros da mesma espécie têm conjuntos diferentemente constituídos de genes. Que conjuntos são compatíveis com a pertinência à espécie é assunto de um debate continuado, tanto em prin-

O que continua sendo especial a respeito de "ouro" é simplesmente que, ao contrário de "água", é preciso recorrer a apenas uma das propriedades básicas reconhecidas pela ciência moderna – ter número atômico 79 – para selecionar membros da amostra à qual o termo continuou a se referir ao longo da história.[33] "Ouro" não é o único termo que possui essa característica ou que se aproxima rigorosamente dela. Esse é também o caso para muitos dos termos referenciais de nível básico usados na fala cotidiana, incluindo-se o uso cotidiano do termo "água". Mas, nem todos os termos cotidianos são desse tipo. "Planeta" e "estrela", agora, categorizam o mundo dos objetos celestes diferentemente de como o faziam antes de Copérnico, e as diferenças não são bem descritas por expressões como "ajuste marginal" ou "aproximação". Transcrições similares caracterizam o desenvolvimento histórico de virtualmente todos os termos referenciais das ciências, incluindo-se os mais elementares: "força", "espécie" [*species*], "calor", "elemento", "temperatura", e assim por diante.

No decurso da história, esses e outros termos científicos participaram, às vezes reiteradamente, dos tipos de mudança exemplificados antes pela mudança no emprego de "água" pelos químicos, entre 1750 e 1950. Tais transformações lexicais sistematicamente separam e depois reagrupam de novas maneiras os membros dos conjuntos aos quais os termos no léxico se referem. Em geral, os próprios termos permanecem os mesmos ao longo de tais transições, embora, algumas vezes, com acréscimos e supressões estratégicos. Muitos dos itens a que se referem esses termos fazem o mesmo, e é por isso que os termos persistem. Mas as mudanças dos elementos dos conjuntos de itens aos quais se referem esses termos duradouros são, frequen-

---

cípio como na prática, e o tema dessa discussão é sempre quais *propriedades* superficiais (por exemplo, a capacidade de cruzamento) devem ser compartilhadas pelos membros da espécie.

33 Mesmo para o ouro, essa generalização não é *inteiramente* correta. Como já observado, o progresso científico leva a efeito ajustes marginais nas amostras originais de ouro em virtude de "nossa capacidade aumentada de detectar impurezas". Contudo, o que significa ser puro, para o ouro, é determinado em parte pela teoria. Se o ouro é a substância com número atômico 79, então até mesmo um único átomo com um número atômico diferente constitui uma impureza. Mas se o ouro fosse, como considerado na Antiguidade, um metal que se desenvolve naturalmente na terra, modificando-se de modo gradual a partir do chumbo, passando no processo por ferro e prata até chegar a ouro, então não há nenhuma forma individual de matéria que seja ouro *tout court*. Quando aplicavam o termo "ouro" a amostras a que não daríamos esse nome, os antigos nem sempre estavam simplesmente errados.

temente, maciças e afetam não apenas os referentes de um termo individual mas também os de um conjunto inter-relacionado de termos entre os quais é redistribuída a população preexistente. Itens que antes eram considerados bastante dissimilares são agrupados em conjunto após a transformação, ao passo que membros antes exemplares de alguma categoria única são depois divididos entre categorias sistematicamente diferentes.

São mudanças lexicais desse tipo que resultam nas aparentes anomalias textuais constantes do início deste artigo. Uma vez encontradas por um historiador em um texto do passado, elas resistem vigorosamente à eliminação por qualquer tradução ou paráfrase que use o léxico do próprio historiador, o léxico que ele trouxe inicialmente para o texto. Os fenômenos descritos nessas passagens anômalas não estão estipulados nem como presentes nem como ausentes em qualquer um dos mundos possíveis aos quais esse léxico dá acesso, e o historiador não pode, portanto, compreender por completo o que o autor do texto está tentando dizer. Esses fenômenos pertencem a um outro conjunto de mundos possíveis, no qual ocorrem muitos dos mesmos fenômenos presentes no do próprio historiador, mas no qual também ocorrem coisas que o historiador, até que seja reeducado, não pode imaginar. Em tais circunstâncias, o único recurso é a reeducação: a recuperação do léxico mais antigo, sua assimilação e a exploração do conjunto de mundos a que ele dá acesso. A teoria causal não fornece nenhuma ponte que permita transpor esse fosso, pois as viagens transmundanas por ela conjecturadas são limitadas a mundos em um único conjunto lexicamente possível. E, na ausência da ponte que a teoria causal procurou fornecer, não há base alguma para falar da eliminação gradual pela ciência de todos os mundos, exceto do único mundo real. Esse modo de falar, acuradamente ilustrado pela discussão do ouro, mas não pela da água, forneceu a versão da teoria causal daquilo que a tradição descreveu como aproximações graduais em direção à verdade, trinchando-se o mundo mais perto ou, mesmo, muito próximo de suas articulações.

Tais descrições do desenvolvimento científico não podem mais ser sustentadas. Conheço apenas uma outra estratégia disponível para a sua defesa, e parece-me ser autodestrutiva, um artifício nascido do desespero. No caso de "água", tal estratégia seria adotada da seguinte maneira: até algum tempo depois de 1750, as propriedades superficiais levaram os químicos a, erroneamente, acreditar que a água era uma espécie natural, mas ela não o é; o que eles chamavam de "água" não existia, não mais do que existia o flogístico; ambos eram quimeras, e os termos usados para se referir a eles, de fato, não se referiam a nada.[34] Mas isso não pode estar certo. Termos putativamente não referenciais como "água" não podem ser isolados nem substituídos por termos mais primitivos cujo estatuto referencial seja indubitável. Se "água" era incapaz de fazer referência, então outros termos químicos, tais como "elemento", "princípio", "terra", "composto" e muitos outros estavam na mesma situação. E o fracasso referencial não se restringiria à química. Termos como "calor", "movimento", "peso" e "força" seriam igualmente vácuos; enunciados nos quais constassem referir-se-iam a nada. Nesse quadro, a história da ciência seria a história de uma vacuidade em desenvolvimento, e a partir da vacuidade não se pode avançar. Faz-se necessária alguma outra explicação para as realizações da ciência.

Pós-escrito: réplica do palestrante

Fico muito agradecido aos professores Frängsmyr e Miller por seus comentários a respeito de meu ensaio. Deixando de lado ocasionais mal-entendidos (estamos, por exemplo, usando a expressão "mundos possíveis" de modo bem diferente), concordo inteiramente com o que eles têm a dizer. O desenvolvimento científico tem numerosos aspectos além daqueles sobre os quais meu artigo se concentra; suas observações complementam as minhas ao esclarecer convincentemente outros tópicos que eu poderia ter discutido. Em apenas um ponto é necessária uma resposta adicional.

No início de sua intervenção, o professor Miller escreve: "Considero o principal problema na análise de Kuhn sua ênfase na mudança descontínua de uma teoria (ou mundo) a outra". Não há, contudo, nenhuma menção a uma mudança descontínua em meu artigo, muito menos qualquer ênfase nela. O contraste, do início ao fim, é entre os léxicos usados em duas épocas bastante separadas: nada é dito sobre a natureza do processo interveniente pelo qual é constituída uma transição entre elas. Vale a pena precisar um pouco esse ponto: minha obra anterior frequentemente invocou a desconti-

---

34 Acredito que esse seria o tipo de réplica que Putnam teria dado quando o artigo que estive discutindo foi escrito.

nuidade, e meu artigo presente aponta o caminho em direção a uma reformulação significativa.

Nos últimos anos, tenho reconhecido cada vez mais que minha concepção do processo pelo qual os cientistas avançam foi modelada de maneira próxima demais à minha experiência do processo pelo qual os historiadores se voltam para o passado.[35] Para o historiador, o período de luta com passagens sem sentido em textos obsoletos costuma ser marcado por episódios em que a súbita recuperação de uma maneira, há muito esquecida, de usar alguns termos ainda familiares traz uma nova compreensão e coerência. Nas ciências, experiências semelhantes de súbita iluminação marcam os períodos de frustração e perplexidade que comumente precedem uma inovação fundamental e que, com frequência, precedem também a compreensão da inovação. O testemunho de cientistas a respeito de tais experiências, juntamente com minha própria experiência como historiador, foi a base para minha repetida referência a mudanças de *gestalt*, experiências de conversão e coisas semelhantes. Em muitos dos lugares onde tais expressões aparecem, seu uso foi literal (ou quase), e, nesses lugares, eu as usaria novamente, embora talvez com mais atenção às nuanças retóricas.

Em outros lugares, contudo, uma característica especial do desenvolvimento científico levou-me a usar tais termos metaforicamente, com frequência sem reconhecer de todo a diferença no uso. Entre as disciplinas criativas, as ciências são únicas na medida em que se desvinculam de seu passado, substituindo-o por uma reconstrução sistemática. Poucos cientistas leem trabalhos científicos do passado: as bibliotecas científicas costumam substituir os livros e revistas que contêm tal trabalho; a vida científica não conhece nenhum equivalente institucional a um museu de arte. Outro sintoma é no momento mais fundamental. Quando uma reconceitualização ocorre em um campo científico, os conceitos desalojados desaparecem rapidamente do cenário profissional. Praticantes posteriores reconstroem a obra de seus predecessores no vocabulário conceitual que eles próprios usam, um vocabulário incapaz de representar o que esses predecessores realmente fizeram. Tal reconstrução é uma precondição para a imagem cumulativa do desenvolvimento científico, comum nos manuais de ciên-

---

35 Para um exemplo particularmente claro dessa modelagem, ver meu What Are Scientific Revolutions?. In: Krüger; Daston; Heidelberger, op. cit. (N. E.: Ensaio 1 deste volume.)

cias, mas ela representa muito mal o passado.[36] Não admira que o historiador, ao descobrir esse passado, experiencie essa descoberta como uma mudança gestáltica. E, uma vez que aquilo que o historiador descobre não são simplesmente os conceitos empregados por um único cientista, mas os de uma comunidade uma vez ativa, é natural falar da própria comunidade como tendo sofrido uma mudança de *gestalt* quando substituiu seu vocabulário conceitual anterior por um novo. A tentação de usar dessa maneira "mudança de *gestalt*" e expressões correlatas é particularmente forte, tanto porque o intervalo no qual o vocabulário conceitual mudou é quase sempre breve, quanto porque, durante esse intervalo, um número de cientistas individuais, de fato, experienciaram mudanças gestálticas.

A transferência de termos como "mudança de *gestalt*" de indivíduos para grupos é, contudo, claramente metafórica e, nesse caso, a metáfora revela-se danosa. Na medida em que a mudança gestáltica do historiador fornece o modelo, a magnitude das transposições conceituais características do desenvolvimento científico é exagerada. Os historiadores, trabalhando em direção ao passado, regularmente experienciam como mudança conceitual única uma transposição para a qual o processo de desenvolvimento exigiu uma série de estágios. Mais importante, ao se tratar grupos ou comunidades como se fossem indivíduos em grande escala, representa-se erradamente o processo de mudança conceitual. Comunidades não têm experiências, muito menos mudanças de *gestalt*. À medida que o vocabulário conceitual de uma comunidade muda, seus membros podem sofrer mudanças de *gestalt*, mas apenas alguns deles o fazem, e não todos ao mesmo tempo. Daqueles que não o fazem, alguns deixam de ser membros da comunidade; outros adquirem o novo vocabulário de maneira menos dramática. Enquanto isso, a comunicação continua, ainda que imperfeitamente, e a metáfora serve como uma ponte parcial sobre o fosso que separa um uso literal antigo e um novo. Falar, como repetidamente falei, de uma comunidade sofrendo uma

---

36 Sobre esse assunto, ver The Invisibility of Revolutions, em meu *The Structure of Scientific Revolutions*, p.136-43; "Comment" [on the Relations of Science and Art], *Comparative Studies in Society and History*, v.11, p.403-12, 1969 (reimpresso como Comment on the Relations of Science and Art. In: *The Essential Tension*, p.340-510; e Revisiting Planck, *Historical Studies in the Physical Sciences*, v.14, p.231-52, 1984 (reimpresso sob a forma de um novo pós-escrito em *Black-Body Theory and the Quantum Discontinuity: 1894-1912*, p.349-70, especialmente parte 4).

mudança de *gestalt* equivale a comprimir um extenso processo de mudança em um instante, não deixando lugar para os microprocessos por meio dos quais a mudança é realizada.

O reconhecimento dessas dificuldades abre dois rumos para desenvolvimentos adicionais. O primeiro é aquele que o professor Miller demanda e que seus comentários exemplificam: o estudo dos microprocessos que ocorrem no interior de uma comunidade durante os períodos de mudança conceitual. Excetuando-se a repetida referência à metáfora, meu ensaio não tem nada a dizer a respeito deles, mas o tratamento que lhes confere intencionalmente enseja sua exploração.[37] O segundo, que pode se mostrar ainda mais importante, é uma tentativa sistemática de separar os conceitos apropriados à descrição de grupos daqueles apropriados à descrição de indivíduos. Essa tentativa encontra-se atualmente entre minhas principais preocupações, e um de seus produtos desempenha em meu artigo um papel fundamental, embora na maior parte implícito.[38] Como já salientei, as pessoas podem "usar o mesmo léxico, referir-se com ele aos mesmos itens e, no entanto, selecionar esses itens de modo diferente. Referência é uma função da estrutura compartilhada do léxico, mas não dos variados espaços de características [*feature-spaces*] no interior dos quais os indivíduos representam essa estrutura".[39] Sugiro que vários dos problemas clássicos do significado possam ser vistos como produto do fracasso em distinguir, por um lado, o léxico como uma propriedade compartilhada, constitutiva de uma comunidade, do léxico como algo que cada membro individual da comunidade traz consigo, por outro lado.

---

37 O contraste, é claro, refere-se apenas à minha obra meta-histórica mais antiga. Como historiador, frequentemente lidei com os detalhes do processo de transição ver, em especial, meu *Black-Body Theory and the Quantum Discontinuity*.

38 Outros são indicados em meu Scientific Knowledge as Historical Product, a ser publicado em *Synthese*. [Nota dos editores norte-americanos: este ensaio nunca chegou a ser publicado.]

39 Nota 27 deste artigo.

4
O CAMINHO DESDE A ESTRUTURA

"The Road since Structure*" foi a conferência presidencial de Kuhn em um dos encontros bianuais da Philosophy of Science Association, em outubro de 1990. Foi publicado em PSA 1990, volume 2 (East Lansing, MI: Philosophy of Science Association, 1991).*

***

Nesta ocasião, e neste lugar, sinto que devo – e provavelmente espera-se que eu o faça – relembrar as coisas que aconteceram na filosofia da ciência desde que comecei, pela primeira vez, a ter interesse por ela, há mais de meio século. Mas estou, ao mesmo tempo, distante demais, e sou participante demais dela, para empreender essa tarefa. Em vez de tentar situar o estado atual da filosofia da ciência com respeito a seu passado – tema a respeito do qual minha autoridade é pequena –, tentarei situar meu estado atual na filosofia da ciência com respeito a seu próprio passado – um tema a respeito do qual é provável que eu seja, ainda que imperfeitamente, a maior autoridade que há.

Como alguns de vocês sabem, estou trabalhando em um livro, e o que tentarei fazer aqui é apresentar um esboço, extremamente breve e dogmático, de seus temas principais. Penso em meu projeto como um retorno, em andamento já por uma década, aos problemas filosóficos que ficaram, da *Estrutura*, para considerações futuras. Mas talvez fosse melhor descrevê-lo do modo mais geral, como um estudo dos problemas levantados pela transição ao que é, às vezes, denominado filosofia histórica da ciência e, às vezes (ao menos por Clark Glymour, em conversa comigo), simplesmente a "versão fraca" [*soft*] da filosofia da ciência. Essa é uma transição pela qual tenho recebido muito mais louvores, assim como muito mais censuras, do que na verdade mereço. Eu estava, admito, presente durante sua criação, e não havia lá muita gente. Mas outros também estavam presentes: Paul Feyerabend e Russ Hanson, especialmente, bem como Mary Hesse, Michael Polanyi, Stephen Toulmin e alguns outros. Seja lá o que for um *Zeitgeist*, fornecemos um admirável exemplo de seu papel em questões intelectuais.

Voltando para o meu livro planejado, vocês não ficarão surpresos em ouvir que os alvos principais por ele visados são temas tais como racionalidade, relativismo e, mais particularmente, realismo e verdade. Mas não é notadamente deles que o livro trata, o que nele ocupa mais espaço. Esse papel é desempenhado, em vez disso, pela incomensurabilidade. Nenhum outro aspecto da *Estrutura* preocupou-me tão profundamente nos trinta anos desde que o livro foi escrito, e chego ao fim desses anos mais convicto do que nunca de que a incomensurabilidade tem de ser um componente essencial de qualquer concepção histórica, desenvolvimentista ou evolucionária, do conhecimento científico. Propriamente entendida – algo que eu mesmo, de modo algum, consegui fazer sempre –, a incomensurabilidade está longe de ser aquela ameaça à avaliação racional de asserções de verdade que com frequência tem parecido ser. Ao contrário, ela é o que é preciso, de uma perspectiva evolucionária, para devolver à noção de avaliação cognitiva um pouco do impacto de que desesperadamente necessita. Ou seja, ela é necessária para defender noções como verdade e conhecimento, por exemplo, dos excessos de movimentos pós-modernistas, como o programa forte. Obviamente, não espero demonstrar tudo isso aqui: é um projeto para um livro. Mas tentarei, ainda que apenas em termos gerais, descrever os elementos principais da posição desenvolvida no livro. Começarei dizendo algo a respeito do que agora considero que seja a incomensurabilidade e tentarei, depois, delinear sua relação com questões acerca de relativismo, verdade e realismo. A questão da racionalidade também vai figurar no livro, mas aqui não há espaço nem mesmo para esboçar seu papel.

Incomensurabilidade é uma noção que, para mim, surgiu de tentativas de compreender passagens aparentemente sem sentido encontradas em velhos textos científicos. De modo geral, tais passagens foram consideradas como evidência das crenças confusas ou equivocadas do autor. Minhas experiências levaram-me a sugerir, em vez disso, que essas passagens estavam sendo erroneamente interpretadas: a aparência de absurdo poderia ser removida pelo resgate de significados mais antigos para alguns dos termos envolvidos, significados diferentes daqueles subsequentemente correntes. Durante os anos que se passaram desde então, com frequência falei, metaforicamente, do processo pelo qual os significados mais recentes foram produzidos a partir de significados mais antigos como um processo de mudança de linguagem. Mais recentemente, falei também do resgate, por parte do historiador, de significados mais antigos como um processo de aprendizagem de linguagem um tanto semelhante àquele pelo qual passa o antropólogo fictício que Quine, erroneamente, descreve como um tradutor radical.[1] A capacidade de aprender uma linguagem não garante, enfatizei, a capacidade de traduzir para ela ou a partir dela.

Hoje, contudo, a metáfora linguística parece-me por demais abrangente. Se me interesso de algum modo pela linguagem e por significados – uma questão à qual retornarei em breve –, é pelos significados de uma classe restrita de termos. De modo geral, estes são termos taxonômicos ou termos para espécies [*kinds*], uma categoria ampla que inclui espécies naturais [*natural kinds*], espécies artificiais [*artifactual kinds*], espécies sociais [*social kinds*], e provavelmente outras. Em inglês, essa classe é coextensiva, ou quase isso, com a classe dos termos que, ou por si mesmos ou em expressões apropriadas, admitem o artigo indefinido. Tais termos são, basicamente, os substantivos contáveis [*count nouns*] juntamente com os substantivos não contáveis [*mass nouns*], palavras que se combinam com substantivos contáveis em expressões que admitem o artigo indefinido. Alguns termos requerem ainda testes adicionais, dependendo, por exemplo, de sufixos admissíveis.

Termos desse tipo possuem duas propriedades essenciais. Em primeiro lugar, como já indicado, eles são marcados ou rotulados como termos para espécies em virtude de características lexicais como admitir o artigo indefinido. Ser um termo para espécie é, assim, parte do que a palavra significa, parte daquilo que alguém deve ter em mente para usar com propriedade tal palavra. Em segundo lugar – uma limitação à qual às vezes me refiro como

---

1 Kuhn, Commensurability, Comparability, Communicability. In: Asquith, Nickles (Eds.), *PSA 1982*, v.2, p.669-88; reimpresso neste volume como o Ensaio 2.

o princípio da não superposição –, não é possível que dois termos para espécies, dois termos que rotulem espécies, possam superpor-se no que diz respeito a seus referentes, a menos que sejam relacionados como uma espécie [*species*] a um gênero. Não há cães que também sejam gatos, nem anéis de ouro que também sejam anéis de prata, e assim por diante: isso é o que faz que cães, gatos, prata e outro sejam, cada um deles, uma espécie [*kind*]. Portanto, se os membros de uma comunidade linguística encontram um cão que também é um gato (ou, em um exemplo mais realista, uma criatura como o ornitorrinco, com seu bico de pato), não podem simplesmente enriquecer o conjunto de termos categoriais, mas precisam, em vez disso, redesenhar parte da taxonomia. Apesar dos teóricos causais da referência, "água" nem sempre se referiu a H_2O.[2]

Note-se agora que é preciso já estar disponível uma taxonomia lexical qualquer antes que se possa começar uma descrição do mundo. Categorias taxonômicas compartilhadas, pelo menos numa área sob discussão, são pré-requisitos para uma comunicação não problemática, incluindo-se aí a comunicação necessária para a avaliação de asserções de verdade. Se diferentes comunidades linguísticas têm taxonomias que diferem em alguma área localizada, então os membros de uma delas podem fazer (e ocasionalmente farão) enunciados que, embora plenamente significativos nessa comunidade de discurso, não podem, em princípio, ser articulados pelos membros da outra. Transpor a lacuna entre as comunidades iria requerer o acréscimo, em um dos léxicos, de um termo para espécies que se intersecta, compartilha um referente com um termo já estabelecido. É essa situação que o princípio da não superposição exclui.

A incomensurabilidade torna-se, assim, um tipo de intradutibilidade, circunscrita a uma ou outra área em que duas taxonomias lexicais diferem. As diferenças que a produzem não são diferenças quaisquer, mas diferenças que violam ou a condição de não superposição, a condição de rótulo para espécie [*kind-label condition*], ou então uma restrição, que não posso explicitar aqui, nas relações hierárquicas. Violações como essas não impedem a compreensão intercomunitária. Os membros de uma comunidade podem

---

2 Kuhn, What are Scientific Revolutions?, *Occasional Paper*, v.18, 1981; reimpresso em Krüger; Daston; Heidelberger, *The Probabilistic Revolution*, v.1, *Ideas in History*, p.7-22; também reimpresso neste volume como o Ensaio 1; Kuhn, Dubbing and Redubbing: The Vulnerability of Rigid Designators. In: Savage (Ed.), *Scientific Theories*, p.309-14.

adquirir a taxonomia empregada por membros de outra, como o faz o historiador ao aprender a compreender textos antigos. Mas o processo que viabiliza a compreensão produz indivíduos bilíngues, não tradutores, e o bilinguismo tem um custo que será particularmente importante para o que segue. O indivíduo bilíngue deve sempre lembrar em que comunidade está ocorrendo o discurso. O uso de uma taxonomia para proferir enunciados a alguém que usa outra taxonomia coloca a comunicação em risco.

Permitam-me formular esses pontos ainda de uma outra maneira e, depois, fazer uma última observação a respeito deles. Dada uma taxonomia lexical, o que chamo agora, na maioria das vezes, simplesmente de um léxico, há toda uma gama de diferentes enunciados que podem ser feitos, bem como um leque de teorias que podem ser desenvolvidas. As técnicas usuais farão que alguns deles sejam aceitos como verdadeiros e outros rejeitados como falsos. Mas há também enunciados que poderiam ser feitos, teorias que poderiam ser desenvolvidas, em alguma outra taxonomia, mas que não podem ser feitos nesta, e vice-versa. O primeiro volume de *Semantics*, de Lyons, contém um exemplo maravilhosamente simples, que alguns de vocês devem conhecer: a impossibilidade de traduzir o enunciado inglês *"The cat sat on the mat"* em francês, dada a incomensurabilidade entre as taxonomias francesa e inglesa para revestimentos de chão.[3] Em cada caso particular para o qual o enunciado inglês é verdadeiro, pode-se encontrar um enunciado francês correferente, alguns usando *"tapis"*, outros *"paillasson"*, outros ainda *"carpette"*, e assim por diante.[4] Mas não há nenhum enunciado francês isolado que se refira a todas e somente àquelas situações nas quais o enunciado inglês é verdadeiro. Nesse sentido, o enunciado inglês não pode ser feito em francês. De maneira similar, assinalei em outro lugar[5] que o conteúdo do enunciado copernicano "os planetas giram em torno do Sol" não pode ser expresso por um enunciado que invoque a taxonomia celestial do enunciado ptolemaico "os planetas giram em torno da Terra". A diferença entre ambos não é uma simples diferença a respeito dos

---

3 Lyons, *Semantics*, v.1, p.237-8.

4 O problema é o mesmo para o português: *"The cat sat on the mat"* poderia ser traduzido, como no exemplo em francês no texto, por "O gato está sobre um tapete", ou capacho, ou carpete etc. (N. T.)

5 Kuhn, What are Scientific Revolutions?. In: Krüger; Daston; Heidelberger, op. cit., p.8 (neste volume, p.25).

fatos. O termo "planeta" ocorre em ambos como um termo para espécie, e os conjuntos de membros das duas espécies se superpõem sem que nenhuma contenha todos os corpos celestes contidos na outra. Tudo isso equivale a dizer que há episódios no desenvolvimento científico que envolvem uma mudança fundamental em algumas categorias taxonômicas e que, portanto, confrontam observadores posteriores com problemas semelhantes aos que o etnólogo encontra ao tentar penetrar em uma outra cultura.

Uma observação final encerrará esse esboço de minhas opiniões correntes a respeito da incomensurabilidade. Descrevi essas opiniões como teses ocupadas com palavras e com taxonomia *lexical*, e insistirei nessa mesma tecla: os tipos de conhecimento com que lido constituem-se por meio de formas simbólicas explicitamente verbais ou relacionadas com elas. Mas, para esclarecer o que tenho em mente, talvez deva salientar que eu poderia falar mais apropriadamente de conceitos do que de palavras. Isto é, o que chamei de uma taxonomia lexical poderia ser mais bem denominado como um esquema conceitual, em que a "noção propriamente dita" de um esquema conceitual não se refere a um conjunto de crenças, mas a um modo particular de funcionamento de um módulo mental que é um pré-requisito para se ter crenças, modo que, ao mesmo tempo, fornece e delimita o conjunto de crenças que é possível conceber. Creio que algum módulo taxonômico tal como esse seja pré-linguístico e próprio dos animais. É de presumir que ele tenha originalmente evoluído para o sistema sensorial e, mais obviamente, para o sistema visual. No livro apresentarei razões para supor que tenha se desenvolvido de um mecanismo ainda mais fundamental, que capacita organismos vivos individuais a reidentificar outras substâncias por meio do rastreamento de suas trajetórias espaçotemporais.

Ainda voltarei à incomensurabilidade, mas permitam-me deixá-la de lado por ora, a fim de esboçar o contexto de desenvolvimento no qual ela funciona. Uma vez que preciso, mais uma vez, avançar rapidamente e, com frequência, cripticamente, começarei antecipando o rumo para o qual estou voltado. Em linhas gerais, tentarei esboçar a forma que, segundo penso, qualquer epistemologia evolucionária viável tem de tomar. Isto é, retornarei à analogia evolucionária introduzida nas últimas páginas da primeira edição da *Estrutura*, buscando tanto esclarecê-la quanto levá-la adiante. Durante os trinta anos decorridos desde que efetuei pela primeira vez esse passo evolucionário, as teorias da evolução, tanto das espécies quanto do

conhecimento, sofreram, é claro, transformações, de modo que estou, apenas agora, começando a descobri-las. Ainda tenho muito a aprender, mas,
até o momento, o ajuste – entre minhas ideias e aquelas teorias – parece
extremamente bom.

Começo partindo de pontos familiares para muitos de vocês. Quando me
envolvi pela primeira vez, há uma geração, com o empreendimento agora
frequentemente denominado filosofia histórica da ciência, eu e a maioria
de meus colaboradores achávamos que a história funcionava como uma
fonte de evidência empírica. Encontramos essa evidência em estudos de
casos históricos, os quais nos forçaram a prestar atenção minuciosa à ciência
como ela realmente era. Penso agora que enfatizamos demasiadamente o
aspecto empírico de nosso empreendimento (uma epistemologia evolucionária não precisa ser uma epistemologia naturalizada). O que, para mim,
impôs-se como essencial não foram tanto os detalhes dos casos históricos,
mas a perspectiva ou a ideologia que a atenção voltada a casos históricos traz
consigo. Ou seja, o historiador sempre encontra um processo já em andamento, cuja origem se perde em tempos pregressos. As crenças já estão estabelecidas; elas fornecem a base para a pesquisa continuada cujos resultados
irão, em alguns casos, mudá-las; a pesquisa na ausência delas é inimaginá-
vel, embora tenha havido, apesar disso, uma longa tradição de imaginá-la.
Para o historiador, em resumo, não se encontra disponível nenhuma plataforma arquimediana para a prática de ciência além daquela, historicamente
situada, já existente. Se vocês abordarem a ciência como deve fazê-lo um
historiador, é necessária pouca observação de sua prática real para chegar a
conclusões dessa espécie.

Tais conclusões, entrementes, foram aceitas de maneira muito ampla:
não sei de quase mais ninguém que seja um fundacionalista. Para mim,
porém, esse modo de abandonar o fundacionalismo tem uma consequência
adicional que, embora muito discutida, não é, de modo algum, ampla ou
inteiramente aceita. As discussões que tenho em mente se processam, em
sua maioria, sob a rubrica de racionalidade ou relatividade das asserções
de verdade, mas tais rótulos são enganosos. Embora tanto a racionalidade
quanto o relativismo estejam de alguma forma implicados, o que está de
fato em jogo é, propriamente, a teoria correspondencial da verdade, a noção
de que o objetivo, ao se avaliarem leis ou teorias científicas, é determinar se
elas correspondem ou não a um mundo externo, independente da mente.

Estou convencido de que é essa noção, seja numa forma absoluta seja numa forma probabilística, que deve desaparecer junto com o fundacionalismo. O que a substitui ainda exigirá uma concepção forte de verdade, mas não, exceto no sentido mais trivial, de verdade como correspondência.

Permitam-me, ao menos, sugerir o que esse argumento envolve. Na concepção evolucionária, as asserções de conhecimento científico são, necessariamente, avaliadas com base em uma plataforma arquimediana móvel, historicamente situada. O que requer avaliação não pode ser uma proposição individual que incorpora uma asserção de conhecimento isolada: aceitar uma nova asserção cognitiva requer, tipicamente, um ajuste também de outras crenças. Tampouco é o corpo inteiro de asserções de conhecimento que resultaria da aceitação daquela proposição. Ao contrário, o que deve ser avaliado é a desejabilidade de uma mudança-de-crença particular, mudança que alteraria o corpo existente de asserções de conhecimento de modo que incorporasse, com o mínimo de perturbação, também a nova asserção. Avaliações desse tipo são necessariamente comparativas: qual dos dois corpos de conhecimento – o original ou a alternativa proposta – é *melhor* para se fazer o que quer que os cientistas fazem. E esse é o caso, não importando se o que os cientistas fazem é resolver quebra-cabeças (minha concepção), ou aperfeiçoar a adequação empírica (a concepção de Bas van Fraassen),[6] ou aumentar a dominação da elite dirigente (parodiando o ponto de vista do programa forte). Claro que tenho minha própria preferência entre essas alternativas, e isso faz uma diferença.[7] Mas nenhuma escolha entre elas é relevante ao que está presentemente em questão.

Nas avaliações comparativas do tipo que acabo de mencionar, as crenças compartilhadas são fixadas: elas funcionam como o dado para os propósitos da avaliação corrente; fornecem um substituto para a plataforma arquimediana tradicional. O fato de que mais tarde possam – na verdade, provavelmente irão – estar em risco em alguma outra avaliação é aqui irrelevante. Nada a respeito da racionalidade do resultado da avaliação corrente depende de que sejam, de fato, verdadeiras ou falsas. Elas são simplesmente oportunas, fazem parte da situação histórica na qual essa avaliação foi rea-

---

6 Fraassen, *The Scientific Image*.
7 Kuhn, Rationality and Theory Choice, *Journal of Philosophy*, v.80, p.563-70, 1983; reimpresso neste volume como o Ensaio 9.

lizada. Mas se o valor de verdade real das pressuposições compartilhadas que são requeridas para a avaliação é irrelevante, então a questão da verdade ou da falsidade das mudanças empreendidas ou rejeitadas com base nessa avaliação também não pode se impor. Vários problemas clássicos na filosofia da ciência – mais obviamente o holismo duhemiano – decorrem, conforme essa perspectiva, não da natureza do conhecimento científico, mas de uma percepção errônea daquilo de que trata a justificação de crenças. A justificação não visa a um objetivo externo à situação histórica, mas simplesmente a melhorar, nessa situação, as ferramentas disponíveis para a tarefa a cumprir.

Até esse ponto, tentei firmar e estender o paralelo entre desenvolvimento científico e desenvolvimento biológico sugerido ao final da primeira edição da *Estrutura*: o desenvolvimento científico deve ser visto como um processo empurrado por trás, e não puxado pela frente – como evolução a partir de algo, e não como evolução em direção a algo. Ao fazer essa sugestão, bem como em outros pontos do livro, o paralelo que eu tinha em mente era diacrônico e envolvia a relação entre as crenças científicas mais antigas e as mais recentes sobre o mesmo domínio, ou domínios comuns, de fenômenos naturais. Gostaria agora de sugerir um segundo paralelo, não tão extensivamente percebido, entre a evolução darwiniana e a evolução do conhecimento, paralelo que corta uma fatia sincrônica através das ciências, em vez de uma fatia diacrônica contendo uma delas. Embora no passado eu tenha falado ocasionalmente da incomensurabilidade entre as teorias das especialidades científicas contemporâneas, foi só nos últimos poucos anos que comecei a perceber sua importância para os paralelos entre evolução biológica e desenvolvimento científico. Esses paralelos também foram convincentemente enfatizados, há pouco tempo, em um esplêndido artigo de Mario Biagioli.[8] Eles parecem, a nós dois, de extrema importância, embora os salientemos por razões um tanto diferentes.

Para indicar o que está envolvido nisso, devo retornar brevemente à minha velha distinção entre o desenvolvimento normal e o revolucionário. Na *Estrutura*, essa era a distinção entre os desenvolvimentos que simplesmente fazem acréscimos ao conhecimento e aqueles que requerem o

---

8 Biagioli, The Anthropology of Incommensurability, *Studies in History and Philosophy of Science*, v.21, p.183-209, 1990.

abandono de parte daquilo em que antes se acreditava. No novo livro, ela se manifestará como a distinção entre desenvolvimentos que requerem mudança taxonômica local e aqueles que não a exigem. (Em relação ao que fui antes capaz de fornecer, essa alteração permite uma descrição significativamente mais nuançada daquilo que se passa durante uma mudança revolucionária.) No decurso desse segundo tipo de mudança, ocorre ainda algo que, na *Estrutura*, foi mencionado apenas de passagem. Depois de uma revolução, geralmente são encontradas (talvez sempre existam) mais especialidades cognitivas ou campos de conhecimento do que havia antes: ou um novo ramo separou-se do tronco original, como especialidades científicas repetidamente se separaram, no passado, da filosofia e da medicina, ou então uma nova especialidade nasceu em uma área de aparente superposição entre duas especialidades preexistentes, como ocorreu, por exemplo, nos casos da físico-química e da biologia molecular. Na ocasião de sua ocorrência, esse segundo tipo de divisão é, com frequência, aclamado como uma reunificação das ciências, como foi o caso dos episódios que acabo de mencionar. Com o passar do tempo, contudo, nota-se que o novo ramo, raramente ou nunca, é assimilado por algum de seus pais. Ao invés disso, torna-se mais uma especialidade separada, gradualmente conquistando suas próprias novas revistas especializadas, uma nova sociedade profissional e, amiúde, novas cátedras, laboratórios e, até mesmo, departamentos universitários. Ao longo do tempo, um diagrama da evolução dos campos, especialidades e subespecialidades científicas acaba parecendo-se espantosamente com um diagrama, feito por um leigo, de uma árvore evolutiva biológica. Cada um desses campos em um léxico distinto, embora as diferenças sejam locais, ocorrendo apenas aqui e ali. Não há nenhuma língua franca capaz de expressar, em sua totalidade, o conteúdo de todos eles, ou mesmo de algum par.

Com muita relutância, passei, mais e mais, a sentir que esse processo de especialização, com sua decorrente limitação na comunicação e na comunidade, é inescapável, uma consequência de princípios primeiros. A especialização e o estreitamento do âmbito de competência parecem-me agora ser o preço necessário de ferramentas cognitivas cada vez mais poderosas. O que está envolvido é o mesmo tipo de desenvolvimento de ferramentas especiais para funções especiais que é evidente também na prática tecnológica. E, se esse é o caso, então alguns paralelos adicionais entre a evolução biológica e a evolução do conhecimento assumem, aparentemente, relevo especial. Em primeiro lugar, as revoluções, que produzem novas divisões entre campos no desenvolvimento científico, são muito semelhantes a episódios de especiação na evolução biológica. O paralelo biológico da mudança revolucionária não é a mutação, como pensei por muitos anos, mas a especiação. E os problemas apresentados pela especiação (por exemplo, a dificuldade de identificar um episódio de especiação até algum tempo depois de ele ter ocorrido, e a impossibilidade, mesmo então, de datar sua ocorrência) são muito similares aos apresentados pela mudança revolucionária e pelas emergências de individuação de novas especialidades científicas.

O segundo paralelo entre desenvolvimento biológico e desenvolvimento científico, ao qual retornarei novamente na seção final, diz respeito à unidade que sofre uma especiação (a qual não deve ser confundida com uma unidade de seleção). No caso biológico, é uma população isolada do ponto de vista reprodutivo, uma unidade cujos membros contêm, coletivamente, o *pool* gênico, o qual garante tanto a autoperpetuação da população quanto seu isolamento continuado. No caso científico, a unidade é uma comunidade de especialistas que se intercomunicam, uma unidade cujos membros compartilham um léxico que fornece a base tanto para a condução quanto para a avaliação de sua pesquisa e que, simultaneamente, ao impedir a comunicação integral com aqueles alheios ao grupo, mantém seu isolamento em relação aos praticantes de outras especialidades.

Para qualquer um que dê valor à unidade do conhecimento, esse aspecto da especialização – a divergência lexical ou taxonômica, com as decorrentes limitações na comunicação – é uma condição a ser deplorada. Mas tal unidade pode ser, em princípio, um objetivo inatingível, e buscá-la com obstinação pode muito bem colocar em risco o crescimento do conhecimento. A diversidade lexical e o limite que, obrigatoriamente, ela impõe à comunicação podem ser o mecanismo isolador necessário para o desenvolvimento do conhecimento. Muito provavelmente, é a especialização resultante da diversidade lexical que permite às ciências, vistas em conjunto, resolver os quebra-cabeças suscitados por um domínio de fenômenos naturais mais amplo do que uma ciência lexicalmente homogênea poderia alcançar.

Embora acolha a ideia com sentimentos conflitantes, estou cada vez mais persuadido de que o âmbito limitado de possíveis parceiros para um intercurso frutífero é a precondição essencial para o que é conhecido como progresso, tanto no desenvolvimento biológico quanto no desenvolvimento do conhecimento. Quando sugeri, em ocasião anterior, que a incomensurabilidade, propriamente entendida, poderia revelar a fonte da força e autoridade cognitivas das ciências, seu papel como um mecanismo isolador era um pré-requisito ao principal tópico que eu tinha em mente, para o qual agora me volto.

Essa referência a "intercurso" – pelo que doravante substituirei o termo "discurso" – traz-me de volta a problemas concernentes à verdade e, assim, ao lugar exato do recém-restaurado impacto. Disse, antes, que precisamos aprender a viver sem absolutamente nada que se assemelhe a uma teoria correspondencial da verdade. Mas algo similar a uma teoria da verdade como redundância é urgentemente necessário para substituí-la, algo que introduza leis básicas da lógica (em especial a lei de não contradição) e faça da aceitação de tais leis uma precondição para a racionalidade das avaliações.[9] De acordo com essa perspectiva, tal como desejo empregá-la, a função essencial do conceito de verdade é requerer uma escolha entre a aceitação e a rejeição de um enunciado ou de uma teoria em face da evidência compartilhada por todos. Tentarei elaborar um rápido esboço do que tenho em mente.

Ian Hacking, numa tentativa de desnaturalizar o aparente relativismo associado à incomensurabilidade, falou de como novos "estilos" introduzem na ciência novos candidatos a verdadeiro/falso.[10] Desde então, venho, pouco a pouco, percebendo (a reformulação ainda está em andamento) que alguns de meus pontos de vista fundamentais podem ser mais bem defendidos sem falar de enunciados como sendo, em si, verdadeiros ou falsos. Em vez disso, a avaliação de um putativo enunciado científico deveria ser concebida como compreendendo duas partes que raramente são separadas. Em primeiro lugar, determine-se o estatuto do enunciado: é ele um candidato a verdadeiro/falso? A resposta a essa questão, como vocês verão em breve, depende de um léxico. Em segundo lugar, supondo-se que a resposta à primeira questão tenha sido positiva, seria o enunciado racionalmente asserível? A resposta a essa questão, dado um léxico, é devidamente encontrada por algo similar às regras normais de evidenciação.

---

9 Horwich, *Truth*.

10 Hacking, Language, Truth, and Reason. In: Hollis; Lukes (Eds.), *Rationality and Relativism*, p.49-66.

Nessa reformulação, declarar que um enunciado é um candidato a verdadeiro/falso é aceitá-lo como uma marcação num jogo de linguagem cujas regras proíbem asseverar tanto um enunciado quanto seu contrário. Uma pessoa que infringe essa regra declara-se fora do jogo. Se alguém, mesmo assim, tenta continuar a jogar, o discurso entra em colapso; a integridade da comunidade linguística é ameaçada. Regras semelhantes, embora mais problemáticas, aplicam-se não apenas a enunciados conflitantes, mas, de modo mais geral, a enunciados logicamente incompatíveis. Existem, é claro, jogos de linguagem sem a regra de não contradição e seus correlatos: a poesia e o discurso místico, por exemplo. E também há, mesmo no interior do jogo de enunciados declarativos, maneiras reconhecidas de colocar a regra "entre parênteses", permitindo e, até mesmo, explorando o uso de contradições. A metáfora e outros tropos são os exemplos mais óbvios; mais essencial aos presentes propósitos são as reformulações, pelo historiador, de crenças passadas. (Ainda que os originais fossem candidatos a verdadeiro/falso, as reformulações posteriores do historiador – feitas por um indivíduo bilíngue que falasse a linguagem de uma cultura a membros de outra – não o são.) No entanto, nas ciências e em muitas atividades comunitárias mais corriqueiras, tais artifícios para inserir a regra entre parênteses são parasitários do discurso normal. E essas atividades – as que pressupõem a aceitação normal das regras do jogo verdadeiro/falso – são um ingrediente essencial da argamassa que liga as comunidades. Numa ou noutra forma, as regras do jogo verdadeiro/falso são, assim, universais para todas as comunidades humanas. Porém, o resultado de aplicar essas regras varia de uma comunidade linguística para outra. Numa discussão entre membros de comunidades com léxicos estruturados de maneira distinta, a assertividade e a evidência desempenham o mesmo papel para ambas as comunidades somente nas áreas (há sempre muitas dessas) em que os dois léxicos são congruentes.

Onde os léxicos dos participantes do discurso diferem, uma determinada sequência de palavras às vezes produzirá enunciados diferentes para ambos. Um enunciado pode ser um candidato a verdade/falsidade de acordo com um léxico sem que tenha o mesmo estatuto nos outros. E, mesmo quando tem, os dois enunciados não serão o mesmo: embora expressos de maneira idêntica, algo que é forte evidência para um deles pode não ser evidência para o outro. Colapsos na comunicação são, então, inevitáveis, e é para evitá-los que o indivíduo bilíngue é forçado a lembrar, o tempo todo, qual léxico está em jogo, em qual comunidade está ocorrendo o discurso.

Evidentemente, esses colapsos de comunicação de fato acontecem: são uma característica significativa dos episódios a que a *Estrutura* se referiu como "crises". Considero-os sintomas cruciais do processo, semelhante à especiação, por meio do qual surgem novas disciplinas, cada uma delas com seu próprio léxico, e cada uma com sua própria área de conhecimento. Conforme tenho sugerido, é por meio dessas divisões que o conhecimento cresce. E é a necessidade de manter o discurso, de manter em andamento o jogo de enunciados declarativos, que força essas divisões e a resultante fragmentação do conhecimento.

Concluo com algumas observações breves e tentativas sobre o que emerge dessa posição no que diz respeito ao relacionamento entre o léxico – a taxonomia compartilhada de uma comunidade linguística – e o mundo que os membros dessa comunidade coabitam. É evidente que não pode ser o que Putnam chamou de realismo metafísico.[11] Na medida em que a estrutura do mundo pode ser experienciada e essa experiência comunicada, ela é restrita pela estrutura do léxico da comunidade que o habita. Sem dúvida, alguns aspectos dessa estrutura lexical são biologicamente determinados, produtos de uma filogenia compartilhada. Mas, pelo menos entre os animais complexos (e não apenas aqueles linguisticamente dotados), aspectos significativos são determinados também pela educação, isto é, pelo processo de socialização que inicia os neófitos na comunidade de seus pais e pares. Animais com a mesma dotação biológica podem experienciar o mundo por meio de léxicos que são, aqui e ali, estruturados de modo muito diferente e, nessas áreas, serão incapazes de comunicar a totalidade de suas experiências através da linha divisória lexical. Embora os indivíduos possam pertencer a várias comunidades inter-relacionadas (sendo, assim, multilíngues), experienciam aspectos do mundo de diferentes maneiras, à medida que se deslocam de uma comunidade para outra.

Observações como essas sugerem que o mundo é, de algum modo, dependente da mente, talvez uma invenção ou construção das criaturas que o habitam, e, na atualidade, tal posição tem sido amplamente adotada. Mas as metáforas de invenção, construção e dependência da mente são, em dois

---

11 Putnam, *Meaning and the Moral Sciences*, p.123-38.

aspectos, inteiramente enganadoras. Em primeiro lugar, o mundo não é inventado ou construído. As criaturas a quem essa responsabilidade é imputada, de fato, encontram o mundo já no seu devido lugar; logo quando nascem, presenciam seus rudimentos e, de modo cada vez mais pleno, deparam-se com sua realidade durante o processo de socialização educacional, socialização em que exemplos de como o mundo é desempenham um papel essencial. Esse mundo, além do mais, foi dado experiencialmente, em parte diretamente aos novos habitantes, em parte indiretamente, por herança, abarcando a experiência de seus antecessores. Enquanto tal, ele é sólido por completo: não tem o mínimo respeito pelos anseios e desejos de um observador e é inteiramente capaz de fornecer evidência decisiva contra hipóteses inventadas que fracassem em se ajustar a seu comportamento. Criaturas nele nascidas precisam aceitá-lo como o encontram. Elas podem, é claro, interagir com ele, alterando no processo tanto a ele quanto a si próprias, e o mundo habitado e alterado dessa maneira é aquele que será encontrado pela geração seguinte. Esse ponto guarda um estreito paralelo com aquele defendido anteriormente a respeito da natureza da avaliação vista de uma perspectiva evolucionária: lá, o que requeria avaliação não era uma crença, mas uma mudança em alguns aspectos da crença, sendo o resto mantido fixo no processo; aqui, o que as pessoas podem realizar ou inventar não é o mundo, mas mudanças em alguns de seus aspectos, de modo que o equilíbrio permaneça constante. Em ambos os casos, indiferenciadamente, as mudanças que podem ser feitas não são introduzidas de maneira arbitrária. A maioria das propostas de mudança é rejeitada com base na evidência; a natureza das restantes raramente pode ser prevista, e as consequências de aceitar uma ou outra delas mostram-se, com frequência, indesejadas.

Pode um mundo que se modifica com o passar do tempo e com o passar de uma comunidade a outra corresponder ao que é geralmente denominado "o mundo real"? Não vejo como possa ser negado seu direito a esse título. Ele fornece o ambiente, o palco, para toda a vida individual e social. Ele impõe restrições rígidas a tal vida; a existência continuada depende de uma adaptação a elas; e, no mundo moderno, a atividade científica tornou-se uma ferramenta fundamental para a adaptação. O que mais se pode razoavelmente exigir de um mundo real?

Na penúltima sentença acima, a palavra "adaptação" é, claramente, problemática. Pode-se, com propriedade, dizer dos membros de um grupo que eles se adaptam a um ambiente que estão constantemente ajustando para adequar-se às suas necessidades? São as criaturas que se adaptam ao mundo, ou o mundo que se adapta às criaturas? Toda essa maneira de falar não implicaria uma plasticidade mútua incompatível com a rigidez das restrições que fazem real o mundo e que permitem descrever as criaturas como adaptadas a ele? Essas dificuldades são genuínas, mas são necessariamente inerentes a toda e qualquer descrição de um processo evolutivo não dirigido. O mesmo problema é, por exemplo, tema de muita discussão atual na biologia evolutiva. Por um lado, o processo evolutivo dá origem a criaturas cada vez mais adaptadas a um nicho biológico cada vez mais restrito. Por outro, o nicho ao qual estão adaptadas é identificável apenas retrospectivamente, com sua população em seu devido lugar; ele não tem existência independente da comunidade a ele adaptada.[12] O que de fato evolui, portanto, são criaturas e nichos, conjuntamente: o que cria as tensões inerentes ao discurso sobre adaptação é a necessidade de traçar, de modo que a discussão e a análise sejam possíveis, uma linha entre as criaturas no interior do nicho, por um lado, e seu ambiente "externo", por outro.

Nichos podem não aparentar ser mundos, mas essa é uma questão de ponto de vista. Nichos são onde *outras* criaturas vivem. Nós os vemos a partir do exterior e, assim, em interação física com seus habitantes. Os habitantes de um nicho, porém, veem-no a partir de dentro, e suas interações com ele são, para eles, intencionalmente mediadas por algo similar a uma representação mental. Ou seja, do ponto de vista biológico, um nicho é o mundo do grupo que o habita e que o constitui, assim, num nicho. Do ponto de vista conceitual, o mundo é a *nossa* representação de *nosso* nicho, a residência da particular comunidade humana com cujos membros estamos correntemente interagindo.

O papel de constituidor-de-mundo aqui atribuído à intencionalidade e a representações mentais remete a um tema característico de minhas ideias durante todo o seu longo desenvolvimento: compare-se meu recurso anterior a mudanças de *gestalt*, o emparelhamento do ver e do compreender, e assim por diante. Esse é o aspecto de minhas contribuições que, mais do que qualquer outro, tem dado a entender que considero o mundo como dependente da mente. Mas tal metáfora – assim como seu parente, o mundo

---

12 Lewontin, Adaptation, *Scientific American*, v.239, p.212-30, 1978.

construído ou inventado – mostra-se profundamente enganadora. São os grupos e as práticas grupais que constituem os mundos (e são constituídos por eles). E a prática-do-mundo de alguns desses grupos é a ciência. Assim, a unidade principal com base na qual as ciências se desenvolvem, como já salientei, é o grupo, e grupos não têm mentes. Com o desafortunado título de "São as espécies indivíduos?", a teoria biológica contemporânea fornece um paralelo significativo.[13] Em certo sentido, os organismos procriadores que perpetuam uma espécie são as unidades cuja prática permite que a evolução ocorra. Mas, para entender o resultado desse processo, é preciso ver a unidade evolutiva (que não deve ser confundida com uma unidade de seleção) como o *pool* gênico compartilhado por esses organismos, ao passo que os organismos que trazem consigo o *pool* gênico funcionam apenas como os elementos que, por meio de reprodução bissexuada, permutam genes no interior da população. A evolução cognitiva depende, de modo similar, da permuta discursiva de enunciados no interior de uma comunidade. Embora as unidades que permutam esses enunciados sejam cientistas individuais, compreender o avanço do conhecimento, o resultado de sua prática, depende de vê-los como átomos constitutivos de um todo maior, a comunidade dos praticantes de alguma especialidade científica.

A primazia da comunidade sobre seus membros reflete-se também na teoria do léxico, a unidade que encerra a estrutura conceitual ou taxonômica compartilhada que mantém coesa a comunidade e, simultaneamente, a isola de outros grupos. Concebamos o léxico como um módulo na mente de um membro individual do grupo. Pode-se então mostrar (embora não aqui) que o que caracteriza os membros do grupo não é a posse de léxicos idênticos, mas de léxicos mutuamente congruentes, de léxicos com a mesma estrutura. A estrutura lexical que caracteriza um grupo é mais abstrata que os léxicos ou módulos mentais individuais que a incorporam e diferem deles em gênero. E é somente essa estrutura, não suas várias corporificações individuais, que os membros da comunidade precisam compartilhar. As mecânicas da taxonomização são, a esse respeito, como sua função: nenhuma delas pode ser propriamente entendida senão como fundamentada na comunidade a que serve.

---

13 D. J. Hull apresenta uma introdução especialmente útil à literatura desse campo em Are Species Really Individual?, *Systematic Zoology*, v.25, p.174-91, 1976.

Já deve estar claro, por agora, que a posição que estou desenvolvendo é um tipo de kantismo pós-darwiniano. Como as categorias kantianas, o léxico fornece as precondições da experiência possível. Mas as categorias lexicais, ao contrário de suas predecessoras kantianas, podem mudar e mudam, tanto com o passar do tempo quanto com a passagem de uma comunidade a outra. É claro que nenhuma dessas mudanças jamais é vasta. Estejam as comunidades em questão deslocadas no tempo ou no espaço conceitual, suas estruturas lexicais devem coincidir em grande parte, ou não poderiam existir cabeças de ponte que permitissem a um membro de uma delas adquirir o léxico da outra. Assim também, na ausência de grande superposição, não seria possível para os membros de uma única comunidade avaliar novas teorias propostas quando sua aceitação demandasse uma mudança lexical. Pequenas mudanças, contudo, podem ter efeitos de grande escala. A revolução copernicana fornece exemplos especialmente bem conhecidos.

É óbvio que, subjacente a todos esses processos de diferenciação e mudança, precisa haver algo permanente, fixo e estável. Porém, como a *Ding an sich* de Kant, esse algo é inefável, indescritível, não analisável. Localizada fora do espaço e do tempo, essa fonte kantiana de estabilidade é o todo do qual foram fabricados tanto as criaturas quanto seus nichos, tanto o mundo "interno" quanto o "externo". Experiência e descrição são possíveis apenas pela separação entre descrito e descritor, e a estrutura lexical que marca essa separação pode fazê-lo de várias maneiras, cada uma delas resultando em uma forma de vida diferente, embora nunca inteiramente diferente. Algumas maneiras são mais bem adequadas a certos propósitos, outras, a outros. Mas nenhuma deve ser aceita como verdadeira ou rejeitada como falsa; nenhuma dá acesso privilegiado a um mundo real, em vez de a um mundo inventado. Os modos, fornecidos por um léxico, de se estar-no-mundo não são candidatos a verdadeiro/falso.

5
O PROBLEMA COM A FILOSOFIA HISTÓRICA DA CIÊNCIA

"The Trouble with the Historical Philosohy of Science" foi a primeira conferência da Robert and Maurine Rothschild Distinguished Lecture Series, proferida na Universidade de Harvard em 19 de novembro de 1991. Foi publicada no ano seguinte, em brochura, pelo Departamento de História da Ciência, Universidade de Harvard.

***

O convite para dar início às conferências Robert e Maurine Rothschild deu-me grande prazer. Tenho de agradecer pelo convite, em primeiro lugar, aos Rothschild, e junto-me ao Departamento e à Universidade ao fazê-lo. Sem esse renovado exemplo de sua generosidade, esta série de conferências não aconteceria. Mas quero também agradecer ao Departamento de História da Ciência por ter me convidado a principiá la. Os convites para participar de um ciclo como este normalmente incluem uma lista um tanto assustadora das pessoas ilustres que antes honraram a cátedra. Apenas o iniciador de uma série escapa – e isso foi muito proveitoso para mim ao me preparar para esta ocasião – de ter conferencistas anteriores espreitando por sobre os meus ombros. Infelizmente, contudo, encontrei um substituto para eles. Dado o título que escolhi, poucos de vocês ficarão surpresos ao descobrir que, durante boa parte desta conferência, a pessoa espreitando sobre meu ombro serei eu próprio.

Passando a meu tópico, permitam-me começar explicando-lhes o que tentarei realizar. Como muitos de vocês sabem, a imagem corrente da ciência – tanto no interior quanto, de maneira menos completa, fora da academia – foi bastante transformada durante o último quarto do século [XX]. Eu próprio contribuí para essa transformação (penso que era extremamente necessária) e tenho poucos arrependimentos significativos. A mudança, penso, começou a gerar um entendimento, muito mais realista do que antes era disponível, daquilo que é empreendimento científico, como ele opera e o que pode ou não realizar. Essa transformação, porém, teve um subproduto – sobretudo filosófico, mas também com implicações para o estudo histórico e sociológico da ciência – que me preocupa, em especial por ter sido inicialmente enfatizado e desenvolvido por pessoas que com frequência se autodenominam kuhnianas. Penso que seu ponto de vista é perniciosamente equivocado, desgosta-me ser associado a ele, e faz anos que tenho atribuído essa associação a um mal-entendido. Recentemente, contudo, passei cada vez mais a reconhecer que algo de essencial à nova visão da ciência também estava envolvido, e tentarei nesta tarde confrontar isso.

A palestra resultante tem três partes. A primeira é um breve relato do que penso que saiu errado e de algumas das possíveis razões para isso ter acontecido. A segunda esboça uma rota pela qual alguns danos podem ser evitados e nossa compreensão do empreendimento científico melhorada. Nessa parte mais construtiva de minha conferência, irei basear-me em parcelas de um projeto bem mais amplo, o livro no qual estou atualmente trabalhando. Será essencial fazer uma condensação e simplificação drásticas até mesmo dessas parcelas, e a porção central de meu projeto – uma teoria daquilo que eu antes denominava incomensurabilidade – terá de ser omitida por completo. Por fim, na conclusão desta conferência, sugerirei brevemente de que modo a perspectiva que hoje desenvolvo se ajusta ao padrão mais geral de minha obra passada e futura.

***

A nova abordagem que tão fundamentalmente alterou a imagem aceita da ciência foi de natureza histórica, mas nenhum daqueles que a produziram era, antes de tudo, um historiador. Ao contrário, eram filósofos, em sua maioria filósofos profissionais, acrescidos de alguns amadores, estes, de modo geral, com formação científica. Sou um exemplo característico. Embora a maior parte de minha carreira tenha sido dedicada à história da ciência, comecei como um físico teórico com forte interesse não profissional pela filosofia e quase nenhum pela história. Objetivos filosóficos induziram meu encaminhamento para a história; foi à filosofia que retornei nos últimos dez ou quinze anos; e é como filósofo que estou falando nesta tarde. Como meus colegas inovadores, estava motivado, sobretudo, por dificuldades amplamente reconhecidas na filosofia da ciência então corrente, mais em especial no positivismo ou empirismo lógico, mas também em outros tipos de empirismo. A impressão dominante que tínhamos sobre nosso empreendimento era a de que, ao nos voltamos para a história, estávamos construindo uma filosofia da ciência baseada em observações da vida científica, sendo os nossos dados fornecidos pelos registros históricos.

Todos nós fomos educados para acreditar, mais ou menos estritamente, em alguma versão de um conjunto tradicional de crenças, o qual rememorarei com vocês de modo breve e esquemático. A ciência provém de fatos dados pela observação. Esses fatos são objetivos no sentido de que são interpessoais: são, dizia-se, acessíveis e indubitáveis para todos os observadores humanos normalmente equipados. É claro que tiveram de ser descobertos antes que pudessem tornar-se dados para a ciência, e sua descoberta frequentemente exigiu uma invenção de elaborados instrumentos novos. Mas a necessidade de procurar os fatos de observação não era considerada uma ameaça à sua autoridade uma vez que tivessem sido encontrados. Seu estatuto de ponto de partida objetivo, acessível a todos, permanecia seguro. Esses fatos, rezava ainda a velha imagem da ciência, são anteriores às leis e teorias científicas para as quais fornecem o fundamento e que, por sua vez, constituem a base para explicações de fenômenos naturais.

Ao contrário dos fatos em que se baseiam, essas leis, teorias e explicações não são simplesmente dadas. Para descobri-las é preciso interpretar os fatos – inventar leis, teorias e explicações que se ajustem a eles. E a interpretação é um processo humano e, de modo algum, idêntico para todos: é de se esperar que indivíduos diferentes interpretem os fatos de maneira diferente, inventem leis e teorias caracteristicamente diferentes. Porém, uma vez mais, dizia-se que os fatos observados proporcionavam um último tribunal de recursos. Usualmente, dois conjuntos de leis e teorias não têm precisamente as mesmas consequências, e testes projetados para determinar qual conjunto de consequências são observadas eliminará, pelo menos, um deles.

Variadamente compreendidos, esses processos constituíram algo denominado método científico. Tendo sua origem por vezes localizada no século XVII, esse era o método pelo qual os cientistas descobriam generalizações verdadeiras sobre fenômenos naturais, bem como explicações verdadeiras para eles. Ou, se não exatamente verdadeiras, ao menos próximas à verdade. E, se não aproximações certas, então, ao menos, altamente prováveis. A todos nós foi ensinado algo parecido, e todos sabemos que tentativas de aprimorar essa compreensão do método científico e daquilo que ele produziu encontraram dificuldades profundas, embora isoladas, dificuldades que não estavam, após séculos de esforço, respondendo ao tratamento. Foram essas dificuldades que nos levaram a observações da vida científica e à história, e ficamos consideravelmente desconcertados com o que lá encontramos.

Em primeiro lugar, os supostamente sólidos fatos de observação acabaram mostrando-se fluidos. Os resultados alcançados por pessoas diferentes, aparentemente observando os mesmos fenômenos, diferiam uns dos outros, embora nunca diferissem muito. E essas diferenças – apesar de contidas no mesmo âmbito aproximado – eram, com frequência, suficientes para afetar pontos cruciais de interpretação. Além disso, os chamados fatos demonstraram jamais ser meros fatos, independentes das crenças e teorias existentes. Produzi-los exigia uma aparelhagem, ela própria dependente de teoria, na maioria das vezes dependente da teoria que os experimentos iriam, supostamente, testar. Mesmo quando a aparelhagem podia ser redesenhada para eliminar ou reduzir esses desacordos, a elaboração desse novo desenho, às vezes, forçava a revisão de concepções a respeito daquilo que estava sendo observado. E depois disso, embora reduzidos, os desacordos ainda estavam presentes, e eram, às vezes, suficientes para delegar peso à interpretação. Ou seja, as observações, incluindo-se aquelas concebidas como testes, sempre deixavam margem para desacordos sobre se alguma lei ou teoria particular deveria ser aceita. Essa margem para desacordos era muitas vezes explorada: discrepâncias que, para um observador de fora, pareciam triviais eram, com frequência, assuntos de profunda importância para aqueles atingidos pela pesquisa.

Nessas circunstâncias – um terceiro aspecto daquilo que encontramos nos registros –, os indivíduos comprometidos com uma ou outra interpretação, às vezes, defendiam seus pontos de vista de tal modo que infringiam seus cânones professados de comportamento profissional. Não estou pensando essencialmente em fraude, que era relativamente rara. Não eram raras, porém, a incapacidade de reconhecer descobertas opostas às suas ou a substituição de argumentos por insinuações pessoais e outras técnicas semelhantes. Controvérsias sobre assuntos científicos pareciam muito, algumas vezes, uma briga de gatos.

Da perspectiva filosófica, nada disso precisaria ter sido um problema. Nenhuma das coisas que acabo de dizer era inteiramente nova. Os praticantes da filosofia tradicional da ciência estavam, ao menos de forma vaga, cientes delas. Eram consideradas lembretes de que a ciência era praticada por seres humanos falíveis, em um mundo aquém do ideal. A filosofia tradicional da ciência estava preocupada em prover normas metodológicas e supunha que elas fossem poderosas o suficiente para resistir aos efeitos de infrações ocasionais. O comportamento que acabo de descrever foi reconhecido, mas posto de lado; considerou-se que ele não desempenhava nenhum papel positivo na formação da doutrina científica. Mas os filósofos da ciência com inclinações históricas examinaram essas observações de maneira diferente. Já estávamos insatisfeitos com a tradição prevalecente e procurávamos indícios comportamentais por meio dos quais reformá-la. Esses aspectos da vida científica forneceram um ponto de partida plausível.

Se observação e experimentação eram insuficientes para levar indivíduos diferentes à mesma decisão, as diferenças no que consideravam ser fatos e nas decisões baseadas neles deveriam, pensávamos, decorrer de fatores pessoais, não reconhecidos pela filosofia da ciência anterior. Por exemplo, indivíduos poderiam diferir em virtude da história e gostos pessoais subjacentes a seus campos de pesquisa. Outra fonte plausível de diferença eram as estimadas recompensas e punições, quer financeiras, quer de prestígio, que provavelmente resultariam da decisão de um indivíduo. Esses e outros interesses individuais podiam ser todos observados em ação nos registros históricos, e não pareciam ser desprezíveis. Onde a própria observação era insuficiente para forçar até mesmo uma decisão individual, apenas fatores como esses ou, então, procedimentos do tipo cara ou coroa poderiam dar conta da tarefa.

Dada essa divergência inicial entre as conclusões a que chegavam os indivíduos, tornou-se urgente determinar o processo pelo qual diferenças de crença eram harmonizadas no percurso até um consenso final no interior do grupo. Ou seja, qual seria o processo pelo qual o resultado de experimentos fosse universalmente designado como fato, assim como qual seria o processo pelo qual as novas crenças dominantes – novas leis e teorias científicas – acabassem sendo baseadas em tal resultado? Essas são as questões centrais para o trabalho da geração que se seguiu à minha, e as principais contribuições a seu esclarecimento não vieram da filosofia, mas de uma nova espécie de estudos históricos e, mais especialmente, sociológicos que a obra de minha geração ajudou a suscitar. Esses estudos trataram, de maneira pormenorizada ao extremo, do processo corrente em uma comunidade ou grupo científico do qual emerge, finalmente, um consenso dominante, um processo a que essa literatura com frequência se refere como "negociação". Alguns desses estudos parecem-me brilhantes, e todos revelam aspectos do processo científico que precisávamos muito conhecer. Penso que não se pode colocar em dúvida o caráter inovador ou a importância deles. Mas seu efeito final, ao menos de uma perspectiva filosófica, foi aprofundar, em vez de eliminar, a própria dificuldade que se propunham resolver.

O que a chamada negociação procura estabelecer são os fatos dos quais as conclusões científicas deveriam ser extraídas, juntamente com as conclusões – as novas leis ou teorias – que deveriam ser baseadas nelas. Esses dois aspectos da negociação – o factual e o interpretativo – são efetuados de modo concomitante, as conclusões moldando as descrições dos fatos ao mesmo tempo que os fatos moldam as conclusões deles extraídas. Tal processo é claramente circular, e fica muito difícil ver que papel a experimentação poderia ter na determinação de seu resultado. Essa dificuldade torna-se ainda mais grave porque a necessidade de uma negociação parece resultar dos tipos de diferença individual geralmente descritos como meras questões biográficas. O que induz os envolvidos na negociação a chegar a diferentes conclusões são, como indiquei, aspectos como diferenças na história individual, campos de pesquisa, interesse pessoal. Esses são os tipos de diferença que poderiam ser eliminados por reeducação ou por lavagem cerebral, mas não são, em princípio, acessíveis por uma discussão ou negociação racionais.

Nessas circunstâncias, surgiu a seguinte questão: como se pode dizer que um processo tão próximo do circular e tão dependente de contingência individuais leva a conclusões ou verdadeiras ou prováveis a respeito da natureza da realidade? Considero-a uma questão séria, e penso que a incapacidade de responder a ela seja uma grave perda para nossa compreensão da natureza do conhecimento científico. A questão, porém, surgiu durante os anos 1960, quando estava muito difundida uma desconfiança com relação a qualquer tipo de autoridade, e bastava, então, um pequeno passo para considerar tal perda como um ganho. Era amplamente admitido – em particular por sociólogos e cientistas políticos – que as negociações na ciência, como em política, na diplomacia, nos negócios e em muitas das outras esferas da vida social, seriam governadas por interesses, e seu resultado tido como determinado por considerações de autoridade e poder. Essa era a tese daqueles que aplicaram, pela primeira vez, o termo "negociação" ao processo científico, e o termo levou consigo muito dessa tese.

Não penso que o termo, ou a descrição das atividades às quais se referia, estivesse meramente errado. Interesses, política, poder e autoridade sem dúvida desempenham um papel significativo na vida científica e em seu desenvolvimento. Mas a forma que os estudos da "negociação" tomaram, como indiquei, tornou difícil perceber o que mais também pode desempenhar um papel relevante. De fato, a forma mais extrema desse movimento, denominada por seus proponentes "o programa forte", tem sido geralmente entendida como a defesa de que poder e interesses são tudo o que há. A própria natureza, seja lá o que for isso, parece não ter papel algum no desenvolvimento das crenças a seu respeito. O falar da evidência, da racionalidade das asserções extraídas dela e da verdade ou probabilidade dessas asserções foi visto como simplesmente a retórica atrás da qual a parte vitoriosa esconde seu poder. O que passa por conhecimento científico torna-se, então, apenas, a crença dos vitoriosos.

Estou entre aqueles que consideraram absurdas as afirmações do programa forte: um exemplo de desconstrução desvairada. E, em minha opinião, as formulações históricas e sociológicas mais moderadas que procuram depois substituí-lo dificilmente são mais satisfatórias. Essas formulações mais recentes reconhecem francamente que as observações da natureza desempenham, de fato, algum papel no desenvolvimento científico, mas continuam, na prática, não dando informação alguma acerca desse papel – isto é, acerca do modo pelo qual a natureza entra nas negociações que produzem crenças a seu respeito.

O programa forte e seus descendentes foram repetidamente rejeitados como expressões descontroladas de hostilidade à autoridade em geral e à ciência em particular. Por alguns anos, eu próprio reagi um pouco dessa maneira. Mas penso agora que essa avaliação apressada ignora um desafio filosófico real. Há uma linha contínua (ou uma escorregadia ladeira contínua) que parte das inescapáveis observações iniciais subjacentes aos estudos microssociológicos e chega a conclusões ainda inteiramente inaceitáveis. Muito do que não deve ser abandonado foi aprendido percorrendo essa linha. E permanece obscuro como, sem rejeitar aquelas lições, essa linha pode ser defletida ou interrompida, como suas conclusões inaceitáveis podem ser evitadas.

Um comentário que Marcello Pera fez a mim recentemente fornece um provável indício para essas dificuldades. Os autores de estudos microssociológicos, sugere ele, aferram-se à visão tradicional do conhecimento científico. Mais especificamente, parecem acreditar que a filosofia tradicional da ciência estava certa em seu entendimento do que deve ser o *conhecimento*. Os fatos devem vir em primeiro lugar, e conclusões inescapáveis, ao menos no que diz respeito a probabilidades, devem ser baseadas neles. Se a ciência não produz conhecimento nesse sentido, concluem, então não pode estar de modo algum produzindo conhecimento. É possível, contudo, que a tradição estivesse enganada não exatamente a respeito dos métodos pelos quais foi obtido o conhecimento, mas a respeito da natureza do próprio conhecimento. Talvez o conhecimento, entendido de forma apropriada, seja o produto justamente dos processos mesmos que esses novos estudos descrevem. Penso que algo dessa natureza é o caso, e tentarei, no restante desta conferência, defender esse ponto de vista ao esboçar alguns aspectos de meu trabalho corrente.

***

Sugeri, logo no início desta conferência, que os filósofos/historiadores de minha geração víamo-nos como construtores de uma filosofia baseada em observações do comportamento científico real. Olhando agora para trás, penso que essa imagem do que tencionávamos fazer é enganadora. Dado aquilo que denominarei a perspectiva histórica, podem-se inferir muitas das conclusões fundamentais a que chegamos sem praticamente nenhum recurso aos próprios registros históricos. Essa perspectiva histórica, é claro, era no início alheia a todos nós. As questões que nos levaram a examinar os registros históricos eram produtos de uma tradição filosófica que considerava a ciência um corpo estático de conhecimento e questionava que garantia racional havia para considerar verdadeira uma ou outra das crenças que o compunham. Apenas gradualmente, como subproduto de nosso estudo dos "fatos" históricos, é que aprendemos a substituir essa imagem estática por uma dinâmica, uma imagem que fez da ciência um empreendimento ou prática sempre em desenvolvimento. E está levando ainda mais tempo para compreender que, alcançada essa perspectiva, muitas das conclusões mais fundamentais que tiramos com base nos registros históricos podem ser derivadas, em vez disso, de primeiros princípios. Abordá-las dessa maneira reduz sua aparente contingência, fazendo que seja mais difícil rejeitá-las como produto de uma investigação difamadora empreendida por indivíduos hostis à ciência. Além disso, a abordagem que parte de princípios gera uma concepção muito diferente daquilo que está em jogo nos processos avaliativos que têm sido frequentemente associados a conceitos tais como razão, evidência e verdade. Ambas as mudanças são ganhos claros.

A preocupação característica do historiador é com o desenvolvimento ao longo do tempo, e o resultado típico de sua atividade é expresso em uma narrativa. Seja qual for seu assunto, a narrativa deve sempre começar pela preparação do cenário, ou seja, pela descrição do estado de coisas existente no início da série de eventos que constitui a narrativa propriamente dita. Se essa narrativa trata de crenças a respeito da natureza, então precisa começar por uma descrição daquilo em que acreditavam as pessoas na época em que ela se inicia. Essa descrição deve tornar plausível que essas crenças eram as de atores humanos, e precisa, para tal propósito, incluir uma especificação do vocabulário conceitual no qual eram descritos os fenômenos naturais e no qual eram enunciadas as crenças a seu respeito. Com o cenário assim montado, começa a narrativa propriamente dita, que conta a história de mudanças de crença ao longo do tempo, bem como do contexto cambiante no qual essas alterações ocorreram. Ao final da narrativa, essas mudanças podem ser consideráveis, mas ocorreram em pequenos incrementos, cada estágio historicamente situado em um ambiente um tanto diferente daquele do estágio anterior. E em cada um desses estágios, com exceção do primeiro, o problema do historiador não é entender por que as pessoas tinham as crenças que tinham, mas por que escolherem mudá-las, por que teve lugar essa mudança incremental.

Para o filósofo que adota a perspectiva histórica, o problema é o mesmo: compreender pequenas *mudanças* incrementais de crença. Quando surgem, nesse contexto, questões a respeito da racionalidade, objetividade ou evidência, elas não envolvem as crenças que eram correntes antes ou depois da mudança, mas simplesmente a própria mudança. Ou seja, por que, dado o corpo de crenças com o qual começam, os membros de um grupo científico decidem alterá-lo, em um processo que raramente é um mero acréscimo, e que costuma demandar o ajuste ou abandono de algumas crenças admitidas? Do ponto de vista filosófico, a diferença entre essas duas formulações – a racionalidade da crença *versus* a racionalidade da mudança incremental de crença – é vasta. Mencionarei apenas três das várias diferenças significativas, cada qual exigindo um exame mais extenso do que se pode aqui providenciar.

Como já disse, a tradição supunha que boas razões para uma crença podiam ser fornecidas apenas por observações neutras, isto é, por aquele tipo de observações que são idênticas para todos os observadores e, também, independentes de todas as outras crenças e teorias. Tais observações proporcionavam a plataforma arquimediana estável exigida para determinar a verdade ou a probabilidade da crença, lei ou teoria particular a ser avaliada. Mas as observações que satisfaziam tais critérios mostraram-se, como indiquei, poucas e raras. A plataforma arquimediana tradicional fornece uma base insuficiente para a avaliação racional de crenças, fato explorado pelo programa forte e seus semelhantes. Da perspectiva histórica, contudo, pela qual a mudança de crença é o que está em questão, a *racionalidade* das conclusões exige apenas que as observações invocadas sejam neutras para os – ou compartilhadas pelos – membros do grupo que toma a decisão, e para eles somente no momento em que a decisão está sendo tomada. Pela mesma razão, as observações envolvidas não precisam mais ser independentes de todas as crenças prévias, mas apenas daquelas que seriam modificadas como resultado da mudança. O enorme corpo de crenças não afetado pela mudança fornece uma base sobre a qual pode repousar a discussão acerca da desejabilidade da mudança. É simplesmente irrelevante que algumas ou todas essas crenças possam ser postas de lado em alguma época futura. Para que forneçam uma base à discussão racional, elas só precisam – da mesma forma que as observações invocadas pela discussão – ser compartilhadas por aqueles que estão discutindo. Não há nenhum critério da racionalidade

da discussão mais elevado do que esse. A perspectiva histórica, assim, também invoca uma plataforma arquimediana, mas esta não é fixa. Ao contrário, move-se com o tempo e muda conforme a comunidade e a subcomunidade, a cultura e a subcultura. Nenhum desses tipos de mudança interfere com seu provimento de uma base para discussões e avaliações racionais das mudanças propostas no corpo de crenças corrente em determinada comunidade de determinada época.

A segunda diferença entre a avaliação de crenças e a avaliação de mudanças de crença pode ser formulada de modo mais breve. Da perspectiva histórica, as mudanças a serem avaliadas são sempre pequenas. Retrospectivamente, algumas delas parecem gigantescas, e estas em geral afetam um corpo de crenças considerável. Mas todas foram preparadas de forma gradual, passo a passo, deixando apenas uma pedra fundamental, a ser colocada em seu devido lugar pelo inovador cujo nome trazem. E também esse passo é pequeno, claramente prenunciado pelos passos dados antes: apenas em retrospectiva, depois de ter sido dado, é que ele ganha o estatuto de pedra fundamental. Não admira que o processo de avaliação da desejabilidade da mudança pareça circular. Muitas das considerações que sugeriram ao inovador a natureza da mudança são também as que fornecem razões para aceitar a proposta que ele fez. A questão do que veio primeiro, a ideia ou a observação, é como a questão do ovo e da galinha, e *essa* questão nunca suscitou nenhuma dúvida de que galinhas sejam um dos resultados desse processo.

O terceiro efeito de deslocar a avaliação da crença para a mudança de crença está intimamente relacionado ao anterior, e talvez mais surpreendente. Na formulação principal da tradução pregressa em filosofia da ciência, as crenças deveriam ser avaliadas com respeito à sua verdade ou à probabilidade de serem verdadeiras, entendendo-se por verdade algo como correspondência ao real, ao mundo externo independente da mente. Havia também uma formulação secundária que sustentava que as crenças deveriam ser avaliadas com respeito à sua utilidade, mas terei de omitir aqui essa formulação, por falta de tempo: uma afirmação dogmática de que tal formulação não dá conta de aspectos essenciais do desenvolvimento científico terá de substituir uma argumentação.

Prosseguindo, portanto, com a formulação que prega ser a verdade a meta das avaliações, notem que ela requer que a avaliação seja indireta. Em ocasiões raras, ou nunca, pode-se comparar uma lei ou teoria recém-proposta diretamente com a realidade. Ao contrário, para propósitos de avaliação, é preciso inseri-la em um corpo relevante de crenças correntemente aceitas – por exemplo, as que governam os instrumentos com que foram feitas as observações relevantes – e então aplicar ao todo um conjunto de critérios secundários. A exatidão é um deles, a consistência com outras crenças aceitas é outro, a amplitude de aplicação um terceiro, a simplicidade um quarto, e há outros além desses. Todos esses critérios são ambíguos e, raramente, satisfeitos todos de uma vez. A exatidão é quase sempre aproximada e, com frequência, inatingível. A consistência, na melhor das hipóteses, é local: não tem caracterizado as ciências como um todo, ao menos desde o século XVII. A amplitude de aplicação torna-se cada vez mais estreita com o passar do tempo, ponto ao qual retornarei. A simplicidade está nos olhos de quem olha. E assim por diante.

Esses critérios tradicionais de avaliação foram minuciosamente examinados também pelos microssociólogos, que perguntam, e não sem razão, como é que, nessas circunstâncias, podem ser considerados algo mais do que uma fachada. Mas vejam o que acontece com esses mesmos critérios – os quais não posso aperfeiçoar muito – quando aplicados a avaliações comparativas, a mudanças de crença em vez de diretamente às próprias crenças. Perguntar de dois corpos de crença qual é *mais* exato, qual exibe *menos* inconsistências, qual tem um âmbito de aplicações *mais amplo* ou qual atinge esses objetivos com mecanismos *mais simples* não elimina todos os motivos para desacordo, mas o ajuizamento comparativo é claramente muito mais tratável do que o tradicional do qual deriva. Em particular, quando o que deve ser comparado são apenas conjuntos de crenças realmente presentes na situação histórica. Nessa comparação, mesmo um conjunto algo ambíguo de critérios pode, com o passar do tempo, ser adequado.

Julgo tanto clara como importante essa mudança no objeto da avaliação. Mas há um preço a ser pago por ela, e, mais uma vez, é um preço que pode ajudar a explicar os atrativos do ponto de vista microssociológico. Um novo corpo de crenças poderia ser *mais* exato, *mais* consistente, *mais* amplo em seu âmbito de aplicação, mas também *mais* simples, sem ser por isso *mais* verdadeiro. De fato, até mesmo a expressão "mais verdadeiro" soa vagamente agramatical: é difícil saber com exatidão o que têm em mente aqueles que a usam. Algumas pessoas substituiriam "mais verdadeiro" por "mais provável", mas isso conduz a dificuldades de outro tipo, aquelas enfatizadas, num contexto ligeiramente diferente, por Hilary Putnam. Todas as crenças passadas a respeito da natureza acabaram, mais cedo ou mais tarde, mostrando-se falsas. Em retrospecto, portanto, a probabilidade de qualquer crença correntemente proposta ter melhor sorte no futuro deve estar próxima de zero. O que resta sustentar é expresso por um lema-padrão desenvolvido na perspectiva tradicional: leis e teorias científicas sucessivas chegam cada vez mais perto da verdade. Isso poderia, é claro, ser o caso, mas, até o presente, não está claro nem mesmo o que está sendo afirmado. Apenas uma plataforma arquimediana fixa, rígida, poderia fornecer uma base para medir a distância entre a crença corrente e a verdadeira. Na ausência dessa plataforma, é difícil imaginar o que seria uma tal mensuração, o que poderia significar a expressão "cada vez mais perto da verdade".

Não dispondo de tempo para levar adiante essa parte de meu argumento, vou apenas afirmar ou reafirmar uma convicção tripartida. Em primeiro lugar, a plataforma arquimediana, fora da história, fora do tempo e do espaço, está definitivamente abandonada. Em segundo, na falta dela, uma avaliação comparativa é tudo de que dispomos. O desenvolvimento científico é, como a evolução darwiniana, um processo empurrado por trás em vez de puxado em direção a algum objetivo fixo do qual ele se aproxima cada vez mais. E, em terceiro lugar, se a noção de verdade tem um papel a desempenhar no desenvolvimento científico, e argumentarei em outro lugar que tem, então a verdade não pode ser nada muito parecido a uma correspondência com a realidade. Gostaria de enfatizar que não estou sugerindo que haja uma realidade não alcançada pela ciência. Meu ponto é, ao contrário, que não se pode atribuir nenhum sentido à noção de realidade tal como ela tem sido ordinariamente empregada na filosofia da ciência.

Notem agora que, até aqui, minha posição é muito semelhante à do programa forte – os fatos não são anteriores às conclusões extraídas deles, e essas conclusões não podem ter pretensões à verdade. Mas cheguei a essa posição partindo de princípios que devem governar todos os processos evolutivos, ou seja, sem precisar recorrer a exemplos reais de comportamento científico. Nada ao longo desse trajeto sugeriu substituir evidência e razão por poder e interesses. Claro que poder e interesses desempenham um papel no desenvolvimento científico, mas há espaço para muitas outras coisas além disso.

***

Para esclarecer o modo pelo qual entram em cena outros determinantes do desenvolvimento científico, permitam-me fazer alguns comentários, ainda mais excessivamente condensados, a respeito de um segundo aspecto da perspectiva histórica ou evolutiva. Este, ao contrário do anterior, não é uma característica necessária ou *a priori*, mas precisa ser sugerido por observações. As observações envolvidas, contudo, não se restringem às ciências e não requerem, de modo algum, mais do que um rápido olhar. O que tenho em mente é o crescimento aparentemente inexorável (embora ultimamente autolimitativo) do número de práticas ou especialidades humanas distintas no decurso da história humana. Usarei o termo "especiação" para descrever esse aspecto do desenvolvimento, embora o paralelo com a evolução biológica não seja tão exato nesse caso como o era no anterior. Em minhas observações finais, chamarei a atenção a uma dessemelhança particularmente importante.

A proliferação de especialidades, conheço-as melhor nas ciências, em que ela é, talvez, em especial proeminente. Apesar disso, ela tem estado presente de modo explícito em todos os campos da atividade humana. Reis e chefes de clãs ministravam justiça antes que existissem juízes e advogados. Havia guerras antes de existirem militares, e militares antes de existirem exército, marinha e aeronáutica. Ou, na área da religião, pensem apenas na igreja paulina e nas várias igrejas que se originaram e ainda estão se originando dela.

Nas ciências, esse padrão é ainda mais óbvio. Na Antiguidade, há a matemática – a qual inclui a astronomia, a óptica, a mecânica, a geografia e a música –, bem como a medicina e a filosofia natural, às quais vocês talvez não queiram chamar de ciências, mas que são reconhecidas como práticas que, mais tarde, tornaram-se uma grande fonte de ciências. Durante o final do século XVII, os vários componentes da matemática se separam tanto de sua origem quanto uns dos outros. Simultaneamente, a química especulativa no interior da filosofia natural começa a se tornar um campo com direito próprio por meio do envolvimento com problemas da medicina e dos ofícios. As especialidades que irão constituir a física começam a se separar da filosofia natural, e o mesmo tipo de proliferação produz, com base na medicina, as primeiras ciências biológicas. Durante o século XIX, essas especialidades individuais, que coletivamente constituem a ciência, conquistam, de maneira rápida, suas próprias sociedades especializadas, revistas, departamentos universitários e cátedras especializadas.

Hoje, o mesmo padrão prossegue de modo ainda mais rápido, algo que posso documentar muito facilmente com base em minha experiência pessoal. Quando saí de Harvard, em 1957, as ciências da vida eram o domínio de um único departamento, a biologia. Essa institucionalização, penso, era uma divisão natural do conhecimento, gravada em pedra ou, em Harvard, em tijolos.[1] Fiquei relativamente chocado ao descobrir, chegando à Califórnia, que meu novo lar, Berkeley, precisava de três departamentos para abranger os tópicos que, em Cambridge, ocupavam apenas um. Retornando agora a Cambridge, constato que há quatro departamentos para as ciências da vida, e surpreender-me-ia se hoje não encontrasse um número ainda maior em Berkeley. Enquanto isso ocorria, algo semelhante, somente um pouco menos acentuado, acontecia em meu próprio campo anterior, a física. Quando colei grau, um único periódico, a *Physical Review*, publicava a maioria das contribuições ao conhecimento feitas por físicos norte-americanos. Todos os profissionais assinavam essa revista, embora apenas poucos deles pudessem ler (e menos ainda liam) todos os artigos em um dado número. Atualmente, essa revista foi subdividida em quatro, e poucos indivíduos assinam mais do que uma ou duas delas. Embora os departamentos não tenham sido subdivididos, tem ocorrido um considerável detalhamento da subestrutura da profissão: mais subgrupos com suas próprias sociedades e suas próprias revistas especializadas. O que resulta é a estrutura elaborada e um tanto periclitante de campos, especialidades e subespecialidades separados, no interior dos quais é levada adiante a tarefa de produzir conhecimento científico.

A produção de conhecimento é a tarefa particular das subespecialidades, cujos praticantes lutam para aperfeiçoar *incrementalmente* a exatidão, a consistência, a amplitude de aplicação e a simplicidade do conjunto de crenças que adquiriram durante sua educação, sua iniciação na prática. São as crenças modificadas nesse processo que eles transmitem a seus sucessores, os quais continuam a partir daí, trabalhando com o conhecimento científico e modificando-o, à medida que prosseguem. De vez em quando, o processo encalha, e a proliferação e reorganização de especialidades são, quase sempre, parte do remédio necessário. O que estou assim sugerindo, de maneira bastante concisa, é que as práticas humanas em geral, e as prá-

---

1 Alusão aos prédios da Universidade de Harvard, construções de tijolo aparente. (N. T.)

ticas científicas em particular, evoluíram no decurso de um longo período de tempo, e seu desenvolvimento forma algo que, em linhas bem gerais, assemelha-se a uma árvore evolutiva.

Algumas características das várias práticas entraram em cena bem cedo nesse desenvolvimento evolutivo, e são compartilhadas por todas as práticas humanas. Considero poder, autoridade, interesses e outras características "políticas" como incorporadas a esse conjunto original. Os cientistas não são mais imunes a elas do que qualquer outra pessoa, fato que não deveria ter causado surpresa. Outras características entram em cena mais tarde, em algum ponto da ramificação evolutiva, e são, daí em diante, características somente do grupo de práticas formadas por episódios ulteriores de proliferação entre os descendentes desse ramo. As ciências constituem um tal grupo, embora seu desenvolvimento tenha implicado vários pontos de ramificação e muitas recombinações. As características dos membros desse grupo são, além de sua preocupação com o estudo de fenômenos naturais, os procedimentos avaliativos que já descrevi, bem como outros semelhantes a eles. Tenho em mente, mais uma vez, características tais como exatidão, consistência, âmbito de aplicação, simplicidade etc. – características que são passadas, junto com exemplos, de uma geração de praticantes à próxima.

Essas características são compreendidas de maneira um tanto diversa nas diferentes especialidades e subespecialidades científicas. E, em qualquer delas, tais características estão longe de ser sempre observadas. Não obstante, nos campos em que alguma vez se firmaram, elas são responsáveis pelo aparecimento continuado de ferramentas cada vez mais sofisticadas – e também mais especializadas – para as descrições exatas, consistentes, abrangentes e simples da natureza. O que apenas significa que, em tais campos, elas são suficientes para dar conta do desenvolvimento continuado do conhecimento científico. O que mais é conhecimento científico, e o que mais se esperaria que práticas caracterizadas por essas ferramentas avaliativas produzissem?

***

Com essas observações, concluo a apresentação do tema anunciado no título desta conferência. Para os que conhecem meu trabalho anterior, acrescentarei dentro em pouco uma coda muito breve. Antes, contudo, permitam-me resumir o ponto a que chegamos. Sugeri que o problema com a filosofia histórica da ciência foi o de, ao basear-se em observações dos registros históricos, ter abalado os pilares nos quais se pensava, anteriormente, estar alicerçada a autoridade do conhecimento científico, sem fornecer coisa alguma para substituí-los. Os mais fundamentais dos pilares que tenho em mente eram dois: em primeiro lugar, os fatos antecedem as crenças para as quais se diz que fornecem evidência, bem como independem delas; em segundo lugar, a prática científica leva a verdades, a verdades prováveis ou a aproximações à verdade acerca de um mundo externo que independe da mente e da cultura.

O que se verificou na sequência desse abalo foram esforços ou para revigorar esses alicerces ou, então, para apagar todos os vestígios deles, mostrando que, mesmo em seu próprio domínio, a ciência não tem nenhuma autoridade especial. Tentei sugerir uma outra abordagem. As dificuldades que pareceram solapar a autoridade da ciência não deveriam ser vistas simplesmente como fatos observados a respeito de sua prática. Ao contrário, são características necessárias de qualquer processo de desenvolvimento ou evolução. Essa mudança possibilita reconceber o que os cientistas produzem e como o produzem.

Esboçando essa reconceitualização demandada, indiquei três de seus aspectos principais. Em primeiro lugar, o que os cientistas produzem e avaliam não é crença *tout court*, mas mudança de crença, um processo que, sustentei, tem elementos intrínsecos de circularidade, mas de uma circularidade que não é viciosa. Em segundo, aquilo que a avaliação procura selecionar não são crenças que correspondam a um chamado mundo externo real, mas, simplesmente, ao melhor dentre dois, ou melhor dentre todos os corpos de crença efetivamente apresentados aos avaliadores no momento em que chegam a seu veredicto. Os critérios com respeito aos quais a avaliação é feita são o conjunto-padrão dos filósofos: exatidão, amplitude de aplicação, consistência, simplicidade etc. Por último, sugeri que a plausibilidade dessa perspectiva depende do abandono da ideia de ciência como um empreendimento monolítico único, limitado por um método único. Ao contrário, a ciência deveria ser vista como uma estrutura complexa, mas assistemática, de especialidades ou espécies distintas, cada qual responsável por um diferente domínio de fenômenos e dedicada a mudar as crenças correntes a respeito de seu domínio, de modo que aumentem sua exatidão e os outros critérios-padrão que mencionei. Para esse empreendimento, sugiro, pode-se ver que as ciências, que devem por isso ser consideradas no plural, retêm uma autoridade muito considerável.

***

Termino assim meu resumo. Passo agora a uma coda de três minutos. Aqueles de vocês que ouviram falar de mim provavelmente me conhecem sobretudo como o autor da *Estrutura*. Esse é um livro no qual as noções centrais são "mudança revolucionária", por um lado, e algo chamado "incomensurabilidade", por outro. Explicar essas noções, especialmente a incomensurabilidade, está no cerne do projeto do qual foram extraídas as ideias que apresentei aqui. Mas tais noções não foram aqui mencionadas, e alguns de vocês devem se perguntar como elas ainda podem se ajustar nesse meio. Permitam-me indicar três componentes de uma resposta, cada um deles exposto de maneira tão breve e dogmática que é improvável que faça muito sentido. Apresento-os numa ordem de absurdidade aparentemente crescente.

Em primeiro lugar, os episódios que descrevi outrora como revoluções científicas estão intimamente associados àqueles que comparei aqui com especiação. É nesse ponto que entra em cena a dessemelhança antes mencionada, pois as revoluções desalojam diretamente alguns dos conceitos básicos da prática anterior em um campo em favor de outros, um elemento destrutivo que, nem de longe, é tão diretamente presente na especiação biológica. Mas, além do elemento destrutivo, há nas revoluções também um estreitamento do foco. O perfil de prática autorizado pelos novos conceitos jamais cobre todo o campo pelo qual se responsabilizava o anterior. Sempre resta um resíduo (às vezes, um resíduo muito grande), cuja persecução continua na forma de uma especialidade cada vez mais distinta. Embora o processo de proliferação seja com frequência mais complexo do que sugere minha referência à especiação, em geral há mais especialidades depois de uma mudança revolucionária do que havia antes. Os perfis de prática mais velhos e abrangentes simplesmente se extinguem: são os fósseis cujos paleontólogos são os historiadores da ciência.

O segundo componente de meu retorno a meu passado é a determinação do que torna distintas essas especialidades, o que as mantém separadas e deixa aparentemente vazio o espaço entre elas. A resposta a isso é a inco-mensurabilidade, uma disparidade conceitual crescente entre as ferramen-tas empregadas nas duas especialidades. Quando tais especialidades se separam, essa disparidade torna impossível para os praticantes de uma co-municarem-se plenamente com os praticantes de outra. E esses problemas de comunicação reduzem, embora nunca eliminem por inteiro, a probabili-dade de que as duas produzam uma descendência fértil.

Por último, o que substitui o único e grande mundo independente da mente sobre o qual se dizia que os cientistas descobriam a verdade é a variedade de nichos nos quais os praticantes dessas várias especialidades praticam seu ofício. Esses nichos, que criam as ferramentas conceituais e instrumentais com as quais seus habitantes agem sobre eles – tanto quanto são criados pelas mesmas ferramentas –, são tão sólidos, reais e resistentes a mudanças arbitrárias quanto já se disse ser o mundo exterior. Todavia, ao contrário do chamado mundo exterior, não são independentes da mente e da cultura, e não se reduzem a um único todo coerente do qual nós e os praticantes de todas as especialidades científicas individuais somos os habitantes.

Esse, apresentado de maneira extremamente breve, é o contexto do qual foram abstraídas, em sua maior parte, as ideias que desenvolvi nesta tarde. Minha coda, portanto, chega a seu fim. Para aqueles membros da orquestra que o desejarem, encerro com a instrução usual, *da capo al fine*.

PARTE 2

COMENTÁRIOS E RÉPLICAS

6
REFLEXÕES SOBRE MEUS CRÍTICOS[1]

"Reflections on My Critics" é uma longa réplica a sete ensaios – escritos por John Watkins, Stephen Toulmin, L. Pearce Williams, Karl Popper, Margaret Masterman, Imre Lakatos e Paul Feyerabend –, cada um deles mais ou menos crítico com relação às ideias propostas por Kuhn, especialmente em A estrutura das revoluções científicas. *Os quatro primeiros desses ensaios foram apresentados, seguindo um artigo introdutório de Kuhn intitulado "Lógica da descoberta ou psicologia da pesquisa?", em um simpósio denominado "A crítica e o desenvolvimento do conhecimento" no Quarto Colóquio Internacional de Filosofia da Ciência, realizado em Londres em julho de 1965. O quinto ensaio foi completado um ano mais tarde, mas os últimos dois, e a réplica de Kuhn, só foram concluídos em 1969. Todos eles foram então publicados conjuntamente como* Criticism and the Growth of Knowledge, *editado por Imre Lakatos e Alan Musgrave (Londres: Cambridge University Press, 1970). Reimpresso com permissão da Cambridge University Press.*

***

Já faz quatro anos desde que o professor Watkins e eu trocamos pontos de vista mutuamente impenetráveis no Colóquio Internacional de Filoso-

---

1 Embora minha batalha com a data-limite para a entrega do original para publicação não lhes tenha dado quase nenhum tempo para isso, meus colegas C. G. Hempel e R. E. Grandy conseguiram ambos ler meu primeiro manuscrito e apresentar sugestões úteis para seu aperfeiçoamento conceitual e estilístico. Muito agradecido a eles, enfatizo que não devem ser responsabilizados por meus pontos de vista.

fia da Ciência realizado no Bedford College, em Londres. Relendo nossas contribuições ao colóquio, junto com as que lhes foram depois acrescentadas, fico tentado a postular a existência de dois Thomas Kuhns. Kuhn₁ é o autor deste ensaio e de um artigo anterior neste volume.[2] Ele também publicou em 1962 um livro chamado *A estrutura das revoluções científicas*, o mesmo que ele e a srta. Masterman discutiram. Kuhn₂ é o autor de outro livro com o mesmo título. É este último o aqui citado repetidamente por sir Karl Popper, bem como pelos professores Feyerabend, Lakatos, Toulmin e Watkins. Que ambos os livros tenham o mesmo título não pode ser inteiramente acidental, pois os pontos de vista que apresentam coincidem, com frequência, e são, de algum modo, expressos nas mesmas palavras. Concluo, porém, que suas preocupações centrais são em geral muito diferentes. Como relatam seus críticos (não me foi possível, infelizmente, conseguir seu original), Kuhn₂ parece, em algumas ocasiões, defender pontos de vista que subvertem aspectos essenciais da posição delineada por seu homônimo.

Faltando-me o espírito para estender esta fantasia introdutória, vou, em vez disso, explicar por que a empreendi. Muita coisa neste volume comprova o que acabo de descrever como a mudança de *gestalt* que divide em dois grupos os leitores da *Estrutura*. Com esse livro, esta coletânea de ensaios fornece, portanto, um exemplo extenso do que chamei em outro lugar de comunicação parcial ou incompleta – o falar-sem-se-entender que regularmente caracteriza o discurso entre participantes de pontos de vista incomensuráveis.

Tal colapso de comunicação é importante e necessita muito estudo. Ao contrário de Paul Feyerabend (pelo menos como eu e outros o interpretamos), acredito que esse colapso jamais seja total ou, mesmo, irreversível. Onde ele fala em incomensurabilidade *tout court*, tenho normalmente falado em comunicação parcial, e acredito que esta possa ser melhorada até onde as circunstâncias o requeiram e a paciência o permita, um ponto a ser desenvolvido mais adiante. Contudo, tampouco acredito, como sir Karl, que o sentido em que "somos prisioneiros do referencial de nossas teorias, de nossas expectativas, nossas experiências passadas, nossa linguagem" seja meramente "pickwickiano". Nem suponho que "podemos escapar de nosso

---

2 Kuhn, Logic of Discovery or Psychology of Research?. In: Lakatos; Musgrave (Eds.), *Criticism and the Growth of Knowledge*, p.1-23.

referencial a qualquer momento [...] [e entrar em] um melhor e mais espaçoso [...] [do qual] poderemos, a qualquer momento, escapar [...] novamente".[3] Se essa possibilidade estivesse sempre disponível, não deveria haver
dificuldades muito especiais em entrar no referencial de outra pessoa a fim
de avaliá-lo. As tentativas de meus críticos de entrar no meu referencial
sugerem, contudo, que mudanças de referencial, de teoria, de linguagem
ou de paradigma colocam problemas mais profundos, tanto de princípio
quanto de prática, do que o admitem as citações precedentes. Esses problemas não são simplesmente os do discurso ordinário, nem serão resolvidos
exatamente pelas mesmas técnicas. Se pudessem sê-lo, ou se mudanças de
referencial fossem normais, ocorrendo à vontade e a qualquer momento,
eles não seriam comparáveis, expressão de sir Karl, ao[s] "conflito[s] cultura[is] que [têm] estimulado algumas das maiores revoluções intelectuais".[4]
A própria possibilidade dessa comparação é que os torna tão importantes.

Assim, um aspecto particularmente interessante deste volume é que ele
fornece um exemplo desenvolvido de um confronto cultural de pequena
escala, das sérias dificuldades de comunicação que caracterizam tais conflitos e das técnicas linguísticas empregadas na tentativa de acabar com elas.
Lido como exemplo, poderia ser um objeto de estudo e análise, provendo
informações concretas acerca de um tipo de episódio evolutivo a cujo respeito sabemos muito pouco. Suspeito que, para alguns leitores, o maior
interesse deste livro será o repetido fracasso destes ensaios em concordar
acerca de questões intelectuais. De fato, o livro tem esse interesse para
mim porque esses fracassos ilustram um fenômeno central de meu próprio
ponto de vista. No entanto, sou por demais participante, estou envolvido
com demasiada profundidade, para fornecer a análise que tal colapso de
comunicação demanda. Em vez disso, embora permaneça convencido de
que suas críticas sejam frequentemente mal dirigidas e que elas, muitas
vezes, obscureçam as diferenças mais profundas entre os pontos de vista de
sir Karl e os meus, devo aqui dirigir meus comentários fundamentalmente
aos pontos levantados pelos meus críticos presentes.

Esses pontos, excetuando-se, por enquanto, os que foram levantados
no estimulante artigo da srta. Masterman, podem ser classificados em

---

3 Popper, Normal Science and its Dangers. In: Lakatos; Musgrave (Eds.), op. cit., p.56.
4 Ibid., p.57.

três categorias coerentes, cada uma das quais ilustra o que acabei de denominar o fracasso de nossa discussão em chegar a um acordo. A primeira
delas, para os propósitos de minha discussão, é a diferença percebida em
nossos métodos: lógica *versus* história e psicologia social; normativo *versus*
descritivo. Como tentarei mostrar em breve, é estranho empregar essas
diferenças para se discriminar entre os colaboradores deste volume. Todos
nós, diferentemente dos membros do que foi até pouco tempo o principal
movimento na filosofia da ciência, fazemos pesquisa histórica e confiamos
tanto nela quanto na observação de cientistas contemporâneos ao desenvolver nossos pontos de vista. Além do mais, o descritivo e o normativo estão
inextricavelmente misturados nesses pontos de vista. Embora possamos
diferir em nossos padrões (e com certeza difiramos a respeito de algumas
questões substanciais), dificilmente poderemos ser distintos pelos nossos
métodos. O título de meu artigo anterior, "Lógica da descoberta ou psicologia da pesquisa?", não foi escolhido para sugerir o que sir Karl *deveria
fazer*, porém, mais propriamente, para descrever *o que ele faz*. Quando
Lakatos escreve, "mas o referencial conceitual de Kuhn [...] é sociopsicológico: o meu é normativo",[5] posso apenas pensar que ele está perfazendo um
truque para reservar, para si mesmo, o manto filosófico. Feyerabend sem
dúvida tem razão ao afirmar que minha obra faz, repetidamente, asserções
normativas. E com igual razão, embora o ponto vá requerer mais discussão,
a posição de Lakatos é sociopsicológica em sua dependência repetida de
decisões governadas não por regras lógicas, mas pela sensibilidade madura
do cientista treinado. Se discordo de Lakatos (ou de sir Karl, Feyerabend,
Toulmin ou Watkins), é quanto à substância, mas não quanto ao método.

Quanto à substância, nossa diferença mais patente refere-se à ciência normal, tópico ao qual voltarei imediatamente após discutir o método. Uma parte desproporcional deste volume é dedicada à ciência normal
e suscita uma das mais estranhas retóricas: a ciência normal não existe *e* é
desinteressante. A respeito dessa questão nós, de fato, discordamos, mas
não significativamente, penso eu, nem da maneira que meus críticos supõem. Quando for discuti-la, tratarei em parte das dificuldades reais em
recuperar da história as tradições científicas normais, mas meu primeiro

---

5 Lakatos, Falsification and the Methodology of Scientific Research Programmes. In: Lakatos; Musgrave (Eds.), op. cit., p.177.

e mais central propósito será lógico. A existência da ciência normal é um corolário da existência de revoluções, um ponto implícito no artigo de sir Karl e explícito no de Lakatos. Se ela não existisse (ou se fosse não essencial, dispensável para a ciência), então as revoluções também estariam em risco. Sobre esse último ponto, contudo, eu e meus críticos (exceto Toulmin) concordamos. As revoluções por meio da crítica não exigem menos a ciência normal que as revoluções por meio de crise. Inevitavelmente, a expressão "propósitos contrários" apreende melhor a natureza de nosso discurso do que "desacordo".

A discussão da ciência normal suscita o terceiro conjunto de questões em torno do qual se agrupou a crítica: a natureza da mudança de uma tradição científica normal para outra e das técnicas pelas quais são resolvidos os conflitos resultantes. Meus críticos respondem a minhas opiniões sobre esse assunto com acusações de irracionalidade, relativismo e defesa do império das multidões. Esses são rótulos que categoricamente rejeito, mesmo quando usados em minha defesa por Feyerabend. Dizer que, em questões de escolha de teoria, a força da lógica e da observação não pode, em princípio, ser compulsória não é nem descartar a lógica e a observação, nem sugerir que não há boas razões para favorecer uma teoria em detrimento de outra. Dizer que cientistas treinados são, em tais questões, o mais alto tribunal de apelação não é nem defender o império das multidões, nem sugerir que os cientistas poderiam ter decidido aceitar qualquer teoria. Também nessa área meus críticos e eu diferimos, mas nossos pontos de divergência ainda não foram devidamente compreendidos.

Esses três conjuntos de questões – método, ciência normal e império das multidões – são os que mais sobressaem neste volume e, por essa razão, em minha resposta. Minha réplica, contudo, não pode terminar sem dar um passo para além deles, a fim de considerar o problema dos paradigmas a que é dedicado o ensaio da srta. Masterman. Concordo com sua opinião de que o termo "paradigma" aponta para o aspecto filosófico central de meu livro, mas que o tratamento que lá recebe é bem confuso. Nenhum aspecto de meu ponto de vista evoluiu mais do que esse desde que o livro foi escrito, e o ensaio em pauta ajudou esse desenvolvimento. Embora minha posição presente difira da dela em muitos detalhes, abordamos o problema com o mesmo espírito, incluindo-se uma convicção comum sobre a importância da filosofia da linguagem e da metáfora.

Não poderei aqui lidar plenamente com os problemas apresentados por meu tratamento inicial dos paradigmas, mas duas considerações obrigam-me a mencioná-los. Mesmo uma breve discussão deve permitir isolar duas maneiras completamente diferentes em que o termo é empregado em meu livro e eliminar uma constelação de confusões que criaram obstáculos tanto para mim quanto para meus críticos. O esclarecimento resultante, além disso, permitir-me-á sugerir o que considero ser a origem da única diferença mais fundamental entre eu e sir Karl.

Ele e seus seguidores compartilham, com filósofos da ciência mais tradicionais, a suposição de que o problema da escolha de teorias pode ser resolvido por técnicas semanticamente neutras. As consequências observacionais de ambas as teorias são, primeiro, expressas em um vocabulário básico compartilhado (não necessariamente completo ou permanente). Alguma medida comparativa do seu conteúdo de verdade/falsidade fornece, depois, a base para uma escolha entre elas. Para sir Karl e sua escola, não menos do que para Carnap e Reichenbach, os cânones de racionalidade derivam, assim, exclusivamente dos cânones da sintaxe lógica e linguística. Paul Feyerabend provê a exceção que confirma a regra. Negando a existência de um vocabulário adequado a relatos observacionais neutros, conclui imediatamente pela irracionalidade intrínseca da escolha de teorias.

Essa conclusão é por certo "pickwickiana". Nenhum processo essencial ao desenvolvimento científico pode ser rotulado de "irracional" sem que se cometa enorme violência ao sentido do termo. É uma sorte, portanto, que a conclusão seja desnecessária. Pode-se negar, como Feyerabend e eu o fazemos, a existência de uma linguagem observacional compartilhada em sua totalidade por duas teorias e, ainda assim, esperar preservar boas razões para escolher entre elas. Para atingir esse objetivo, contudo, os filósofos da ciência precisarão seguir outros filósofos contemporâneos no exame, numa profundidade até agora sem precedentes, da maneira pela qual a linguagem se ajusta ao mundo, perguntando como os termos se ligam à natureza, como essas ligações são aprendidas e como são transmitidas de uma geração a outra pelos membros de uma comunidade linguística. É porque os paradigmas, em um dos dois sentidos distinguíveis do termo, são fundamentais para minha própria tentativa de responder a perguntas desse tipo, que eles precisam também encontrar um lugar neste ensaio.

Metodologia: o papel da história e da sociologia

Algumas dúvidas a respeito da propriedade de meus métodos para minhas conclusões unem muitos ensaios deste volume. A história e a psicologia social, afirmam meus críticos, não são uma base apropriada para conclusões filosóficas. Suas reservas, contudo, não são todas do mesmo tipo. Considerarei, portanto, *seriatim*, as formas um tanto diferentes que tomam nos ensaios escritos por sir Karl, Watkins, Feyerabend e Lakatos.

Sir Karl conclui seu artigo assinalando que, para ele, "a ideia de recorrer à sociologia ou psicologia (ou [...] à história da ciência) para obter esclarecimentos a respeito dos objetivos da ciência, e de seu possível progresso, é surpreendente e desapontadora [...] como", pergunta ele, "pode o retorno a essas ciências frequentemente espúrias ajudar-nos nessa dificuldade particular?"[6] Pergunto-me qual o propósito desses reparos, pois acho que não há diferenças, nessa área, entre mim e sir Karl. Se, por um lado, ele quer dizer que as generalizações que constituem as teorias aceitas na sociologia e na psicologia (e na história?) são fios muitos fracos para que com eles se teça uma filosofia da ciência, eu não poderia concordar mais entusiasticamente. Nem meu trabalho nem o dele se baseiam nelas. Se, por outro lado, ele está questionando a relevância para a filosofia da ciência dos tipos de observação coletados por historiadores e sociólogos, pergunto-me como deve ser entendida a sua própria obra. Seus escritos estão repletos de exemplos históricos e de generalizações a respeito do comportamento científico, alguns deles discutidos em meu ensaio anterior. Ele escreve, de fato, sobre temas históricos e cita esses artigos em suas principais obras filosóficas. Um interesse sólido por problemas históricos e uma disposição em se empenhar em pesquisas históricas originais distinguem os indivíduos que ele instruiu dos membros de qualquer outra escola atual de filosofia da ciência. Nesses assuntos, sou um popperiano impenitente.

John Watkins expressa um tipo diferente de dúvida. No início de seu artigo, ele escreve que "a metodologia [...] diz mais respeito à ciência no que ela tem de melhor, ou à ciência tal como deveria ser conduzida, do que à ciência vulgar",[7] um ponto com o qual, ao menos numa formulação

---

6 Popper, op. cit., p.57-8.
7 Watkins, Against "Normal Science". In: Lakatos; Musgrave (Eds.), op. cit., p.27.

mais cuidadosa, concordo inteiramente. Mais adiante, afirma que o que eu chamei de ciência normal é ciência vulgar, e pergunta então por que estou tão "preocupado em valorizar a ciência normal e desvalorizar a ciência extraordinária".[8] Na medida em que essa questão diz respeito à ciência normal em particular, reservo minha resposta para mais tarde (ponto em que tentarei também deslindar a extraordinária distorção de minha posição feita por Watkins). Não obstante, Watkins também parece fazer uma pergunta mais geral, que se relaciona intimamente com uma questão formulada por Feyerabend. Ambos concedem, ao menos em princípio, que os cientistas se comportam como afirmei que o fazem (considerarei mais adiante as restrições que eles fazem a essa concessão). E perguntam: Por que deveria o filósofo ou o metodólogo levar os fatos a sério? Ele está preocupado, afinal de contas, não com uma descrição completa da ciência, mas com a descoberta dos elementos essenciais desse empreendimento, ou seja, com a reconstrução racional. Com que direito, e baseado em que critérios, o observador/ historiador ou observador/sociólogo diz ao filósofo quais fatos da vida científica este precisa incluir em sua reconstrução, e quais pode ignorar?

A fim de evitar longas reflexões sobre a filosofia da história e da sociologia, restrinjo-me a uma resposta pessoal. Não estou menos preocupado com a reconstrução racional, com a descoberta dos elementos essenciais, do que os filósofos da ciência. Meu objetivo, também, é uma compreensão da ciência, das razões de sua particular eficácia, do estatuto cognitivo de suas teorias. Ao contrário, porém, da maioria dos filósofos da ciência, comecei como um historiador da ciência, examinando atentamente os fatos da vida científica. Tendo descoberto, no decorrer do processo, que muito comportamento científico, até mesmo o dos maiores cientistas, infringia persistentemente cânones metodológicos aceitos, tive de questionar por que essa falta de conformidade com eles não parecia, de modo algum, tolher o êxito do empreendimento. Quando descobri, mais tarde, que uma visão alterada da natureza da ciência transformava o que tinha parecido, antes, comportamento aberrante numa parte essencial de uma explicação do êxito da ciência, essa descoberta foi uma fonte de confiança na nova explicação. Meu critério para enfatizar qualquer aspecto particular do comportamento científico, portanto, não é simplesmente que ele ocorre, nem simplesmente

---

8 Ibid., p.31.

que ocorre com frequência, mas sim que se ajusta a uma teoria do conhecimento científico. Ao inverso, minha confiança nessa teoria deriva de sua capacidade de conferir um sentido coerente a muitos fatos que, segundo uma concepção mais antiga, haviam sido aberrantes ou irrelevantes. Os leitores observarão uma circularidade no argumento, mas não é viciosa, e sua presença, de modo algum, distingue minha concepção da dos meus críticos presentes. Aqui, também, estou me comportando como eles.

Que meus critérios para discriminar entre os elementos essenciais e não essenciais do comportamento científico observado sejam, em grande medida, teóricos fornece também uma resposta ao que Feyerabend denomina a ambiguidade de minha apresentação. Devem as observações de Kuhn a respeito do desenvolvimento científico, pergunta ele, ser lidas como descrições ou prescrições?[9] A resposta, é claro, é que devem ser lidas de ambas as maneiras ao mesmo tempo. Se tenho uma teoria de como e por que a ciência funciona, ela tem necessariamente de ter implicações para o modo como os cientistas devem comportar-se para que seu empreendimento floresça. A estrutura de meu argumento é simples e, penso, irrepreensível: os cientistas comportam-se de tais ou quais maneiras; esses modos de comportamento têm (aqui entra a teoria) tais funções essenciais; na ausência de um modo alternativo *que sirva a funções similares*, os cientistas devem comportar-se essencialmente como se comportam quando sua preocupação é aprimorar o conhecimento científico.

Note-se que nada nesse argumento estabelece o valor da própria ciência, e que a "defesa do hedonismo" de Feyerabend[10] é, em correspondência a ele, irrelevante. Em parte por terem interpretado erroneamente minha prescrição (um ponto ao qual retornarei), tanto sir Karl como Feyerabend encontram uma ameaça no empreendimento que descrevi. É "capaz de corromper nosso entendimento e diminuir nosso prazer";[11] é "um perigo [...] de fato para a nossa civilização".[12] Não sou induzido a essa avaliação, e

---

9 Feyerabend, Consolations for the Specialist. In: Lakatos; Musgrave (Eds.), op. cit., p.198. Para um exame bem mais profundo e cuidadoso de alguns contextos nos quais o descritivo e o normativo se fundem, ver Cavell, Must We Mean What We Say?. In: *Must We Mean What We Say?*, p.1-42.

10 Feyerabend, op. cit., p.209.

11 Ibid.

12 Popper, op. cit., p.53.

nem o são muitos de meus leitores, mas nada em meu argumento depende de que esteja errada. Explicar por que um empreendimento funciona não significa aprová-lo nem desaprová-lo.

O artigo de Lakatos levanta um quarto problema, o mais fundamental de todos, a respeito do método. Já confessei minha incapacidade de compreender o que ele quer dizer quando afirma coisas como "o referencial conceitual de Kuhn [...] é sociopsicológico: o meu é normativo". Se perguntarmos, contudo, não o que ele pretende, mas por que considera apropriado esse tipo de retórica, emerge um ponto importante, ponto que está quase explícito no primeiro parágrafo de sua seção 4. Alguns dos princípios empregados em minha explicação da ciência são irredutivelmente sociológicos, ao menos por ora. Em particular, confrontada com o problema da escolha de teorias, a estrutura de minha resposta é mais ou menos a seguinte: tome um *grupo* das pessoas disponíveis mais capazes, com a motivação mais apropriada; treine-as em alguma ciência e nas especialidades relevantes para a escolha em questão; impregne-as do sistema de valores, da ideologia corrente em sua disciplina (e, em grande medida, também corrente em outros campos científicos); e, finalmente, *deixe que elas façam a escolha*. Se essa técnica não explicar o desenvolvimento científico como o conhecemos, nenhuma outra o fará. Não pode haver nenhum conjunto adequado de regras de escolha para ditar o comportamento *individual* desejado nos casos concretos que os cientistas vão encontrar no decurso de suas carreiras. Seja lá o que for o progresso científico, temos de explicá-lo examinando a natureza do grupo científico, descobrindo o que ele valoriza, o que tolera e o que desdenha.

Essa posição é intrinsecamente sociológica e, como tal, se afasta de modo significativo dos cânones de explicação licenciados pelas tradições que Lakatos rotula de justificacionismo e falseacionismo, tanto o dogmático quanto o ingênuo. Vou especificá-la mais, posteriormente, e defendê-la. Nesse momento, contudo, minha preocupação é restrita a sua estrutura, a qual tanto Lakatos como sir Karl acham, de saída, inaceitável. Minha pergunta é: por que deveriam chegar a essa conclusão? Ambos empregam, repetidamente, argumentos da mesma estrutura.

Sir Karl, é verdade, não faz isso o tempo todo. Aquela parte de seu ensaio que busca um algoritmo pra a verossimilhança, se bem-sucedida, eliminaria toda a necessidade de um recurso a valores de grupo, a juízos emitidos por mentes preparadas de determinada maneira. Mas, como assinalei ao final de meu ensaio anterior, há muitas passagens, ao longo dos escritos de sir Karl, que podem apenas ser lidas como descrições dos valores e das atitudes que os cientistas devem assumir, em tempos de crise, para ter êxito em fazer progredir seu empreendimento. O falseacionismo sofisticado de Lakatos vai ainda mais longe. Em todos os aspectos, com exceção de uns poucos, dos quais apenas dois são essenciais, sua posição encontra-se agora muito próxima da minha. Entre os aspectos a cujo respeito concordamos, embora ele ainda não tenha se dado conta disso, está nosso emprego comum de princípios explicativos cuja estrutura é, em última instância, sociológica ou ideológica.

O falseacionismo sofisticado de Lakatos isola várias questões a cujo respeito os cientistas que empregam o método precisam tomar decisões, individual ou coletivamente. (Desconfio do termo "decisão" nesse contexto, visto que ele implica uma deliberação consciente sobre cada questão antes de ser adotada numa atitude de pesquisa. Por enquanto, contudo, vou usá-lo. Até a última seção deste artigo, muito pouco dependerá da distinção entre tomar uma decisão e encontrar-se na situação decorrente de tê-la tomado.) Os cientistas precisam, por exemplo, *decidir* quais enunciados deverão ser tornados "não falseáveis por decreto" e quais não.[13] Ou, lidando com uma teoria probabilística, precisam *decidir* sobre um limiar de probabilidade abaixo do qual a evidência estatística será considerada "inconsistente" com essa teoria.[14] Acima de tudo, vendo as teorias como programas de pesquisa a ser avaliados ao longo do tempo, os cientistas precisam *decidir* se determinado programa, em determinado momento, é "progressivo" (e, por isso, científico) ou "degenerativo" (e, por isso, pseudocientífico).[15] No primeiro caso, deverá ser mantido; no segundo, rejeitado.

Note-se, agora, que a exigência por decisões como essas pode ser interpretada de duas maneiras. Pode ser considerada como se nomeasse ou descrevesse pontos de decisão para os quais ainda precisam ser fornecidos procedimentos aplicáveis em casos concretos. Nessa interpretação, Lakatos ainda tem de nos dizer como os cientistas devem selecionar os enunciados particulares que deverão ser não falseáveis por decreto; além disso, também

---

13 Lakatos, op. cit., p.106.
14 Ibid., p.109.
15 Ibid., p.118 et seq.

precisa especificar critérios que possam ser usados na ocasião para distinguir um programa de pesquisa degenerativo de um progressivo, e assim por diante. Caso contrário, ainda não nos disse nada. Alternativamente, suas observações sobre a necessidade de decisões particulares podem ser interpretadas como descrições já completas (pelo menos na forma, já que seu conteúdo particular pode ser preliminar) de diretrizes, ou de máximas, às quais o cientista deve obedecer. Nessa interpretação, a terceira diretriz de decisão estabeleceria: "Como cientista, você não pode abster-se de decidir se seu programa de pesquisa é progressivo ou degenerativo, mas tem de arcar com as consequências de sua decisão, abandonando o programa em um caso, continuando-o em outro". Correspondentemente a isso, a segunda diretriz diria: "Ao trabalhar com uma teoria probabilística, você pergunta-se constantemente se o resultado de algum experimento particular não é tão improvável a ponto de ser inconsistente com a sua teoria, e precisa, como cientista, responder também". Por fim, a primeira diretriz diria: "Como cientista, você terá de assumir riscos, escolhendo certos enunciados como base de seu trabalho e ignorando, pelo menos até que seu programa de pesquisa tenha se desenvolvido, todos os ataques reais e potenciais dirigidos contra eles".

A segunda interpretação, é claro, é bem mais fraca que a primeira. Ela demanda as mesmas decisões, mas não fornece, nem promete fornecer, regras que ditariam seus resultados. Em vez disso, associa essas decisões mais a juízos de valor (um assunto a respeito do qual terei mais a dizer) do que a mensurações ou computações, digamos, de pesos. Não obstante, concebidas como meros imperativos que obrigam o cientista a tomar certos tipos de decisão, essas diretrizes são fortes o suficiente para afetar profundamente o desenvolvimento científico. Um grupo cujos membros não sentissem nenhuma obrigação de lidar com tais decisões (mas que, em vez disso, enfatizassem outras, ou nenhuma delas) iria se comportar de maneira notadamente diferente, e sua disciplina se modificaria de acordo com isso. Embora a discussão que Lakatos dedica a suas diretrizes de decisão seja, muitas vezes, dúbia, acredito que sua metodologia depende justamente desse segundo tipo de eficácia. Ele com certeza pouco faz para especificar algoritmos por meio dos quais sejam tomadas as decisões que exige, e o teor de sua discussão dos falseacionismos ingênuo e dogmático sugere que ele não pensa mais que tal especificação seja possível. Nesse caso, contudo, seus imperativos de decisão são idênticos aos meus próprios na forma, embora nem sempre no conteúdo. Eles especificam compromissos ideológicos que os cientistas precisam compartilhar para que seu empreendimento tenha sucesso. São, portanto, irredutivelmente sociológicos no mesmo sentido e na mesma extensão que meus princípios explicativos.

Nessas circunstâncias, não sei ao certo o que Lakatos está criticando, nem sobre o que, nessa área, pensa discordamos. Uma estranha nota de rodapé, mais ao final de seu artigo, pode, contudo, fornecer uma pista:

> Há *duas espécies de filosofias psicologistas da ciência*. De acordo com uma espécie, não pode haver filosofia da ciência: apenas uma psicologia de cientistas individuais. De acordo com a outra espécie, há uma psicologia da mente "científica", "ideal" ou "normal": isso transforma a filosofia da ciência numa psicologia dessa mente ideal [...] Kuhn não parece ter notado essa distinção.[16]

Se o compreendo corretamente, Lakatos identifica a mim a primeira espécie de filosofia psicologista da ciência; a segunda, a si mesmo. Mas ele está me compreendendo mal. Não estamos tão distantes um do outro quanto sua descrição sugere e, naquilo em que de fato diferimos, sua posição literal exigiria uma renúncia a nossa meta comum.

Parte do que Lakatos rejeita são explicações que exigem recurso aos fatores que individualizam cientistas particulares ("a psicologia do cientista individual" *versus* "a psicologia da [...] mente 'normal'"). Mas isso não nos separa. Tenho lançado mão apenas da psicologia social (prefiro "sociologia"), um campo bastante diferente de uma psicologia individual multiplicada *n* vezes. Em correspondência a isso, minha unidade para propósitos de explicação é o grupo científico normal (isto é, não patológico), levando-se em conta o fato de que seus membros diferem, mas não naquilo que faz único qualquer indivíduo dado. Além disso, Lakatos gostaria de rejeitar até aquelas características das mentes científicas normais que fazem delas as mentes de seres humanos. Aparentemente, ele não vê nenhuma outra maneira de reter a metodologia de uma ciência ideal ao explicar o êxito observado da ciência real. Mas sua maneira não vai servir se ele espera explicar uma atividade praticada por pessoas. Não há mentes ideais, e a "psicologia dessa mente ideal", portanto, não está disponível como base de explicação. Nem a maneira pela qual Lakatos introduz o ideal é necessária para alcançar seu objetivo. Ideais compartilhados afetam o comportamento

---

16 Ibid., p.180, n.3.

sem tornar ideais aqueles que os nutrem. O tipo de pergunta que faço tem sido, portanto: como irá uma determinada constelação de crenças, valores e imperativos afetar o comportamento de um grupo? Minhas explicações decorrem da resposta. Não estou certo de que Lakatos não queira dizer alguma outra coisa, mas, se não quer, não há nada nessa área a cujo respeito possamos discordar.

Tendo interpretado de forma errônea a base sociológica de minha posição, Lakatos e meus outros críticos inevitavelmente deixam de notar um aspecto especial decorrente de tomar como unidade o grupo normal em vez da mente normal. Dado um algoritmo compartilhado apropriado, digamos, à escolha individual entre teorias concorrentes ou à identificação de uma grave anomalia, todos os membros de um grupo científico chegarão à mesma decisão. Esse seria o caso ainda que o algoritmo fosse probabilístico, pois todos os que o usassem avaliariam a evidência da mesma maneira. Os efeitos de uma ideologia compartilhada, contudo, são menos uniformes, pois seu modo de aplicação é de um tipo diferente. Dado um grupo cujos membros estão todos comprometidos a escolher entre teorias alternativas e, também, a considerar valores tais como exatidão, simplicidade, alcance etc. enquanto fazem sua escolha, as decisões concretas de membros individuais em casos individuais irão, contudo, variar. O comportamento do grupo será decisivamente afetado pelos compromissos compartilhados, mas a escolha individual será uma função também da personalidade, da educação e do padrão anterior de pesquisa profissional. (Essas variáveis *são* o domínio da psicologia individual.) Para muitos de meus críticos, essa variabilidade aparenta ser uma fraqueza de minha posição. Quando considerar, contudo, os problemas relativos à crise e à escolha de teorias, argumentarei que é, ao contrário, uma força. Se uma decisão precisa ser tomada em circunstâncias nas quais até mesmo o juízo mais deliberado e ponderado pode estar errado, talvez seja vitalmente importante que indivíduos diferentes decidam de maneiras diferentes. De que outra forma poderia o grupo, como um todo, minimizar os riscos de suas apostas?[17]

---

17 Se não estivesse em questão a motivação humana, o mesmo efeito poderia ser obtido primeiro computando-se uma probabilidade e, depois, *atribuindo* certa fração do total dos membros da profissão a cada uma das teorias concorrentes – a fração exata dependeria do resultado da computação probabilística. De algum modo, essa alternativa prova meu ponto de vista por *reductio ad absurdum*.

Ciências normal: sua natureza e suas funções

No que diz respeito aos métodos, então, os que emprego não são significativamente diferentes daqueles de meus críticos popperianos. Aplicando esses métodos, é claro, obtemos conclusões um tanto diferentes, mas nem elas se encontram tão distantes uma da outra como acreditam vários de meus críticos. Em particular, todos nós, exceto Toulmin, compartilhamos a convicção de que os episódios fundamentais do progresso científico – os episódios que fazem o jogo merecer ser jogado e o jogar merecer ser estudado – são as revoluções. Watkins está construindo um oponente imaginário ao me descrever como tendo "desvalorizado" as revoluções científicas e sentido uma "aversão filosófica" a elas, ou sugerido que elas "dificilmente podem ser chamadas de ciência".[18] Foi a descoberta da natureza enigmática das revoluções o que me trouxe, em primeiro lugar, à história e à filosofia da ciência. Quase tudo o que escrevi desde então trata delas, fato que Watkins assinala e depois ignora.

No entanto, se concordamos a respeito de tudo isso, não podemos discordar completamente acerca da ciência normal, o aspecto de minha obra que mais perturba meus críticos presentes. Por sua natureza, as revoluções não podem constituir o todo da ciência: necessariamente, alguma coisa diferente deve intercalar-se entre elas. Sir Karl estabelece esse ponto de maneira admirável. Enfatizando o que sempre reconheci como uma de nossas principais áreas de concordância, ele acentua que "os cientistas *necessariamente* desenvolvem suas ideias dentro de um referencial teórico definido".[19] Além disso, tanto para ele como para mim, as revoluções exigem tais referenciais, uma vez que sempre envolvem a rejeição e a substituição de um referencial ou de algumas de suas partes integrantes. Uma vez que a ciência que chamo de normal é, precisamente, a pesquisa dentro de um referencial, ela pode ser apenas o reverso de uma moeda cujo anverso são as revoluções. Não admira que sir Karl tenha estado "vagamente ciente da distinção" entre ciência normal e revoluções.[20] Tal distinção decorre de suas premissas.

---

18 Watkins, op. cit., p.31-2, 29.
19 Popper, op. cit., p.51; o grifo é meu. (A menos que explicitamente mencionado, todas as passagens grifadas nas citações feitas neste artigo estão nos originais.)
20 Ibid., p.52.

Entretanto, há algo mais que decorre dessas premissas. Se os referenciais são necessários para os cientistas, se romper com um é inevitavelmente adotar outro – pontos que sir Karl explicitamente assume –, então a influência de um referencial sobre a mente de um cientista talvez não possa ser explicada *meramente* como o resultado de ter sido ele "mal ensinado, [...] uma vítima de doutrinação".[21] E talvez também não possa, como supõe Watkins, ser explicada *inteiramente* por referência ao predomínio de mentes de terceira categoria, aptas apenas a um trabalho "laborioso, não crítico".[22] Essas coisas existem mesmo, e a maioria delas é prejudicial. Não obstante, se os referenciais são o pré-requisito da pesquisa, seu domínio sobre a mente não é meramente "pickwickiano", nem pode estar inteiramente correto dizer que, "se tentarmos, poderemos escapar de nosso referencial a qualquer momento".[23] Ser, ao mesmo tempo, essencial e prescindível à vontade é quase que uma autocontradição. Meus críticos tornam-se incoerentes quando a adotam.

Nada disso é mencionado num esforço para mostrar que meus críticos realmente concordam comigo, ainda que não o saibam. Eles não concordam! O que estou tentando fazer é descobrir, pela eliminação de irrelevâncias, a respeito do que é que nós discordamos. Sustentei até agora que a expressão de sir Karl "revoluções permanentes", tanto quanto "círculo quadrado", não descreve um fenômeno que poderia existir. É preciso viver com os referenciais, e explorá-los, antes de poder rompê-los. Mas isso não implica que os cientistas não devam ter como objetivo um perpétuo rompimento de referenciais, não importa quão inatingível seja essa meta. "Revoluções permanentes" poderia ser o nome de um importante imperativo ideológico. Se sir Karl e eu temos alguma discordância a respeito da ciência normal, ela reside nesse ponto. Ele e seu grupo sustentam que o cientista deveria tentar, sempre, ser um crítico e um proliferador de teorias alternativas. Insisto na desejabilidade de uma estratégia alternativa que reserve tal comportamento para ocasiões especiais.

Esse desacordo, estando restrito à estratégia de pesquisa, já é mais limitado do que aquele imaginado por meus críticos. Para ver o que está

---

21 Ibid., p.53.
22 Watkins, op. cit., p.32.
23 Popper, op. cit., p.56.

em jogo, é preciso restringi-lo ainda mais. Tudo o que foi dito até agora, embora enunciado para a ciência e para os cientistas, aplica-se igualmente a vários outros campos. Minha prescrição metodológica, contudo, é dirigida exclusivamente às ciências e, entre elas, àqueles campos que exibem o padrão especial de desenvolvimento conhecido como progresso. Sir Karl apreende acuradamente a distinção que tenho em mente. No início de seu artigo, ele escreve: "'Um cientistas empenhado numa pesquisa [...] pode ir imediatamente ao âmago de [...] um referencial organizado [...] [e de] uma situação-problema geralmente aceita [...] [deixando] a outros o ajuste de sua contribuição à estrutura [*framework*] do conhecimento científico.' [...] o filósofo", continua ele, "encontra-se numa posição diferente".[24] Não obstante, tendo apontado para essa diferença, sir Karl depois disso a ignora, recomendando a mesma estratégia tanto para cientistas quanto para filósofos. No processo, não nota as consequências, para o perfil da pesquisa, do detalhe e precisão especiais com que, como ele diz, o referencial de uma ciência madura informa a seus praticantes o que fazer. Na ausência dessa orientação detalhada, a estratégia crítica de sir Karl parece-me ser a melhor disponível. Ela não produzirá o padrão especial de desenvolvimento que caracteriza, digamos, a física, mas tampouco o fará qualquer outra prescrição metodológica. Dado, entretanto, um referencial que forneça, de fato, tal orientação, pretendo, sim, que minhas recomendações metodológicas se apliquem a ele.

Consideremos, por um momento, a evolução da filosofia ou das artes desde o final do Renascimento. Esses são campos frequentemente contrapostos às ciências estabelecidas como campos que não progridem. Esse contraste não pode decorrer da ausência de revoluções ou de um modo intermediário de prática normal. Ao contrário, muito antes de ter sido notada a estrutura similar do desenvolvimento científico, os historiadores retrataram esses campos como se eles se desenvolvessem por meio de uma sucessão de tradições entremeadas de alterações revolucionárias de estilo e gosto artísticos ou de pontos de vista e objetivos filosóficos. Tampouco pode o contraste decorrer da ausência, na filosofia e nas artes, de uma metodologia

24 Ibid., p.51. Os leitores que conhecem meu livro *A estrutura das revoluções científicas* ([1962] 1978) reconhecerão com que justeza a expressão de sir Karl "deixando a outros o ajuste de sua contribuição à estrutura [*framework*] do conhecimento científico" capta as implicações essenciais de minha descrição da ciência normal.

popperiana. Como a srta. Masterman observa no respeitante à filosofia,[25] esses são justamente os campos nos quais ela está mais bem exemplificada, nos quais os praticantes acham sufocante a tradição vigente, nos quais lutam para romper com ela e nos quais normalmente procuram um estilo ou um ponto de vista próprio. Nas artes, em particular, o trabalho daqueles que não têm sucesso em inovar é descrito como "derivativo", um termo depreciativo significativamente ausente do discurso científico, o qual, por sua vez, faz repetida referência a "modas". Em nenhum desses campos, quer nas artes quer na filosofia, o profissional que não consegue alterar a prática tradicional tem um impacto significativo no desenvolvimento da disciplina.[26] Esses são, em resumo, os campos para os quais o método de sir Karl é essencial, porque, sem uma crítica constante e sem a proliferação de novos modos de prática, não haveria revoluções. Substituir a metodologia de sir Karl pela minha própria produziria estagnação precisamente pelas razões que meus críticos sublinham. Em nenhum sentido óbvio, contudo, a metodologia por ele proposta é geradora de progresso. A relação entre a prática pré-revolucionária e a pós-revolucionária nesses campos não é a que aprendemos a esperar das ciências desenvolvidas.

Meus críticos sugerirão que as razões para essa diferença são óbvias. Campos tais como a filosofia e as artes não têm a pretensão de ser ciências, nem satisfazem o critério de demarcação de Sir Karl. Ou seja, não geram resultados que possam, em princípio, ser testados por meio de uma comparação ponto por ponto com a natureza. Mas esse argumento parece-me equivocado. Sem satisfazer o critério de sir Karl, esses campos não poderiam ser ciências, mas poderiam, apesar disso, progredir como fazem as ciências. Na Antiguidade e durante o Renascimento, as artes, mais do que as ciências, forneciam os paradigmas aceitos de progresso.[27] Poucos filósofos encontram razões de princípio pelas quais seu campo não deva progredir constantemente, embora muitos lastimem o fracasso de tal

---

25 Masterman, The Nature of a Paradigm. In: Lakatos; Musgrave (Eds.), op. cit., p.69 et seq.

26 Para uma discussão mais extensa das diferenças entre comunidades científicas e artísticas, e entre os padrões correspondentes de desenvolvimento, ver meu "Comment" [on the Relations of Science and Art], *Comparative Studies in Society and History*, v.11, p.403-12, 1969; reimpresso como Comment on the Relations of Science and Art. In: *The Essential Tension*, p.340-51.

27 Gombrich, *Art and Illusion: A Study in the Psychology of Pictorial Representation*, p.11 et seq.

campo em progredir. Em todo caso, há muitas áreas – vou chamá-las de protociências – nas quais a prática gera conclusões testáveis mas que, não obstante, assemelham-se mais, em seus padrões de desenvolvimento, com a filosofia e as artes do que com as ciências estabelecidas. Penso, por exemplo, em campos tais como a química e a eletricidade antes de meados do século XVIII, no estudo da hereditariedade e da filogenia antes de meados do século XIX, ou, atualmente, em muitas das ciências sociais. Também nesses campos, embora satisfaçam o critério de demarcação de sir Karl, a crítica incessante e o esforço continuado para um novo começo são forças fundamentais, e precisam sê-lo. No entanto, como na filosofia e nas artes, não resultam em progresso nítido.

Concluo, em resumo, que as protociências, como as artes e a filosofia, carecem de algum elemento que, nas ciências maduras, permite as formas mais óbvias de progresso. Tal elemento, contudo, não é algo que possa ser suprido por uma prescrição metodológica. Diferentemente de meus críticos presentes, incluindo-se agora Lakatos, não reivindico nenhuma terapia para auxiliar a transformação de uma protociência em uma ciência, nem suponho que algo desse tipo possa ser obtido. Se, como sugere Feyerabend, alguns cientistas sociais tomam de mim a ideia de que podem melhorar o estatuto de seu campo primeiro legislando um acordo a respeito de elementos fundamentais e, depois, passando à solução de quebra-cabeças, estão interpretando meu ponto de vista de maneira muito errada.[28] Uma sentença que usei certa vez ao discutir a eficácia especial das teorias matemáticas é aqui também aplicável: "Como acontece no desenvolvimento individual, acontece também no grupo científico: a maturidade certamente chega para os que sabem esperar."[29] Felizmente, embora nenhuma prescrição a force, a transição para a maturidade de fato chega a muitos campos, e vale a pena esperar por ela e lutar para atingi-la. Cada uma das ciências hoje estabelecidas emergiu de um ramo anteriormente mais especulativo da filosofia natural, da medicina ou dos ofícios, em algum período, mais ou menos bem definido, do passado. Outros campos, com certeza, experimentarão a mesma transição no futuro. Apenas depois que uma transição desse tipo

---

28 Feyerabend, op. cit., p.198. Note-se, contudo, que a passagem citada por Feyerabend na nota 3 não diz, de modo algum, o que ele relata.

29 Kuhn, The Function of Measurement in Modern Physical Science, *Isis*, v.52, p.190, 1962.

ocorre, o progresso torna-se característica óbvia de um campo. É só então que entram em ação prescrições que advogo e que meus críticos censuram.

Sobre a natureza dessa mudança escrevi extensamente na *Estrutura* e, de maneira mais sucinta, ao discutir critérios de demarcação em minha contribuição anterior para este volume. Aqui vou me contentar com um resumo descritivo abstrato. Antes, limitemos a atenção a campos que visam explicar detalhadamente algum domínio de fenômenos naturais. (Se, como assinalam meus críticos, minha descrição adicional também se ajusta à teologia e aos assaltos a bancos, isso não suscita nenhum problema.) Um tal campo obtém a maturidade, pela primeira vez, quando está munido de teoria e técnica que satisfazem as quatro condições seguintes. Em primeiro lugar, o critério de demarcação de sir Karl, sem o qual nenhum campo é, potencialmente, uma ciência: para certo domínio de fenômenos naturais, predições concretas têm de emergir da prática do campo. Em segundo lugar, para alguma subclasse interessante de fenômenos, o que quer que passe por sucesso preditivo precisa ser consistentemente alcançado. (A astronomia ptolemaica sempre predisse a posição dos planetas dentro de limites de erro amplamente reconhecidos. A tradição astrológica associada não podia, excetuando-se as marés e o ciclo menstrual médio, especificar de antemão qual predição seria bem-sucedida e qual falharia.) Em terceiro lugar, as técnicas preditivas precisam ter raízes em uma teoria que, embora metafísica, simultaneamente as justifique, explique seu sucesso limitado e sugira meios para melhorá-las tanto na precisão quanto na abrangência. Por fim, o aperfeiçoamento de uma técnica preditiva precisa ser uma tarefa desafiadora, exigindo, por vezes, o mais alto grau de talento e dedicação.

Essas condições, é claro, são equivalentes à descrição de uma boa teoria científica. No entanto, uma vez que se abandonem as esperanças de uma prescrição terapêutica, não há razão para esperar menos que isso. Tenho afirmado – e esse é meu único desacordo genuíno com sir Karl a respeito da ciência normal – que, tendo à mão uma tal teoria, já se passou o tempo para a crítica constante e a proliferação de teorias. Os cientistas têm, pela primeira vez, uma alternativa que não é mera imitação do que aconteceu antes. Eles podem, em vez disso, aplicar seus talentos aos quebra-cabeças que se encontram no que Lakatos agora denomina "cinturão protetor". Um de seus objetivos, então, é estender a abrangência e a precisão dos experimentos e da teoria existentes, bem como melhorar o ajuste entre eles. O outro objetivo é eliminar conflitos tanto entre as diferentes teorias empregadas em seu trabalho quanto entre os modos pelos quais uma única teoria é usada em diferentes aplicações. (Watkins tem razão, penso agora, em acusar meu livro de dar um papel muito pequeno a esses quebra-cabeças interteóricos e intrateóricos, mas a tentativa de Lakatos de reduzir a ciência à matemática, não deixando nenhum papel significativo para a experimentação, vai decididamente longe demais. Ele não poderia, por exemplo, ainda estar enganado a respeito da irrelevância da fórmula de Balmer para o desenvolvimento do modelo atômico de Bohr.)[30] Tais quebra-cabeças, bem como outros semelhantes, constituem a atividade principal da ciência normal. Embora eu não possa aqui argumentar mais uma vez sobre esse ponto, eles não são, contrariamente à opinião de Watkins, para praticantes vulgares, nem se assemelham, ao contrário do que pensa sir Karl, aos problemas da ciência aplicada e da engenharia. É claro que os indivíduos fascinados por eles são de uma linhagem especial, mas filósofos e artistas também o são.

Contudo, mesmo munidos de uma teoria que admita a ciência normal, os cientistas não precisam ocupar-se dos quebra-cabeças que ela fornece. Em vez disso, poderiam comportar-se como os praticantes das protociências, ou seja, poderiam procurar pontos fracos potenciais, dos quais há sempre um grande número, e tentar erigir teorias alternativas em torno deles. A maioria de meus críticos presentes acredita que os cientistas devem fazê-lo. Discordo, mas apenas por razões estratégicas. De um modo que particularmente lamento, Feyerabend exibe de mim uma imagem errônea quando afirma, por exemplo, que "critiquei Bohm por ter perturbado a uniformidade da teoria quântica contemporânea".[31] Deve ser difícil reconciliar minha fama de encrenqueiro com essa afirmação. De fato, confessei a Feyerabend que compartilhava do descontentamento de Bohm, mas pensava que sua atenção exclusiva a isso quase certamente fracassaria. Não era plausível, sustentei, que alguém resolvesse os paradoxos da teoria quântica se não pudesse relacioná-los com algum quebra-cabeça técnico concreto

---

30 Lakatos, op. cit., p.147. Essa atitude para com o papel da experimentação é encontrada em boa parte do artigo de Lakatos. Para o papel real da fórmula de Balmer na obra de Bohr, ver Heilbron; Kuhn, The Genesis of the Bohr Atom, *Historical Studies in the Physical Sciences*, v.1, p.211-90, 1969.

31 Feyerabend, op. cit., p.206. Uma resposta implícita ao contraste com que Feyerabend traça minhas atitudes com relação a Bohm e Einstein como críticos será encontrada mais adiante.

da física atual. Nas ciências desenvolvidas, ao contrário do que ocorre na filosofia, são os quebra-cabeças técnicos que fornecem a ocasião usual e, com frequência, os materiais concretos para a revolução. Sua presença, junto com a informação e os sinais que proporcionam é, em grande parte, responsável pela natureza especial do progresso científico. Porque podem, ordinariamente, assumir como dada a teoria corrente, explorando-a em vez de criticá-la, os praticantes das ciências maduras estão livres para explorar a natureza até uma profundidade e minúcia esotéricas de outra forma inimagináveis. Porque essa exploração acabará isolando graves pontos de perturbação, podem confiar em que o exercício da ciência normal irá informá-los sobre onde e quando poderão mais proveitosamente tornar-se críticos popperianos. Até mesmo nas ciências desenvolvidas há um papel essencial para a metodologia de sir Karl. É a estratégia apropriada para aquelas ocasiões em que algo dá errado com a ciência normal, quando a disciplina se depara com uma crise.

Discuti esses pontos extensamente em outro lugar e não vou desenvolvê-los aqui. Permitam-me, em vez disso, concluir esta seção retornando à generalização com a qual a comecei. Apesar da energia e do espaço que meus críticos dedicaram a ela, não creio que a posição que acabo de esboçar divirja demasiadamente da de sir Karl. No tocante a esse conjunto de questões, nossas diferenças referem-se a nuanças. Sustento que, nas ciências desenvolvidas, as ocasiões para a crítica não precisam ser deliberadamente procuradas, nem devem sê-lo pela maioria dos praticantes. Ao serem encontradas, uma moderação adequada é a aconselhável reação imediata. Sir Karl, embora veja a necessidade de defender uma teoria logo que atacada, dá mais ênfase do que eu à busca deliberada de pontos fracos. Não há muito o que escolher entre nós.

Por que é, então, que meus críticos presentes veem aqui nossas diferenças cruciais? Já sugeri uma das razões: a impressão que eles têm – da qual não compartilho, mas que é, em todo caso, irrelevante – de que minha prescrição estratégica infringe uma moralidade mais alta. Uma segunda razão, que discutirei na próxima seção, é sua aparente incapacidade de ver em exemplos históricos as funções detalhadas do colapso da ciência normal ao preparar o palco para as revoluções. Os relatos de caso tratados por Lakatos são, a esse respeito, particularmente interessantes, pois com eles Lakatos descreve, com clareza, a transição da fase progressiva para a fase degenerativa de um programa de pesquisa (a transição da ciência normal para a crise) e depois parece negar a importância crítica do que resulta disso. Nesse ponto, contudo, devo tratar de uma terceira razão. Ela emerge de uma crítica formulada por Watkins, a qual, todavia, serve no presente contexto a um propósito de modo algum pretendido por ele.

"Ao contrário da ideia relativamente clara de testabilidade", escreve Watkins, "a noção de que [a ciência normal] 'deixa de dar suporte adequado a uma tradição de resolução de quebra-cabeças' é essencialmente vaga".[32] Com a acusação de vagueza eu concordo, mas é um erro supor que ela diferencie minha posição da de sir Karl. O que é exato no que diz respeito à posição de sir Karl, como Watkins também assinala, é a ideia da testabilidade em princípio. Nisso eu também acredito, pois nenhuma teoria que não fosse testável *em princípio* poderia funcionar ou deixar de funcionar adequadamente quando aplicada à resolução científica de quebra-cabeças. A despeito da estranha falha de Watkins em perceber isso, levo realmente muito a sério a ideia de sir Karl da assimetria entre falseamento e confirmação. O que é vago, entretanto, a respeito de minha posição são os critérios reais (se isso é o que se requer) a serem aplicados quando se decide se determinado fracasso na resolução de quebra-cabeças deve ou não ser atribuído à teoria fundamental e, assim, tornar-se motivo de profunda preocupação. Essa decisão, contudo, é idêntica em espécie à decisão de se o resultado de determinado teste realmente falseia ou não uma certa teoria, e a respeito desse assunto sir Karl é tão vago quanto eu. A fim de traçar uma distinção entre nós nessa questão, Watkins transfere a clareza da testabilidade-em-princípio para a área obscura da testabilidade-na-prática sem sequer sugerir como deve ser efetuada uma tal transferência. Não se trata de um erro sem precedentes, e isso faz a metodologia de sir Karl parecer mais uma lógica e menos uma ideologia do que realmente é.

Ademais, retornando a um ponto defendido no fim da última seção, é legítimo perguntar se o que Watkins chama de vagueza constitui uma desvantagem. Deve-se ensinar todos os cientistas – é um elemento vital em sua ideologia – a ficar alerta e a saber reagir a um colapso da teoria, seja ele descrito como grave anomalia ou como falseamento. Além disso, é preciso fornecer-lhes exemplos do que se pode esperar que, com suficiente cuida-

---

32 Watkins, op. cit., p.30.

do e habilidade, seja alcançado por suas teorias. Munidos apenas disso, é certo que frequentemente chegarão a ajuizamentos diferentes sobre casos concretos – este enxergando uma causa de crise onde aquele vê apenas evidência de um talento limitado para a pesquisa. Mas chegam, de fato, a ajuizamentos, e a falta de unanimidade entre eles pode ser, então, o que salva sua profissão. A maioria das avaliações de que uma teoria deixou de dar apoio adequado a uma tradição de resolução de quebra-cabeças revela-se falsa. Se todos concordassem em tais avaliações, não restaria ninguém para mostrar de que modo a teoria existente pode explicar a aparente anomalia, como normalmente o faz. Se, por outro lado, ninguém estivesse disposto a assumir o risco e a buscar, por conseguinte, uma teoria alternativa, não haveria nenhuma das transformações revolucionárias de que depende o desenvolvimento científico. Como diz Watkins, "deve haver um nível crítico no qual uma quantidade tolerável de anomalias se transforme numa quantidade intolerável".[33] Mas esse nível não precisa ser o mesmo para todos, e nenhum indivíduo precisa especificar de antemão seu próprio nível de tolerância. Precisa apenas estar certo de possuir um, e ter consciência de alguns tipos de discrepância que o levariam a ele.

Ciência normal: encontrando-a na história

Sustentei até agora que, se há revolução, então é preciso que haja ciência normal. É legítimo, contudo, perguntar se qualquer uma delas existe. Toulmin fez isso, e meus críticos popperianos têm dificuldade em encontrar na história uma ciência normal significativa de cuja existência tenha dependido a ocorrência de revoluções. As perguntas de Toulmin têm especial valor, pois uma resposta a elas me obrigará a enfrentar algumas dificuldades genuínas apresentadas pela *Estrutura* e a modificar, então, minha apresentação original. Infelizmente, contudo, essas dificuldades não são as que Toulmin identifica. Antes que possam ser isoladas, é preciso varrer a poeira que ele espalhou.

Embora tenha havido importantes mudanças em minha posição no decorrer dos sete anos desde que meu livro foi publicado, o recuo de uma

---

33 Ibid.

preocupação com macrorrevoluções para uma concentração em microrrevoluções não está entre elas. Toulmin encontra parte desse recuo contrastando um artigo *lido* em 1961 com um livro *publicado* em 1962.[34] O artigo, entretanto, foi escrito e publicado depois do livro, e sua primeira nota de rodapé especifica a relação que Toulmin inverte. Outra evidência de um recuo é inferida por Toulmin de uma comparação entre o livro e o manuscrito de meu primeiro ensaio neste volume.[35] Todavia, ninguém mais, que eu saiba, nem sequer notou as diferenças que ele sublinha, e o livro, em todo caso, é bem explícito a respeito da centralidade do interesse que Toulmin encontra apenas em minha obra mais recente. Entre as revoluções discutidas no corpo do livro estão, por exemplo, descobertas como a dos raios X e a do planeta Urano. "Reconhecidamente", afirma o prefácio, "a ampliação [do termo 'revolução' a episódios como esse] força o uso habitual. No entanto, continuarei a falar mesmo das descobertas como revolucionárias, porque é justamente a possibilidade de relacionar sua estrutura àquela, digamos, da revolução copernicana, que faz a concepção ampliada me parecer tão importante."[36] Minha preocupação, em suma, nunca foi com as revoluções científicas como "algo que costumou acontecer em determinado ramo da ciência apenas uma vez a cada duzentos anos mais ou menos".[37] Ao contrário, ela foi o tempo todo o que Toulmin agora acredita que se tornou: um tipo pouco estudado de mudança conceitual que ocorre frequentemente na ciência e é fundamental para o seu progresso.

A analogia geológica de Toulmin é de todo apropriada a essa preocupação, mas não do modo como a emprega. Ele enfatiza o aspecto do debate uniformismo/catastrofismo que lidava com a possibilidade de atribuir as catástrofes a causas naturais, e sugere que, depois de ter sido resolvida a questão, "as 'catástrofes' passaram a ser *uniformes* e governadas por leis

---

34 Toulmin, Does the Distinction between Normal and Revolutionary Science Hold Water?. In: Lakatos; Musgrave (Eds.), op. cit., p.39 et seq.

35 Ver também Id., The Evolutionary Development of Natural Science, *American Scientist*, v.55, p.456-71, 1967, especialmente p.471, nota 8. A publicação desse impreciso fuxico biográfico antes do artigo no qual afirma estar fundamentado causou-me muitos problemas.

36 Cf. Kuhn, *The Structure of Scientific Revolutions*, p.7 et seq. Na página 6, a possibilidade de estender a concepção a microrrevoluções é descrita como uma "tese fundamental" do livro. Cf. Ibid.

37 Toulmin, Does the Distinction between Normal and Revolutionary Science Hold Water?. In: Lakatos; Musgrave (Eds.), op. cit., p.44.

exatamente como quaisquer outros fenômenos geológicos e paleontológicos".[38] Mas sua inserção do termo "uniforme" é gratuita. Além da questão das causas naturais, o debate teve um segundo aspecto central: a questão de se as catástrofes existem, de se deveria ser atribuído um papel importante na evolução geológica a fenômenos como terremotos e ação vulcânica, que agem mais súbita e destrutivamente do que a erosão e a deposição sedimentar. Os uniformistas perderam essa parte do debate. Depois de terminado, os geólogos reconheciam duas espécies de mudança geológica, não menos distintas por serem decorrentes, ambas, de causas naturais; uma delas agia gradual e uniformemente; a outra, súbita e catastroficamente. Mesmo hoje, não consideramos as ondas gigantescas provocadas por maremotos como casos especiais de erosão.

Em relação a isso, minha afirmação não foi de que as revoluções eram eventos individuais inescrutáveis, mas que na ciência, como nos fenômenos geológicos, há duas espécies de mudança. Uma delas, a ciência normal, é o processo geralmente cumulativo por meio do qual as crenças aceitas de uma comunidade científica ganham substância e são articuladas e ampliadas. É o que cientistas são treinados a fazer, e a principal tradição na filosofia da ciência de língua inglesa deriva do exame das obras exemplares em que esse treinamento está incluído. Infelizmente, como indicado em meu ensaio anterior, os proponentes dessa tradição filosófica escolhem, em geral, seus exemplos entre mudanças de outra espécie, que depois são adaptadas para servir a seus propósitos. O resultado é o fracasso em reconhecer a preponderância de mudanças nas quais compromissos conceituais fundamentais à prática de alguma especialidade científica precisam ser alijados e substituídos. É claro que, como Toulmin diz, os dois tipos de mudança se interpenetram: as revoluções não têm um caráter mais total na ciência do que em outros aspectos da vida, mas o reconhecimento de uma continuidade através das revoluções não levou os historiadores e mais ninguém a abandonar a ideia. Foi uma falha da *Estrutura* poder apenas nomear, mas não analisar, o fenômeno a que repetidamente se referiu como "comunicação parcial". Mas comunicação parcial nunca foi, como queria Toulmin, "incompreensão [mútua] completa".[39] Ela denominava um problema que devia ser tra-

---

38 Ibid., p.43; grifo meu.
39 Ibid.

balhado, não elevado à inescrutabilidade. A menos que possamos aprender mais a respeito dele (vou apresentar algumas sugestões na próxima seção), continuaremos a entender mal a natureza do progresso científico e, assim, talvez a do conhecimento. Nada no ensaio de Toulmin sequer começa a me persuadir de que seremos bem-sucedidos se continuarmos a tratar todas as mudanças científicas como uma coisa só.

O desafio fundamental de seu artigo, contudo, permanece. Podemos distinguir meras articulações e extensões da crença compartilhada de mudanças que envolvem reconstrução? A resposta, em casos extremos, é obviamente "sim". A teoria de Bohr do espectro do hidrogênio foi revolucionária, mas a teoria de Sommerfeld da estrutura fina do hidrogênio não o foi; a teoria astronômica copernicana foi revolucionária, mas a teoria calórica da compressibilidade adiabática não o foi. Esses exemplos, contudo, são por demais extremos para que sejam plenamente informativos: há excessivas diferenças entre as teorias contrastadas, e as mudanças revolucionárias afetaram gente demais. Felizmente, porém, não estamos restritos a elas: a teoria, de Ampère, do circuito elétrico foi revolucionária (ao menos, entre os estudiosos franceses da eletricidade), porque separava os efeitos da corrente elétrica dos efeitos eletrostáticos, até então conceitualmente unidos. Também a lei de Ohm foi revolucionária e, em consequência, encontrou oposição, porque demandava uma reintegração de conceitos antes aplicados separadamente à corrente e à carga.[40] Por sua vez, a lei de Joule--Lenz que relacionava o calor gerado em um fio à resistência e à corrente foi um produto da ciência normal, pois tanto os efeitos qualitativos como os conceitos necessários para a quantificação estavam disponíveis. Num nível que não é tão obviamente teórico, a descoberta do oxigênio feita por Lavoisier foi também revolucionária (embora talvez não o fossem a de Scheele e, certamente, a de Priestley), pois era inseparável de uma nova teoria da combustão e da acidez. A descoberta do neônio, contudo, não o foi, pois o hélio já fornecia tanto a noção de um gás inerte quanto a necessária coluna da tabela periódica.

---

40 Sobre esses tópicos, ver: Brown, The Electric Current in Early Nineteenth-Century French Physics, *Historical Studies in the Physical Sciences*, v.1, p.61-103, 1969; Schagrin, Resistance to Ohm's Law, *American Journal of Physics*, v.31, p.536-7, 1963.

Pode-se questionar, no entanto, até onde e até que grau de universalidade é possível insistir nesse processo de discriminação. Perguntam-me com frequência se este ou aquele desenvolvimento foi "normal ou revolucionário", e geralmente tenho de responder que não sei. Nada depende da capacidade, minha ou de qualquer outro, de dar uma resposta em cada caso concebível, mas muito depende da aplicabilidade da discriminação a um número de casos bem maior do que o dos fornecidos até agora. Parte da dificuldade em responder é que a discriminação entre episódios normais e episódios revolucionários exige um estudo histórico minucioso, e poucas partes da história da ciência foram objeto de um tal estudo. É preciso saber não somente o nome da mudança, mas também a natureza e a estrutura dos compromissos de grupo antes e depois de ela ter ocorrido. Frequentemente, para determiná-las, é preciso também saber de que maneira a mudança foi recebida quando proposta pela primeira vez. (Não há nenhuma outra área na qual eu esteja mais profundamente cônscio da necessidade de pesquisa histórica adicional, embora discorde das conclusões que Pearce Williams tira dessa necessidade e duvide que os resultados de tal investigação façam sir Karl e eu ficarmos mais próximos um do outro.) Minha dificuldade, contudo, tem um aspecto mais profundo. Embora muito dependa de mais pesquisas, as investigações requeridas não são simplesmente do tipo antes indicado. Além do mais, a constituição do argumento na *Estrutura* obscurece um tanto a natureza do que se está faltando. Se eu estivesse reescrevendo o livro agora, modificaria significativamente sua organização.

O centro do problema é que, para responder à questão "normal ou revolucionário?", é preciso perguntar primeiro "para quem?". Às vezes, a resposta é fácil: a astronomia copernicana foi uma revolução para todos; o oxigênio foi uma revolução para os químicos, mas não, digamos, para os astrônomos matemáticos, a menos que eles estivessem, como Laplace, interessados também em assuntos químicos e térmicos. Para este último grupo, o oxigênio era simplesmente um gás a mais, e sua descoberta consistiu em mero acréscimo a seu conhecimento; nada essencial, para eles como astrônomos, teve de ser modificado na assimilação da descoberta. Via de regra, contudo, não é possível identificar grupos que compartilham compromissos cognitivos simplesmente nomeando um assunto científico – astronomia, química, matemática etc. Isso, porém, é o que acabo de fazer aqui e o que fiz antes em meu livro. Alguns assuntos científicos – por exemplo, o estudo do calor – pertenceram a diferentes comunidades científicas em diferentes ocasiões, algumas vezes a várias ao mesmo tempo, sem se tornar o domínio especial de nenhuma delas. Além disso, embora os cientistas tendam muito mais à unanimidade em seus compromissos do que os praticantes, digamos, da filosofia e das artes, existem escolas na ciência, comunidades, que abordam o mesmo assunto de pontos de vista muito diferentes. Os estudiosos franceses da eletricidade nas primeiras décadas do século XIX eram membros de uma escola que não incluía quase nenhum dos estudiosos da eletricidade britânicos da época, e assim por diante. Se estivesse agora reescrevendo meu livro, começaria, portanto, discutindo a estrutura comunitária da ciência, e não confiaria exclusivamente em temas compartilhados ao fazê-lo. A estrutura comunitária é um tópico a cujo respeito possuímos, neste momento, pouquíssima informação, mas que se tornou, recentemente, uma das principais preocupações dos sociólogos, e também dos historiadores.[41]

Os problemas de pesquisa envolvidos não são, de modo algum, triviais. Os historiadores da ciência que se ocupam com eles precisam deixar de confiar exclusivamente nas técnicas do historiador intelectual e usar também as do historiador social e cultural. Ainda que o trabalho mal tenha começado, há razões de sobra para esperar que seja bem-sucedido, em particular no que diz respeito às ciências desenvolvidas, aquelas que cortaram as raízes históricas que tinham nas comunidades filosóficas ou médicas. O que se teria, então, seria um rol dos diferentes grupos de especialistas por cujo intermédio a ciência progrediu em vários períodos de tempo. A unidade analítica seriam os praticantes de determinada especialidade, indivíduos ligados por elementos comuns em sua educação e aprendizado, cientes do trabalho uns dos outros e caracterizados pela relativa plenitude de sua comunicação profissional e pela relativa unanimidade de seu discernimento profissional. Nas ciências maduras, os membros de tais comunidades geralmente veriam a si mesmos e seriam vistos por outros como os responsáveis exclusivos por determinado assunto e por determinado conjunto de objeti-

---

41 Uma discussão um pouco mais detalhada dessa reorganização, juntamente com alguma bibliografia preliminar, está incluída em meu Second Thoughts on Paradigms. In: Suppe (Ed.), *The Structure of Scientific Theories*, p.459-82; reimpresso em *The Essential Tension*, p.293-319.

vos, incluindo-se o treinamento de seus sucessores. A pesquisa, contudo, revelaria também a existência de escolas rivais. As comunidades típicas, pelo menos na cena científica contemporânea, podem consistir numa centena de membros, às vezes num número muito menor. Os indivíduos, em particular os mais capazes, podem pertencer a vários desses grupos, simultânea e sucessivamente, e mudarão, ou, pelo menos, ajustarão sua maneira de pensar ao circular de um para outro.

Sugiro que grupos como esses devam ser considerados as unidades produtoras do conhecimento científico. É claro que não poderiam funcionar sem ter indivíduos como membros, mas a própria ideia de conhecimento científico como um produto privado apresenta os mesmos problemas intrínsecos que a noção de uma linguagem privada apresenta, paralelo ao qual retornarei. Nem o conhecimento nem a linguagem permanecem exatamente idênticos quando concebidos como algo que um indivíduo pode possuir e desenvolver sozinho. É, portanto, com respeito a grupos como esses que a questão "normal ou revolucionário?" deveria ser formulada. Muitos episódios, por conseguinte, não serão revolucionários para nenhuma comunidade, muitos outros o serão apenas para um único e pequeno grupo, outros ainda o serão para várias comunidades ao mesmo tempo e alguns poucos, para toda a ciência. Formulada dessa maneira, a questão terá, acredito, respostas tão precisas quanto o requer minha distinção. Ilustrarei, num momento, uma razão para pensar assim, aplicando essa abordagem a alguns dos casos concretos usados por meus críticos para levantar dúvidas a respeito da existência e do papel da ciência normal. Em primeiro lugar, contudo, devo apontar para um aspecto de minha posição corrente, o qual, muito mais claramente do que a ciência normal, representa uma linha divisória profunda entre meu ponto de vista e o de sir Karl.

O programa que acabo de esboçar torna ainda mais clara do que antes a base sociológica de minha posição. E, o que é mais importante, ele realça o que talvez não tenha ficado claro, a extensão em que considero o conhecimento científico como sendo, intrinsecamente, o produto de uma congérie de comunidades de especialistas. Sir Karl vê "um grande perigo na [...] especialização", e o contexto no qual ele faz essa avaliação sugere que o perigo é o mesmo que vê na ciência normal.[42] Mas, com respeito ao primeiro pelo

---

42 Popper, op. cit., p.53.

menos, a batalha estava claramente perdida desde o princípio. Isso não quer dizer que alguém não pudesse desejar, por boas razões, opor-se à especialização e, até mesmo, ser bem-sucedido ao fazê-lo, mas que o esforço resultaria, necessariamente, em se opor também à ciência. Sempre que sir Karl contrasta a ciência com a filosofia, como faz no início de seu artigo, ou a física com a sociologia, a psicologia e a história, como o faz no final do mesmo artigo, contrasta uma disciplina esotérica, isolada e largamente autônoma com uma que ainda visa tanto comunicar-se com um público maior do que seus próprios profissionais quanto persuadir esse público. (A ciência não é a única atividade cujos praticantes podem ser agrupados em comunidades, mas é a única na qual cada comunidade é seu próprio público e juiz exclusivos.)[43] O contraste não é novo, característico, digamos, da Grande Ciência e da cena contemporânea. A matemática e a astronomia eram assuntos esotéricos na Antiguidade; a mecânica passou a sê-lo depois de Galileu e Newton; a eletricidade, depois de Coulomb e Poisson; e assim por diante até a economia nos dias de hoje. Na maioria dos casos, essa transição para um grupo fechado de especialistas fez parte da transição à maturidade que discuti ao considerar a emergência da resolução de quebra-cabeças. É difícil crer que seja uma característica dispensável. Talvez a ciência pudesse voltar a ser como a filosofia, como deseja sir Karl, mas suspeito que ele, nesse caso, iria admirá-la menos.

Para concluir essa parte de minha discussão, recorro a alguns casos concretos por cujo intermédio meus críticos ilustram suas dificuldades para encontrar na história a ciência normal e suas funções, tratando, em primeiro lugar, de um problema levantado por sir Karl e Watkins. Ambos assinalam que nada parecido com um consenso a respeito de fundamentos "emergiu durante a longa história da teoria da *matéria*: aqui, desde os pré-socráticos até os dias de hoje, tem havido um *debate* infindável entre os conceitos contínuos e os descontínuos da matéria, entre as várias teorias atômicas de um lado e, de outro, as teorias do éter, ondulatórias e de campo".[44] Feyerabend

---

43 Ver meu "Comment" [on the Relations of Science and Art], *Comparative Studies in Society and History*, v.11, p.403-12; reimpresso como Comment on the Relations of Science and Art. In: *The Essential Tension*, 1977.

44 Watkins, op. cit., p.34 et seq., 54-5. Como nota Watkins, Dudley Shapere defendeu um ponto de vista similar em sua resenha da *Estrutura* (em *Philosophical Review*, v.73, p.383-94, 1964), em conexão com o papel do atomismo na química na primeira metade do século XIX. Trato desse caso logo a seguir.

defende um ponto de vista muito semelhante em relação à segunda metade do século XIX ao promover um contraste entre as abordagens mecânica, fenomenológica e da teoria de campo voltadas a problemas da física.[45] Concordo com eles em todas as descrições do que ocorreu. Mas a expressão "teorias da matéria", ao menos nos últimos trinta anos, não diferencia sequer os interesses da ciência daqueles da filosofia, e muito menos isola uma comunidade ou um pequeno grupo de comunidades responsável pelo assunto e especialista nele.

Não estou sugerindo que os cientistas não tenham e não usem teorias da matéria, nem que seu trabalho não seja influenciado por tais teorias, muito menos que os resultados de suas pesquisas não desempenhem nenhum papel nas teorias da matéria sustentadas por outros. Mas, até este século [XX], as teorias da matéria têm sido para os cientistas mais um instrumento que um assunto. Que especialidades diferentes tenham escolhido instrumentos diferentes e, às vezes, criticado as escolhas umas das outras não significa que não o tenham praticando ciência normal. A generalização frequentemente ouvida de que, antes do advento da mecânica ondulatória, físicos e químicos adotavam teorias da matéria características e irreconciliáveis é demasiado simplista (em parte porque isso pode ser dito de modo igualmente apropriado a respeito das diferentes especialidades químicas até mesmo nos dias de hoje). Mas a própria possibilidade de uma tal generalização sugere o modo pelo qual deve ser abordada a questão levantada por Watkins e sir Karl. No que diz respeito a isso, os praticantes de determinada comunidade ou escola nem sempre precisam compartilhar uma teoria da matéria. A química, durante a primeira metade do século XIX, é um exemplo característico. Embora muitos de seus instrumentos fundamentais – proporção constante, proporção múltipla, pesos combinantes etc. – tenham sido desenvolvidos e tornado-se propriedade comum por meio da teoria atômica de Dalton, os homens que os usaram puderam, depois disso, adotar atitudes amplamente variáveis a respeito da natureza e, até mesmo, da existência dos átomos. Sua disciplina, ou pelo menos muitas de suas partes, não dependia de um modelo compartilhado da matéria.

Até onde admitem a existência da ciência normal, meus críticos têm regularmente dificuldades para identificar a crise e seu papel. Watkins

---

45 Feyerabend, op. cit., p.207.

fornece um exemplo, e sua resolução decorre de forma imediata do tipo de análise anteriormente efetuado. As leis de Kepler, lembra-nos Watkins, eram incompatíveis com a teoria planetária de Newton, mas os astrônomos, até então, não estavam insatisfeitos com elas. Watkins afirma, portanto, que o tratamento revolucionário dado por Newton aos movimentos planetários não foi precedido por uma crise na astronomia. Mas por que deveria tê-lo sido? Em primeiro lugar, a transição de órbitas keplerianas para órbitas newtonianas não precisaria ter constituído (falta-me a evidência para ter certeza) uma revolução *para os astrônomos*. A maioria deles seguia Kepler e explicava a forma das órbitas planetárias em termos mecânicos em vez de em termos geométricos. (Isto é, sua explicação não fazia uso da "perfeição geométrica" da elipse, se é que perfeição havia, nem de alguma outra característica da qual a órbita fosse privada em virtude de perturbações newtonianas.) Embora a transição de um círculo para uma elipse tenha sido para eles parte de uma revolução, um ajuste menor do mecanismo permitiria, como aconteceu com Newton, evitar a elipticidade. E, o que é mais importante, o ajuste das órbitas keplerianas feito por Newton foi um subproduto de seu trabalho na mecânica, campo ao qual a comunidade dos astrônomos matemáticos fazia referência de passagem em seus prefácios, mas que, depois disso, desempenhou apenas um papel muito geral em seu trabalho. Na mecânica, contudo, campo em que Newton realmente provocou uma revolução, houvera desde a aceitação do copernicanismo uma crise amplamente reconhecida. O contraexemplo de Watkins é o melhor tipo de grão para o meu moinho.

Passo, por fim, a um dos extensos relatos de caso de Lakatos, o do programa de pesquisa de Bohr, pois ilustra o que mais me intriga em seu artigo, por diversos ângulos admirável, e sugere quão entranhado pode ser um popperianismo, ainda que residual. Embora sua terminologia seja diferente, seu aparato analítico está tão próximo ao meu quanto pode estar: núcleo estrutural, trabalho no cinturão protetor e fase degenerativa são paralelos bem próximos a meu paradigmas, ciência formal e crise. No entanto, significativamente, Lakatos não vê como funcionam essas noções compartilhadas, nem mesmo quando as aplica ao que é, para mim, um caso ideal. Permitam-me ilustrar algumas das coisas que ele poderia ter visto e dito. Minha versão, como a dele, ou como qualquer outro trecho de narrativa histórica, será uma reconstrução racional. Mas não pedirei a meus leitores que utilizem "toneladas de sal", nem acrescentarei notas de rodapé assinalando que o que está em meu texto é falso.[46]

Consideremos a abordagem de Lakatos sobre a origem do átomo de Bohr. "O problema de fundo", escreve ele, "era o enigma de como os átomos de Rutherford [...] podem permanecer estáveis; pois, de acordo com a bem corroborada teoria do eletromagnetismo de Maxwell-Lorentz, deveriam desintegrar-se."[47] Esse é um genuíno problema popperiano (não um quebra-cabeças kuhniano) surgindo do conflito entre duas partes da física cada vez mais estabelecidas. Além disso, estivera disponível por algum tempo como foco potencial de crítica. Não se originou com o modelo de Rutherford de 1911; a instabilidade radiativa era igualmente uma das dificuldades para a maioria dos modelos mais antigos do átomo, incluindo-se tanto o de Thomson quanto o de Nagaoka. Ademais, esse é o problema que Bohr (em certo sentido) resolveu em seu famoso artigo tripartido de 1913, inaugurando, assim, uma revolução. Não admira que Lakatos quisesse que esse fosse o "problema de fundo" para o programa de pesquisa que produziu a revolução, mas, afirmo enfaticamente, não o é.[48]

Em vez disso, o pano de fundo era um quebra-cabeça inteiramente normal. Bohr propôs-se a aperfeiçoar as aproximações físicas num artigo de C. G. Darwin sobre a energia perdida por partículas carregadas ao passar através da matéria. No processo, Bohr fez o que foi para si a surpreendente descoberta de que o átomo de Rutherford, ao contrário de outros modelos correntes, era mecanicamente instável e de que um artifício *ad hoc* seme-

---

46 Lakatos, op. cit., p.138, 140, 146, passim. Pode-se razoavelmente perguntar sobre a força evidencial de exemplos que exigem esse tipo de qualificação (e será "qualificação" a palavra realmente certa?). Em outro contexto, contudo, mostrar-me-ei muito grato por esses "relatos de caso" de Lakatos. De maneira mais clara, porque mais explícita do que quaisquer outros exemplos que eu conheça, eles ilustram as diferenças entre os filósofos e os historiadores quanto ao modo pelo qual costumam fazer história. O problema não consiste em que os filósofos estejam propensos a cometer erros – Lakatos conhece os fatos melhor do que muitos historiadores que escreveram sobre esses assuntos, e os historiadores realmente cometem erros clamorosos. Mas um historiador não *incluiria em sua narrativa* um relato factual que *soubesse* ser falso. Se o tivesse feito, estaria tão sensível a seu erro que não poderia concebivelmente compor uma nota de rodapé chamando a atenção para ele. Ambos os grupos são escrupulosos, mas diferem quanto ao objeto de seus escrúpulos. Discuti algumas diferenças desse tipo em *The Essential Tension*, p.1-20.

47 Lakatos, op. cit., p.141.

48 Sobre o que segue, ver Heilbron; Kuhn, The Genesis of the Bohr Atom, *Historical Studies in the Physical Sciences*, v.1, 1969.

lhante ao de Planck para estabilizá-lo fornecia uma promissora explicação das periodicidades na tabela de Mendeleiev, um resultado que ele não estava procurando. Nesse ponto, seu modelo ainda não possuía estados excitados, nem Bohr estava ainda preocupado em aplicá-lo aos espectros atômicos. Esses passos sucederam, no entanto, quando tentou conciliar seu modelo com o modelo aparentemente incompatível desenvolvido por J. W. Nicholson e, no processo, encontrou a fórmula de Balmer. Como grande parte da pesquisa que produz revoluções, as maiores realizações de Bohr em 1913 foram, portanto, produtos de um programa de pesquisa dirigido a objetivos muito diferentes dos que foram alcançados. Embora não pudesse ter estabilizado o modelo de Rutherford pela quantização caso ignorasse a crise que a obra de Planck havia introduzido na física, sua própria obra ilustra, com particular clareza, a eficácia revolucionária dos quebra-cabeças da pesquisa normal.

Examinemos, finalmente, o trecho concludente do relato de caso de Lakatos, a fase degenerativa da velha teoria quântica. Lakatos conta bem a maior parte da história, e vou apenas indicá-la. A partir de 1900, os físicos reconheciam, de modo cada vez mais amplo, que o *quantum* de Planck introduzira uma inconsistência fundamental na física. A princípio, muitos deles tentaram eliminá-la, mas, depois de 1911, e especialmente depois da invenção do átomo de Bohr, esses esforços críticos foram gradualmente abandonados. Einstein, por mais de uma década, foi o único físico de renome que continuou a dirigir suas energias à busca de uma física consistente. Outros aprenderam a viver com a inconsistência e tentaram, em vez disso, resolver quebra-cabeças com as ferramentas de que dispunham. Particularmente nas áreas dos espectros atômicos, da estrutura atômica e dos calores específicos, suas realizações não tiveram precedentes. Embora a inconsistência da teoria física fosse amplamente reconhecida, os físicos, apesar disso, puderam explorá-la e, ao fazê-lo, realizaram descobertas fundamentais num ritmo extraordinário, entre 1913 e 1921. Muito de repente, contudo, a partir de 1922, percebeu-se que esses próprios êxitos isolaram três problemas recalcitrantes – o modelo do hélio, o efeito anômalo de Zeeman e a dispersão óptica –, problemas sobre os quais os físicos estavam cada vez mais convencidos de que não poderiam ser resolvidos por nada similar às técnicas existentes. Em consequência, muitos deles modificaram sua atitude de pesquisa, passando a gerar mais versões da velha teoria quântica do que anteriormente o haviam feito, versões cada vez mais extravagantes, projetando e testando cada uma delas contra os três pontos de perturbação reconhecidos.

É essa última fase, de 1922 em diante, que Lakatos denomina o estágio degenerativo do programa de Bohr. Para mim, é um exemplo típico de crise, documentado com clareza em publicações, correspondência e narrativas episódicas. Nossa visão é praticamente a mesma. Lakatos poderia, portanto, ter contado o resto da história. Para os que estavam experienciando essa crise, dois dos três problemas que a provocaram revelaram-se imensamente informativos, a dispersão e o efeito anômalo de Zeeman. Por uma série de passos concatenados, complexos demais para serem esboçados aqui, sua busca levou, primeiro, à adoção, em Copenhague, de um modelo atômico no qual os chamados osciladores virtuais acoplavam estados quânticos discretos, depois, a uma fórmula para a dispersão teórica quântica e, finalmente, à mecânica de matrizes que encerrou a crise mal haviam passado três anos desde seu início. Para essa primeira formulação da mecânica quântica, a fase degenerativa da velha teoria quântica forneceu tanto a ocasião quanto muita substância técnica detalhada. A história da ciência, tanto quanto eu saiba, não apresenta nenhum outro exemplo tão claro, tão detalhado e tão convincente das funções criativas da ciência normal e da crise.

Lakatos, contudo, ignora esse capítulo e salta, em vez disso, para a mecânica ondulatória, a segunda formulação, a princípio muito diferente, de uma nova teoria quântica. Primeiro, descreve a fase degenerativa da velha teoria quântica como repleta de "inconsistências cada vez mais estéreis e hipóteses cada vez mais *ad hoc*" (os termos *"ad hoc"* e "inconsistências" estão corretos; "estéreis" não poderia estar mais errado; essas hipóteses não só conduziram à mecânica de matrizes mas também ao *spin* do elétron). Em seguida, apresenta a inovação que resolve a crise como um mágico tira um coelho de uma cartola: "Um programa de pesquisa rival logo apareceu: a mecânica ondulatória [...] [que] sem demora alcançou, venceu e substituiu o programa de Bohr. O artigo de De Broglie apareceu na ocasião em que o programa de Bohr estava degenerando. *Mas isto foi uma mera coincidência.* Ficamos a nos perguntar o que teria acontecido se De Broglie tivesse publicado seu artigo em 1914 em vez de 1924".[49]

---

49 Lakatos, op. cit., p.154; o grifo é meu.

A resposta à pergunta retórica final é clara: absolutamente nada. Tanto o artigo de De Broglie quanto o itinerário desde esse artigo até a equação de onda de Schrödinger dependem detalhadamente de desenvolvimentos que ocorreram depois de 1914: de trabalhos de Einstein e do próprio Schrödinger, bem como da descoberta do efeito de Compton em 1922.[50] Contudo, ainda que esse ponto não pudesse ser documentado com detalhes, não será forçada demais a coincidência, ao ser usada para explicar a emergência simultânea de duas teorias independentes e, a princípio, bem diferentes, ambas capazes de resolver uma crise que fora visível por apenas três anos?

Permitam-me ser escrupuloso. Embora deixe completamente de perceber as funções criativas essenciais da crise da velha teoria quântica, Lakatos não está de todo errado a respeito de sua relevância para a invenção da mecânica ondulatória. A equação de onda não foi uma resposta à crise que começou em 1922, mas à que data do trabalho de Planck em 1900, e à qual a maioria dos físicos voltou as costas depois de 1911. Se Einstein não tivesse se recusado, tenazmente, a pôr de lado sua profunda insatisfação com as inconsistências fundamentais da velha teoria quântica (e se não tivesse podido ligar esse descontentamento aos quebra-cabeças técnicos concretos dos fenômenos de flutuação eletromagnética – algo para o qual não encontrou equivalente depois de 1925), a equação de onda não teria emergido quando e como emergiu. A rota de pesquisa que conduz a ela não é a mesma que leva à mecânica de matrizes.

Mas, tampouco, são as duas independentes, nem a simultaneidade de sua conclusão deve ser atribuída somente à coincidência. Entre os vários episódios de pesquisa que as ligam encontra-se, por exemplo, a convincente demonstração de Compton, em 1922, das propriedades corpusculares da luz, o subproduto de uma instância de pesquisa normal de primeiríssima qualidade sobre a dispersão dos raios X. Antes que pudessem considerar a ideia de ondas de matéria, os físicos tinham primeiro de tomar a sério a ideia do fóton, o que poucos deles haviam feito antes de 1922. O trabalho de De Broglie começou como uma teoria do fóton, e seu objetivo principal era conciliar a lei da radiação de Planck com a estrutura corpuscular da luz;

---

50 Ver: Klein, Einstein and the Wave-Particle Duality, *The Natural Philosopher*, v.3, p.1-49, 1964; Raman; Forman, Why Was It Schrödinger Who Developed De Broglie's Ideas?, *Historical Studies in the Physical Sciences*, v.1, p. 291-314, 1969.

as ondas de matéria entraram em cena ao longo do caminho. O próprio De Broglie talvez não tivesse necessitado da descoberta de Compton para levar o fóton a sério, mas seu público, tanto o francês quanto o estrangeiro, certamente precisava. Embora a mecânica ondulatória não decorra, em nenhum sentido, do efeito de Compton, há laços históricos entre os dois. No caminho para a mecânica de matrizes, o papel do efeito de Compton é ainda mais claro. A primeira utilidade do modelo do oscilador virtual em Copenhague foi mostrar como esse efeito poderia ser explicado *sem* o recurso ao fóton de Einstein, um conceito que Bohr havia, notoriamente, relutado em aceitar. O mesmo modelo foi aplicado em seguida à dispersão, e foram encontradas as pistas para a mecânica de matrizes. O efeito de Compton é, portanto, uma ponte sobre o fosso que Lakatos esconde sob o nome de "coincidência".

Tendo fornecido em outros lugares muitos outros exemplos dos papéis significativos da ciência normal e da crise, não vou aqui multiplicá-los ainda mais. Por falta de pesquisa adicional eu não poderia, de qualquer modo, fornecê-los em número suficiente. Quando completada, essa pesquisa talvez não vá confirmar o que digo, mas o que foi feito até agora certamente não ajuda os meus críticos. Eles precisam continuar procurando contraexemplos.

Irracionalidade e escolha de teorias

Passo agora a considerar um último conjunto de preocupações manifestadas por meus críticos correntes – nesse caso, preocupações compartilhadas com vários outros filósofos. Elas decorrem, notadamente, de minha descrição dos procedimentos pelos quais os cientistas escolhem entre teorias concorrentes, e resultam em acusações que se agrupam em redor de termos tais como "irracionalidade", "império das multidões" e "relativismo". Nesta seção, meu objetivo é eliminar os mal-entendidos pelos quais minha própria retórica passada é, sem dúvida, parcialmente responsável. Na seção final, em seguida a esta, abordarei algumas questões mais profundas suscitadas pelo problema da escolha de teorias. Nesse ponto, os termos "paradigma" e "incomensurabilidade", que, até o momento, evitei quase por inteiro, irão necessariamente reentrar na discussão.

Na *Estrutura*, a ciência normal é descrita a certa altura como "uma tentativa enérgica e dedicada de forçar a natureza a entrar nas caixas conceituais fornecidas pela educação profissional".[51] Mais adiante, discutindo os problemas que cercam a escolha entre os conjuntos concorrentes de caixas, teorias ou paradigmas, descrevi-os como questões

> a respeito de técnicas de persuasão, ou a respeito de argumentos e contra-argumentos numa situação em que[52] [...] nem a demonstração nem o erro estão em questão. A transferência de lealdade de paradigma a paradigma é uma experiência de conversão que não pode ser forçada. Uma resistência que dure a vida toda [...] não é uma violação de padrões científicos, mas um índice da natureza da própria pesquisa científica [...] Embora o historiador sempre possa encontrar indivíduos – Priestley, por exemplo – que se mostraram irrazoáveis ao resistir tanto tempo como resistiram, não encontrará um ponto no qual a resistência se torna ilógica e não científica. Ele pode no máximo querer dizer que o indivíduo que continua a resistir depois de todos os seus colegas de profissão terem sido convertidos deixou *ipso facto* de ser um cientista.[53]

Não é de surpreender (embora eu próprio tenha ficado muito surpreso) que passagens como essas sejam interpretadas por certos grupos como indicativas de que, nas ciências desenvolvidas, a força gera o direito. Dizem que afirmei que os membros de uma comunidade científica podem acreditar em tudo o que quiserem, bastando, para isso, que decidam primeiro sobre o que concordam, para depois impô-lo a seus colegas e à natureza. Os fatores que determinam aquilo em que decidem acreditar são fundamentalmente irracionais, questões de acaso e de gosto pessoal. Nem lógica, nem observação, nem boa razão estão implicadas na escolha da teoria. Seja lá o que for a verdade científica, ela é completamente relativística.

Todas essas são interpretações erradas e deletérias, não importa qual seja minha responsabilidade por tê-las tornado possíveis. Embora sua eliminação ainda preserve uma profunda divisão entre mim e meus críticos,

---

51 Kuhn, *The Structure of Scientific Revolutions*, p.5.
52 Ibid., p.152.
53 Ibid., p.151.

é um pré-requisito até para esclarecer nossa divergência. Antes de tratá-las individualmente, contudo, cabe aqui uma observação geral. Os tipos de interpretação errônea que acabo de mencionar são expressos apenas por filósofos, um grupo já familiarizado com os pontos a que viso em passagens como a citada. Ao contrário dos leitores para os quais o ponto é menos familiar, eles às vezes supõem que pretendo mais do que realmente o faço. O que quero dizer, contudo, é apenas o que digo a seguir.

Em um debate a respeito da escolha de teorias, nenhuma das partes tem acesso a um argumento que se assemelhe a uma demonstração na lógica ou na matemática formal. Nesta última, tanto as premissas quanto as regras de inferência são estipuladas de antemão. Havendo desacordo a respeito das conclusões, os participantes do debate podem reconstituir seus passos um a um, comparando cada um deles com a estipulação anterior. Ao final do processo, um ou outro terá de admitir que, num ponto identificável da argumentação, cometeu um erro, infringiu ou aplicou mal uma regra anteriormente aceita. Depois dessa admissão, não lhe resta nenhum recurso, e a demonstração do adversário é, então, concludente. Somente se os dois descobrem, em vez disso, que diferem a respeito do significado ou da aplicabilidade de uma regra estipulada, que seu consenso anterior não fornece base suficiente para uma demonstração, é que o debate subsequente se parece com o que ocorre, inevitavelmente, na ciência.

Nada a respeito dessa tese relativamente familiar deveria sugerir que os cientistas não *utilizem* a lógica (e a matemática) em seus argumentos, incluindo-se aqueles que visam persuadir um colega a renunciar a uma teoria preferida e a adotar outra. Fico perplexo com a tentativa de sir Karl de condenar-me por autocontradição em virtude de eu próprio empregar argumentos lógicos.[54] O que melhor se pode dizer é que não espero que meus argumentos sejam irretorquíveis apenas porque são lógicos. Sir Karl enfatiza o meu ponto, não o seu, quando os descreve como lógicos porém equivocados, e não faz depois nenhuma tentativa de identificar o equívoco ou exibir seu caráter lógico. O que ele quer dizer é que, apesar de meus argumentos serem lógicos, discorda de minha conclusão. Nosso desacordo deve ser a respeito de premissas ou da maneira pela qual devem ser aplicadas, uma situação que é comum entre cientistas que debatem a escolha de

---

54 Popper, op. cit., p.55, 57.

teorias. Quando isso ocorre, eles recorrem à persuasão como um prelúdio à possibilidade de demonstração.

Citar a persuasão como recurso do cientista não é sugerir que não haja muitas boas razões para escolher uma teoria em lugar de outra.[55] Enfatizo que *não* é minha crença que "a adoção de uma nova teoria científica é um assunto intuitivo ou místico, um caso mais de descrição psicológica do que de codificação lógica ou metodológica".[56] Pelo contrário, o capítulo da *Estrutura* do qual a citação precedente foi tirada nega explicitamente "que os novos paradigmas triunfem finalmente por meio de alguma estética mística", e as páginas que precedem essa negativa contêm uma codificação preliminar de boas razões para a escolha de teorias.[57] Além disso, essas são razões justamente do tipo-padrão na filosofia da ciência: exatidão, alcance, simplicidade, fertilidade e similares. É de vital importância que os cientistas sejam ensinados a dar valor a essas características e que lhes sejam fornecidos exemplos que as ilustram na prática. Se não adotassem valores como esses, suas disciplinas se desenvolveriam de maneira muito diferente. Note-se, por exemplo, que os períodos em que a história da arte foi uma história de progresso foram também os períodos em que o objetivo do artista era a exatidão da representação. Com o abandono desse valor, o padrão evolutivo alterou-se drasticamente, embora tenha continuado a haver um desenvolvimento muito significativo.[58]

O que estou negando, portanto, não é a existência de boas razões, nem que essas razões sejam do tipo usualmente descrito. Insisto, contudo, em que tais razões constituem valores a serem usados nas escolhas, em vez de regras de escolha. Mesmo assim, cientistas que as compartilham podem fazer escolhas diferentes na mesma situação concreta. Dois fatores estão profundamente envolvidos nisso. Em primeiro lugar, em muitas situações concretas, valores diferentes, ainda que todos constituam boas razões, ditam conclusões diferentes, escolhas diferentes. Em tais casos de conflito

---

55 Para uma versão da opinião de que Kuhn insiste em que "as decisões de um grupo científico de adotar um novo paradigma não podem ser baseadas em boas razões, de espécie alguma, factuais ou quaisquer outras", ver D. Shapere, Meaning and Scientific Change. In: Colodny (Ed.), *Mind and Cosmos: Essays in Contemporary Science and Philosophy*, p.41-85, especialmente p.67.

56 Cf. I. Scheffler, *Science and Subjectivity*, p.18.

57 Cf. Kuhn, *The Structure of Scientific Revolutions*, p.157.

58 Gombrich, op. cit., p.11 et seq.

de valores (por exemplo, uma teoria é mais simples, mas a outra é mais exata), o peso relativo dado a valores diferentes por indivíduos diferentes pode desempenhar um papel decisivo na escolha individual. E, o que é mais importante, embora os cientistas compartilhem esses valores e tenham de continuar a fazê-lo para que a ciência sobreviva, nem todos os aplicam da mesma maneira. A simplicidade, o alcance, a fertilidade e, até mesmo, a exatidão podem ser julgados de modo bem diferente (o que não significa que possam ser julgados arbitrariamente) por pessoas diferentes. E estas, mais uma vez, podem diferir em suas conclusões sem infringir nenhuma regra aceita.

Essa variabilidade de julgamento, como sugeri antes com relação ao reconhecimento de crises, pode até ser essencial para o avanço científico. A escolha de uma teoria, que, como diz Lakatos, é igualmente a escolha de um programa de pesquisa, envolve grandes riscos, particularmente em seus estágios iniciais. Alguns cientistas, em virtude de um sistema de valores que se diferencia do sistema comum em sua aplicabilidade, precisam escolhê-la logo, ou ela não será desenvolvida a ponto de alcançar uma capacidade de persuasão geral. As escolhas ditadas por esses sistemas atípicos de valores, contudo, são geralmente erradas. Se todos os membros da comunidade aplicassem valores da mesma maneira arriscada, o empreendimento do grupo teria fim. Penso que Lakatos deixa de notar esse último ponto e, com ele, o papel essencial da variabilidade individual naquilo que somente mais tarde é a decisão unânime do grupo. Como Feyerabend também enfatiza, dar a essas decisões um *"caráter histórico"* ou sugerir que elas sejam tomadas apenas "retrospectivamente" é privá-las de sua função.[59] A comunidade científica não pode esperar pela história, embora alguns membros individuais o façam. Os resultados necessários são alcançados, em vez disso, pela distribuição do risco que deve ser aceito entre os membros do grupo.

Alguma coisa nesse argumento sugere, por acaso, a propriedade de expressões tais como decisão pela "psicologia da multidão"?[60] Penso que não. Ao contrário, é característica de uma multidão a rejeição de valores que seus membros costumam compartilhar. Feita por cientistas, o resultado seria o fim de sua ciência, como sugere o caso Lysenko. Meu argumento, contu-

---

59 Lakatos, op. cit., p.120; Feyerabend, op. cit., p.215 et seq.
60 Lakatos, op. cit., p.140, nota 3; p.178.

do, vai ainda mais longe, pois enfatiza que, diferentemente da maioria das disciplinas, a responsabilidade por aplicar valores científicos compartilhados deve ser deixada ao grupo de especialistas.[61] Pode até não se estender a todos os cientistas, muito menos a todos os leigos cultos e, menos ainda, à multidão. Se o grupo de especialistas se comporta como uma multidão, rejeitando seus valores normais, então a ciência já não tem salvação.

Na mesma direção, nenhuma parte do argumento, aqui ou em meu livro, implica que os cientistas possam escolher qualquer teoria que queiram desde que concordem em sua escolha e, daí em diante, coloquem-na em prática.[62] A maioria dos quebra-cabeças da ciência normal é apresentada diretamente pela natureza, e todos envolvem indiretamente a natureza. Embora diferentes soluções tenham sido aceitas como válidas em diferentes ocasiões, não se pode forçar a natureza em um conjunto arbitrário de caixas conceituais. Ao contrário, a história da protociência mostra que a ciência normal é possível somente com caixas muito especiais, e a história da ciência desenvolvida mostra que a natureza não se deixará confinar indefinidamente em nenhum conjunto que os cientistas tenham construído até agora. Se, às vezes, digo que qualquer escolha feita por cientistas com base em sua experiência passada e em conformidade com seus valores tradicionais é, *ipso facto*, ciência válida para seu tempo, estou apenas frisando uma tautologia. Decisões tomadas de outras maneiras ou decisões que não poderiam ser tomadas dessa maneira não fornecem nenhuma base para a ciência e não seriam científicas.

As acusações de irracionalismo e relativismo permanecem. Sobre a primeira delas, contudo, já falei, pois discuti as questões das quais parece surgir, com exceção da incomensurabilidade. Entretanto, não sou otimista quanto ao esclarecimento desse assunto, pois não entendi bem anteriormente e continuo não entendendo agora o que meus críticos querem dizer

---

61 Cf. Kuhn, *The Structure of Scientific Revolutions*, p.167.

62 Um pouco de minha surpresa e mortificação por essa e outras maneiras correlatas de ler meu livro pode ser dada pela seguinte anedota. Durante uma reunião, estava eu conversando com uma amiga e colega com a qual raramente me encontrava, mas de quem eu sabia, em virtude de uma resenha publicada, ser entusiasta de meu livro. Ela virou-se para mim e disse: "Bem, Tom, parece-me que seu maior problema agora é mostrar em que sentido a ciência pode ser empírica". Meu queixo caiu e ainda continua meio caído. Tenho uma recordação visual total dessa cena e de mais nenhuma desde a entrada de De Gaulle em Paris em 1944.

quando empregam termos como "irracionalista" e "irracionalismo" para caracterizar meus pontos de vista. Esses rótulos me parecem meras senhas, barreiras que impedem uma atividade conjunta, seja uma troca de ideias seja uma pesquisa. Minhas dificuldades para compreender, contudo, são ainda mais claras e agudas quando esses termos são usados não para criticar minha posição, mas em defesa dela. Há, obviamente, muita coisa na parte final do artigo de Feyerabend com que concordo, mas descrever o argumento como uma defesa da irracionalidade na ciência parece-me não somente absurdo mas também vagamente obsceno. Eu o descreveria, junto com o meu, como uma tentativa de mostrar que as teorias da racionalidade existentes não são inteiramente corretas e que precisamos reajustá-las ou modificá-las para explicar por que a ciência funciona como funciona. Supor, em vez disso, que possuímos critérios de racionalidade independentes de nossa compreensão dos elementos essenciais do processo científico é abrir as portas para o reino da fantasia.

Uma resposta à acusação de relativismo precisa ser mais complexa que as precedentes, pois a acusação surge de algo que excede um mal-entendido. Num sentido do termo, pode ser que eu seja um relativista; num sentido mais essencial, não o sou. O que posso esperar aqui é separar os dois. Já deve estar claro que minha concepção do desenvolvimento científico é fundamentalmente evolutiva. Imaginemos, portanto, uma árvore evolutiva representando o desenvolvimento das especialidades científicas a partir de sua origem comum, digamos, da filosofia natural primitiva. Imaginemos, além disso, uma linha traçada nessa árvore desde a base de seu tronco até a ponta de algum galho, sem voltar sobre si mesma. Quaisquer duas teorias que se encontrem ao longo dessa linha estão relacionadas entre si por descendência. Consideremos agora duas teorias assim, cada qual escolhida de um ponto não muito próximo à sua origem. Acredito que seja fácil conceber um conjunto de critérios – incluindo-se a exatidão máxima das predições, o grau de especialização, o número (mas não o alcance) de soluções de problemas concretos – que permitam a qualquer observador não envolvido com nenhuma das teorias dizer qual é a mais velha e qual é a descendente. Para mim, portanto, o desenvolvimento científico, como a evolução biológica, é unidirecional e irreversível. Uma teoria científica não é tão boa quanto outra para fazer o que os cientistas normalmente fazem. Nesse sentido, não sou um relativista.

Mas há razões para que eu seja chamado de relativista, e elas se relacionam com os contextos nos quais sou cauteloso acerca da aplicação do rótulo "verdade". No presente contexto, seus usos intrateóricos parecem-me não problemáticos. Os membros de determinada comunidade científica geralmente estarão de acordo sobre quais consequências de uma teoria compartilhada resistem ao teste da experiência e são, portanto, verdadeiras, sobre quais são falsas do modo como a teoria é correntemente aplicada e sobre quais não foram ainda testadas. Lidando com a comparação entre teorias destinadas a abranger o mesmo âmbito de fenômenos naturais, sou mais cauteloso. Se são teorias históricas, como as consideradas anteriormente, posso juntar-me a sir Karl ao dizer que cada uma delas foi tida como verdadeira em sua época e, depois, posta de lado como falsa. Além disso, posso dizer que a teoria mais recente era a melhor das duas como instrumento para prática da ciência normal, e posso esperar acrescentar o suficiente a respeito dos sentidos em que era a melhor para explicar as principais características evolutivas das ciências. Na medida em que chego a essas conclusões, eu mesmo não creio ser um relativista. No entanto, há um outro passo, ou tipo de passo, que muitos filósofos da ciência desejam dar e que eu recuso. Isto é, desejam equiparar teorias a representações da natureza, a enunciados sobre "o que existe realmente lá fora". Mesmo admitindo que nenhuma teoria de um par histórico seja verdadeira, procuram um sentido no qual a mais recente é uma melhor aproximação à verdade. Acredito, por um lado, que nada disso possa ser encontrado. Por outro, não sinto mais que se perca alguma coisa, muito menos a capacidade de explicar o progresso científico por assumir essa posição.

O que estou rejeitando será esclarecido por referência ao artigo de sir Karl e a seus outros escritos. Ele propôs um critério de verossimilhança que lhe permite escrever que "uma teoria mais recente [...] t_2 suplantou t_1 [...] por se aproximar mais da verdade do que t_1". Além disso, ao discutir uma sucessão de referenciais, ele fala de cada membro mais recente da série como "melhor *e mais abrangente*" do que seus predecessores; e dá a entender que o limite da série, pelo menos se levada ao infinito, é a verdade "'absoluta' ou 'objetiva', no sentido de Tarski".[63] Essas posições, contudo,

---

63 Popper, *Conjectures and Refutations: The Growth of Scientific Knowledge*; Id., Normal Science and its Dangers. In: Lakatos; Musgrave (Eds.), op. cit., p.56; o grifo é meu.

apresentam dois problemas, e tenho dúvidas sobre a posição de sir Karl a respeito do primeiro deles. Dizer, por exemplo, sobre uma teoria de campo, que ela "se aproxima mais da verdade" do que uma teoria mais velha de matéria-e-força deveria significar, a menos que as palavras estejam sendo usadas de maneira estranha, que os constituintes últimos da natureza são mais parecidos com campos do que com matéria e força. Mas, nesse contexto ontológico, está longe de ser claro como deve ser aplicada a expressão "mais parecido". A comparação de teorias históricas não fornece nenhuma indicação de que suas ontologias estejam se aproximando de um limite: de modo fundamental, a relatividade geral de Einstein se parece mais com a física de Aristóteles do que com a de Newton. De qualquer modo, a evidência da qual devem ser tiradas as conclusões a respeito de um limite ontológico não é a comparação de teorias em seu todo, mas a comparação de suas consequências empíricas. Esse é um salto importante, especialmente tendo em vista um teorema segundo o qual qualquer conjunto finito de consequências de determinada teoria pode ser derivado de outro conjunto incompatível.

A outra dificuldade, mais fundamental, é realçada pela referência que sir Karl faz a Tarski. A concepção semântica da verdade é habitualmente resumida no exemplo: "A neve é branca" é verdadeiro se, e somente se, a neve é branca. Para aplicar essa concepção na comparação de duas teorias, é preciso supor, portanto, que seus proponentes concordem a respeito dos equivalentes técnicos de questões de fato, tais como saber se a neve é branca. Se essa suposição fosse exclusivamente a respeito da observação objetiva da natureza, não apresentaria problemas insuperáveis, mas ela envolve também a suposição de que os observadores objetivos em questão compreendem "A neve é branca" da mesma maneira, o que pode não ser óbvio se a sentença diz: "Os elementos se combinam em proporção constante pelo peso". Sir Karl assume como dado que os proponentes de teorias concorrentes de fato compartilham uma linguagem neutra adequada à comparação de tais relatos observacionais. Estou prestes a afirmar que não o fazem. Se estou certo, então "verdade", como "prova" [*proof*], pode ser um termo de aplicações apenas intrateóricas. Até que seja resolvido o problema de uma linguagem observacional neutra, aqueles que assinalam (como o faz Watkins quando responde a meus reparos muito similares a respeito de "equívocos")[64] que o termo é regularmente usado como se a transferência de contextos intrateóricos para contextos interteóricos não fizesse nenhuma diferença apenas perpetuam a confusão.

Incomensurabilidade e paradigmas

Chegamos, enfim, à constelação central de questões que me separam da maioria de meus críticos. Lamento a extensão da jornada até este ponto, mas aceito somente uma responsabilidade parcial pelos obstáculos que tiveram de ser retirados do caminho. Infelizmente, a necessidade de relegar essas questões à minha seção final resulta num tratamento relativamente apressado e dogmático. Só posso esperar isolar alguns aspectos de meu ponto de vista que meus críticos geralmente têm deixado de notar, ou têm posto de lado, e fornecer motivos para leituras e discussões adicionais.

A comparação ponto por ponto de duas teorias sucessivas demanda uma linguagem em que, pelo menos, as consequências empíricas de ambas possam ser traduzidas sem perda nem alteração. Que uma tal linguagem esteja disponível tem sido amplamente presumido ao menos desde o século XVII, quando os filósofos assumiam como dada a neutralidade dos enunciados sensoriais puros e buscavam um "caráter universal" presente em todas as linguagens e que permitisse que todas fossem univocamente exprimíveis. Idealmente, o vocabulário primitivo de uma tal linguagem consistiria em termos de dados sensoriais puros acrescidos de conetivos sintáticos. Os filósofos agora abandonaram a esperança de alcançar tal ideal, mas muitos deles continuam a supor que as teorias possam ser comparadas mediante recurso a um vocabulário básico que consista inteiramente em palavras ligadas à natureza de modo não problemático e, até onde necessário, independente da teoria. Esse é o vocabulário no qual são formulados os enunciados básicos de sir Karl. Ele o exige para comparar a verossimilhança de teorias alternativas ou para mostrar que certa teoria é "mais abrangente" do que sua predecessora (ou que a inclui). Feyerabend e eu apresentamos argumentos detalhados contra a disponibilidade de um vocabulário desse tipo. Quando da transição de uma teoria para a seguinte, os significados

---

64 Watkins, op. cit., p.26, nota 3.

ou condições de aplicabilidade das palavras mudam sutilmente.[65] Embora a maioria dos mesmos sinais seja usada antes e depois de uma revolução – por exemplo, força, massa, elemento, composto, célula –, o modo pelo qual alguns deles se ligam à natureza, de alguma forma, se modificou. Dizemos, por isso, que teorias sucessivas são incomensuráveis.

Nossa escolha do termo "incomensurável" incomodou vários leitores. Embora o termo não signifique "incomparável" no campo do qual foi emprestado, os críticos têm insistido que não podemos usá-lo em seu sentido literal, uma vez que indivíduos que sustentam teorias diferentes se comunicam de fato e, às vezes, modificam mutuamente seus respectivos pontos de vista.[66] Mais importante, os críticos com frequência passam da existência observada de tal comunicação, o que eu próprio enfatizei, à conclusão de que ela não apresenta problemas essenciais. Toulmin parece satisfeito em admitir "incongruências conceituais" e, depois, continuar como antes.[67] Lakatos insere, entre parênteses, a expressão "ou de reinterpretações semânticas" ao nos dizer como comparar teorias sucessivas e, depois disso, trata a comparação como puramente lógica.[68] Sir Karl exorciza a dificuldade de um modo particularmente interessante: "É apenas um dogma – um dogma perigoso – que diferentes referenciais sejam como linguagens mutuamente intraduzíveis. O fato é que nem mesmo línguas totalmente diferentes (como o inglês e o hopi, ou o chinês) são intraduzíveis, e que há muitos hopis ou chineses que aprenderam a dominar muito bem o inglês".[69]

Aceito a utilidade, na verdade a importância, do paralelo linguístico, e vou, portanto, me estender um pouco a respeito dele. Presumivelmente, sir Karl também o aceita, visto que o utiliza. Se o aceita, o dogma a que objeta

65 Em sua resenha da *Estrutura* (em *Philosophical Review*, v.73, p.383-94, 1964), Shapere critica, em parte com muita propriedade, o modo pelo qual discuto em meu livro a mudança de significado. Em meio a isso, ele me desafia a especificar o "saldo" entre uma mudança no significado de um termo e uma alteração na aplicação desse termo. Não preciso dizer que, no presente estado da teoria do significado, não há nenhum. Pode-se defender o mesmo ponto usando qualquer um dos termos.

66 Ver, por exemplo, Toulmin, Does the Distinction between Normal and Revolutionary Science Hold Water?. In: Lakatos; Musgrave (Eds.), op. cit., p.43-4.

67 Ibid., p.44.

68 Lakatos, op. cit., p.118. Talvez apenas por causa de sua excessiva brevidade, a outra referência de Lakatos a esse problema na página 179, nota 1, é igualmente pouco útil.

69 Popper, Normal Science and Its Dangers. In: Lakatos; Musgrave (Eds.), op. cit., p.56.

não é que os referenciais sejam como linguagens, mas que as linguagens sejam intraduzíveis. Mas ninguém jamais acreditou que fossem! O que as pessoas têm acreditado, e o que torna importante o paralelo, é que as dificuldades em aprender uma segunda língua são diferentes e muito menos problemáticas do que as dificuldades da tradução. Embora alguém precise saber duas línguas para traduzir algo, e embora a tradução possa sempre ser elaborada até certo ponto, ela pode apresentar graves dificuldades até para o mais competente bilíngue. Ele precisa encontrar os melhores ajustes disponíveis entre objetivos incompatíveis. As nuanças têm de ser preservadas, mas não ao preço de sentenças tão longas que causem um colapso na comunicação. A literalidade é desejável, mas não se ela exigir a introdução de demasiadas palavras estrangeiras que tenham de ser discutidas separadamente em um glossário ou em um apêndice. As pessoas profundamente comprometidas tanto com a exatidão quanto com o bom êxito da expressão consideram a tradução penosa, e algumas não conseguem fazê-la de modo algum.

A tradução, em suma, sempre envolve ajustes que alteram a comunicação. O tradutor precisa decidir quais alterações são aceitáveis. Para tanto, precisa saber quais aspectos do original é mais importante preservar e também alguma coisa sobre a cultura e experiência prévias daqueles que vão ler seu trabalho. Não admira, portanto, que seja atualmente uma questão profunda e aberta saber o que seria uma tradução perfeita, e até que ponto uma tradução real pode aproximar-se da ideal. Quine concluiu recentemente

que sistemas rivais de hipóteses analíticas [para a preparação de traduções] podem estar de acordo com todas as disposições de fala em cada uma das linguagens em questão e, contudo, impor, em inúmeros casos, traduções completamente discrepantes [...] Duas dessas traduções poderiam até mesmo ser manifestamente contrárias em valor de verdade.[70]

Não se precisa ir muito longe para reconhecer que a referência à tradução apenas isola, mas não resolve, os problemas que levaram Feyerabend e a mim a falar em incomensurabilidade. Para mim ao menos, o que a existência de traduções sugere é que há um recurso disponível para os cientistas que

---

70 Quine, *Word and Object*, p.73 et seq.

adotam teorias incomensuráveis. Esse recurso não precisa ser, contudo, o de uma reenunciação total em uma linguagem neutra, nem mesmo das consequências das teorias. O problema da comparação de teorias permanece.

Por que a tradução, seja entre teorias, seja entre linguagens, é tão difícil? Porque, como frequentemente tem sido observado, as linguagens recortam o mundo de maneira diferente, e não temos nenhum acesso a um meio sublinguístico neutro de relatar. Quine assinala que, embora o linguista empenhado numa tradução radical possa prontamente descobrir que seu informante nativo proferiu a expressão "Gavagai" porque viu um coelho, é mais difícil descobrir como "Gavagai" deve ser traduzida. Deverá o linguista vertê-la como "coelho", "espécie de coelho", "parte de um coelho", "ocorrência de coelho", ou por alguma outra expressão que ele nem mesmo tenha pensado em formular? Ampliemos o exemplo, supondo que, na comunidade que está sendo examinada, os coelhos mudem de cor, de comprimento do pelo, de jeito característico de andar etc. durante a estação chuvosa, e que seu aspecto gera, assim, o termo "Bavagai". Deverá "Bavagai" ser traduzido por "coelho molhado", "coelho peludo", "coelho manco", tudo isso junto, ou deverá o linguista concluir que a comunidade não reconheceu que "Bavagai" e "Gavagai" se referem ao mesmo animal? A evidência relevante para uma escolha entre essas alternativas emergirá de uma investigação adicional, e o resultado será uma hipótese analítica razoável, com implicações para a tradução de outros termos também. Mas será apenas uma hipótese (nenhuma dessas alternativas consideradas precisa estar correta); o resultado de qualquer erro podem ser dificuldades posteriores de comunicação; quando ocorrem, estará longe de ser claro se o problema é com a tradução e, nesse caso, onde está a raiz da dificuldade.

Esses exemplos sugerem que um manual de tradução incorpora inevitavelmente uma teoria, a qual oferece os mesmos tipos de recompensa que outras teorias, mas também tende a correr os mesmos riscos que elas. Para mim, também sugerem que a classe dos tradutores inclui tanto o historiador da ciência quanto o cientista que tenta comunicar-se com um colega que adota uma teoria diferente.[71] (Note-se, contudo, que os motivos e as

---

71 Várias dessas ideias a respeito da tradução foram desenvolvidas em meu seminário em Princeton. Não posso agora distinguir minhas contribuições daquelas dos estudantes e colegas que estavam presentes. Um artigo de autoria de Tyler Burge foi, contudo, particularmente útil.

sensibilidades correlatas dos cientistas e do historiador são muito diferentes, fato que explica muitas diferenças sistemáticas em seus resultados.) Eles têm, com frequência, a vantagem inestimável de que os sinais usados nas duas linguagens são idênticos ou quase isso, de que a maioria deles funciona da mesma maneira em ambas as linguagens, e de que, onde a função se modificou, há, não obstante, razões informativas para conservar o mesmo sinal. Mas essas vantagens trazem consigo desvantagens ilustradas tanto no discurso científico quanto na história da ciência. Elas tornam excessivamente fácil ignorar mudanças funcionais que seriam aparentes caso fossem acompanhadas de uma mudança de sinal.

O paralelo entre a tarefa do historiador e a do linguista realça um aspecto da tradução do qual Quine não trata (nem precisa tratar) e que tem causado transtornos aos linguistas.[72] Ao ensinar a física aristotélica a estudantes, costumo assinalar que a matéria (na *Física*, não na *Metafísica*), justamente por causa de sua onipresença e neutralidade qualitativa, é um conceito fisicamente dispensável. Aquilo que povoa o universo aristotélico, explicando tanto sua diversidade como sua regularidade, são "naturezas" ou "essências" imateriais; o paralelo apropriado para a tabela periódica contemporânea não são os quatro elementos aristotélicos, mas o quadrângulo das quatro formas fundamentais. De modo similar, ao ensinar o desenvolvimento da teoria atômica de Dalton, assinalo que ela implicou uma nova concepção da combinação química, com o resultado de que a linha que separa os referentes dos termos "mistura" e "composto" se modificou; as ligas eram compostos antes de Dalton e se tornaram misturas depois dele.[73] Essas observações fazem parte de minha tentativa de traduzir teorias mais velhas em termos modernos e, depois de tê-lo feito, meus estudantes caracteristicamente

---

72 Ver especialmente E. A. Nida, Linguistics and Ethnology in Translation-Problems. In: Hymes, *Language and Culture in Society*, 1964, p.90-7. Fico muito agradecido a Sarah Kuhn por ter chamado minha atenção para esse artigo.

73 Esse exemplo deixa particularmente clara a inadequação da sugestão de Scheffler de que os problemas levantados por Feyerabend e por mim desaparecem se substituirmos a igualdade-de-significado por igualdade-de-referência (*Science and Subjectivity*, 1967, capítulo 3). Seja qual for a referência de "composto", nesse exemplo ela muda. Mas, como indicará a discussão subsequente, a igualdade-de-referência não está mais livre de dificuldades do que a igualdade-de-significado, em qualquer uma das aplicações que interessam a mim e a Feyerabend. Será o referente de "coelho" o mesmo que o de "espécie de coelho" ou "ocorrência de coelho"? Considerem-se os critérios de individuação e autoidentidade que se ajustam a cada um dos termos.

interpretavam os textos-fonte, embora já vertidos para o inglês, de maneira diferente do que o faziam antes. Pela mesma razão, um bom manual de tradução, especialmente para a língua de uma outra região e cultura, deveria incluir – ou ser acompanhado por – parágrafos discursivos explicando como os falantes nativos veem o mundo, que tipos de categorias ontológicas empregam. Parte do aprendizado de traduzir uma língua ou uma teoria é aprender a descrever o mundo no qual a língua ou a teoria funcionam.

Tendo introduzido a tradução para ilustrar a elucidação que se obtém ao se considerar comunidades científicas como comunidades linguísticas, abandono-a agora por um tempo a fim de examinar um aspecto particularmente importante desse paralelismo. Ao aprender uma ciência ou uma linguagem, o vocabulário é, de modo geral, adquirido juntamente com, pelo menos, um conjunto mínimo de generalizações que o exibem aplicado à natureza. Em nenhum dos casos, contudo, as generalizações incorporam mais do que uma fração do conhecimento da natureza que foi adquirido no processo de aprendizagem. Grande parte dele está incorporado, em vez disso, no mecanismo, seja lá qual for ele, usado para ligar os termos à natureza.[74] Tanto a linguagem natural quanto a linguagem científica destinam-se a descrever o mundo como ele é, não qualquer mundo concebível. A primeira, é verdade, adapta-se à ocorrência inesperada mais facilmente que a segunda, mas, com frequência, ao custo de longas sentenças e sintaxe dúbia. Coisas que não podem ser ditas *prontamente* em uma linguagem são coisas que seus falantes não esperam ter ensejo de dizer. Se nos esquecemos disso ou subestimamos sua importância, é provavelmente porque o inverso não vale. Podemos descrever prontamente muitas coisas (unicórnios, por exemplo) que não esperamos ver.

Como, então, adquirimos o conhecimento da natureza que está embutido na linguagem? Na maioria dos casos, ao mesmo tempo e pelas mesmas técnicas por que adquirimos a própria linguagem, quer cotidiana, quer científica. Partes do processo são bem conhecidas. As definições em um dicionário nos dizem alguma coisa a respeito do que significam as pala-

---

74 Para um exemplo mais extenso, ver meu artigo A Function for Thought Experiments. In: Cohen; Taton (Eds.), *Mélanges Alexandre Koyré*: *L'aventure de l'esprit*, v.2, p.307-34; reimpresso em *The Essential Tension*, p.240-65. Uma discussão mais analítica encontra-se em meu artigo Second Thoughts on Paradigms. In: Suppe (Ed.), *The Structure of Scientific Theories*, 1974, p.459-82; também reimpresso em *The Essential Tension*, 1977.

vras e, simultaneamente, nos informam dos objetos de situações a cujo respeito podemos precisar ler ou falar. Acerca de algumas dessas palavras, nós aprendemos mais – e, acerca de outras, tudo o que sabemos – ao encontrá-las numa variedade de sentenças. Em tais circunstâncias, como mostrou Carnap, adquirimos leis da natureza junto com um conhecimento de significados. Dada uma definição verbal de dois testes, ambos definitivos, da presença de uma carga elétrica, aprendemos tanto a respeito do termo "carga" quanto que um corpo que passa em um teste vai também passar no outro. Tais procedimentos de aprendizagem de linguagem-natureza são, contudo, puramente linguísticos. Eles relacionam palavras a outras palavras e, assim, só podem funcionar se já possuímos um certo vocabulário, adquirido por um processo não verbal ou não completamente verbal. Presume-se que essa parte da aprendizagem seja, por ostensão ou alguma variante disso, a associação direta de palavras ou frases inteiras à natureza. Se sir Karl e eu temos uma disputa filosófica fundamental, é a respeito da relevância para a filosofia da ciência deste último modo de aprendizagem de linguagem-natureza. Embora ele saiba que muitas palavras de que os cientistas precisam, especialmente para a formulação de sentenças básicas, são aprendidas por um processo não totalmente linguístico, trata esses termos e o conhecimento com eles adquirido como não problemáticos, pelo menos no contexto da escolha de teorias. Acredito que sir Karl não se dá conta de um ponto fundamental, aquele que me levou a introduzir a noção de paradigmas na *Estrutura*.

Quando falo em conhecimento incrustado em termos e frases aprendidos por algum processo não linguístico, como a ostensão, estou defendendo o mesmo ponto que meu livro visava defender por meio de repetidas referências ao papel dos paradigmas como soluções concretas de problemas, os objetos exemplares de uma ostensão. Quando falo desse conhecimento como importante para a ciência e para a construção de teorias, estou identificando o que a srta. Masterman acentua a respeito de paradigmas ao dizer que "podem funcionar quando a teoria não está presente".[75] Não é provável, contudo, que esses laços tornem-se visíveis para quem tenha tomado a noção de paradigma menos a sério do que a srta. Masterman, pois, como ela muito apropriadamente enfatiza, eu usei o termo de várias maneiras. Para descobrir

---

75 Masterman, op. cit., p.66.

qual é a questão em pauta, preciso fazer uma breve digressão para deslindar confusões, nesse caso confusões pelas quais sou inteiramente responsável.

Observei anteriormente que uma nova versão da *Estrutura* começaria com uma discussão da estrutura comunitária. Tendo isolado um grupo de especialistas individuais, eu perguntaria a seguir sobre aquilo que seus membros compartilham e que os capacita a resolver quebra-cabeças e que explica sua relativa unanimidade na escolha de problemas e na avaliação de soluções de problemas. Uma resposta que meu livro admite para essa questão é "um paradigma" ou "um conjunto de paradigmas". (Esse é o sentido sociológico do termo, de acordo com a srta. Masterman.) Eu preferiria agora alguma outra expressão em lugar desse termo, talvez "matriz disciplinar": "disciplinar" por ser comum aos praticantes de uma disciplina especificada; "matriz" por consistir em elementos ordenados que requerem especificação individual. Todos os objetos de compromisso descritos em meu livro como paradigmas, partes de paradigmas ou paradigmáticos encontrariam um lugar na matriz disciplinar, mas não seriam aglomerados sem discriminação como paradigmas, individual ou coletivamente. Entre eles estariam: generalizações simbólicas compartilhadas, como "$f = ma$", ou "os elementos se combinam em proporção constante pelo peso"; modelos compartilhados, quer metafísicos, como o atomismo, quer heurísticos, como o modelo hidrodinâmico do circuito elétrico; valores compartilhados, como a ênfase na exatidão da predição, discutida anteriormente; e outros elementos desse gênero. Entre os últimos, eu enfatizaria particularmente as soluções a problemas concretos, os tipos de exemplos-padrão de problemas resolvidos que os cientistas encontram primeiro nos laboratórios para estudantes, nos problemas de final de capítulo em manuais científicos e nos exames. Se pudesse, chamaria de paradigmas essas soluções de problemas, pois elas me levaram a escolher o termo em primeiro lugar. Tendo, contudo, perdido o controle da palavra, vou descrevê-las, doravante, como exemplares.[76]

---

76 Essa modificação e quase tudo o mais no restante deste artigo são discutidos com muito mais detalhe e com mais evidência em meu artigo Second Thoughts on Paradigms (ver nota 74 deste capítulo). Remeto os leitores a ele até para referências bibliográficas. Cabe aqui, no entanto, uma observação adicional. A mudança que acabo de esboçar em meu texto priva-me do recurso às expressões "período pré-paradigmático" e "período pós-paradigmático" ao descrever a maturação de uma especialidade científica. Retrospectivamente, isso me parece muito bom, pois, em ambos os sentidos do termo, todas as comunidades científicas possuíram o tempo todo paradigmas, até as escolas do que chamei anteriormente de

Comumente, as soluções de problemas desse gênero são vistas como meras aplicações da teoria já aprendida. O estudante os resolve para praticar, para adquirir traquejo na utilização do que já sabe. Essa descrição é indubitavelmente correta depois que um número suficiente de problemas tiver sido resolvido, mas nunca, penso, no início. Ao contrário, resolver problemas é aprender a linguagem de uma teoria e adquirir o conhecimento da natureza embutido nessa linguagem. Na mecânica, por exemplo, muitos problemas envolvem aplicações da segunda lei de Newton, usualmente enunciada como "$f = ma$". Essa expressão simbólica, contudo, é mais um esboço de lei do que uma lei, e precisa ser reescrita em uma forma simbólica diferente para cada problema de física antes que a dedução lógica e matemática seja a ela aplicada. Para a queda livre, ela se torna

$$mg = \frac{md^2 s}{dt^2};$$

para o pêndulo, é

$$mg \ sen \ \theta = -ml\frac{d^2\theta}{dt^2};$$

para osciladores harmônicos acoplados, transforma-se em duas equações, a primeira das quais pode ser escrita como segue:

$$m_1 \frac{d^2 s_1}{dt^2} + k_1 s_1 = k_2(d + s_2 - s_1)$$

e assim por diante.

"período pré-paradigmático". O fato de eu não ter percebido antes esse ponto certamente ajudou a fazer com que um paradigma parecesse uma entidade ou propriedade quase mística, que, como o carisma, transforma aqueles que contamina. Note-se, contudo, como foi indicado, que essa alteração na terminologia não altera de maneira alguma minha descrição do processo de maturação. Os estágios iniciais do desenvolvimento da maioria das ciências são caracterizados pela presença de certo número de escolas concorrentes. Mais tarde, usualmente em decorrência de uma notável realização científica, todas essas escolas, ou a maioria delas, desaparecem – mudança esta que permite aos membros da comunidade remanescente um comportamento profissional muito mais vigoroso. A respeito de todo esse problema, as observações da srta. Masterman (op. cit., p.70-2) parecem-me de notável importância.

Faltando-me espaço para desenvolver um argumento, vou simplesmente afirmar que os físicos compartilham poucas regras, explícitas ou implícitas, pelas quais fazem a transição de um esboço de lei para as formas simbólicas específicas exigidas por problemas individuais. Em vez disso, a exposição a uma série de soluções de problemas exemplares os ensina a ver diferentes situações físicas como semelhantes; elas são vistas, por assim dizer, numa *gestalt* newtoniana. Uma vez que os estudantes tenham adquirido a capacidade de ver dessa maneira várias situações-problema, podem escrever *ad libitum* as formas simbólicas exigidas por outras situações desse tipo à medida que surgem. Antes dessa aquisição, contudo, a segunda lei de Newton era para eles pouco mais do que uma sequência de símbolos não interpretados. Embora a compartilhassem, não sabiam o que significava, e ela, portanto, pouco lhes dizia a respeito da natureza. O que ainda tinham de aprender, entretanto, não estava incorporado em formulações simbólicas adicionais. Ao contrário, foi adquirido por um processo como a ostensão, a exposição direta a uma série de situações cada uma das quais, dizia-se a eles, era newtoniana.

Ver situações-problema como semelhantes umas às outras, como sujeitas à aplicação de técnicas similares, é também uma parte importante do trabalho científico normal. O ponto pode ser tanto ilustrado como demonstrado por um exemplo. Galileu descobriu que uma esfera que role abaixo por um plano inclinado adquire exatamente a velocidade suficiente para retorná-la à mesma altura vertical num segundo plano inclinado, de inclinação qualquer, e aprendeu a ver essa situação experimental como semelhante ao pêndulo com um ponto material. Huyghens, em seguida, resolveu o problema do centro de oscilação de um pêndulo físico imaginando o corpo estendido deste último composto de pêndulos galileanos ideais, e os vínculos entre eles poderiam ser liberados em qualquer ponto da oscilação. Depois que os vínculos fossem liberados, os pêndulos ideais individuais oscilariam livremente, mas seu centro coletivo de gravidade, quando cada um estivesse no ponto mais alto, estaria somente na altura da qual o centro de gravidade do pêndulo estendido começou a cair. Finalmente, Daniel Bernoulli, ainda sem nenhuma ajuda das leis de Newton, descobriu como fazer o fluxo da água de um orifício num tanque de armazenagem assemelhar-se ao pêndulo de Huyghens. Determine-se a descida do centro de gravidade da água no tanque e no jato durante um período infinitesimal de tempo.

A seguir, imagine-se que cada partícula de água mova-se separadamente para cima até a altura máxima atingível com a velocidade que possuía no fim do intervalo de descida. A subida do centro de gravidade das partículas separadas deve, assim, ser igual à descida do centro de gravidade da água no tanque e no jato. Dessa visão do problema seguiu-se, de imediato, a longamente procurada velocidade do efluxo. Esses exemplos mostram o que srta. Masterman tem em mente quando diz que um paradigma é fundamentalmente um artefato que transforma problemas em quebra-cabeças e permite que sejam resolvidos até mesmo na ausência de um corpo adequado de teoria.

Está claro que estamos de volta à linguagem e à sua ligação com a natureza? Somente uma lei foi usada em todos os exemplos precedentes. Conhecida como o princípio da *vis viva*, era geralmente enunciada como "A descida real é igual à subida potencial". Examinar os exemplos é uma parte essencial (embora apenas parte) da aprendizagem do que significam individual e coletivamente as palavras nessa lei, ou da aprendizagem de como elas se ligam à natureza. Igualmente, é parte da aprendizagem de como o mundo se comporta. As duas não podem ser separadas. O mesmo papel duplo é desempenhado pelos problemas de manuais com base nos quais os estudantes aprendem, por exemplo, a descobrir forças, massas e acelerações na natureza e, no processo, descobrem o que "$f = ma$" significa e como se liga à natureza e legisla sobre ela. É claro que em nenhum desses casos os exemplos funcionam isoladamente. O estudante precisa conhecer matemática, um pouco de lógica e, acima de tudo, a linguagem natural e o mundo ao qual ela se aplica. Mas o último par foi aprendido em grande medida da mesma maneira, por uma série de ostensões que o ensinaram a ver sua mãe como sempre igual a si mesma e diferente do pai e da irmã, que o ensinaram a ver cães como semelhantes uns aos outros e diferentes dos gatos, e assim por diante. Essas relações aprendidas de similaridade-dissimilaridade são relações que todos empregamos cotidianamente, de maneira não problemática, sem sermos, porém, capazes de nomear as características pelas quais fazemos as identificações e discriminações. Isto é, elas são anteriores a uma lista de critérios que, reunidos em uma generalização simbólica, nos permitiriam definir nossos termos. São, mais propriamente, expressões de um modo, condicionado pela linguagem ou correlacionado a ela, de ver o mundo. Até que as tenhamos adquirido, não vemos mundo algum.

Para um tratamento mais demorado e desenvolvido desse aspecto do paralelo teoria-linguagem, terei de remeter os leitores ao artigo previamente citado do qual foi extraído muito do que aparece nos últimos parágrafos. No entanto, antes de retornar ao problema da escolha de teorias, preciso, pelo menos, enunciar o ponto fundamental que esse artigo procura defender. Quando falo na aprendizagem conjunta, por ostensão, de linguagem e natureza e, particularmente, quando falo em aprender a agrupar os objetos da percepção em conjuntos de similaridade sem responder a perguntas como "similar com respeito a quê?", não estou apelando para algum processo místico que possa ser agrupado sob o rótulo de "intuição" e depois deixado de lado. Ao contrário, o tipo de processo que tenho em mente pode perfeitamente ser modelado em um computador e, assim, comparado com o modo mais familiar de aprendizagem que recorre a critérios, em vez de recorrer a uma relação aprendida de similaridade. Encontro-me presentemente nos estágios iniciais de uma tal comparação, esperando, entre outras coisas, descobrir algo a respeito das circunstâncias em que cada uma das duas estratégias opera de modo mais efetivo. Em ambos os programas, será dada ao computador uma série de estímulos (modelados como conjuntos ordenados de números inteiros) junto com o nome da classe da qual cada estímulo foi selecionado. No programa de aprendizagem do critério, a máquina é instruída a abstrair critérios que permitirão a classificação de estímulos adicionais e pode, depois disso, descartar o conjunto original com o qual aprendeu a desempenhar a tarefa. No programa de aprendizagem da similaridade, a máquina é, em vez disso, instruída a reter todos os estímulos e classificar cada estímulo novo por meio de uma comparação global com os exemplares agrupados que já encontrou. Ambos os programas funcionarão, mas não produzirão resultados idênticos. Eles diferem em muitos dos mesmos modos e por muitas das mesmas razões pelas quais diferem a jurisprudência [*case law*] e a lei codificada [*codified law*].

Uma de minhas afirmativas, então, é que ignoramos, por demasiado tempo, a maneira pela qual o conhecimento da natureza pode estar tacitamente presente em corpos integrais de experiência sem que intervenha uma abstração de critérios ou de generalizações. Essas experiências nos são apresentadas durante a educação e a iniciação profissional por uma geração que já sabe do que elas são exemplares. Assimilando um número suficiente de exemplares, aprendemos a reconhecer e a trabalhar com o mundo que nossos professores já conhecem. Minhas principais aplicações anteriores dessa afirmativa foram dirigidas, é claro, à ciência normal e ao modo pelo qual ela é alterada por revoluções, mas vale a pena notar aqui uma aplicação adicional. Reconhecer a função cognitiva de exemplos pode também remover o laivo de irracionalismo de minhas observações anteriores a respeito das decisões que descrevi como portadoras de uma base ideológica. Uma vez que se disponha de exemplos do que uma teoria científica faz e permanecendo-se sob a tutela de valores compartilhados que preservem o fazer da ciência, não se precisa também ter critérios para descobrir que algo saiu errado ou para fazer escolhas em caso de conflito. Pelo contrário, embora não tenha ainda evidência sólida, acredito que uma das diferenças entre meu programa de similaridade e meu programa de critérios será a eficiência especial com que o primeiro lida com situações desse tipo.

Contra esse pano de fundo, retorno finalmente ao problema da escolha de teorias e ao recurso oferecido pela tradução. Uma das coisas de que depende a prática da ciência normal é uma capacidade aprendida de agrupar objetos e situações em classes de similaridade, as quais são primitivas no sentido de que o agrupamento é feito sem uma resposta à pergunta "similar com respeito a quê?". Um aspecto de toda revolução, então, é que algumas das relações de similaridade mudam. Objetos que antes estavam agrupados no mesmo conjunto são agrupados, em seguida, em conjuntos diferentes, e vice-versa. Pensem no Sol, na Lua, em Marte e na Terra antes e depois de Copérnico; na queda livre, no movimento pendular e no movimento planetário antes e depois de Galileu; ou em sais, em ligas e numa mistura de enxofre e limalha de ferro antes e depois de Dalton. Uma vez que a maioria dos objetos, até mesmo dentro dos conjuntos alterados, continua a ser agrupada, os nomes dos conjuntos são geralmente preservados. Não obstante, transferir um subconjunto pode afetar crucialmente a rede de inter-relações entre conjuntos. A transferência dos metais do conjunto de compostos para o conjunto de elementos foi parte de uma nova teoria da combustão, da acidez e da diferença entre combinação física e combinação química. Essas mudanças espalharam-se, sem demora, por toda a química. Quando ocorre uma tal redistribuição de objetos entre conjuntos de similaridade, dois indivíduos cujo discurso havia prosseguido, por algum tempo, com uma compreensão aparentemente total podem, de súbito, achar-se respondendo ao mesmo estímulo com descrições ou generalizações incompatíveis. Simplesmente porque nenhum deles pode dizer "Uso a palavra 'elemento' (ou 'mistura', ou 'planeta', ou 'movimento irrestrito') em obediência a tais e tais critérios", a origem do colapso na comunicação entre eles pode ser extraordinariamente difícil de isolar e contornar.

Não pretendo afirmar que não exista recurso em tais situações, mas, antes de perguntar que recurso é esse, permitam-me enfatizar quão profundas podem ser as diferenças desse tipo. Elas não são diferenças apenas a respeito de nomes ou de linguagem, mas igual e inseparavelmente a respeito da natureza. Não podemos nem mesmo dizer com segurança que os dois indivíduos veem a mesma coisa e possuem os mesmos dados, mas sim que os identificam ou interpretam de maneira diferente. Aquilo a que estão respondendo de maneira diferente são estímulos, e os estímulos recebem muito processamento neural antes que alguma coisa seja vista ou que algum dado seja apresentado aos sentidos. Uma vez que agora sabemos (o que Descartes não sabia) que a correlação estímulo-sensação não é biunívoca nem independente da educação, podemos razoavelmente suspeitar que ela varia um pouco entre uma comunidade e outra, e a variação está correlacionada com as diferenças correspondentes na interação linguagem-natureza. Os tipos de colapso de comunicação ora considerados são evidência provável de que os indivíduos envolvidos processam certos estímulos de maneira diferente, recebendo deles dados diferentes, vendo coisas diferentes ou as mesmas coisas de modo diferente. Eu próprio acho provável que muita coisa do agrupamento de estímulos em conjuntos de similaridade, ou todo esse agrupamento ocorre na porção estímulo-para-sensação de nosso aparelho de processamento neural; que a programação educacional desse aparelho ocorre quando nos são apresentados estímulos que nos dizem emanar de membros da mesma classe de similaridade; e que, completada a programação, reconhecemos, digamos, gatos e cães (ou selecionamos forças, massas e parâmetros) porque eles (ou as situações em que aparecem) assemelham-se, nesse momento, pela primeira vez, com os exemplos que tínhamos visto antes.

Não obstante, é preciso haver algum recurso. Embora não tenham acesso direto a ele, os estímulos aos quais respondem os participantes de um colapso de comunicação são os mesmos, sob pena de solipsismo. Também é o mesmo seu aparelho nervoso geral, não importa quão diferente seja a programação. Além disso, exceto em uma área de experiência que é pequena, mas muito importante, a programação precisa ser a mesma, pois os indivíduos envolvidos compartilham uma história (exceto o passado imediato), uma linguagem, um mundo cotidiano e a maior parte de um mundo científico. Dado o que compartilham, podem descobrir muita coisa a respeito de suas diferenças. Pelo menos, poderão fazê-lo se tiverem suficiente vontade, paciência e tolerância à ambiguidade ameaçadora, características que, em assuntos desse tipo, não podem ser assumidas como dadas. De fato, os tipos de esforço terapêutico para os quais agora me volto raramente são levados muito longe por cientistas.

Em primeiro lugar, e acima de tudo, indivíduos que experimentam um colapso de comunicação podem descobrir por experiência – às vezes por experimento mental, ciência de gabinete – a área em que ele ocorre. Com frequência, o centro linguístico da dificuldade envolve um conjunto de termos, tais como "elemento" e "composto", que ambos empregam de maneira não problemática, mas que, como se pode ver agora, ligam-se à natureza de maneira diferente. Para cada um deles, esses termos pertencem a um vocabulário básico, pelo menos no sentido de que seu uso normal intragrupal não provoca discussões, pedidos de explicação ou divergências. Tendo descoberto contudo que, para discussões intergrupais, essas palavras são o foco de dificuldades especiais, nossos indivíduos podem recorrer a seu vocabulário cotidiano compartilhado numa tentativa adicional de elucidar suas dificuldades. Isto é, cada um deles pode tentar descobrir o que o outro veria e diria quando lhe fosse apresentado um estímulo ao qual sua resposta visual e verbal fosse diferente. Com o passar do tempo e com habilidade, cada um deles pode aprender a predizer muito bem o comportamento do outro, coisa que o historiador normalmente aprende a fazer (ou deveria aprender) quando lida com teorias científicas mais velhas.

Portanto, o que cada participante de um colapso de comunicação descobriu foi uma maneira de traduzir a teoria do outro em sua própria linguagem e, simultaneamente, de descrever o mundo no qual essa teoria ou linguagem se aplicam. Sem ao menos alguns passos preliminares nessa direção, não haveria nenhum processo que nos sentíssemos sequer tentados a descrever como *escolha* de teorias. Uma conversão arbitrária seria a única coisa que estaria envolvida (embora duvide da existência de tal coisa em qualquer aspecto da vida). Note-se, contudo, que a possibilidade de tradução não torna inapropriado o termo "conversão". Na ausência de uma linguagem neutra, a escolha de uma nova teoria é uma decisão de se adotar uma diferente língua-mãe e empregá-la em um mundo correspondentemente diferente. Esse, no entanto, não é um tipo de transição a que os termos "escolha" e "decisão" se ajustem inteiramente, embora sejam claras as razões para querer empregá-los depois do evento. Caso explore uma teoria alternativa por meio de técnicas como as esboçadas aqui, alguém provavelmente sentiria que já a está empregando (como alguém nota, subitamente, que está pensando em uma língua estrangeira, mas não traduzindo dela). Em ponto algum teve-se consciência de haver tomado uma decisão, de ter sido feita uma escolha. Esse tipo de mudança, entretanto, é conversão, e as técnicas que a induzem bem podem ser descritas como terapêuticas, ainda que seja só pela consciência, quando têm êxito, de que se estava anteriormente doente. Não admira que haja resistência às técnicas e que a natureza da mudança oculte-se em descrições posteriores.

7
Mudança de teoria como mudança de estrutura: comentários sobre o formalismo de Sneed

"Theory Change as Structure Change: Comments on the Sneed Formalism" apareceu pela primeira vez em Erkenntnis, v.10, p.179-99. *Reimpresso com a gentil permissão de Kluwer Academic Publishers.*

***

Faz agora pouco mais de um ano e meio desde que o professor Stegmüller gentilmente me enviou uma cópia de seu livro *Theorie und Erfahrung* [Teoria e experiência],[1] chamando assim minha atenção, pela primeira vez, para a existência do novo formalismo do dr. Sneed e sua provável relevância para meu próprio trabalho. Naquela época, a teoria de conjuntos era para mim uma linguagem desconhecida e totalmente indevassável, mas logo fui persuadido de que deveria, de algum modo, encontrar tempo para dominá-la. Mesmo agora, não posso reivindicar um sucesso completo: vou me referir aqui, algumas vezes, à teoria de conjuntos, mas nunca tentarei falar empregando seu vocabulário. Todavia, aprendi o suficiente para aceitar com entusiasmo as duas grandes conclusões do livro de Stegmüller. Em primeiro lugar, o novo formalismo, apesar de se encontrar ainda num estágio inicial de seu desenvolvimento, torna acessível à filosofia analítica da ciência um importante território novo. Em segundo, os mapas preliminares

---

1 Stegmüller, *Probleme und Resultate der Wissenschaftstheorie und analytischen Philosophie* (Theorie und Erfahrung, v.2, Theorienstrukturen und Theoriendynamik, parte 2); [Ed. norte-americana: *The Structure and Dynamics of Theories*].

do novo terreno, embora desenhados com um lápis que ainda mal aprendi a manejar, exibem notável semelhança com um mapa que eu já havia esboçado com base em relatos dispersos de viajantes, trazidos de volta por historiadores itinerantes da ciência.

A semelhança é firmemente enfatizada no capítulo final do livro de Sneed;[2] sua discussão detalhada é uma contribuição fundamental de Stegmüller. Que a aproximação vista por ambos é genuína deveria ser suficientemente indicado pelo fato de que Stegmüller, ao abordar minha obra por intermédio da de Sneed, compreendeu-a melhor do que qualquer outro filósofo que a ela tenha feito mais que uma referência passageira. Sinto-me muito encorajado por essas análises. Sejam quais forem suas limitações (que considero severas), a representação formal fornece uma técnica fundamental para explorar e esclarecer ideias. Mas os formalismos tradicionais, quer da teoria de conjuntos, quer proposicionais, não travaram absolutamente nenhum contato com as minhas teses. O formalismo do dr. Sneed o faz em alguns pontos particularmente estratégicos. Embora nem ele, nem Stegmüller, nem eu suponhamos que esse formalismo possa resolver todos os problemas pendentes na filosofia da ciência, somos unânimes em considerá-lo um instrumento importante, totalmente merecedor de muitos desenvolvimentos adicionais.

Pelo fato mesmo de o novo formalismo esclarecer algumas de minhas heresias características, é improvável que minha avaliação dele não seja tendenciosa. Mas não perderei tempo simplesmente deplorando o inevitável. Em vez disso, passo a meu tema propriamente dito, começando com um esboço superficial de alguns aspectos do novo formalismo que me parecem atraentes em particular. Começando por eles, explorarei a seguir dois aspectos da posição de Sneed e Stegmüller que, em sua forma presente, parecem-me significativamente incompletos. Por fim, examinarei uma dificuldade central que não será resolvida dentro do formalismo, mas que, presumivelmente, demanda recurso à filosofia da linguagem. Antes de passar à discussão desse programa, contudo, permitam-me evitar mal-entendidos indicando uma área sobre a qual este artigo não faz absolutamente nenhuma afirmação. O que me entusiasmou a respeito do formalismo de Sneed são as questões que possibilita explorar com precisão, mas não o apa-

---

2 Sneed, *The Logical Structure of Mathematical Physics*, especialmente p.288-307.

rato especificamente desenvolvido para essa propósito. Sobre questões tais como se essas realizações demandam ou não o uso da teoria de conjuntos e da teoria de modelos, não tenho base para emitir opiniões. Ou melhor, tenho base para apenas uma de tais questões: aqueles que pensam que a teoria de conjuntos é uma ferramenta ilegítima para a análise de estrutura lógica de teorias científicas estão agora desafiados a produzir resultados semelhantes de uma outra maneira.

Avaliando o formalismo

O que me chamou a atenção, desde o início, no formalismo de Sneed é que até sua forma estrutural elementar captura aspectos significativos da teoria e prática científicas notadamente ausentes dos formalismos anteriores que me eram conhecidos. Isso talvez não seja surpreendente, pois Sneed, enquanto preparava seu livro, investigou reiteradamente como as teorias são apresentadas aos estudantes de ciência e como são usadas por eles.[3] Um resultado desse procedimento é a eliminação das artificialidades que, no passado, frequentemente fizeram que formalismos filosóficos parecessem irrelevantes tanto para os praticantes da ciência quanto para seus historiadores. O único físico com quem discuti até a presente data as concepções de Sneed ficou fascinado por elas. Como historiador, mencionarei eu próprio, mais adiante, um modo pelo qual o formalismo já começou a influenciar meu trabalho. Embora mesmo conjecturas sobre o futuro sejam prematuras, arriscarei fazer uma. Caso sejam encontradas maneiras mais simples e mais palatáveis de representar os elementos essenciais da posição de Sneed, os filósofos, os praticantes e os historiadores da ciência poderão, pela primeira vez em muitos anos, encontrar canais frutíferos para a comunicação interdisciplinar.

Para tornar mais concreta essa afirmação geral, consideremos as três classes de modelo exigidas pela apresentação de Sneed. A segunda, seus modelos parciais potenciais, ou M_{pp}s, são (ou incluem) as entidades às quais determinada teoria poderia ser aplicada em virtude da descrição delas no vocabulário não teórico da teoria. A terceira, seus modelos, ou Ms, derivam

---

3 Ibid., p.3 et seq., 28, 33, 110-4.

do subconjunto dos M_{pp}s aos quais, após uma expansão teórica adequada, as leis da teoria realmente se aplicam. Ambas as classes têm paralelos óbvios nos tratamentos formais tradicionais. Mas os modelos parciais de Sneed, seus M_ps, não têm. Estes constituem o conjunto dos modelos obtidos pelo acréscimo de funções teóricas a todos os elementos de M_{pp} adequados, desse modo completando-os ou estendendo-os antes que as leis fundamentais da teoria sejam aplicadas. É em parte por dar a eles um lugar central na reconstrução de teorias que Sneed acrescenta uma verossimilhança significativa às estruturas resultantes.

Faltando-me o tempo para a argumentação extensiva, contentar-me-ei aqui com três asserções. Em primeiro lugar, ensinar um estudante a fazer a transição de modelos parciais potenciais para modelos parciais é uma grande parte daquilo de que trata a educação científica, ou pelo menos a da física. É para isso que servem os laboratórios para estudantes e os problemas de final de capítulo dos manuais. O estudante comum, que consegue resolver problemas formulados por equações, mas que não consegue produzir equações com base nos problemas exibidos no laboratório ou em enunciados em palavras, não começou a adquirir esse talento essencial. Em segundo lugar, quase um corolário disso, a imaginação criativa requerida para encontrar um M_p correspondente a um M_{pp} não *standard* (digamos, uma membrana ou corda em vibração, antes que essas fossem aplicações normais da mecânica newtoniana) faz parte dos critérios pelos quais os grandes cientistas podem, às vezes, ser distintos dos medíocres.[4] E, em terceiro lugar, o fracasso em prestar atenção à maneira em que essa tarefa é realizada disfarçou por anos a natureza do problema apresentado pelo significado dos termos teóricos.

Exceto no caso de teorias completamente matematizadas, nem Stegmüller nem Sneed têm muito a dizer a respeito de como os M_{pp}s são, de fato, expandidos a M_ps. Mas a concepção que Sneed desenvolve com precisão para seu caso especial é, de modo notável, semelhante à que eu havia anteriormente articulado de maneira vaga para o caso geral, e as duas podem, doravante, interagir proveitosamente – um ponto ao qual retornarei. Em

---

4 A ausência de reconstruções tradicionais de qualquer passo, tal como o que leva de um elemento de M_{pp} à sua expansão, o elemento correspondente em M_p, pode ajudar a explicar minha falta de êxito em persuadir os filósofos de que a ciência normal pode ser qualquer coisa, salvo uma atividade totalmente rotineira.

ambos os casos, o processo de expansão depende tanto da suposição de que a teoria foi corretamente empregada em uma ou mais aplicações prévias, quanto de usar, em seguida, essas aplicações como guias para a especificação de funções ou conceitos teóricos ao transformar um novo M_{pp} em um M_{pp}.[5] Para teorias integralmente matemáticas, essa orientação é fornecida pelo que Sneed chama de condições limitativas [*constraints*],[6] restrições nomológicas que balizam a estrutura não de modelos parciais individuais, mas de pares ou conjuntos de modelos parciais. (Os valores assumidos por funções teóricas em uma aplicação precisam, por exemplo, ser compatíveis com os assumidos em outras.) Juntamente com a noção correlata de aplicações, a noção de condições limitativas constitui o que considero ser a principal inovação conceitual do formalismo de Sneed, e segue-se dela uma outra, particularmente notável. Tanto para ele quanto para mim, a especificação adequada de uma teoria deve incluir a especificação de algum conjunto de aplicações exemplares. A subseção de Stegmüller, "Was ist ein Paradigma?" [O que é um paradigma?], é uma esplêndida discussão desse ponto (p.195-207).

Até agora, mencionei aspectos do formalismo de Sneed que se harmonizam particularmente bem com ideias que desenvolvi em outros lugares. Retornarei em breve a alguns outros do mesmo tipo. Mas não estou certo de que associar tão estreitamente nossas concepções vá favorecê-lo, e há outras razões para levar sua concepção a sério. Permitam-me, antes de retornar a meu tema principal, mencionar apenas alguns aspectos intimamente relacionados.

De modo geral, Sneed representa uma teoria como um conjunto de aplicações distintas. No caso da mecânica clássica de partículas, poderiam ser os problemas do movimento planetário, dos pêndulos, da queda livre, das alavancas e balanças etc. (Precisaria enfatizar que aprender uma teoria é

---

5 Sneed e Stegmüller consideram apenas teorias da física matemática (seu tema seria mais bem descrito como afeito apenas às partes matemáticas de teorias da física matemática). Portanto, eles se referem apenas ao papel de restrições na especificação de *funções* teóricas. Acrescento "ou conceitos", antecipando uma generalização necessária do formalismo de Sneed. Mais adiante, ficará evidente que o próprio Sneed acredita que conceitos sejam, pelo menos em parte, especificados por estruturas matemáticas que incluem restrições.

6 A expressão usada por Sneed, *constraints*, tem sido traduzida de várias maneiras em português, por exemplo, como "restrições", "exigências" e "condições de contorno". Preferimos empregar a expressão "condições limitativas", que nos parece ser a mais adequada. (N. T.)

aprender aplicações sucessivas em alguma ordem apropriada e que usá-la é projetar ainda outras?) Considerada individualmente, cada aplicação poderia ser reconstruída por um sistema axiomático padrão em um cálculo de predicados (suscitando assim o problema-padrão dos termos teóricos). Mas, nesse caso, os sistemas axiomáticos individuais ordinariamente seriam um tanto diferentes uns dos outros.[7] Aquilo que na visão de Sneed propicia sua unidade, que permite a um conjunto suficiente determinar coletivamente uma teoria, é em parte a lei básica, ou leis básicas, que todos compartilham (por exemplo, a segunda lei de Newton sobre o movimento) e em parte o conjunto de condições limitativas que vinculam as aplicações em pares ou, pelo menos, em cadeias conectadas.

Com uma tal estrutura baseada na teoria de conjuntos, as aplicações individuais desempenham um papel duplo, papel anteriormente usual, num nível pré-teórico, na discussão das sentenças de redução. Tomadas isoladamente, as aplicações individuais, do mesmo modo que sentenças de redução individuais, são vácuas, ou porque seus termos teóricos não são interpretáveis ou por ser circular a interpretação que permitem. Mas as aplicações, quando articuladas por condições limitativas, tal como as sentenças redutivas são articuladas pela recorrência de um termo teórico, mostram-se simultaneamente capazes de especificar, por um lado, a maneira pela qual os conceitos ou termos teóricos devem ser aplicados e, por outro, algum conteúdo empírico da própria teoria. Introduzidas, como as sentenças de redução, para resolver o problema dos termos teóricos, as condições limitativas também demonstraram ser, mais uma vez como as sentenças de redução, um veículo para o conteúdo empírico.[8]

Seguem-se numerosas consequências interessantes, das quais mencionarei aqui três. Dada a descoberta de que os termos teóricos não podem ser prontamente eliminados por definições estritas, tem-se acarretada a questão de como distinguir os elementos convencionais dos empíricos no processo pelo qual são introduzidos. O formalismo de Sneed esclarece esse

---

7 Compare-se com Kuhn, *The Structure of Scientific Revolutions*, 2.ed., p.187-91.

8 Um terceiro exemplo do processo (desta vez operando no nível dos termos observacionais) que introduz linguagem e conteúdo empírico em uma forma inextricavelmente entrelaçada está esboçado nas últimas páginas de Kuhn, "Second Thoughts on Paradigms". In: Suppe (Ed.), *The Structure of Scientific Theories*, 1974, p.459-82; reimpresso em *The Essential Tension*, 1977, p.293-319. Sua reaparição em todos os três níveis tradicionais (termos observacionais, termos teóricos e teorias integrais) parece-me de importância ponderável.

quebra-cabeça ao conferir-lhe estrutura adicional. Se uma teoria, como a mecânica newtoniana, tem somente uma única aplicação (por exemplo, a determinação das razões de massa para dois corpos conectados por uma mola), então a especificação das funções teóricas que ela fornece seria literalmente circular, e a aplicação correspondente seria também vácua. Do ponto de vista de Sneed, contudo, uma aplicação isolada não constitui ainda uma teoria e, quando várias aplicações são reunidas, a circularidade potencial deixa de ser vácua porque é distribuída por condições limitativas sobre o conjunto inteiro de aplicações. Em consequência, alguns outros problemas determinados, às vezes importunos, mudam de forma ou desaparecem. No interior do formalismo de Sneed, não ocorre a tentação de fazer a pergunta – para os físicos uma pergunta artificial – de se a massa, ou alternativamente a força, deveria ser tratada como um primitivo em termos do qual a outra deveria ser definida. Ambas, para Sneed, são teóricas e, na maioria dos aspectos, de estatuto semelhante, pois não se pode aprender nem dar significado a nenhuma delas exceto no interior da teoria, da qual algumas aplicações precisam ser pressupostas. Finalmente, talvez a consequência de maior impacto seja a nova forma que tomam as sentenças de Ramsey no formalismo do dr. Sneed. Apenas porque condições limitativas, tanto quanto leis, envolvem consequências empíricas, há importantes coisas novas a serem ditas sobre a função e a eliminabilidade dos termos teóricos.[9]

Esses e outros aspectos do formalismo de Sneed merecem muita atenção adicional, e provavelmente vão recebê-la, mas para mim sua importância se apequena quando comparada à do seguinte aspecto, com o qual se encerra esta seção de meu artigo. Em medida muito maior – e também muito mais naturalmente do que qualquer modo anterior de formalização –, o de Sneed presta-se à reconstrução da dinâmica de teorias, o processo pelo qual as teorias se modificam e crescem. Particularmente notável para mim, é claro, é que sua maneira de fazer isso parece demandar a existência de (pelo menos) dois tipos distintos de alteração ao longo do tempo. No primeiro, o que Sneed chama de núcleo teórico [*theory-core*] permanece fixo, como o fazem, ao menos algumas delas, as aplicações exemplares de uma teoria. O progresso ocorre, nesse caso, ou pela descoberta de novas

---

9 Sobre esses assuntos, ver Sneed, op. cit., p.31-7, 48-51, 65-86, 117-38, 150-1; Stegmüller, op. cit., p.45-103.

aplicações que podem ser identificadas extensionalmente como elementos do conjunto de aplicações pretendidas, *I*, ou então pela construção de uma nova rede do núcleo teórico [*theory-core-net*] (um novo conjunto de expansões do núcleo no vocabulário anterior de Sneed) que especifica mais precisamente as condições para a pertinência a *I*.[10] Tanto Stegmüller quanto Sneed enfatizam que mudanças desse tipo correspondem a muito da parte teórica daquilo que chamei, algures, ciência normal,[11] e aceito inteiramente que sejam identificadas. Uma vez que, por sua natureza, um núcleo teórico é virtualmente imune ao falseamento direto, Sneed também sugere, e Stegmüller desenvolve, a possibilidade de que pelo menos alguns casos de mudança de núcleo correspondem ao que chamei de revoluções científicas.[12]

Muito do restante deste artigo é dedicado a revelar dificuldades ligadas a essa segunda identificação. Embora o formalismo de Sneed permita, de fato, a existência de revoluções, não faz virtualmente nada em seu perfil corrente para esclarecer a natureza da mudança revolucionária. Não vejo, entretanto, nenhuma razão para que não se possa articulá-lo de modo que venha a fazê-lo, e pretendo dar aqui uma contribuição para essa finalidade. Ademais, mesmo na ausência dessa contribuição, tanto minha obra histórica quanto minha obra mais filosófica são iluminadas pela tentativa de ver as revoluções como mudanças de núcleo. Em particular, creio que boa parte de minha pesquisa ainda não publicada a respeito da gênese da teoria quântica e de sua transformação durante os anos 1925 e 1926 revela mudanças que bem podem ser representadas como justaposições de elementos de um núcleo tradicional com outros extraídos de uma de suas expansões recentes.[13] Essa maneira de ver as revoluções parece-me especialmente pro-

---

10 Stegmüller, que rejeita o que chama de "o platonismo de Sneed", expressaria esse ponto de maneira diferente, e sinto-me um pouco mais confortável com sua abordagem. Mas sua introdução aqui exigiria um aparato simbólico adicional e irrelevante aos propósitos principais deste artigo.

11 Sneed, op. cit., p.284-8; Stegmüller, op. cit., p.219-31.

12 Sneed, op. cit., p.296-306; Stegmüller, op. cit., p.231-47.

13 Eu poderia, por exemplo, parafrasear da seguinte maneira um tema central de meu livro vindouro sobre a história do problema do corpo negro. De 1900 até a publicação de seu *Wärmestrahlung* em 1906, as equações básicas da mecânica e da teoria eletromagnética encontravam-se no núcleo da teoria de Planck sobre o corpo negro; a equação para o elemento de energia, $\varepsilon = h\nu$, era parte de sua expansão. Em 1908, contudo, a equação que definia o elemento de energia tornou-se parte de um novo núcleo; equações selecionadas *ad hoc*, com

missora porque, talvez em breve, pode me permitir dizer, pela primeira vez, algo relevante a respeito das continuidades que perduram através delas.[14] Mas, antes, há ainda trabalho por fazer. Começarei, agora, a sugerir o que seria uma parte dele.

Dois problemas de demarcação

Já sugeri que a principal novidade da abordagem de Sneed é, provavelmente, seu conceito de condições limitativas. Permitam-me acrescentar agora que se poderia proveitosamente conferir a esse conceito uma posição ainda mais fundamental do que a que lhe é atribuída por Sneed. Ao desenvolver seu formalismo, Sneed começa pela seleção de uma teoria, como a mecânica clássica de partículas, para a qual, enfatiza, é preciso que sejam pressupostos estritos critérios de identidade.[15] Examinando essa teoria, ele distingue, a seguir, as funções não teóricas das funções teóricas empregadas por ela, sendo as últimas as que não podem ser especificadas, em *nenhuma* das aplicações dessa teoria, sem recurso às leis fundamentais da teoria. Finalmente, em um terceiro passo, são introduzidas condições limitativas a fim de permitir a especificação de funções teóricas. Esse terceiro passo parece-me perfeitamente correto. Mas sou bem menos confiante a respeito dos dois que pressupõe e, portanto, fico imaginando se não seria possível inverter a ordem em que são introduzidos. Isto é, não seria possível introduzir as aplicações e as condições limitativas entre elas como noções primitivas, deixando a uma investigação subsequente a tarefa de revelar até

---

base na mecânica e na teoria eletromagnética, estavam em sua expansão. Embora houvesse considerável superposição de equações incluídas nos dois núcleos *expandidos* (o que explica muito da continuidade entre ambos), as estruturas das teorias determinadas pelos dois núcleos eram radicalmente distintas.

14 Stegmüller (op. cit., p.14, 182) sugere que minha incapacidade de resolver um grupo de dificuldades apresentadas por minha posição deve-se ao fato de ter eu aceito a visão tradicional de uma teoria como um conjunto de enunciados. Expressarei mais adiante reservas a respeito de algumas de suas ilustrações dessa sugestão, mas ela é inteiramente relevante para o problema da continuidade. Ao se notar que uma equação ou enunciado essencial para o sucesso de uma teoria em determinada aplicação não precisa ser um determinante da estrutura dessa teoria fica possível afirmar muito mais acerca de como novas teorias podem ser construídas com base em elementos gerados por suas predecessoras incompatíveis.

15 Sneed, op. cit., p.35; Stegmüller, op. cit., p.50.

que ponto seguir-se-iam critérios para a identidade de teorias e para uma distinção teórico/não teórico?

Consideremos, por exemplo, as formulações clássicas da mecânica e da teoria eletromagnética. A maioria das aplicações de qualquer uma dessas teorias pode ser levada a efeito sem recurso à outra teoria, razão suficiente para descrevê-las como duas teorias em vez de uma. Mas as duas jamais foram absolutamente distintas. Ambas entraram em conjunto, e por conseguinte limitaram-se de modo recíproco, em aplicações tais como mecânica do éter, a aberração estelar, a teoria eletrônica dos metais, os raios X ou o efeito fotoelétrico. Em tais aplicações, além disso, nenhuma dessas duas teorias foi, na maioria das vezes, concebida como mera ferramenta a ser pressuposta enquanto se manipulava criativamente a outra. Em vez disso, as duas foram empregadas conjuntamente, quase como uma única teoria da qual a maioria das aplicações restantes era ou puramente mecânica, por um lado, ou puramente eletromagnética, por outro.[16]

Penso que não se perde nada de importante ao reconhecer que aquilo a que nós, na maioria das vezes, referimo-nos como teorias distintas de fato intersectam-se ocasionalmente em aplicações importantes. Mas essa opinião depende de eu estar, ao mesmo tempo, preparado para abandonar qualquer critério tão estrito quanto o de Sneed para distinguir funções e conceitos teóricos de não teóricos. O que está envolvido pode ser ilustrado pela consideração da discussão que Sneed faz da mecânica clássica de partículas. Em virtude de só poderem ser aprendidas quando são pressupostas algumas aplicações dessa teoria, as funções de massa e força são declaradas teóricas com respeito à mecânica de partículas, e são, assim, contrastadas com as variáveis espaço e tempo, adquiridas por via independente dessa teoria. Algo acerca desse resultado parece-me profundamente correto, mas fico preocupado pelo fato de que o argumento parece depender, essencialmente, de se conceber a estática, a ciência dos equilíbrios mecânicos, de maneira não problemática como parte da teoria mais geral que trata da matéria em movimento. Os manuais de mecânica avançada dão plausibilidade a essa identificação da teoria, mas tanto a história quanto a pedagogia elementar

---

16 Um sentido adicional em que uma teoria limita outra é indicado pela noção tradicional de que a compatibilidade de uma nova teoria com outras correntemente aceitas está entre os critérios legítimos para sua avaliação.

sugerem que a estática poderia, em vez disso, ser considerada uma teoria separada, cuja aquisição é pré-requisito à da dinâmica, assim como a aquisição da geometria é pré-requisito à da estática. Se, contudo, a mecânica fosse dividida dessa maneira, então a função de força seria teórica apenas com respeito à estática, desde a qual entraria na dinâmica com a ajuda de condições limitativas. A segunda lei de Newton seria necessária apenas para permitir a especificação da massa, mas não a da força.[17]

Meu ponto não é que essa maneira de subdividir a mecânica seja correta e que a de Sneed seja errada. Ao contrário, estou sugerindo que o que é esclarecedor a respeito de seu argumento pode ser independente de uma escolha entre as duas. Minha intuição do que constitui o teórico seria satisfeita pela sugestão de que uma função ou conceito são teóricos com respeito a uma dada aplicação se são necessárias condições limitativas para aí os introduzir. Que uma função como a força possa também parecer teórica relativamente a uma teoria inteira seria, nesse caso, explicado pela maneira com que entra na *maioria* das aplicações dessa teoria. Uma dada função ou conceito poderiam, assim, ser teóricos em algumas aplicações da teoria e não teóricos em outras, um resultado que não me parece ser preocupante. O que ele parece ameaçar foi, de fato, deixado de lado há muito tempo, com o abandono das esperanças por uma linguagem observacional neutra.

---

17 Que uma balança de pratos possa ser usada para medir a massa (inercial) pode, é claro, ser justificado apenas pelo recurso à teoria newtoniana. É isso, presumivelmente, o que Sneed (op. cit., p.117) tem em mente quando afirma que a massa é obrigatoriamente teórica, dado que a teoria newtoniana pode ser usada para determinar se o desenho de uma certa balança é apropriado para a determinação da massa. Penso que esse critério (validação de um instrumento de medida por uma teoria) é relevante para juízos de teoricidade, mas também ilustra as dificuldades em fazê-los categóricos. Evidentemente, a mecânica newtoniana foi usada para checar a adequação dos instrumentos para a medição do tempo, e o resultado final foi a identificação de padrões mais precisos que a rotação diurna das estrelas. Não estou sugerindo que os argumentos de Sneed para rotular o tempo como não teórico não sejam convincentes. Pelo contrário, como já indicado, tanto eles quanto seus resultados ajustam-se bastante bem às minhas intuições. Mas, de fato, penso que os esforços para preservar uma distinção clara entre termos teóricos e não teóricos possa ser, entrementes, um aspecto dispensável de um modo tradicional de análise. Minhas reservas sobre a aplicabilidade plena da distinção teórico/não teórico de Sneed devem muito a uma conversa com meu colega C. G. Hempel. Elas foram, contudo, inicialmente estimuladas pelas repetidas sugestões de Stegmüller (op. cit., p.60, 231-43) de que a distinção requereria a construção de uma hierarquia estrita de teorias. Termos e funções estabelecidos por uma teoria em um nível seriam, então, não teóricos no nível imediatamente acima. Mais uma vez, acho essa intuição esclarecedora, mas não vejo nem muitas probabilidade de torná-la precisa nem muita razão para tentar fazê-lo.

Até aqui, sugeri que muito do que há de mais valioso na abordagem de Sneed pode ser preservado sem resolver um problema de demarcação suscitado por sua maneira atual de introduzir seu formalismo. Mas outros usos significativos do formalismo pressupõem distinções de um outro tipo, e os critérios relevantes para elas parecem requerer muita especificação adicional. Ao discutir os desenvolvimentos de uma teoria ao longo do tempo, tanto Sneed quanto Stegmüller fazem repetidas referências à diferença entre um núcleo teórico e um núcleo teórico expandido [*expanded-theory-core*]. O primeiro fornece a estrutura matemática básica da teoria – a segunda lei de Newton no caso da mecânica clássica de partículas – juntamente com as condições limitativas que governam todas as aplicações da teoria. Um núcleo expandido contém, além disso, algumas leis especiais necessárias para aplicações especiais – por exemplo, a lei de Hooke sobre a elasticidade –, bem como pode conter restrições especiais que se aplicam apenas quando essas leis são invocadas. Dois indivíduos que aceitem diferentes núcleos *ipso facto* sustentam teorias diferentes. Se, contudo, compartilharem a crença em um núcleo e em certas de suas aplicações exemplares, serão adeptos da mesma teoria, ainda que suas crenças acerca de suas expansões permissíveis difiram amplamente. Os mesmos critérios para adotar uma e a mesma teoria aplicam-se a um único indivíduo em épocas diferentes.[18]

Um núcleo, em suma, é uma estrutura que, ao contrário de um núcleo expandido, não pode ser abandonada sem que se abandone a teoria que lhe corresponde. Uma vez que as aplicações de uma teoria, excetuando-se talvez as que se originaram com ela, dependem de expansões especialmente elaboradas, o fracasso de uma asserção empírica feita por uma teoria pode infirmar apenas a expansão, mas não o núcleo e, assim, não a própria teoria. A maneira como Sneed e Stegmüller aplicam esse diagnóstico à explicação de meus pontos de vista deveria ser óbvia. Também evidentes, penso eu, são suas razões para sugerir que pelo menos algumas mudanças de núcleo correspondem a episódios que denominei revoluções científicas. Como já afirmado, espero e inclino-me a acreditar que asserções desse tipo possam ser feitas, mas, em sua forma atual, elas exibem lastimável aparência de circularidade. Para eliminá-la, será preciso dizer muito mais a respeito de como determinar

---

18 Sneed, op. cit., p.171-84, 266 et seq., 292 et seq.; Stegmüller, op. cit., p.120-34, 189-95.

se algum elemento particular da estrutura, usado quando se aplica uma teoria, deve ser atribuído ao núcleo dessa teoria ou a alguma de suas expansões.

Embora a respeito desse assunto eu tenha somente intuições a oferecer, sua importância pode justificar que eu as discuta, ainda que brevemente, começando por aquelas que Stegmüller e Sneed compartilham de modo claro. Suponhamos que a atração gravitacional variasse na razão inversa do cubo da distância ou que a força de elasticidade fosse uma função quadrática do deslocamento. Nesses casos, o mundo seria diferente, mas a mecânica newtoniana ainda seria tanto mecânica quanto newtoniana. A lei de Hooke sobre a elasticidade e a lei de Newton da gravitação pertencem, portanto, às expansões da mecânica clássica de partículas, e não ao núcleo que determina a identidade dessa teoria. A segunda lei de Newton sobre o movimento, por outro lado, tem de se localizar no núcleo da teoria, pois desempenha um papel essencial ao prover conteúdo aos conceitos particulares de massa e força, sem os quais nenhuma mecânica de partículas seria newtoniana. De alguma forma, a segunda lei é constitutiva de toda a tradição mecânica descendente da obra de Newton.

Mas o que deve ser dito a respeito da terceira lei de Newton, a igualdade da ação e da reação? Sneed, seguido por Stegmüller, coloca-a em um núcleo expandido, aparentemente porque, desde o final do século XIX, era ela irreconciliável com teorias eletrodinâmicas das interações entre partículas carregadas e campos. Essa razão, contudo, se a identifiquei corretamente, apenas ilustra aquilo a que antes me referi como um "ar de circularidade". A necessidade de abandonar a terceira lei foi um entre vários conflitos verificáveis entre a mecânica e a teoria eletromagnética no final do século XIX. Para alguns físicos pelo menos, a terceira lei, bem como a segunda, pareciam, assim, constitutivas da mecânica clássica. Não podemos concluir que estivessem errados simplesmente porque as mecânicas quântica e relativística ainda não haviam sido inventadas para tomar o lugar da mecânica clássica. Se, de fato, procedêssemos dessa maneira, sustentando que o núcleo da mecânica clássica precisa conter todos e apenas aqueles elementos comuns a todas as teorias denominadas mecânicas newtonianas durante todo o período em que perdurou essa teoria, então a identificação de mudança-de-núcleo com mudança-de-teoria seria literalmente circular. O analista que sentisse, como alguns físicos sentiram, que a relatividade especial foi o auge da mecânica clássica, e não sua derrocada, poderia provar seu caso simplesmente por definição, isto é, fornecendo um núcleo restrito a elementos comuns a ambas as teorias.

Concluo, em resumo, que antes de se poder usar efetivamente o formalismo de Sneed para identificar e analisar episódios nos quais a mudança de teoria ocorre por substituição, em vez de simplesmente por incremento, é preciso encontrar algumas outras técnicas para distinguir os elementos de um núcleo daqueles de duas expansões. Nenhum problema de princípio parece bloquear o caminho, pois a discussão do formalismo de Sneed já forneceu pistas importantes para sua elaboração. O que é necessário, penso eu, é uma articulação explícita e geral, dentro do formalismo, de algumas intuições amplamente compartilhadas, duas das quais foram expressas anteriormente. Por que a segunda lei de Newton é claramente constitutiva da mecânica, mas sua lei da gravitação não o é? O que subjaz à nossa convicção de que a mecânica relativística difere conceitualmente da newtoniana de uma maneira, digamos, que as mecânicas lagrangianas e hamiltonianas não diferem?[19]

Em uma carta respondendo a uma expressão anterior dessas dificuldades, Stegmüller forneceu algumas pistas adicionais. Talvez, sugere ele, um núcleo tenha de ser rico o suficiente para permitir a avaliação de funções teóricas. A segunda lei de Newton é necessária para esse propósito, continua ele, mas a terceira lei e a lei da gravitação não o são. Essa sugestão é precisamente do tipo de que se necessita, pois começa a fornecer condições mínimas para a *adequação* ou *completude* de um núcleo. Além disso, mesmo em uma forma tão preliminar, ela não é, de modo algum, trivial, pois seu desenvolvimento sistemático pode forçar a transferência da terceira lei de Newton da expansão da mecânica clássica de partículas para seu núcleo.

---

19 Como pode indicar a discussão a seguir, o problema de se distinguir entre um núcleo e um núcleo expandido tem contrapartida semelhante em minha própria obra: o problema de distinguir a mudança normal da mudança revolucionária. Também usei, aqui e ali, o termo "constitutivo" ao discutir esse problema, sugerindo que o que deve ser descartado durante uma mudança revolucionária é, de algum modo, uma parte constitutiva, em vez de simplesmente contingente, da teoria anterior. A dificuldade, então, é encontrar maneiras de esclarecer o termo "constitutivo". O mais perto que cheguei de uma solução, ainda um mero *aperçu*, é a sugestão de que elementos constitutivos são, em certo sentido, quase analíticos, isto é, parcialmente determinados pela linguagem na qual a natureza é discutida, em vez de pela natureza *tout court* (Kuhn, *The Structure of Scientific Revolutions*, 2.ed., p.183 et seq.; Id., Second Thoughts on Paradigms. In: Suppe (Ed.), *The Structure of Scientific Theories*, p.469n).

Embora não seja um especialista nesses assuntos, não vejo nenhuma maneira de distinguir massa inercial de massa gravitacional (e, por conseguinte, de distinguir massa de peso ou de força) sem um recurso à terceira lei. Quanto à distinção entre mecânica clássica e relativística, algumas observações na carta de Stegmüller levam-me à seguinte formulação tentativa. Talvez possam ser encontrados núcleos simbolicamente idênticos para as duas teorias, mas sua identidade seria apenas aparente. Ou seja, os dois fariam uso de diferentes teorias do espaço-tempo para especificar suas funções não teóricas. Obviamente, sugestões desse tipo precisam ser trabalhadas, mas sua pronta plausibilidade já é razão para suspeitar que esse trabalho será bem-sucedido.

Redução e revoluções

Suponhamos, agora, que fossem desenvolvidas técnicas adequadas para distinguir um núcleo de suas expansões. O que seria então possível dizer sobre a relação entre mudanças de núcleo e os episódios que denominei revoluções científicas? Respostas a essa questão dependerão, em última instância, da aplicação da relação de redução de Sneed a pares de teorias nos quais um dos elementos, em determinado momento, substituiu o outro como a base aceita para a pesquisa. Que eu saiba, ninguém aplicou ainda o novo formalismo a um par desse tipo,[20] mas Sneed procura sugerir o que uma tal aplicação poderia tentar mostrar. Talvez, escreve ele, a "nova teoria deva ser de tal maneira que a velha teoria se reduza à (a um caso especial da) nova teoria".[21]

---

20 Os exemplos de Sneed são a redução da mecânica dos corpos rígidos pela mecânica clássica de partículas bem como as relações (mais precisamente equivalência que redução) entre as formulações newtoniana, lagrangiana e hamiltoniana da mecânica de partículas. Sneed tem coisas interessantes a dizer a respeito de todas elas. Mas a mecânica dos corpos rígidos, por uma primeira aproximação histórica, é mais recente do que a teoria pela qual foi reduzida, e sua estrutura conceitual, portanto, está diretamente relacionada com a da teoria redutora. As relações entre as três formulações da mecânica clássica de partículas são mais complexas, mas coexistiram sem que se tivesse a impressão de uma incompatibilidade. Não há razão aparente para supor que a introdução de qualquer mecânica, exceto a newtoniana, tenha constituído uma revolução.

21 Sneed, op. cit., p.305.

Em seu livro, de forma mais clara do que em sua contribuição a este simpósio,[22] Stegmüller endossa, de forma inequívoca, essa sugestão relativamente tradicional, e de pronto a emprega para eliminar o que denomina *Rationalitätslücken* [lacunas de racionalidade] em meu ponto de vista. Para ele, bem como para muitos outros, essas lacunas de racionalidade encontram-se em minhas observações sobre a incomensurabilidade entre pares de teorias separadas por uma revolução, tanto em minha ênfase – decorrente de tais observações – nos problemas de comunicação com que se defrontam os aspectos das duas quanto em minha insistência em que esses problemas impedem qualquer completa comparação sistemática, ponto a ponto, entre elas.[23] Passando a essas questões, de imediato concedo que, se uma relação de redução pudesse ser usada para mostrar que uma teoria posterior resolveu todos os problemas resolvidos por sua predecessora e ainda outros, então não estaria faltando nada que se pudesse razoavelmente demandar de uma técnica para a comparação de teorias. De fato, contudo, o formalismo de Sneed não fornece base alguma para a formulação contrarrevolucionária de Stegmüller. Ao contrário, um dos principais méritos do formalismo parece-me ser a especificidade com que se pode fazê-lo localizar o problema da incomensurabilidade.

Para mostrar o que está em questão, começo reenunciando minha posição de uma forma um tanto mais refinada do que a original. A maioria dos leitores de meu texto supôs que, ao falar de teorias como incomensuráveis, queria dizer que elas não poderiam ser comparadas. Mas "incomensurabilidade" é um termo tomado emprestado da matemática, e não tem lá nenhuma implicação dessa natureza. A hipotenusa de um triângulo retângulo isósceles é incomensurável com respeito a qualquer um dos catetos do triângulo, mas ela e os catetos podem ser comparados com qualquer grau de precisão que se queira. O que está faltando não é comparabilidade, mas uma unidade de medida em cujos termos tanto a hipotenusa quanto os catetos possam ser medidos direta e exatamente. Ao aplicar o termo "incomensurabilidade" a teorias, eu pretendia apenas sustentar que não havia

---

22 CLMPS Congress em Londres/Ontario, 1975. (N. E.)

23 Stegmüller, op. cit., p.14, 24, 165-9, 182 et seq., 247-52. Ver também Stegmüller, Accidental ("Non-substantial") Theory Change and Theory Dislodgment, *Erkenntnis*, v.10, p.147-78, 1976.

uma linguagem comum na qual essas teorias pudessem ser plenamente expressas e que se prestasse, portanto, a uma comparação, ponto a ponto, entre elas.[24]

Visto dessa maneira, o problema de comparar teorias torna-se em parte um problema de tradução, e minha atitude em relação a isso pode ser brevemente indicada por referência à posição correlata desenvolvida por Quine em *Word and Object* e em publicações subsequentes. Ao contrário de Quine, não acredito que a referência, em linguagens naturais ou científicas, seja em última instância inescrutável, mas apenas que é muito difícil de descobrir e que nunca se pode estar absolutamente certo de que se teve êxito nisso. Mas identificar a referência em uma língua estrangeira não é equivalente a produzir um manual de tradução sistemático para essa língua. Referência e tradução são dois problemas, não um, e os dois não serão resolvidos em conjunto. A tradução sempre e necessariamente envolve imperfeições e soluções de compromisso; a melhor solução de compromisso para um propósito pode sê-la para outro; o tradutor capaz, movendo-se ao longo de um único texto, não procede de maneira inteiramente sistemática, mas deve repetidamente mudar sua escolha de palavras e expressões, dependendo de que aspecto do original pareça ser mais importante preservar. A tradução de uma teoria na linguagem de outra depende, creio, do mesmo gênero de soluções de compromisso, daí a incomensurabilidade. Comparar teorias, contudo, exige somente a identificação da referência, um problema que as imperfeições intrínsecas das traduções tornam mais difícil, mas não, em princípio, impossível.

---

24 Quando usei pela primeira vez o termo "incomensurabilidade", concebi a hipotética linguagem neutra como aquela na qual toda e qualquer teoria poderia ser descrita. Desde então, reconheci que essa comparação requer apenas uma linguagem neutra com respeito às duas teorias em questão, mas duvido que mesmo algo como essa neutralidade mais limitada possa ser estruturado. Nossas conversas revelam que é nesse ponto fundamental que Stegmüller e eu mais claramente discordamos. Consideremos, por exemplo, a comparação das mecânicas clássica e relativística. Ele supõe que, à medida que se desce na hierarquia que parte da mecânica clássica (ou da relativística) de partículas, passa-se pelas mecânicas mais gerais que carecem da segunda lei de Newton, chega-se à cinemática de partículas *e assim por diante*, até atingir, afinal, um nível no qual os termos não teóricos são neutros com respeito à teoria clássica e à relativística. Duvido da disponibilidade de qualquer nível desse tipo, acho que seu "e assim por diante" não esclarece nada e suponho, portanto, que a comparação sistemática de teorias requeira a determinação dos referentes de termos incomensuráveis.

Diante desse panorama, quero sugerir, em primeiro lugar, que o uso que Stegmüller faz da relação de redução é danosamente circular. A discussão promovida por Sneed sobre a redução depende de uma premissa anterior não discutida que considero ser equivalente à tradutibilidade total. Uma condição necessária para a redução de uma teoria T por uma teoria T' é uma relação de redutibilidade similar entre os núcleos correspondentes, K e K'. Esta, por sua vez, requer uma relação de redutibilidade entre os modelos parciais potenciais que caracterizam esses núcleos. Isto é, requer-se uma relação ρ que associe unicamente cada elemento do conjunto M'_{pp} a um único elemento do conjunto, geralmente menor, M_{pp}. Tanto Sneed quanto Stegmüller enfatizam que os elementos dos dois conjuntos podem ser descritos de maneira muito diferente e que podem, assim, exibir estruturas muito diferentes.[25] Não obstante, assumem como dada a existência de uma relação ρ suficientemente poderosa para identificar, por sua estrutura, o elemento de M_{pp} que corresponde a um elemento de M'_{pp} com uma estrutura diferente, descrita em termos diferentes. Essa pressuposição é a que considero equivalente à tradução não problemática. Claro que ela elimina os problemas que, para mim, agrupam-se em torno da incomensurabilidade. Mas, no estado atual da literatura pertinente, pode a existência de uma tal relação ser simplesmente assumida como dada?

No caso de teorias qualitativas, penso que está claro que, ordinariamente, não existe nenhuma relação desse tipo. Consideremos, por exemplo, apenas um dos muitos contraexemplos que desenvolvi alhures.[26] O vocabulário básico da química do século XVIII era predominantemente um vocabulário de qualidades, e o problema central dos químicos era, naquele momento, rastrear as qualidades tendo por base as reações. Os corpos eram identificados como terrosos, oleosos, metalinos etc. O flogístico era uma substância que, adicionada a uma variedade de terras notavelmente diferentes, dotava-as do brilho, ductilidade etc. comuns aos metais conhecidos. No século XIX, os químicos abandonaram tais qualidades secundárias em favor de características tais como proporções associadas e pesos associados. Conhecer características associadas a um dado elemento ou composto não fornecia indício algum das qualidades que, no século precedente, haviam

---

25 Sneed, op. cit., p.219 et seq.; Stegmüller, *Problema und Resultate...*, p.145.
26 Kuhn, *The Structure of Scientific Revolutions*, 2.ed., p.107.

feito dele uma espécie química distinta. Que os metais tinham propriedades em comum não podia mais ser explicado de nenhuma maneira.[27] Uma
amostra identificada como cobre no século XVIII ainda era cobre no século
XIX, mas a estrutura pela qual o cobre fora modelado no conjunto M_{pp} era
diferente daquela que o representava no conjunto M'_{pp}, e não havia nenhuma rota conduzindo do último ao primeiro.

Nada nem de perto tão inequívoco pode ser dito acerca da relação entre
teorias sucessivas da física matemática como o caso sobre o qual Sneed
e Stegmüller restringem sua atenção. Dada uma descrição relativística
cinemática de uma barra em movimento, sempre se podem calcular as
funções de comprimento e posição que seriam atribuídas a essa barra na
física newtoniana.[28] Contudo, é uma virtude especial do formalismo de
Sneed o fato de realçar a diferença essencial entre esse cálculo com base na
teoria da relatividade e o cálculo direto na teoria newtoniana. No último
caso, começa-se com um núcleo newtoniano e computam-se diretamente
os valores, indo de aplicação a aplicação com o auxílio de condições limitativas especificadas. No primeiro, começa-se com um núcleo relativístico
e prossegue-se, através de aplicações diferentemente especificadas, com
o apoio de condições limitativas (nas funções de comprimento e tempo),
que também podem ser diferentes das newtonianas. Apenas em um último

---

27 Seria errado descartar essa perda de poder explicativo sugerindo que o sucesso da teoria do
    flogístico foi apenas um acidente que não refletia nenhuma característica da natureza. Os
    metais efetivamente têm características em comum, e estas podem ser agora explicadas em
    termos dos arranjos similares de seus elétrons de valência. Seus compostos têm menos em
    comum porque a combinação com outros átomos leva a uma grande variedade nos arranjos
    dos elétrons fracamente ligados nas moléculas resultantes. Se faltava à teoria do flogístico a
    estrutura da explicação moderna, era basicamente por ela supor que uma fonte de similari-
    dade era adicionada a minérios dissimilares para criar metais, em vez de supor que fontes de
    diferença fossem deles subtraídas.

28 Na reconstrução de Sneed, o campo da cinemática de partículas é uma teoria de nível infe-
    rior, que fornece os M_{pp}s necessários para formalizar todas as variedades da mecânica de
    partículas (as últimas sendo determinadas pelas várias maneiras possíveis de acrescentar
    funções de força e massa aos M_{pp}s). A mecânica clássica de partículas surge apenas por espe-
    cialização ao subconjunto M (dos M_ps) que satisfaz a segunda lei de Newton. Mas esse modo
    de divisão não servirá, penso, quando a mecânica newtoniana for comparada com a relativís-
    tica, pois as duas têm de ser construídas de diferentes sistemas de espaço-tempo e, assim, de
    diferentes cinemáticas de M_{pp}s diferentemente estruturadas. Faltando-me um formalismo
    desenvolvido para a relatividade especial, continuarei, portanto, a tratar uma cinemática de
    modo não rigoroso como parte da mecânica pela qual é pressuposta.

passo, ao fixar $(v/c)^2 << 1$, verificam-se valores numéricos que concordam com os cálculos anteriores.

Sneed sublinha essa diferença no penúltimo parágrafo de seu livro:

> [As] funções na nova teoria aparecem numa estrutura matemática diferente – encontram-se em diferentes relações matemáticas umas com as outras; admitem diferentes possibilidades de determinar seus valores – da das funções correspondentes na velha teoria. [...] Evidentemente, é um fato interessante que a mecânica clássica de partículas se encontre numa relação de redução ante a relatividade especial e que as funções de massa nas teorias correspondam uma à outra nessa relação de redução. Mas isso não deveria obscurecer o fato de que essas funções têm diferentes propriedades formais e, nesse sentido, estão associadas a diferentes conceitos.[29]

Essas observações parecem-me precisamente corretas,[30] e sugerem as questões seguintes. Uma relação de redução ρ entre modelos parciais potenciais não demandaria a capacidade de se selecionarem os conceitos, ou propriedades formais, ou estruturas matemáticas subjacentes aos M'_{pp}s e os M_{pp}s antes da computação dos valores numéricos concretos que essas estruturas em parte determinam? Se a existência da relação ρ entre modelos parciais potenciais parece tão pouco problemática não seria simplesmente porque essas computações podem ser efetuadas?

Até este momento lidei exclusivamente com as dificuldades apresentadas pela relação de redutibilidade entre núcleos. No formalismo de Sneed, contudo, a especificação de uma teoria requer a especificação não apenas de um núcleo mas também de um conjunto de aplicações pretendidas, I. A redução de uma teoria T por uma teoria T' deve, portanto, requerer algumas restrições nas relações permissíveis entre elementos dos conjuntos I e I'. Em particular, se T' deve resolver todos os problemas resolvidos por T, e mais alguns, então I' deve conter I. No caso geral de teorias qualitativas, é duvidoso que essa relação de inclusão possa ser satisfeita. (Com certeza, I' nem sempre resolve todos os problemas resolvidos por T, como o indicam as observações precedentes sobre a química.) Mas, na ausência até mesmo

---

29 Sneed, op. cit., p.305 et seq.

30 Kuhn, *The Structure of Scientific Revolutions*, 2.ed., p.100-2.

de uma formalização tosca para tais teorias, a questão é difícil de analisar, e vou, portanto, restringir-me aqui às aplicações pretendidas das mecânicas newtoniana e relativística, um caso no qual as intuições, pelo menos, estão mais bem desenvolvidas. Sua consideração dirigirá rapidamente a atenção ao que, para mim, é o mais notável aspecto isolado do formalismo de Sneed e também aquele que mais requer desenvolvimento adicional, não necessariamente formal.

Para que a mecânica relativística faça uma redução da mecânica newtoniana, as aplicações pretendidas da última (ou seja, as estruturas às quais se espera que a teoria newtoniana se aplique) devem ser restritas a velocidades que são pequenas se comparadas à velocidade da luz. Não há, que eu saiba, nenhuma evidência de que qualquer restrição desse tipo tenha passado pela cabeça de sequer um físico antes do final do século XIX. As velocidades encontradas em aplicações da mecânica newtoniana eram restritas apenas, de fato, pela natureza dos fenômenos que os físicos realmente estudavam. Segue-se que a classe histórica I, constituída de aplicações pretendidas, e não apenas de aplicações reais, incluía situações nas quais a velocidade poderia ser apreciável se comparada com a da luz. Para aplicar a relação de redução, esses elementos de I devem ser excluídos, criando um novo e menor conjunto construído de aplicações pretendidas, que denominarei I_c.

Para os formalismos tradicionais, essa restrição nas aplicações pretendidas da mecânica newtoniana não é de importância evidente, por isso tem sido normalmente desconsiderada. A teoria reduzida seria constituída pelas *equações* da mecânica newtoniana, e elas permaneceriam as mesmas, quer postuladas de forma direta, quer derivadas das equações relativísticas em seu limite. Mas, no formalismo de Sneed, a teoria reduzida é o par ordenado (K, I_c), e este difere do par original (K, I) porque I_c difere sistematicamente de I. Se a diferença fosse apenas na constituição dos conjuntos, poderia ser desprezível, porque as aplicações excluídas seriam uniformemente falsas. Um exame mais detalhado da maneira pela qual é determinada a constituição de I_c e I sugere, contudo, que algo muito mais essencial está envolvido.

Dar razões para essa avaliação requer uma breve digressão a respeito de um último paralelo, particularmente notável, entre minhas ideias e as de Sneed. Seu livro enfatiza que a composição da classe I das aplicações pretendidas não pode ser apresentada extensionalmente, por meio de uma lista, porque, nesse caso, as funções teóricas seriam elimináveis e as teorias não poderiam crescer por intermédio da aquisição de novas aplicações.

Além disso, Sneed expressa dúvidas de que a composição de *I* seja governada por qualquer coisa idêntica a um conjunto de condições necessárias e suficientes. Questionando como é determinada, ele se refere cripticamente ao predicado wittgensteiniano "é um jogo" e sugere que o basquete, o beisebol, o pôquer etc. "poderiam ser 'exemplos paradigmáticos' de jogos".[31] A seção de Stegmüller, "Was ist ein Paradigma?", estende consideravelmente esses pontos e recorre de modo explícito a relações de similaridade (*Ähnlichkeitsbeziehungen*) para explicar como é determinada a composição de *I*. Muitos de vocês saberão que relações de similaridade aprendidas, adquiridas no decurso do treinamento profissional, também têm ocupado grande espaço em minha própria pesquisa recente.[32] Vou agora, muito brevemente, expor e aplicar o que disse antes a respeito delas.

A meu ver, uma das coisas (por vezes, talvez, a única coisa) que muda em todas as revoluções científicas é alguma parte da rede de relações de similaridade que determina e simultaneamente provê estrutura à classe de aplicações pretendidas. Novamente, os exemplos mais claros invocam teorias científicas qualitativas. Já indiquei em outro lugar, por exemplo, que, antes de Dalton, as soluções, as ligas e a atmosfera composta eram usualmente consideradas *semelhantes a*, digamos, óxidos metálicos ou sulfatos, e *dessemelhantes a* misturas físicas, tais como enxofre e limalha de ferro.[33] Depois de Dalton, o padrão de similaridades mudou, de modo que as soluções, as ligas e a atmosfera foram transferidas da classe das aplicações químicas para aquela das aplicações físicas (de compostos químicos a misturas físicas).

A ausência de até mesmo um esboço de formalismo para a química impede que eu prossiga nesse exemplo, mas uma mudança mais ou menos do

---

31 Sneed, op. cit., p.266-88, especialmente p.269.

32 Kuhn, *The Structure of Scientific Revolutions*, 2.ed., p.187-91, 200 et seq.; Id., Second Thoughts on Paradigms. In: Suppe (Ed.), *The Structure of Scientific Theories*; reimpresso em *The Essential Tension*. Note-se que nem o dr. Sneed nem o professor Stegmüller tinham lido essas passagens quando suas concepções muito similares foram desenvolvidas.

33 Kuhn, *The Structure of Scientific Revolutions*, 2.ed., p.130-5. Note-se que o que chamei aqui de uma relação de similaridade depende não apenas da semelhança em relação a outros elementos da mesma classe mas também da diferença quanto aos elementos de outras classes (compare-se Id., Second Thoughts on Paradigms. In: Suppe (Ed.), *The Structure of Scientific Theories*; reimpresso em *The Essential Tension*). A falha em notar que a relação de similaridade apropriada à determinação da composição de famílias naturais tem de ser triádica em vez de diádica criou, acredito, alguns problemas filosóficos desnecessários, os quais espero discutir em ocasião posterior.

mesmo tipo é visível na transição da mecânica newtoniana para a relativística. Na primeira, nem a velocidade de um corpo em movimento nem a velocidade da luz desempenhou papel algum na determinação da semelhança entre um candidato para a composição de I e outro elemento previamente aceito desse conjunto; na mecânica relativística, por sua vez, ambas essas velocidades entram na relação de similaridade que determina a composição da classe diferente I'. É desse último conjunto, contudo, que são selecionados os elementos da classe construída I_c, e é esse conjunto, e não o conjunto histórico I, que é usado para especificar a teoria que pode ser reduzida pela mecânica relativística. A diferença importante entre eles não é, portanto, que I inclui elementos excluídos de I_c, mas que mesmo os elementos comuns aos dois conjuntos são determinados por técnicas bastante diversas e, assim, têm estruturas diferentes e correspondem a conceitos diferentes. A guinada estrutural ou conceitual requerida para fazer a transição da mecânica newtoniana para a relativística, assim, também é requerida pela transição da teoria histórica (e, em qualquer sentido usual, irredutível) $\langle K, I \rangle$ à teoria $\langle K, I_c \rangle$, construída para satisfazer a relação de redução do dr. Sneed. Se esse resultado reintroduz uma lacuna de racionalidade, pode ser que a culpa seja da nossa noção de racionalidade.

Essas observações finais devem dar uma ideia mais justa da intensidade da minha satisfação diante do formalismo do dr. Sneed e com o uso que dele faz o professor Stegmüller. Mesmo onde discordamos, a interação resulta em um esclarecimento significativo e na ampliação pelo menos de meu próprio ponto de vista. Não é, afinal de contas, um grande passo da fala de Sneed de "estruturas matemáticas diferentes" ou de "conceitos diferentes" para minha fala de "ver as coisas de modo diferente" ou as mudanças de *gestalt* que separam as duas maneiras de ver. O vocabulário de Sneed dá a esperança de uma precisão e uma articulação impossíveis de atingir com o meu, e saúdo a expectativa que ele propicia. Mas, com respeito à comparação de teorias incompatíveis, ele não é mais que uma expectativa de coisas ainda por vir. Tendo insistido, no primeiro parágrafo deste artigo, que o novo formalismo de Sneed torna acessível à filosofia analítica da ciência um importante território novo, espero, nesta seção final, ter indicado a parte desse território que mais urgentemente requer exploração. Até que ela ocorra, o formalismo de Sneed terá contribuído pouco para o entendimento das revoluções científicas, algo que, acredito totalmente, ele será capaz de realizar.

8
A METÁFORA NA CIÊNCIA

"Metaphor in Science" foi um de dois comentários a respeito de "Metaphor and Theory Change: What is 'Metaphor' a Metaphor For?", de Richard Boyd, apresentado em um congresso intitulado "Metáfora e pensamento", na Universidade de Illinois em Urbana-Champaign em setembro de 1977. (O outro comentário foi feito por Zenon Pylyshyn.) Os anais do congresso inteiro, editados por Andrew Ortony, foram publicados como Methapor and Thought *(Cambridge: Cambridge University Press, 1979). Reimpresso com permissão da Cambridge University Press.*

***

Se estivesse preparando o artigo principal [do congresso] sobre o papel da metáfora na ciência, meu ponto de partida teria sido, precisamente, as obras escolhidas por Boyd: o bem conhecido artigo de Max Black a respeito de metáforas, junto com ensaios recentes de Kripke e Putnam sobre a teoria causal da referência.[1] Além disso, minhas razões para essas escolhas teriam sido praticamente as mesmas que as dele, pois compartilhamos numerosos interesses e convicções. Porém, à medida que fosse me distanciando do ponto de partida fornecido por esse corpo de literatura, bem cedo assumi-

---

1 Black, Metaphor. In: *Models and Metaphors*; Kripke, Naming and Necessity. In: Davidson; Harman (Eds.), *The Semantics of Natural Language*; Putnam, The Meaning of "Meaning". In: *Mind, Language and Reality*; e Id., Explanation and Reference. In: *Mind, Language and Reality*.

ria uma direção diferente da de Boyd, seguindo um caminho que me teria rapidamente conduzido a um importante processo, na ciência, que é seme-lhante à metáfora, processo que Boyd ignora. Terei de esboçar esse trajeto para que minhas reações às propostas de Boyd façam sentido, e, nesses ter-mos, minhas observações tomarão a forma de um resumo excessivamente condensado de partes de minha própria posição; os comentários a respeito do artigo de Boyd surgirão ao longo do percurso. Esse formato parece tanto mais essencial visto que uma análise detalhada de pontos individuais apre-sentados por Boyd provavelmente não fará sentido para um público pouco familiarizado com a teoria causal da referência.

Boyd começa aceitando a concepção "interativa" de metáfora, a concep-ção de Black. Seja como for que a metáfora funcione, ela não pressupõe nem fornece uma lista dos aspectos em que são similares os objetos justapostos por ela. Ao contrário, como Black e Boyd sugerem, é por vezes (talvez sempre) esclarecedor considerar a metáfora como criadora ou geradora das similaridades das quais depende sua função. Estou de pleno acordo com essa posição, mas, faltando-me tempo para tanto, não fornecerei nenhum argumento em favor dela. Além disso, e mais significativo por enquanto, concordo inteiramente com a afirmação de Boyd de que a ausência de li-mites definidos ou o caráter inexplícito das metáforas têm um paralelo im-portante (e, a meu ver, preciso) no processo pelo qual termos científicos são introduzidos e, daí em diante, empregados. Seja como for que os cientistas apliquem à natureza termos como "massa", "eletricidade", "calor", "mis-tura" ou "composto", geralmente não o fazem por meio da aquisição de uma lista de critérios necessários e suficientes para determinar os referentes dos termos correspondentes.

Com respeito à referência, contudo, eu avançaria um passo em relação a Boyd. Em seu capítulo, as afirmações que sustentam um paralelo com a metáfora estão em geral restritas aos termos teóricos da ciência. Suponho que, com frequência, valham igualmente para o que se costumava chamar de termos observacionais, por exemplo, "distância", "tempo", "enxofre", "ave" ou "peixe". O fato de o último desses termos figurar extensivamente nos exemplos de Boyd sugere que ele provavelmente não discordaria. Boyd sabe, tão bem quanto eu, que os desenvolvimentos recentes na filosofia da ciência privaram a distinção teórico/observável de qualquer coisa parecida a seu peso tradicional. Talvez seja possível preservá-la como uma distinção entre termos previamente disponíveis e termos novos introduzidos, em determinadas épocas, em resposta a novas descobertas ou invenções científicas. Mas, se é assim, o paralelo com a metáfora valerá para ambos. Boyd não dá o valor que poderia dar à ambiguidade da palavra "introduzido". Recorre-se, frequentemente, a algo das propriedades da metáfora quando um termo novo é *introduzido no* vocabulário da ciência. Mas também recorre-se a isso quando tais termos – já estabelecidos na linguagem usual da profissão – são *introduzidos a* uma nova geração científica por uma geração que já aprendeu seu uso. Da mesma forma que a referência precisa ser estabelecida para cada novo elemento no vocabulário da ciência, os padrões de referência aceitos precisam ser restabelecidos para cada novo grupo de aprendizes das ciências. As técnicas envolvidas nos dois modos de introdução são quase as mesmas e, portanto, aplicam-se a ambos os lados da linha divisória entre o que se costumava chamar de termos "observacionais" e termos "teóricos".

Para estabelecer e explorar os paralelos entre metáfora e determinação da referência, Boyd recorre tanto à noção wittgensteiniana de famílias ou espécies naturais quanto à teoria causal da referência. Eu faria o mesmo, mas de um modo significativamente diverso. É nesse ponto que nossos caminhos começam a divergir. Para ver como divergem, examinemos, em primeiro lugar, a própria teoria causal da referência. Como Boyd observa, essa teoria foi originalmente aplicada a nomes próprios, como "sir Walter Scott", e ainda funciona melhor quando aplicada a eles. O empirismo tradicional sugeriu que nomes próprios têm referência por meio de uma descrição definida a eles associada, escolhida para fornecer uma espécie de definição do nome: por exemplo, "Scott é o autor de *Waverley*". Imediatamente surgiram dificuldades, porque a escolha da descrição definidora parecia arbitrária. Por que ser o autor do romance *Waverley* deveria ser um critério governando a aplicabilidade do nome "Walter Scott", em vez de ser um fato histórico a respeito do indivíduo a quem o nome, seja lá por que técnicas, realmente faz referências? Por que ter escrito *Waverley* deveria ser uma característica necessária de sir Walter Scott, mas ter escrito *Ivanhoé* seria uma característica contingente? As tentativas de eliminar essas dificuldades pelo uso de descrições definidas mais elaboradas ou pela restrição das características a que podem recorrer as descrições definidas fracassaram sem exceção. A teoria causal da referência corta o nó górdio ao negar que os nomes próprios tenham definições ou que sejam, de alguma maneira, associados a descrições definidas.

Em vez disso, um nome como "Walter Scott" é uma etiqueta ou um rótulo. Que esteja aposto a um certo indivíduo em vez de a outro, ou a nenhum, é um produto da história. Em determinado ponto do tempo, um certo bebê foi batizado ou denominado "Walter Scott", nome que ele portou daí em diante através de todos os eventos que teve ocasião de experienciar ou realizar (por exemplo, escrever *Waverley*). Para encontrar o referente de um nome como "sir Walter Scott" ou "professor Max Black", pedimos a alguém que conheça o indivíduo a cujo respeito indagamos que o aponte para nós. Ou então usamos algum fato contingente a respeito dele, como sua condição de autor de *Waverley* ou autor do artigo sobre metáfora, para localizar o histórico profissional do indivíduo a quem coube escrever aquela obra. Se, por alguma razão, tivermos dúvidas a respeito da correta identificação da pessoa a quem o nome se aplica, simplesmente seguimos o curso de sua história ou trajeto de vida de volta no tempo, para ver se inclui o apropriado ato de batismo ou denominação.

Como Boyd, considero essa análise da referência um grande avanço, e também compartilho a intuição de seus autores de que uma análise similar deveria ser aplicável à nomeação de espécies naturais: os jogos de Wittgenstein, aves (ou pardais), metais (ou cobre), calor e eletricidade. Há algo de correto na afirmativa de Putnam de que o referente de "carga elétrica" é fixado ao se apontar para o ponteiro do galvanômetro e dizer que "carga elétrica" é o nome da magnitude física responsável por sua deflexão. Porém, a despeito do muito que Putnam e Kripke escreveram sobre esse assunto não está de modo algum claro o que exatamente está correto acerca de sua intuição. Indicar um indivíduo, sir Walter Scott, pode dizer como empregar de modo correto o nome correspondente. Mas indicar o ponteiro de um galvanômetro ao mesmo tempo que se fornece o nome da causa de sua deflexão apenas liga o nome à causa dessa particular deflexão (ou talvez a um subconjunto não especificado de deflexões de galvanômetro). Isso não fornece em absoluto nenhuma informação a respeito dos muitos outros tipos de evento aos quais o nome "carga elétrica" também se refere de maneira não ambígua. Quando se faz a transição de nomes próprios para nomes de espécies naturais, perde-se o acesso ao histórico profissional ou trajeto de vida que, no caso de nomes próprios, permite checar a correção de diferentes aplicações do mesmo termo. Os indivíduos que constituem famílias naturais têm, de fato, trajetórias de vida, mas a família natural em si não tem.

É ao tratar de dificuldades como essa que Boyd efetua o que considero ser um passo infeliz. Para contorná-las, ele introduz a noção de "acesso epistêmico", abandonando explicitamente, no processo, qualquer uso de "denominação" ou "batismo" e, tanto quanto posso ver, também abandonando implicitamente o recurso à ostensão. Usando o conceito de acesso epistêmico, Boyd tem várias coisas convincentes a dizer, tanto acerca daquilo que justifica o uso de uma linguagem científica particular quanto acerca da relação de uma linguagem científica mais recente com a linguagem anterior da qual evoluiu. Voltarei a tratar de alguns de seus pontos de vista nessa área. A despeito dessas virtudes, porém, penso que algo essencial se perde na transição de "denominação" para "acesso epistêmico". Não importa quão imperfeitamente desenvolvida, "denominação" foi introduzida como uma tentativa de compreender como, na ausência de definições, é de algum modo possível estabelecer os referentes de termos individuais. Quando a denominação é abandonada ou posta de lado, o vínculo que ela estabelecia entre a linguagem e o mundo também desaparece. Se entendo corretamente o capítulo de Boyd – algo que não assumo como garantido –, os problemas que aborda mudam abruptamente ao ser introduzida a noção de acesso epistêmico. Depois disso, Boyd parece simplesmente assumir que os adeptos de determinada teoria, de uma maneira ou de outra, sabem a que seus termos se referem; não o preocupa mais saber como conseguem fazer isso. Em vez de ampliar a teoria causal da referência, Boyd parece tê-la abandonado.

Permitam-me, portanto, tentar uma abordagem diferente. Embora a ostensão seja básica para estabelecer referentes tanto para nomes próprios quanto para termos que designam espécies naturais, os dois diferem não apenas em complexidade mas também em sua natureza. No caso de nomes próprios, um único ato de ostensão é suficiente para fixar a referência. Aqueles de vocês que alguma vez viram Richard Boyd serão capazes, caso tenham boa memória, de reconhecê-lo por alguns anos. Porém, se eu lhes exibisse o ponteiro defletido de um galvanômetro, dizendo-lhes que a causa da deflexão foi chamada "carga elétrica", vocês precisariam mais do que uma boa memória para aplicar o termo corretamente a uma tempestade de raios ou à causa do aquecimento de seu cobertor elétrico. Onde estão em questão termos para espécies naturais, são necessários vários atos de ostensão.

Para termos como "carga elétrica", é difícil discernir o papel de ostensões múltiplas, pois leis e teorias também participam do estabelecimento da referência. Mas o que estou querendo dizer surge de fato, de forma clara, no caso de termos que são comumente aplicados por inspeção direta. O exemplo de Wittgenstein, jogos, servirá tão bem como qualquer outro. Uma pessoa que tenha assistido a partidas de xadrez, bridge, dardos, tênis e futebol americano, e a quem também se disse que cada um deles é um jogo, não terá problemas em reconhecer que tanto gamão quanto futebol também são jogos. Para estabelecer a referência em casos mais complicados de resolver – lutas de boxe profissional ou de esgrima, por exemplo –, é necessária a exposição também a membros de famílias vizinhas. Guerras e lutas de gangues, por exemplo, compartilham com muitos jogos características relevantes (em especial, ambas têm lados oponentes e, potencialmente, um vencedor), mas o termo "jogo" não se aplica a elas. Sugeri em outro lugar que a exposição a cisnes e gansos desempenha um papel essencial no aprender a reconhecer patos.[2] Ponteiros de galvanômetros podem ser defletidos tanto pela gravidade ou por um ímã quanto por uma carga elétrica. Em todas essas áreas, estabelecer o referente de um termo para espécies naturais requer exposição não somente a membros variados dessa espécie mas também a membros de outras – isto é, a indivíduos aos quais o termo poderia ser erroneamente aplicado. Apenas por meio de uma multiplicidade de tais exposições é que o estudante pode adquirir aquilo a que outros autores neste livro (por exemplo, Cohen e Ortony)[3] se referem como o *espaço de características [feature space]* e o conhecimento de *relevância* requeridos para ligar a linguagem ao mundo.

Se isso tudo parece plausível (não posso esperar, numa apresentação tão breve, fazê-lo mais plausível), então o paralelo com a metáfora, ao qual visei, pode ter ficado igualmente claro. Exposto ao tênis e ao futebol ame-

---

2 Kuhn, Second Thoughts on Paradigms. In: Suppe (Ed.), *The Structure of Scientific Theories*, p.459-82; reimpresso em *The Essential Tension*, 1977, p.293-319.
3 Cohen, The Semantics of Metaphor. In: Ortony (Ed.), *Metaphor and Thought*, p.64-77; Ortony, The Role of Similarity in Similes and Metaphors. In: Ortony (Ed.), *Metaphor and Thought*, p.186-201.

ricano como paradigmas para o termo "jogo", o aprendiz de uma língua é instigado a examinar os dois (e, em breve, outros mais também), num esforço para descobrir as características a cujo respeito são semelhantes, os traços que os tornam similares e que são, portanto, relevantes para a determinação da referência. Como no caso das metáforas interativas de Black, a justaposição de exemplos origina as similaridades das quais dependem a função de metáfora ou a determinação da referência. Também como no caso da metáfora, o produto final da interação entre exemplos não é nada semelhante a uma definição, a uma lista de características compartilhadas por jogos e somente por jogos, ou a uma lista dos traços comuns a homens e lobos e a eles somente. Não existe nenhuma lista desse tipo (nem todos os jogos têm adversários ou um vencedor), mas isso não resulta em nenhuma perda de precisão funcional. Tanto os termos para espécies naturais quanto as metáforas fazem exatamente o que devem sem satisfazer os critérios que um empirista tradicional teria requerido para declará-los significativos.

Ter falado a respeito de termos para espécies naturais, é claro, ainda não me trouxe inteiramente à metáfora. Justapor uma partida de tênis a uma de xadrez pode ser parte do que é requerido para estabelecer os referentes de "jogo", mas os dois não são, em nenhum sentido usual, metaforicamente inter-relacionados. Com maior precisão, a metáfora propriamente dita não pode originar-se até que tenham sido estabelecidos os referentes de "jogo" e de outros termos que poderiam ser justapostos a ele em metáforas. A pessoa que ainda não aprendeu a aplicar de maneira correta os termos "jogo" e "guerra" é fatalmente induzida ao erro pela metáfora "A guerra é um jogo", ou "O futebol americano profissional é uma guerra". Não obstante, considero a metáfora essencialmente uma versão, num plano mais alto, do processo pelo qual a ostensão participa do estabelecimento da referência para termos para espécies naturais. A justaposição real de uma série de jogos exemplares realça aspectos que permitem que o termo "jogo" seja aplicado à natureza. A justaposição metafórica dos termos "jogo" e "guerra" realça outros aspectos, cuja relevância tem de ser estabelecida a fim de que os jogos e as guerras reais possam constituir famílias naturais separadas. Se Boyd tem razão em que a natureza tem "articulações" que os termos das espécies naturais buscam localizar, então a metáfora nos lembra que uma outra linguagem poderia ter localizado articulações diferentes, ter trinchado o mundo de uma outra maneira.

Essas duas últimas sentenças levantam problemas acerca da própria noção de articulações na natureza, e retornarei em breve a elas em minhas observações finais a respeito das opiniões de Boyd sobre a mudança de teorias. Mas é preciso antes mencionar um último ponto a respeito da metáfora na ciência. Porque o considero tanto menos óbvio quanto mais fundamental que a metáfora, enfatizei até agora o processo semelhante a metáfora que desempenha um papel importante na determinação dos referentes de termos científicos. Mas, como Boyd com toda a razão sustenta, metáforas genuínas (ou, mais propriamente, analogias) são também fundamentais para a ciência, fornecendo vez por outra "uma parte insubstituível da maquinaria linguística de uma teoria científica", desempenhando um papel que é *constitutivo* das teorias que expressam, em vez de meramente exegético". Admiro em particular sua discussão do papel das metáforas que relacionam a psicologia cognitiva à ciência da computação, à teoria da informação e a disciplinas correlatas. Nessa área, não posso acrescentar nada de útil ao que ele já disse.

Antes de mudar de assunto, contudo, aventuro-me a sugerir que o que Boyd de fato diz a respeito dessas metáforas "constitutivas" pode bem ter uma relevância maior do que ele percebe. Boyd discute não somente metáforas "constitutivas" mas também o que chama de metáforas "exegéticas ou pedagógicas", por exemplo as que descrevem átomos como "sistemas solares em miniatura". Estas, sugere, são úteis ao se ensinar ou explicar teorias, mas seu uso é apenas heurístico, pois podem ser substituídas por técnicas não metafóricas. "Pode-se dizer", assinala Boyd, "*exatamente* em que aspectos Bohr pensava que os átomos fossem como sistemas solares sem empregar nenhum artefato metafórico, e isso era verdadeiro quando a teoria de Bohr foi proposta."

Concordo mais uma vez com Boyd, mas, apesar disso, chamaria a atenção à maneira pela qual são substituídas metáforas como essa que relaciona átomos e sistemas solares. Bohr e seus contemporâneos forneceram um modelo no qual os elétrons e o núcleo eram representados por pequenas porções de matéria carregada interagindo sob as leis da mecânica e da teoria eletromagnética. Esse modelo substituiu a metáfora do sistema solar, mas, ao fazê-lo, não abandonou um processo semelhante à metáfora. Pretendia-se que o modelo do átomo de Bohr fosse considerado de maneira só aproximadamente literal; não se pensava que os elétrons e os núcleos fossem exatamente como pequenas bolas de bilhar ou de pingue-pongue; pensa-va-se que apenas algumas das leis da mecânica e da teoria eletromagnética aplicavam-se a eles; descobrir quais delas realmente se aplicavam e onde se encontravam as similaridades com bolas de bilhar foi uma tarefa central no desenvolvimento da teoria quântica. Além do mais, mesmo quando esse processo de explorar similaridades potenciais foi tão longe quanto podia (nunca foi completado), o modelo permaneceu essencial à teoria. Sem seu auxílio, não se pode, mesmo hoje, aplicar a equação de Schrödinger a um átomo complexo ou a uma molécula, pois é ao modelo, e não diretamente à natureza, que se referem os vários termos nessa equação. Embora não esteja preparado para discutir esse ponto aqui e agora, arriscaria a conjectura de que o mesmo processo interativo e criador de similaridades que Black loca-lizou no funcionamento da metáfora é também vital à função dos modelos na ciência. Os modelos não são, contudo, meramente pedagógicos ou heu-rísticos. Eles têm sido muito negligenciados na recente filosofia da ciência.

Chego agora à extensa parte do capítulo de Boyd que trata da escolha de teorias, e terei de dedicar desproporcionalmente pouco tempo à minha discussão dela. Isso pode, entretanto, ser menos uma desvantagem do que parece, pois concentrar a atenção sobre a escolha de teorias não acrescentará nada ao nosso tópico central, a metáfora. Em todo caso, com respeito ao problema da mudança de teoria, há muita coisa a cujo respeito eu e Boyd concordamos. E, na área remanescente, em que claramente divergimos, tenho grande dificuldade de expressar com exatidão sobre o que discorda-mos. Ambos somos realistas convictos. Nossas diferenças prendem-se aos compromissos implicados pela adesão a uma posição realista. Mas nenhum de nós desenvolveu ainda uma avaliação desses compromissos. Os de Boyd estão expressos em metáforas que me parecem enganosas. Quando se trata de substituí-las, contudo, simplesmente titubeio. Nessas circunstâncias, tentarei apenas um esboço grosseiro das áreas em que nossas concepções coincidem e daquelas em que parecem divergir. Acrescento que, a bem da brevidade, ignorarei doravante a distinção que já salientei entre a metáfora propriamente dita e processos semelhantes a metáforas. Nessas obser-vações finais, "metáfora" se refere a todos aqueles processos nos quais a justaposição, seja de termos, seja de exemplos concretos, origina uma rede de similaridades que ajuda a determinar o modo como a linguagem se liga ao mundo.

Pressupondo o que já foi mencionado, permitam-me resumir aquelas parcelas da minha própria posição com as quais acredito que Boyd, em linhas gerais, concorde. A metáfora desempenha um papel essencial no estabelecimento de vínculos entre a linguagem científica e o mundo. Esses vínculos, contudo, não são estabelecidos definitivamente. Mudanças de teorias, em particular, são acompanhadas por mudanças em algumas das metáforas relevantes e nas partes correspondentes da rede de similaridades por intermédio da qual os termos se ligam à natureza. A Terra passou a ser como Marte (e, portanto, um planeta) depois de Copérnico. Mas os dois pertenciam a diferentes famílias naturais antes dele. Sal-dissolvido-em--água pertencia à família dos compostos químicos antes de Dalton, mas à das misturas físicas depois dele. E assim por diante. Creio também, embora nisso talvez não seja acompanhado por Boyd, que mudanças como essas na rede de similaridades às vezes ocorrem também em resposta a novas descobertas, sem nenhuma mudança naquilo a que ordinariamente se faria referência como teoria científica. Enfim, essas alterações na maneira pela qual os termos científicos se ligam à natureza não são – ao contrário do que o empirismo lógico afirma – puramente formais ou linguísticas. Ao contrário, surgem em resposta a pressões geradas pela observação ou pela experimentação e resultam em maneiras mais efetivas de lidar com alguns aspectos de alguns fenômenos naturais. São, assim, substantivas ou cognitivas.

Esses aspectos da concordância entre mim e Boyd não deveriam causar surpresa. Já um outro pode causá-la, embora não o deva. Boyd enfatizou, repetidamente, que a teoria causal da referência ou o conceito de acesso epistêmico possibilitam a comparação de teorias científicas consecutivas. A opinião contrária, de que as teorias científicas são incomparáveis, foi várias vezes atribuída a mim, e o próprio Boyd pode acreditar que a sustento. Mas o livro que dá ensejo a essa interpretação inclui muitos exemplos explícitos de comparações entre teorias consecutivas. Jamais duvidei de que fossem possíveis, nem de que fossem essenciais, em períodos de seleção de teorias. Em vez disso, tentei defender dois pontos de vista um tanto diferentes. Em primeiro lugar, as comparações de teorias consecutivas entre si e com o mundo nunca são suficientes para ditar a escolha da teoria. Durante o período em que são feitas escolhas efetivas, duas pessoas totalmente comprometidas com os valores e métodos da ciência, e compartilhando também o que ambas admitem serem dados, podem, mesmo assim, legitimamente diferir em sua escolha da teoria. Em segundo lugar, teorias consecutivas são incomensuráveis (o que não é a mesma coisa que incomparáveis) no sentido de que os referentes de alguns dos termos que ocorrem em ambas são uma função da teoria na qual esses termos aparecem. Não há nenhuma linguagem neutra na qual tanto ambas as teorias quanto os dados relevantes possam ser traduzidos para fins de comparação.

Acredito, talvez erroneamente, que Boyd concorde com tudo isso. Sendo assim, nossa concordância vai ainda mais longe. Ambos vemos na teoria causal da referência uma técnica importante para rastrear as continuidades entre teorias consecutivas e para, ao mesmo tempo, revelar a natureza das diferenças entre elas. Permitam-me apresentar um exemplo excessivamente críptico e simplista daquilo que eu, ao menos, tenho em mente. As técnicas de *denominação* e de *seguir trajetos de vida* permitem que se siga o rastro de entidades astronômicas – digamos, a Terra e a Lua, Marte e Vênus – através de episódios de mudança de teoria, nesse caso, uma mudança atribuída a Copérnico. Os trajetos de vida desses quatro indivíduos permaneceram contínuos durante a passagem da teoria geocêntrica para a heliocêntrica, mas os quatro foram distribuídos diferentemente entre famílias naturais em consequência dessa mudança. A Lua pertencia à família dos planetas antes de Copérnico, mas não mais depois dele; a Terra passou a pertencer à família dos planetas depois dele, mas não pertencia a ela anteriormente. Eliminar a Lua da lista dos indivíduos que podiam ser justapostos como paradigmas para o termo "planeta" e acrescentar a Terra a essa mesma lista modificou o rol de aspectos relevantes para determinar os referentes desse termo. Remover a Lua para uma família contrastante aumentou o efeito. Tenho hoje a impressão de que esse tipo de redistribuição de indivíduos entre famílias ou espécies naturais, com sua consequente alteração das características relevantes para a referência é uma característica central (talvez *a* característica central) dos episódios a que anteriormente rotulei de revoluções científicas.

Por fim, tratarei de maneira muito breve da área na qual as metáforas de Boyd sugerem que nossos caminhos divergem. Uma dessas metáforas, reiterada ao longo de seu capítulo, é que os termos científicos "trincham [ou podem trinchar] a natureza em suas articulações". Essa metáfora e a noção de Field de quase-referência figuram largamente na discussão que Boyd faz dos desenvolvimentos da terminologia científica ao longo do tempo.

As linguagens mais antigas eram bem-sucedidas, acredita ele, no trinchar o mundo em, ou perto de, algumas de suas articulações. Mas também cometeram frequentemente o que ele chama de "erros reais na classificação de fenômenos naturais", muitos dos quais foram desde então corrigidos por "abordagens mais sofisticadas dessas articulações". A linguagem mais antiga pode, por exemplo, "ter classificado conjuntamente certas coisas que não apresentam qualquer similaridade importante, ou [pode] ter fracassado em classificar conjuntamente coisas que, de fato, são *fundamentalmente similares*" (acrescentei o grifo). Essa maneira de falar, contudo, é apenas uma versão parafraseada da posição dos empiristas clássicos de que teorias científicas consecutivas levam a aproximações cada vez maiores à natureza. O capítulo inteiro de Boyd pressupõe que a natureza tem um, e somente um, conjunto de articulações do qual a terminologia dinâmica da ciência chega cada vez mais perto com o passar do tempo. Pelo menos, não consigo ver qualquer outra forma de tornar inteligível o que ele diz caso não exista meio teoricamente independente de distinguir similaridades *fundamentais* ou *importantes* das que são *superficiais* ou *sem importância*.[4]

Considerar o modelo de aproximação sucessiva das mudanças de teoria como um pressuposto não o torna, é claro, errado, mas realmente aponta para a necessidade de argumentos ausentes no artigo de Boyd. Uma forma que tais argumentos poderiam tomar é o exame empírico de uma sucessão de teorias científicas. Nenhum par de teorias servirá, pois a mais recente poderia, por definição, ser declarada a melhor aproximação. No entanto, dada uma sucessão de três ou mais teorias orientadas, mais ou menos, aos mesmos aspectos da natureza, deveria ser possível, caso Boyd esteja certo, exibir algum processo de isolar as articulações reais da natureza e delas se aproximar. Os argumentos que seriam requeridos são tanto complexos

---

4 Ao revisar o manuscrito de que trata esse parágrafo e os seguintes, Boyd assinalou que tanto espécies naturais quanto articulações da natureza podem ser relativas ao contexto, à disciplina ou ao interesse. Mas, como indica a nota 2 de seu artigo, essa concessão por ora não aproxima nossas posições. Pode ser que o faça no futuro contudo, pois essa mesma nota de rodapé enfraquece a posição que defende. Boyd concede (erroneamente, acredito) que uma espécie é "não 'objetiva'" na medida em que é dependente do contexto ou da disciplina. Mas essa interpretação de "objetiva" exige que limites independentes de contexto sejam especificados para a dependência de contexto. Se dois objetos quaisquer pudessem, em princípio, ser tornados similares pela escolha de um contexto apropriado, então a objetividade, no sentido de Boyd, não existiria. O problema é o mesmo que o sugerido pela sentença à qual está vinculada esta nota de rodapé.

quanto sutis. Contento-me em deixar em aberto a questão a que eles são dirigidos. Tenho uma forte impressão, contudo, de que não serão bem-sucedidos. Concebida como um conjunto de instrumentos para resolver quebra-cabeças técnicos em áreas selecionadas, a ciência ganha claramente em precisão e alcance com a passagem do tempo. Como instrumento, a ciência indubitavelmente progride. Contudo, as afirmações de Boyd não se referem à eficácia instrumental da ciência, porém, mais propriamente, à sua ontologia, àquilo que realmente existe na natureza, às articulações reais do mundo. E, nessa área, não vejo nenhuma evidência histórica para um processo de aproximação. Como sugeri em outro lugar, a ontologia da física relativística é, em aspectos significativos, mais semelhante à da física aristotélica do que à da newtoniana. Esse exemplo terá aqui de servir por muitos.

A metáfora de Boyd das articulações da natureza está intimamente relacionada com outra, a última que procurarei discutir. Ele fala repetidamente do processo de mudança de teorias como um processo que envolve "a acomodação da linguagem ao mundo". Da mesma forma que antes, o cerne de sua metáfora é ontológico; o mundo ao qual Boyd se refere é o mundo real único, ainda desconhecido, mas em direção ao qual a ciência avança por aproximações sucessivas. Já foram descritas razões que suscitam desconforto em relação a esse ponto de vista, mas essa maneira de expressá-lo permite-me formular minhas reservas de maneira diferente. O que é o mundo, pergunto, caso não inclua a maioria dos tipos de coisas a que se refere a língua *real* falada em determinada época? Seria a Terra realmente um planeta no mundo de astrônomos pré-copernicanos que falavam uma linguagem na qual as características relevantes do referente do termo "planeta" excluíam sua atribuição à Terra? Faria mais sentido óbvio falar em acomodar a linguagem ao mundo do que em acomodar o mundo à linguagem? Ou seria o modo de falar que cria essa distinção, ela própria ilusória? Seria aquilo a que nos referimos como "o mundo" talvez o produto de uma acomodação mútua entre experiência e linguagem?

Concluo com uma metáfora de minha lavra. O mundo de Boyd com suas articulações parece-me, como as coisas em si de Kant, em princípio, incognoscível. A perspectiva em direção à qual me aproximo também seria kantiana, mas sem coisas em si e com categorias da mente que poderiam mudar com o tempo, à medida que a acomodação da linguagem e experiência prosseguem. Uma perspectiva desse tipo não precisa, penso eu, tornar o mundo menos real.

9
RACIONALIDADE E ESCOLHA DE TEORIAS[1]

"Rationality and Theory Choice" foi apresentado à American Philosophical Association em um simpósio sobre a filosofia de Carl G. Hempel em dezembro de 1983. Os anais do simpósio foram publicados em The Journal of Philosophy, *v.80, 1983. Reimpresso com permissão de* The Journal of Philosophy.

***

As observações que se seguem são um relato muito condensado de um dos resultados de minha continuada interação com C. G. Hempel. Essa interação começou vinte anos atrás com minha chegada à sua universidade e à meia-idade. Se novos mestres podem ser adotados com essa idade, então Hempel tornou-se um para mim. Com ele, aprendi a reconhecer distinções filosóficas fundamentalmente relevantes para o meu próprio empreendimento. E aprendi a reconhecer nele a atitude de uma pessoa para quem diferenças filosóficas são oportunidades para fazer avançar a verdade, e não para se ganhar debates. Participar de um simpósio em sua homenagem me dá grande prazer.

Entre os tópicos que instigaram frequentes e animadas trocas de ideias entre nós estão a avaliação e a escolha de teorias científicas. Mais do que outros filósofos de sua linhagem, Hempel examinou minhas opiniões nessa

---

1 A revisão final deste artigo deve muito à intervenção crítica de Ned Block.

área com cuidado e simpatia: ele não é um dos que supõem que proclamo a irracionalidade da escolha de teorias. Mas Hempel entende por que outros assim o supuseram. Tanto por escrito quanto em conversas, ressaltou a falta de argumentos ou de aparente preocupação com que passo de generalizações descritivas a normativas, e perguntou-se repetidamente se percebo toda a diferença entre explicar comportamento, por um lado, e justificá-lo, por outro.[2] É à nossa discussão continuada dessas questões que agora retorno. Em que circunstância pode alguém afirmar, com propriedade, que certos critérios que se *verificam* usados pelos cientistas na avaliação de teorias são, de fato, também bases racionais para suas avaliações?

Começo com uma sugestão que desenvolvi originalmente ao comentar um artigo de Hempel apresentado em Chapel Hill em 1976. Tanto ele quanto eu tomamos como premissa que a avaliação de critérios para a escolha de teorias requer a especificação prévia dos objetivos a serem atingidos por essa escolha. Suponhamos agora – uma suposição simplista, que mais tarde vai se mostrar dispensável – que o objetivo de um cientista ao selecionar teorias é maximizar a eficiência no que chamei alhures de "resolução de quebra-cabeças". As teorias, de acordo com esse ponto de vista, devem ser avaliadas levando-se em consideração aspectos como sua eficácia em harmonizar predições com os resultados de experimentação e observação. Tanto o número de tais acordos harmônicos quanto a precisão do ajuste contam em favor de qualquer teoria que esteja sendo investigada.

É óbvio que um cientista que concordasse com esse objetivo estaria se comportando irracionalmente se dissesse, com sinceridade, "Substituir a teoria tradicional X por uma nova teoria Y reduz a exatidão das soluções de quebra-cabeças, mas não tem nenhum efeito com respeito aos outros critérios pelos quais avalio teorias; não obstante, selecionarei a teoria Y, pondo X de lado". Dados o objetivo e a avaliação, essa escolha é obviamente autocontraditória. Considerações semelhantes aplicam-se a uma escolha de teorias cujo único efeito relativamente a mensurações avaliativas fosse o de reduzir o número de soluções de quebra-cabeças, diminuir a simplicidade de tais soluções (tornando-as, assim, mais difíceis de alcançar) ou aumen-

---

2 Ver, por exemplo, Hempel, Scientific Rationality: Analytic *vs.* Pragmatic Perspectives. In: Geraets (Ed.), *Rationality Today*, p.46-58.

tar o número de teorias distintas (e, assim, a complexidade do aparato) requeridas para manter a capacidade de resolver quebra-cabeças de um campo científico. Cada uma dessas escolhas estaria em evidente conflito com o objetivo professado do cientista que a fez. Não há sinal mais claro de irracionalidade. Argumentos do mesmo gênero podem ser desenvolvidos para outros desideratos usuais invocados quando da avaliação de teorias. Se a ciência pode ser justificadamente descrita como um empreendimento de resolução de quebra-cabeças, tais argumentos são suficientes para demonstrar a racionalidade das normas observadas.

Desde nosso encontro em Chapel Hill, Hempel sugeriu, por vezes, o que considero ser uma versão aprofundada do mesmo ponto. No penúltimo parágrafo de um artigo publicado em 1981, ele afirma que algumas das dificuldades com meus comentários publicados sobre a escolha de teorias seriam evitadas se desideratos como exatidão e alcance, invocados ao se avaliarem teorias, fossem vistos não como meios para um fim independentemente especificado, como a resolução de quebra-cabeças, mas como se fossem, eles próprios, objetivos visados pela investigação científica.[3] Mais recentemente ainda, ele escreveu:

> A ciência é geralmente vista como procurando formular uma visão explicativa e preditiva de mundo cada vez mais compreensiva e sistematicamente organizada. Parece-me que os desideratos [que determinam quão boa é uma teoria] podem ser mais bem-vistos como tentativas de articular essa concepção de maneira um pouco mais completa e explícita. E se os objetivos da pesquisa científica pura são indicados pelos desideratos, então é obviamente racional, ao escolher entre duas teorias concorrentes, optar por aquela que melhor satisfaz os desideratos [...] [Essas considerações] poderiam ser vistas como *justificando* de modo quase trivial a escolha de teorias de acordo com quaisquer parâmetros impostos pelos desideratos.[4]

---

3 Id., Turns in the Evolution of the Problem of Induction, *Synthese*, v.46, p.389-404, 1981. Essa posição é prenunciada na página 42 do artigo citado na nota anterior, em que Hempel nota as dificuldades em decidir se um desiderato particular, por exemplo simplicidade, deveria ser visto como um objetivo ou como um meio para sua consecução.

4 Id., Valuation and Objectivity in Science. In: Cohen; Laudan (Eds.), *Physics, Philosophy and Psychoanalysis: Essays in Honor of Adolf Grünbaum*, p.91 et seq.

A formulação de Hempel é um aperfeiçoamento em relação à minha, pois relaxa o compromisso com qualquer objetivo particular pré-especificado, como a resolução de quebra-cabeças; quanto ao mais, nossas opiniões são as mesmas. No entanto, se o interpreto corretamente, Hempel está menos satisfeito do que eu com essa abordagem do problema da racionalidade da escolha de teorias. Ele se refere a ela como "quase trivial" na passagem que acabo de citar, aparentemente porque se baseia em algo muito semelhante a uma tautologia, e acha que ela, por isso mesmo, carece do impacto filosófico que se espera de uma justificação satisfatória das normas para a escolha racional de teorias. Ele salienta, em particular, dois aspectos nos quais a justificação quase trivial parece falhar. "O problema de formular normas para a apreciação crítica de teorias", assinala, "pode ser visto como um desenvolvimento moderno do problema clássico da indução", um problema do qual a justificação quase trivial "não se ocupa de modo algum".[5] Em outros momentos, enfatiza que, se as normas devem ser derivadas de uma descrição dos aspectos essenciais da ciência (meu "empreendimento de resolução de quebra-cabeças" ou sua "visão de mundo cada vez mais compreensiva e sistematicamente organizada"), então a escolha da descrição que serve de premissa para a abordagem quase trivial requer, ela própria, uma justificação que nenhum de nós parece fornecer.[6] As atividades constatadas por um observador da ciência podem ser descritas de inúmeras maneiras diferentes, cada uma delas fonte de diferentes desideratos. O que justifica a escolha de um desses e a rejeição de outro?

Esses exemplos das deficiências da abordagem quase trivial foram bem escolhidos, e retornarei em breve a eles. Esboçarei, assim, um argumento sugerindo que um tipo particular de premissa descritiva não requer justificação adicional e que a própria abordagem quase trivial, portanto, é mais profunda e mais fundamental do que Hempel supõe. Ao fazer isso, contudo, estarei me aventurando no que é para mim um território novo, e quero, primeiro, esclarecer o argumento para um outro território, indicando sua relação com posições que desenvolvi em momentos passados com certo grau de detalhe. Caso eu esteja certo, a premissa descritiva da abordagem quase trivial exibe, na linguagem usada para descrever ações

---

5 Ibid., p.92.
6 Ibid., p.86 et seq., 93.

humanas, duas características intimamente relacionadas que, como sustentei anteriormente, são aspectos essenciais também da linguagem usada para
descrever fenômenos naturais.[7] Antes de retornar ao problema da justificação racional, permitam-me descrever brevemente as manifestações dessas
características na área em que primeiro as encontrei.

A primeira característica é aquela a que recentemente chamei de "holismo local". Muitos dos termos referenciais de, ao menos, linguagens
científicas não podem ser adquiridos nem definidos um a um, mas têm, em
vez disso, de ser aprendidos em grupos. Além disso, um papel essencial no
processo de aprendizagem é desempenhado por generalizações, implícitas
ou explícitas, a respeito dos elementos das categorias taxonômicas em que
esses termos dividem o mundo. Os termos newtonianos "força" e "massa"
fornecem o tipo mais simples de exemplo. Não se pode aprender como usar
qualquer um deles sem, simultaneamente, aprender como usar o outro. E
tampouco pode essa parte do processo de aquisição de linguagem prosse-
guir sem recurso à segunda lei de Newton sobre o movimento. Apenas com
sua ajuda pode-se aprender a selecionar forças e massas newtonianas, a ligar
os termos correspondentes à natureza.

Desse procedimento de aquisição holística decorre uma segunda característica das linguagens científicas. Uma vez adquiridos, os termos componentes de um conjunto inter-relacionado podem ser usados para formular
infinitas generalizações novas, todas elas contingentes. Mas algumas das
generalizações originais, ou outras compostas com base nelas, mostram-se
necessárias. Examinemos mais uma vez a força e a massa newtonianas. A
força da gravidade poderia ter sido o inverso do cubo em vez de o inverso
do quadrado; Hooke poderia ter descoberto que a força restauradora da
elasticidade é proporcional ao quadrado do deslocamento. Essas leis eram
inteiramente contingentes. Mas nenhum experimento imaginável poderia

---

7 As formulações mais explícitas e desenvolvidas são recentes: Kuhn, What Are Scientific
Revolutions?, *Occasional Paper*, v.18, 1981 (reimpresso em Krüger; Daston; Heidelberger
(Eds.), *The Probabilistic Revolution*, p.7-22; também reimpresso neste volume como o
Ensaio 1); Id., Commensurability, Comparability, Communicability. In: Asquith; Nickles
(Eds.), *PSA 1982*, v.2, p.669-88 (reimpresso neste volume como o Ensaio 2). Para o que
considero agora ser uma versão implícita, e talvez mais sofisticada, dos mesmos temas, ver
meu artigo bem mais antigo A Function for Thought Experiments. In: Cohen; Taton (Eds.),
Mélanges Alexandre Koyré: L'aventure de l'esprit, v.2, p.307-34 (reimpresso em *The Essential
Tension*, p.240-65).

simplesmente mudar a forma da segunda lei de Newton. Se a segunda lei falhasse, substituí-la por uma outra resultaria também em uma alteração local da linguagem na qual as leis de Newton haviam sido previamente enunciadas. Reciprocamente, os termos newtonianos "força" e "massa" podem funcionar com êxito somente em um mundo no qual vale a segunda lei de Newton.

Chamei a segunda lei de necessária, mas o sentido em que o é precisa ser mais detalhado. Sob dois aspectos, a lei não é uma tautologia. Em primeiro lugar, nenhum dos dois termos, "força" e "massa", está individualmente disponível para ser usado numa definição do outro. Além disso, a segunda lei, ao contrário de uma tautologia, pode ser testada. Isto é, pode-se medir a força e a massa newtonianas, inserir o resultado na segunda lei e descobrir que a lei falha. Não obstante, considero a segunda lei necessária no seguinte sentido, relativo à linguagem: se a lei falha, fica demonstrado que os termos newtonianos em sua formulação não têm referência. Nenhum substituto para a segunda lei é compatível com a linguagem newtoniana. Podem- -se usar as partes relevantes da linguagem de maneira não problemática somente enquanto se está comprometido com a lei. Para essa situação, o termo "necessário" talvez seja inapropriado, mas não disponho de nenhum melhor. "Analítico" claramente não serve.

Retornemos agora à justificação quase trivial das normas ou desideratos para a escolha de teorias e comecemos investigando as pessoas que incor- poram essas normas. O que é ser um cientista? O que significa o termo "cientista"? A palavra *scientist* [cientista] foi cunhada por volta de 1840 por William Whewell. O que a ensejou foi a emergência, a partir do final do século anterior, do uso moderno do termo "ciência" para denominar um conjunto de disciplinas, ainda em formação, que iriam ser emparelhadas e contrastadas com outros grupos disciplinares como os rotulados "belas-ar- tes", "medicina", "direito", "engenharia", "filosofia" e "teologia".

Poucos, ou mesmo nenhum, desses grupos disciplinares podem ser ca- racterizados por um conjunto de condições necessárias e suficientes de per- tinência a eles. Em vez disso, reconhece-se a atividade de um grupo como científica (ou artística, ou médica) em parte por sua semelhança a outros campos no mesmo grupo e em parte por sua diferença com respeito a ativi- dades características de outros grupos disciplinares. Para aprender a usar o termo "ciência" é preciso, portanto, aprender também a usar alguns outros termos disciplinares como "arte", "engenharia", "medicina", "filosofia" e talvez "teologia". E o que torna possível, daí em diante, a identificação de uma dada atividade como ciência (ou arte, ou medicina etc.) é sua posição no interior do campo semântico adquirido que também contém essas outras disciplinas. Conhecer essa posição entre as disciplinas é saber o que o termo "ciência" significa ou, o que equivale à mesma coisa, o que é uma ciência.

Os nomes das disciplinas, assim, rotulam categorias taxonômicas, várias das quais, como os termos "massa" e "força", têm de ser aprendidas em conjunto. Esse holismo linguístico local foi a primeira das características acima isoladas, e, mais uma vez, uma segunda característica a acompanha. Os termos que nomeiam as disciplinas funcionam efetivamente apenas em um mundo que possui disciplinas muito semelhantes às nossas. Dizer, por exemplo, que na Antiguidade helênica a ciência e a filosofia eram a mesma coisa é dizer também, paradoxalmente, que na Grécia antes da morte de Aristóteles não havia nenhuma atividade que pudesse ser totalmente classificada como filosofia ou como ciência. As disciplinas modernas, é claro, evoluíram de disciplinas antigas, mas não em relação linear, uma a uma; não é o caso que cada uma delas tenha se originado de uma progenitora antiga apropriadamente vista como uma forma (talvez mais primitiva) da mesma coisa. As progenitoras reais requerem descrição em seus próprios termos, não nos nossos, e essa tarefa demanda um vocabulário que divide e que categoriza atividades intelectuais de uma maneira diferente da nossa. Encontrar e disseminar um vocabulário que permita a descrição e a compreensão de épocas mais antigas ou de outras culturas é fundamental para aquilo que os historiadores e antropólogos fazem.[8] Antropólogos que recusam esse desafio são denominados "etnocêntricos"; historiadores que o recusam são denominados "Whig".[9]

---

8 A força desse ponto depende criticamente da afirmação – desenvolvida e defendida em Kuhn, Commensurability, Comparability, Communicability – de que a linguagem requerida para descrever alguns aspectos do passado (ou de outra cultura) não é traduzível na linguagem nativa da pessoa que fornece a descrição. Apresentei um extenso exemplo das dificuldades criadas por impor ao passado uma taxonomia disciplinar moderna em meu Mathematical *versus* Experimental Traditions in the Development of Physical Science (reimpresso em *The Essential Tension*, p.31-65).

9 O termo *Whig* aplica-se àqueles historiadores adeptos da crença num progresso contínuo. (N. T.)

Essa tese – a necessidade de outras linguagens para descrever outras épocas e culturas – tem novamente uma recíproca. Enquanto falamos nossa própria língua, qualquer atividade que rotulemos de "ciência", ou "filosofia", ou "arte" etc., deve, necessariamente, exibir praticamente as mesmas características que as atividades às quais em geral aplicamos esses termos. Do mesmo modo como é necessário o acesso à segunda lei de Newton a fim de selecionar forças e massas newtonianas, selecionar os referentes do vocabulário moderno das disciplinas requer o acesso a um campo semântico que agrupa atividades com respeito a aspectos tais como exatidão, beleza, poder preditivo, normatividade, generalidade e assim por diante. Embora possamos nos referir a uma determinada amostra de atividade por meio de várias descrições alternativas, somente as descrições formuladas nesse vocabulário de características disciplinares permitem a identificação dessa atividade como, digamos, ciência, pois somente esse vocabulário pode localizar essa atividade nas imediações de outras disciplinas científicas e à distância de outras disciplinas que não a ciência. Essa posição, por sua vez, é uma propriedade necessária de todos os referentes do termo moderno "ciência".

É claro que uma ciência não precisa possuir todas as características (positivas ou negativas) que se mostram úteis na identificação de disciplinas como ciências: nem todas as ciências são preditivas, nem todas são experimentais. Nem precisa ser sempre possível, considerando essas características, decidir se uma dada atividade é ciência ou não: essa questão não precisa ter uma resposta. Mas um falante da linguagem disciplinar relevante não pode, sob pena de autocontradição, proferir enunciados como os seguintes: "A ciência X é *menos* exata que a não ciência Y; fora isso, ambas ocupam a mesma posição com respeito a todas as características disciplinares". Enunciados desse tipo excluem a pessoa que o profere de sua comunidade linguística. Persistir em fazê-los resulta num colapso de comunicação e, se a questão é aprofundada, frequentemente também em acusações de irracionalidade. Ninguém pode decidir por si mesmo o que "ciência" significa, não mais do que pode decidir o que a ciência é.

Evidentemente, desse modo, estou de volta ao ponto em que comecei. O indivíduo que denominou X uma ciência, e Y não, estava fazendo a mesma coisa que aquele outro que, mais no início deste artigo, preferiu Y a X[10]

---

10 No original: "preferred X to Y" [*sic*]. (N. T.)

quando se tratava de duas teorias científicas. Ambos violaram algumas das regras semânticas que permitem à linguagem descrever o mundo. Um interlocutor que admitisse o uso normal dessas regras considerá-las-ia culpadas de autocontradição. Um interlocutor que julgasse tal uso aberrante teria muitas dificuldades em imaginar o que aquelas pessoas estariam tentando dizer. Não é, contudo, meramente a linguagem que esses enunciados violam. As regras envolvidas não são convenções, e a contradição que resulta de sua ab-rogação não é a negação de uma tautologia. Em vez disso, o que está sendo posto de lado é a taxonomia empiricamente derivada das disciplinas, taxonomia que está incorporada no vocabulário de disciplinas e é aplicada em virtude do campo associado de características disciplinares. Esse vocabulário pode ser insuficiente para descrever, mas, como argumentei, não simplesmente em relações de termo a termo. Em vez disso, tal incapacidade deve ser enfrentada pelo ajuste simultâneo de grandes partes do vocabulário disciplinar. E, até que tenha ocorrido esse ajuste, a pessoa que preferiu X a Y estará simplesmente excluindo-se do jogo da linguagem científica. É disso, acredito, que a abordagem quase trivial para justificar normas para escolha de teorias obtém sua força.

Essa força, obviamente, é limitada. Hempel tem razão em assinalar que a abordagem quase trivial não fornece nenhuma solução para o problema da indução. Mas os dois entram agora efetivamente em contato. Como "massa" e "força", ou "ciência" e "arte", "racionalidade" e "justificação" são termos interdefinidos. Um requisito para qualquer um deles é a conformidade às restrições da lógica, e tenho feito uso disso para mostrar que as normas usuais para a escolha de teorias estão justificadas ("racionalmente justificadas" seria redundante). Um outro requisito é a conformidade às restrições da experiência, na ausência de boas razões em contrário. Ambos exibem parte do que é ser racional. Não se sabe o que está tentando dizer uma pessoa que negue a racionalidade da aprendizagem fundamentada na experiência (ou que negue que conclusões nela baseadas estejam justificadas). Mas tudo isso fornece apenas um pano de fundo para o problema da indução, o qual, visto da perspectiva aqui desenvolvida, leva ao reconhecimento de que não temos nenhuma alternativa racional à aprendizagem fundamentada na experiência, e enseja a pergunta de por que esse deveria ser o caso. Isto é, não requisita uma justificação da aprendizagem pela experiência, mas uma explicação da viabilidade de todo o jogo de linguagem que envolve "indução" e sustenta a forma de vida que vivemos.

Não tento dar nenhuma resposta a essa questão, mas gostaria de ter uma. Juntamente com a maioria de vocês, compartilho do anseio de Hume. Preparar este artigo fez-me compreender que tal anseio talvez seja intrínseco ao jogo, mas não estou pronto para essa conclusão.

10
AS CIÊNCIAS NATURAIS
E AS CIÊNCIAS HUMANAS

"The Natural and the Human Sciences" foi uma contribuição preparada para uma mesa-redonda na Universidade La Salle, em 11 de fevereiro de 1989, patrocinada pelo Greater Philadelphia Philosophy Consortium. (Charles Taylor também participaria da discussão, mas, à última hora, cancelou sua presença.) O artigo foi publicado em The Interpretive Turn: Philosophy, Science, Culture, *editado por David R. Hiley, James F. Bohman e Richard Shusterman (Ithaca: Cornell University Press, 1991). Usado com permissão da Cornell University Press.*

***

Permitam-me começar com uma passagem autobiográfica. Quarenta anos atrás, quando comecei a desenvolver ideias heterodoxas a respeito da natureza das ciências naturais, especialmente da física, deparei-me com alguns ensaios da literatura continental sobre a metodologia das ciências sociais. Em particular, se a memória não me falha, li alguns dos ensaios metodológicos de Max Weber, então recentemente traduzidos por Talcott Parsons e Edward Shils, bem como alguns capítulos relevantes de *Essay on Man* [Ensaio sobre o homem], de Ernst Cassirer. Fiquei entusiasmado e encorajado pelo que neles encontrei. Esses autores eminentes estavam descrevendo as ciências sociais de modo estreitamente paralelo ao tipo de descrição que eu esperava fornecer para as ciências físicas. Talvez eu tivesse mesmo percebido algo valioso.

Minha euforia, contudo, era regularmente arrefecida pelos parágrafos finais dessas discussões, que lembravam aos leitores que suas análises aplicavam-se somente às *Geisteswissenschaften*, às ciências sociais. *"Die Naturwissenschaften"*, proclamavam em alto e bom som seus autores, *"sind ganz anders"* ("As ciências naturais são inteiramente diferentes"). O que então se seguia era uma explicação relativamente padrão, empirista e quase positivista das ciências naturais, a imagem mesma que eu esperava descartar.

Nessas circunstâncias, retornei prontamente ao meu próprio *métier*, cujo objeto eram as ciências físicas, nas quais fizera meu doutorado. Naquela época, bem como agora, minha familiaridade com as ciências sociais era extremamente limitada. Meu presente tópico – a relação entre as ciências humanas e as naturais – não é um tópico a cujo respeito eu tenha refletido muito, nem tenho a formação necessária para tanto. Não obstante, embora mantendo minha distância com relação às ciências sociais, encontrei, de tempos em tempos, outros artigos aos quais reagi como aos de Weber e Cassirer. Pareciam-me ensaios brilhantes e penetrantes a respeito das ciências sociais ou humanas, mas artigos que, aparentemente, precisavam definir sua posição usando como contraste uma imagem das ciências naturais à qual permaneço profundamente contrário. Um ensaio desse gênero proporciona a razão para a minha presença aqui.

Esse artigo é "Interpretação e as ciências humanas", de Charles Taylor.[1] É um ensaio de minha particular predileção: lia-o com frequência, aprendi muito com ele e usei-o regularmente em minhas aulas. Em consequência, senti prazer especial pela oportunidade de participar com seu autor de um NEH Summer Institute sobre a Interpretação,[2] realizado durante o verão de 1988. Não tivéramos a oportunidade de falar em conjunto numa conferência, mas começamos rapidamente um animado diálogo, e combinamos continuá-lo nesta mesa-redonda. Ao planejar minha contribuição introdutória, tinha convicção de que seria seguida por uma viva e frutífera

---

1 Taylor, Interpretation and the Sciences of Man. In: Taylor (Ed.), *Philosophy and the Human Sciences*.

2 O NEH (The National Endowment for the Humanities), entidade mantida pelo governo estadunidense e dedicada ao fomento à educação, promove regularmente cursos de verão para o aperfeiçoamento de professores e alunos selecionados. No caso referido por Kuhn – Summer Institute on Interpretation in the Sciences and Humanities –, o curso teve lugar em Santa Cruz, na Universidade da Califórnia, entre 20 de junho e 29 de julho de 1988. (N. E.)

troca de ideias. Por conseguinte, o cancelamento forçado da participação do professor Taylor foi desapontador, mas isso ocorreu demasiado tarde para uma mudança radical de planos. Embora relute em falar a respeito do professor Taylor pelas costas, não vejo alternativa exceto desempenhar um papel próximo daquele que me havia atribuído originalmente.

***

Para evitar confusões, começo indicando a divergência fundamental entre mim e Taylor durante nossas discussões no curso ministrado em 1988. Não era a questão de se as ciências humanas e naturais pertencem à mesma espécie. Ele insistia em que não, e eu, embora um pouco agnóstico, estava inclinado a concordar. Mas, de fato, divergimos, com frequência categoricamente, a respeito de como poderia ser traçada a linha entre os dois empreendimentos. Penso que sua maneira não se sustentava de modo algum. Mas minhas propostas sobre como substituí-la – a cujo respeito terei mais tarde algo bem breve a dizer – permaneceram extremamente vagas e incertas.

Para tornar mais concreta nossa diferença, permitam-me iniciar com uma versão bastante simplificada daquilo que a maioria de vocês sabe. Para Taylor, as ações humanas constituem um texto escrito em caracteres comportamentais. Compreender as ações, recuperar o significado do comportamento, requer uma interpretação hermenêutica, e a interpretação apropriada a um exemplo particular de comportamento, enfatiza Taylor, difere sistematicamente de cultura para cultura, às vezes mesmo de indivíduo para indivíduo. É essa característica – a intencionalidade do comportamento – que, na visão de Taylor, distingue o estudo de ações humanas daquele dos fenômenos naturais. No início do artigo clássico ao qual aqui me referi, ele diz, por exemplo, que mesmo objetos como amostras de rochas ou cristais de neve, embora tenham um padrão coerente, não têm significado, não expressam nada. E mais adiante, no mesmo ensaio, insiste em que os céus são os mesmos para todas as culturas, por exemplo, para os japoneses e para nós. Não se precisa de nada semelhante à interpretação hermenêutica, insiste Taylor, para estudar objetos como esses. Se se pode apropriadamente dizer que estes têm significado, esses significados são os mesmos para todos. São, como Taylor mais recentemente o formulou, absolutos, independentes de interpretação por sujeitos humanos.

Esse ponto de vista parece-me errado. Para sustentar minhas razões, usarei também o exemplo dos céus, o qual, por coincidência, também havia usado no conjunto de conferências manuscritas que constituíram meu texto básico para o curso promovido em 1988. Não é, talvez, o exemplo mais conclusivo, mas certamente o menos complexo e, assim, o mais adequado para uma apresentação breve. Não comparei, nem posso comparar, nossos céus com os dos japoneses, mas afirmei, e afirmarei aqui, que os nossos são diferentes dos céus dos gregos antigos. Mais particularmente, quero enfatizar que nós e os gregos dividimos a população dos céus em diferentes espécies, diferentes categorias de coisas. Nossas taxonomias celestiais são sistematicamente distintas. Para os gregos, os objetos celestes dividiam-se em três categorias: estrelas, planetas e meteoros. Nós temos categorias com esses nomes, mas o que os gregos incluíam nas suas é muito diferente daquilo que incluímos nas nossas. Por um lado, o Sol e a Lua pertenciam à mesma categoria que Júpiter, Marte, Mercúrio, Saturno e Vênus. Para eles, esses corpos eram semelhantes uns aos outros, ao passo que diferentes de elementos das categorias "estrela" e "meteoro". Por outro lado, colocavam a Via Láctea, para nós constituída por estrelas, na mesma categoria dos arco-íris, anéis ao redor da Lua, estrelas cadentes e outros meteoros. Há outras diferenças classificatórias similares. Coisas semelhantes em um sistema eram dessemelhantes em outro. Desde a Antiguidade grega, a taxonomia dos céus, os padrões de similaridade e diferença celestiais modificaram-se sistematicamente.

Muitos de vocês, eu sei, desejarão juntar-se a Charles Taylor no dizer-me que essas são meras diferenças nas crenças a respeito de objetos que, em si, permaneceram os mesmos para os gregos e para nós – algo que poderia ser mostrado, por exemplo, fazendo que observadores apontem para eles ou descrevam suas posições relativas. Este não é o lugar para que eu tente com seriedade convencê-los a abandonar essa posição plausível. Porém, tivesse eu mais tempo, certamente tentaria, e quero indicar aqui qual seria a estrutura de meu argumento.

Começaria com alguns pontos a cujo respeito Charles Taylor e eu concordamos. Conceitos – quer do mundo natural, quer do mundo social – são propriedade de comunidades (culturas ou subculturas). Em qualquer época dada, eles são largamente compartilhados por membros da comunidade, e sua transmissão de geração a geração (algumas vezes com mudanças) desempenha um papel central no processo pelo qual a comunidade credencia novos membros. O que julgo ser "compartilhar um conceito" terá de aqui permanecer não explicado, mas estou de acordo com Taylor na rejeição veemente de uma concepção que há muito tempo é padrão. Ter aprendido um conceito – de planetas ou estrelas, por um lado, de equidade ou negociação, por outro – não é ter internalizado um conjunto de características que fornece condições necessárias e suficientes para a aplicação desse conceito. Embora qualquer pessoa que compreenda um conceito tenha de saber *algumas* características marcantes dos objetos ou situações abrangidos por ele, tais características podem variar de indivíduo para indivíduo, e nenhuma delas precisa ser compartilhada para permitir a aplicação adequada do conceito. Isto é, duas pessoas poderiam compartilhar um conceito sem compartilhar uma única crença a respeito da característica ou características dos objetos ou situações a que ele se aplica. Não suponho que isso ocorra com frequência, mas poderia, em princípio, ocorrer.

Até esse ponto, Taylor e eu concordamos em grande parte. Separamo-nos, contudo, quando ele sustenta que, embora os conceitos sociais moldem o mundo a que são aplicados, os conceitos do mundo natural não o fazem. Para Taylor – mas não para mim –, os céus são independentes da cultura. Para defender essa posição, ele enfatizaria, acredito, que um americano ou europeu pode, por exemplo, apontar planetas ou estrelas para um japonês, mas não pode fazer o mesmo para equidade ou negociação. Eu retrucaria que é possível somente apontar para as exemplificações individuais de um conceito – para esta estrela ou aquele planeta, para este episódio de negociação ou aquele de equidade – e que as dificuldades envolvidas em fazê-lo são da mesma natureza nos mundos natural e social.

Para o mundo social, o próprio Taylor forneceu os argumentos. Para o mundo natural, os argumentos básicos são apresentados por David Wiggins em, entre outros lugares, *Sameness and Substance* [Igualdade e substância].[3] Para que se aponte proveitosamente, informativamente, para um planeta ou estrela particular, é preciso ser capaz de apontar para ele ou ela mais de uma vez, de selecionar outra vez o mesmo objeto individual. E isso não se pode fazer a menos que já se tenha apreendido o conceito sortal sob o qual o indivíduo é subsumido. Héspero e Fósforo são o mesmo *planeta*, mas é apenas sob essa descrição, somente como planetas, que podem ser reco-

---

3 Wiggins, *Sameness and Substance*.

nhecidos como um e o mesmo. Até que a identidade possa ser estabelecida, não há nada a ser aprendido (ou ensinado) pelo apontar. Como no caso da equidade ou da negociação, nem a apresentação nem o estudo de exemplos pode começar antes que o conceito do objeto a ser exemplificado ou estudado esteja disponível. E o que o torna disponível, quer nas ciências naturais, quer nas sociais, é uma cultura no interior da qual ele é transmitido por exemplificação, às vezes de forma alterada, de uma geração à seguinte.

Em resumo, acredito realmente em alguns dos absurdos a mim atribuídos – embora de modo algum em todos. Os céus dos gregos eram irredutivelmente diferentes dos nossos. A natureza da diferença é a mesma que Taylor tão brilhantemente descreve entre as práticas sociais de diferentes culturas. Em ambos os casos, a diferença está arraigada num vocabulário conceitual. Ela não pode, em nenhum deles, ser resolvida por meio de uma descrição num vocabulário de dados brutos, comportamental. E, na ausência de um vocabulário de dados brutos, qualquer tentativa de descrever um conjunto de práticas no vocabulário conceitual, no sistema de significados, usado para expressar o outro pode apenas causar distorção. Isso não significa que não se possam, com suficiente paciência e esforço, descobrir as categorias de uma outra cultura ou de um estágio anterior da nossa própria cultura. Mas indica, sim, que é necessária uma descoberta e que a interpretação hermenêutica – quer pelo antropólogo, quer pelo historiador – é o que promove tal descoberta. Não existe nas ciências naturais, não mais do que nas humanas, um conjunto de categorias que seja neutro, independente de cultura, e no qual a população – seja de objetos, seja de ações – possa ser descrita.

A maioria de vocês já deve ter há tempo reconhecido essas teses como redesenvolvimentos de temas que podem ser encontrados em minha obra *Estrutura* e em escritos relacionados com ela. Deixando que um único exemplo sirva para todos, o hiato que descrevi aqui separando os céus gregos dos nossos é do tipo que somente poderia ter resultado do que anteriormente chamei uma revolução científica. A distorção e a má representação resultantes de uma descrição dos céus deles no vocabulário conceitual requerido para descrever os nossos é um exemplo do que naquele momento chamei incomensurabilidade. E o choque gerado pela substituição de nossos óculos conceituais pelos deles é o choque que atribuí, ainda que inadequadamente, ao fato de viverem eles num mundo diferente. Quando está em questão o mundo social de uma outra cultura, aprendemos, contra nossa própria resistência etnocêntrica arraigada, a assumir o choque como um dado. Podemos, e na minha concepção precisamos, aprender a fazer o mesmo para seus mundos naturais.

**

Caso isso tudo seja convincente, o que teria a nos dizer a respeito das ciências naturais e humanas? Indicaria que são semelhantes, exceto, talvez, em seu grau de maturidade? Certamente reabre essa possibilidade, mas não precisa impor tal conclusão. Meu desacordo com Taylor, lembremos, não se prendia à existência de uma linha entre as ciências naturais e as ciências humanas, porém, mais propriamente, ao modo pelo qual essa linha pode ser traçada. Embora a maneira clássica de traçá-la não esteja disponível para os que adotam o ponto de vista aqui desenvolvido, outra maneira de fazê-lo emerge de modo claro. Se estou inseguro, não é sobre a existência de diferenças, mas sobre se elas são de princípio ou uma simples consequência dos estados relativos de desenvolvimento dos dois conjuntos de campos.

Permitam-me, portanto, concluir essas reflexões com umas poucas observações tentativas a respeito dessa maneira alternativa de traçar a linha divisória. Minha tese até agora foi a de que as ciências naturais de qualquer período são fundamentadas em um conjunto de conceitos que a geração corrente de praticantes herda de seus predecessores imediatos. Esse conjunto de conceitos é um produto histórico, embasado na cultura em que os praticantes correntes são iniciados durante seu processo de aprendizado, e acessível a não membros somente por intermédio das técnicas hermenêuticas pelas quais historiadores e antropólogos chegam a compreender outros modos de pensamento. Algumas vezes tenho falado disso como a base hermenêutica para a ciência de um determinado período, e vocês podem notar que tem semelhança considerável com um dos sentidos daquilo que já chamei de paradigma. Embora raramente empregue esse termo hoje em dia, tendo perdido por completo o controle sobre ele, irei, a bem da brevidade, usá-lo aqui algumas vezes.

Se se adota a respeito das ciências naturais o ponto de vista que descrevi, é notável que aquilo que seus praticantes fazem a maior parte do tempo, dado um paradigma ou base hermenêutica, não é ordinariamente herme-

nêutico. Ao contrário, eles utilizam o paradigma recebido de seus professores num esforço que denominei ciência normal, um empreendimento que
procura resolver quebra-cabeças, como os de aperfeiçoar e estender a correspondência entre teoria e experiência ao longo do avanço da vanguarda do
campo. As ciências sociais, por sua vez – pelo menos para estudiosos como
Taylor, por cuja concepção tenho o mais profundo respeito –, parecem ser
inteiramente hermenêuticas, interpretativas. Muito pouco do que ocorre
nelas se parece de algum modo com a pesquisa normal, solucionadora de
quebra-cabeças, das ciências naturais. Seu objetivo é, ou deveria ser na
visão de Taylor, compreender o comportamento, mas não descobrir as
leis, se houver alguma, que o governam. Essa diferença tem uma contrapartida que me parece igualmente surpreendente. Nas ciências naturais, o
exercício da pesquisa por vezes produz novos paradigmas, novas maneiras
de entender a natureza, de ler seus textos. Mas as pessoas responsáveis
por essas mudanças não as buscavam. A reinterpretação que resultou de
seus esforços foi involuntária e, com frequência, obra da geração seguinte.
Tipicamente, as pessoas responsáveis foram incapazes de reconhecer a natureza do que haviam feito. Contraste-se esse padrão com o padrão normal
às ciências sociais de Taylor. Nestas, interpretações novas e mais profundas
são o objetivo reconhecido do jogo.

As ciências naturais, portanto, embora possam requerer o que chamei de
uma base hermenêutica, não são, elas próprias, atividades hermenêuticas.
As ciências humanas, por sua vez, frequentemente o são e podem não ter
alternativa. Mesmo que esteja correto, contudo, pode-se ainda perguntar,
com procedência, se estão restritas à hermenêutica, à interpretação. Não
seria possível que aqui e ali, com o passar do tempo, um número crescente
de especialidades encontrasse paradigmas que viabilizassem a pesquisa
normal, solucionadora de quebra-cabeças?

Quanto à resposta a essa pergunta, estou totalmente incerto. Mas arriscarei duas observações que apontam para direções contrárias. Em primeiro
lugar, não estou ciente de qualquer princípio que barre a possibilidade de
uma ou outra parte de alguma ciência humana encontrar um paradigma
capaz de viabilizar a pesquisa normal, solucionadora de quebra-cabeças. E
a probabilidade da ocorrência dessa transição é, para mim, aumentada por
um forte sentimento de *déjà-vu*. Muito do que ordinariamente é dito para
defender a impossibilidade de uma pesquisa solucionadora de quebra-

-cabeças nas ciências humanas já foi mencionado há dois séculos, para negar a possibilidade de uma ciência da química, e repetido um século depois, para mostrar a impossibilidade de uma ciência dos seres vivos. Muito provavelmente, a transição que estou sugerindo já está em andamento em algumas especialidades atuais das ciências humanas. Minha impressão é a de que, em partes da economia e da psicologia, isso já possa ter ocorrido.

Por outro lado, em algumas partes principais das ciências humanas, há um argumento forte e bem conhecido contra a possibilidade de algo idêntico à pesquisa normal solucionadora de quebra-cabeças. Sustentei antes que os céus gregos eram diferentes dos nossos. Devo agora sustentar que a transição entre eles foi relativamente súbita, que resultou de pesquisa feita sobre a versão prévia dos céus, e que os céus permaneceram exatamente iguais enquanto essa pesquisa esteve em andamento. Sem essa estabilidade, a pesquisa responsável pela mudança não poderia ter ocorrido. Mas não se pode esperar por uma estabilidade desse tipo quando a unidade em estudo é um sistema político ou social. Nenhuma base duradoura para a ciência normal solucionadora de quebra-cabeças precisa estar disponível para os que a investigam; uma reinterpretação hermenêutica pode ser constantemente requerida. Onde isso é o caso, a linha que Charles Taylor busca entre as ciências humanas e as naturais pode estar firmemente estabelecida. Suponho que, em algumas áreas, ela possa permanecer aí para sempre.

11
PÓS-ESCRITOS

"Afterwords" é a réplica de Kuhn a nove artigos – todos eles inspirados por sua obra, ou a respeito dela – de autoria de John Earman, Michael Friedman, Ernan McMullin, J. L. Heilbron, N. M. Swerdlow, Jed Z. Buchwald, M. Norton Wise, Nancy Cartwright e Ian Hacking. As versões iniciais desses artigos e a réplica de Kuhn foram todas apresentadas em um simpósio de dois dias realizado em homenagem a Kuhn no MIT, em maio de 1990. Os anais revisados desse simpósio foram publicados como World Changes: Thomas Kuhn and the Nature of Science, *editado por Paul Horwich (Cambridge, MA: Bradford/MIT Press, 1993). Quando Kuhn discute os pontos de vista dos autores acima arrolados ele está se referindo, a menos que o contrário seja especificado, a seus ensaios nesse volume.*

***

Reler os artigos que constituem este volume fez-me recordar os sentimentos com que, há quase dois anos, dispus-me a dirigir-lhes minha réplica original. C. G. Hempel, que por mais de duas décadas tem sido um estimado mentor, acabara de apresentar as considerações com as quais este volume inicia. Elas constituíram o penúltimo evento de um intenso simpósio, de um dia e meio de duração, caracterizado por esplêndidos artigos e por uma acalorada discussão construtiva. Apenas alguns eventos de caráter pessoal – mortes, nascimentos e outras reuniões ou separações marcantes – comoveram-me tão profundamente. Quando subi à mesa de conferências, não tinha certeza de que seria capaz de falar, e levei alguns momentos para descobrir. Depois da palestra, minha esposa me disse que nunca mais seria o mesmo, e o tempo está demonstrando que ela tinha razão. Nesta ocasião, como naquela, começo com agradecimentos sinceros àqueles que tornaram esse evento possível: seus idealizadores, organizadores, colaboradores e participantes.[1] Eles me deram um presente que eu não sabia existir.

* * *

Ao aceitar esse presente, começo retornando às observações feitas pelo professor Hempel. Também recordo nosso primeiro encontro: eu estava em Berkeley, mas considerando um atraente convite feito por Princeton; ele residia do outro lado da baía, no Centro de Estudos Avançados em Ciências Comportamentais. Visitei-o lá para pedir dicas de como poderiam ser a vida e o trabalho em Princeton. Se essa visita tivesse terminado mal, eu poderia não ter aceitado a oferta de Princeton. Mas não terminou, e eu aceitei. Nosso encontro em Palo Alto foi apenas o primeiro de uma série ainda corrente de interações animadas e frutíferas. Como disse o professor Hempel (para mim, ele há muito passou a ser Peter), nossos pontos de vista eram no início muito diferentes, muito mais do que se tornaram ao longo de nossas interações. Mas talvez não fossem tão diferentes quanto ambos então pensávamos, pois comecei a aprender com ele quase quinze anos antes.

Por volta do final da década de 1940, eu estava profundamente convencido de que a concepção aceita do padrão de significado, incluindo-se suas várias formulações positivistas, não se sustentava: parecia-me que os cientistas não entendiam os termos que usavam da maneira descrita pelas várias versões da tradição, e não havia evidência de que precisassem fazê-lo daquele modo. Esse era o meu estado de espírito quando, pela primeira vez, deparei-me com a velha monografia de Peter sobre a formação de conceitos. Embora se passassem muitos anos antes de eu perceber sua plena relevância para minha posição emergente, ela me fascinou desde o começo, e seu papel em meu desenvolvimento intelectual deve ter sido considerável. Quatro elementos essenciais de minha posição madura podem, em todo caso, ser encontrados lá: os termos científicos são regularmente aprendidos

---

1 Agradeço especialmente a Judy Thomson, que concebeu a viagem; a Paul Horwich, que capitaneou o navio; e à minha secretária, Carolyn Farrow, que foi seu hábil imediato.

no uso; esse uso envolve a descrição de um ou outro exemplo paradigmático do comportamento da natureza; vários exemplos desse tipo são necessários para que o processo funcione; e, finalmente, quando o processo está completo, o aprendiz de linguagem ou conceitos não adquiriu apenas significados, mas também, inseparavelmente, generalizações a respeito da natureza.[2]

Uma versão mais geral, ampla e profunda dessas ideias apareceu alguns anos depois no artigo clássico que Peter significativamente intitulou "The Theoretician's Dilemma" [O dilema do teórico].[3] O dilema vincula-se a como preservar uma distinção de princípio entre o que Peter, naquela época, ainda denominava "termos observacionais" e "termos teóricos". Quando ele, alguns anos depois, começou em vez disso a descrever a distinção como se fosse entre "termos previamente disponíveis" e "termos aprendidos junto com uma nova teoria", pude perceber que ele havia adotado implicitamente uma atitude evolucionária ou histórica. Não tenho certeza se essa mudança de vocabulário ocorreu antes ou depois de nos termos encontrado pela primeira vez, mas a base para a nossa convergência claramente já existia nessa ocasião, e nossa aproximação talvez já estivesse em andamento.

Depois de eu ter ido para Princeton, Peter e eu conversamos regularmente, e, às vezes, também lecionamos juntos. Quando, mais tarde, assumi brevemente a responsabilidade pelo curso em que fora seu assistente, comecei dizendo à classe que meu objetivo era mostrar os benefícios adicionais de aplicar, na abordagem histórica ou evolucionária da filosofia da ciência, algumas das esplêndidas ferramentas analíticas desenvolvidas

---

2 Hempel, *Fundamentals of Concept Formation in Empirical Science*. Eu poderia ter encontrado elementos similares na discussão das sentenças de Ramsey em *Scientific Explanation* (1953), de R. B. Braithwaite, mas me deparei com esse livro somente mais tarde.

3 Originalmente publicado em 1958, o artigo pode ser mais facilmente encontrado como o capítulo 8 de *Aspects of Scientific Explanation and Other Essays in the Philosophy of Science* (1965), de C. G. Hempel. Ainda uso essa formulação de modo regular em minhas aulas. Uma versão mais plenamente articulada de posição similar é aplicada de forma explícita às minhas concepções em *The Structure and Dynamics of Theories* (1976), de W. Stegmüller, um livro cuja influência também se reflete em alguns de meus trabalhos mais recentes; em particular, ver Kuhn, Possible Worlds in History of Science. In: Allén (Ed.), *Possible Worlds in Humanities, Arts and Sciences: Proceedings of Nobel Symposium 1965*, p.9-32; reimpresso neste volume como o Ensaio 3. Uma versão ligeiramente resumida desse artigo está disponível em Savage (Ed.), *Scientific Theories*, p.298-318.

dentro da tradição mais estática do empirismo lógico. Continuo vendo em minha produção filosófica a perseguição desse objetivo. Há ainda outros produtos de minhas interações com Peter, e tratarei mais adiante de um que é significativo. Contudo, o que devo fundamentalmente a ele não pertence ao reino das ideias, mas à experiência de trabalhar com um filósofo que está mais preocupado em chegar à verdade do que em vencer discussões. Ou seja, minha afeição por ele deve-se especialmente aos fins nobres a que dedica sua mente notável. Como poderia não estar profundamente emocionado quando, mais uma vez, o acompanhei à mesa de conferência?

Essas observações devem evidenciar que eu soube, desde o início de meu envolvimento com a filosofia, que a abordagem histórica de cujo desenvolvimento tomei parte era devedora tanto das dificuldades encontradas pela tradição lógico-empiricista quanto da história da ciência. Os "Dois Dogmas" de Quine fornecem um segundo exemplo, para mim formativo, do que acreditei serem essas dificuldades.[4] A respeito disso tudo, o elegante esboço de Michael Friedman está inteiramente correto, e aguardo com prazer a versão completa que promete. Em seu artigo original para o simpósio, ele acrescentou uma outra observação reveladora, a qual é aqui elaborada por John Earman com um detalhamento apropriado, embora para mim excruciante. Seja lá qual for o papel que os problemas encontrados pelo positivismo possam ter desempenhado para a constituição do pano de fundo da *Estrutura*, meu conhecimento da literatura que tentou lidar com esses problemas era decididamente superficial quando o livro foi escrito. Em particular, eu desconhecia quase totalmente o Carnap pós-*Aufbau*, e descobri-lo afligiu-me intensamente. Parte de meu embaraço resulta de minha sensação de que a responsabilidade exigia que eu conhecesse meu alvo melhor, mas há mais. Quando recebi a gentil carta na qual Carnap falava-me do prazer que tivera ao ler meu manuscrito, interpretei-o como mera polidez, não como uma indicação de que ele e eu pudéssemos conversar de forma proveitosa. Novamente assim reagi, em meu prejuízo, numa ocasião posterior.

Não obstante, as passagens que John cita para mostrar o profundo paralelismo entre a posição de Carnap e a minha também mostram, quando lidas no contexto de seu artigo, uma diferença correspondentemente pro-

---

4 Quine, Two Dogmas of Empiricism. In: *From a Logical Point of View*, 2.ed.

funda. Carnap enfatizava, como eu, a intradutibilidade. Porém, se entendo do modo correto sua posição, a importância cognitiva da mudança de linguagem era para ele meramente pragmática. Uma linguagem poderia admitir enunciados que não pudessem ser traduzidos em outra, mas qualquer coisa apropriadamente classificada como conhecimento científico poderia ser tanto enunciada quanto investigada em qualquer uma das duas linguagens, empregando-se o mesmo método e obtendo-se o mesmo resultado. Os fatores responsáveis pelo uso de uma linguagem em vez de outra eram irrelevantes tanto para os resultados alcançados quanto, mais especialmente, para seu estatuto cognitivo.

Esse aspecto da posição de Carnap nunca me ocorreu. Preocupado desde o início com o *desenvolvimento* do conhecimento, considerei cada estágio na evolução de determinado campo como construído – embora não inteiramente – a partir de seu predecessor; o estágio mais antigo fornecendo os problemas, os dados e a maioria dos conceitos necessários à emergência do estágio seguinte. Além disso, tenho sustentado que algumas mudanças no vocabulário conceitual são requeridas para a assimilação e o desenvolvimento das observações, leis e teorias empregadas no estágio posterior (daí ter usado acima a expressão "embora não inteiramente"). Dadas essas crenças, o processo de transição do velho estágio para o novo torna-se uma parte fundamental da ciência, um processo que deve ser compreendido pelo metodólogo preocupado em analisar a base cognitiva das crenças científicas. A mudança de linguagem é *cognitivamente* significativa para mim, mas não o era para Carnap.

Para meu desalento, o que John, não injustamente, rotula de minhas "passagens sanguíneas" levou muitos leitores da *Estrutura* a supor que eu estava tentando minar a autoridade cognitiva da ciência em vez de sugerir uma visão diferente de sua natureza. E, mesmo para os que compreenderam minha intenção, o livro teve pouca coisa construtiva a dizer a respeito de como ocorre a transição entre estágios ou qual pode ser sua importância cognitiva. Tenho hoje mais condições de me sair melhor a respeito desses assuntos e de temas que com eles estão relacionados, e o livro no qual estou atualmente trabalhando terá muito a dizer acerca deles. Obviamente, não posso aqui nem sequer esboçar o conteúdo do livro, mas usarei minha liberdade de ação na condição de comentador para sugerir, da melhor maneira que posso, o que minha posição se tornou ao longo dos anos desde a publicação da *Estrutura*. Ou seja, usarei os artigos deste volume como água para o meu moinho atual. Para meu grande prazer, todos eles contribuem para o meu propósito, embora o tratamento que resulte seja, inevitavelmente, não de todo equilibrado.

Começo com algumas observações antecipatórias a respeito do tópico que domina meu projeto: a incomensurabilidade e a natureza da divisão conceitual entre os estágios de desenvolvimento separados pelo que já chamei de "revoluções científicas". Ter-me deparado com a incomensurabilidade foi o primeiro passo no caminho para a *Estrutura*, e a noção ainda me parece ser a inovação central introduzida pelo livro. Mesmo antes de a *Estrutura* ter surgido, contudo, eu sabia que minhas tentativas de descrever sua concepção central eram extremamente toscas. Esforços para compreendê-la e aprimorá-la têm sido minha preocupação principal e cada vez mais obsessiva por trinta anos, durante os últimos cinco dos quais fiz o que considero ser numa rápida série de descobertas significativas.[5] A primeira delas aflorou numa série de três palestras não publicadas, as conferências Shearman, proferidas em 1987 no University College, em Londres. Uma versão manuscrita dessas palestras, como diz Ian Hacking, foi a fonte original para a solução taxonômica daquilo que ele denomina o problema do mundo novo. Embora a solução que ele descreve nunca tenha sido inteiramente a minha própria, e embora a minha própria solução tenha se desenvolvido substancialmente desde que foi redigido o manuscrito que ele cita, fico imensamente satisfeito com seu artigo. Pressuporei familiaridade com ele nesta tentativa de sugerir o que minha posição se tornou.

Em primeiro lugar, embora as espécies naturais tenham me fornecido um ponto de acesso, elas não irão – pelas razões que Ian cita – resolver todos os tipos de problema levantados pela incomensurabilidade. Os conceitos de espécie [*kind concepts*] de que necessito vão muito além de qualquer coisa a que a expressão "espécies naturais" tem costumeiramente se referido. Mas, pela mesma razão, as "espécies científicas" de Ian também não servem: o que é preciso é uma caracterização de espécies e de termos para espécies em geral. No livro, sugerirei que se pode rastrear essa caracterização até a (e com base na) evolução de mecanismos neurais, para reidentificar o que

---

5 Um excelente tratamento dos primeiros estágios dessas tentativas encontra-se em Hoynin-gen-Huene, *Reconstructing Scientific Revolutions: Thomas S. Kuhn's Philosophy of Science.*

Aristóteles chamou de "substâncias": coisas que, entre sua origem e seu fim, traçam uma linha de vida que se estende através do espaço e ao longo do tempo.[6] O que emerge é um módulo mental que permite aprender a reconhecer não apenas espécies de objetos físicos (por exemplo, elementos, campos e forças), mas também espécies de mobília, de governo, de personalidade, e assim por diante. No que segue, referir-me-ei frequentemente a ele como o léxico, o módulo no qual membros de uma comunidade linguística armazenam os termos para espécies dessa comunidade.

Essa generalidade requerida reforça, embora não acarrete, uma segunda diferença entre a minha opinião e a que Ian apresenta. Sua versão nominalista da minha posição – há indivíduos reais lá fora, e nós os dividimos arbitrariamente em espécies – não enfrenta inteiramente os meus problemas. As razões são numerosas, e menciono aqui apenas uma: como podem os referentes de termos como "força" e "frente de onda" (e muito menos "personalidade") serem identificados como indivíduos? Necessito de uma noção de "espécies", incluindo-se espécies sociais, que permita tanto povoar o mundo quanto dividir uma população preexistente. Essa necessidade, por sua vez, introduz uma última diferença significativa entre mim e Ian. Ele espera eliminar de minha posição todos os resíduos de uma teoria do significado; eu não acredito que isso possa ser feito. Embora não fale mais de algo tão vago e geral como "mudança de linguagem", falo realmente de mudança nos conceitos e em seus nomes, no vocabulário conceitual e no léxico conceitual estruturado que contém tanto conceitos de espécie quanto seus nomes. Uma teoria esquemática constituída com o objetivo de fornecer uma base, para que se possa manter esse discurso nesses termos, é central para o meu livro projetado. Com respeito a termos para espécies, aspectos de uma teoria do significado permanecem no centro de minha posição.

Posso aqui apenas ensaiar um esboço a respeito do que minha posição se tornou desde as conferências Shearman, e esse esboço terá de ser tanto dogmático quanto incompleto. Conceitos de espécie não precisam ter nomes, mas costumam ter em populações linguisticamente dotadas, e restringirei minha atenção a elas. Entre as palavras inglesas, eles podem ser identificados por critérios gramaticais: por exemplo, em sua maioria são

---

6 Como essa sentença pode sugerir, *Sameness and Substance* (1980), de D. Wiggins, desempenhou um papel significativo no desenvolvimento recente de minhas ideias.

substantivos que admitem um artigo indefinido, seja isoladamente, seja, no caso de substantivos não contáveis, quando unidos a um substantivo contável, como em *"gold* ring" [anel de *ouro*]. Tais termos compartilham várias propriedades importantes, e o primeiro conjunto delas foi enumerado em meu reconhecimento anterior de minha dívida para com a obra de Peter Hempel sobre a formação de conceitos. Termos para espécies são aprendidos no uso: alguém já competente em seu uso fornece ao aprendiz exemplos de sua aplicação correta. São sempre necessárias várias dessas exposições, e o resultado é a aquisição de mais de um conceito. No momento em que o processo de aprendizagem foi completado, o aprendiz adquiriu conhecimento não apenas dos conceitos mas também das propriedades do mundo ao qual se aplicam.

Essas características introduzem uma segunda propriedade compartilhada dos termos para espécies. São projetáveis: conhecer qualquer termo para espécies é conhecer algumas generalizações satisfeitas por seus referentes e estar equipado para procurar outras. Algumas dessas generalizações são nórmicas [*normic*], admitem exceções.[7] "Os líquidos se expandem quando aquecidos" é uma amostra disso, ainda que falhe algumas vezes, por exemplo, para a água entre 0 e 4 graus centígrados. Outras generalizações, embora com frequência apenas aproximadas, são nômicas [*nomic*], sem exceções. Nas ciências, onde mormente funcionam, essas generalizações são em geral leis da natureza: a lei de Boyle sobre os gases ou as leis de Kepler para os movimentos planetários são exemplos.

Essas diferenças na natureza das generalizações adquiridas no aprendizado de termos para espécies correspondem a uma diferença necessária no modo pelo qual os termos são aprendidos. A maioria dos termos para espécies têm de ser aprendidos como elementos de um ou outro conjunto de contraste. Para aprender o termo *"liquid"* [líquido], por exemplo, do modo como é usado no inglês não técnico contemporâneo, tem-se também de dominar os termos *"solid"* [sólido] e *"gas"* [gás]. A capacidade de selecionar referentes para qualquer um desses termos depende criticamente das características que diferenciam seus referentes dos referentes dos outros termos no conjunto, e é por isso que os termos envolvidos precisam ser aprendidos

---

7 A respeito de "generalizações nórmicas", ver o muito negligenciado artigo de Scriven, Truisms as the Ground for Historical Explanations. In: Gardiner (Ed.), *Theories of History*.

em conjunto, e por isso constituem, coletivamente, um conjunto de contraste. Quando termos são aprendidos dessa maneira conjunta, cada um traz consigo generalizações nórmicas a respeito das propriedades provavelmente compartilhadas por seus referentes. O outro tipo de termo para espécies – "força", por exemplo – não tem par. Os termos com que precisa ser aprendido estão intimamente relacionados, mas não por contraste. Como o próprio termo "força", normalmente não se encontram em absolutamente nenhum conjunto de contraste. Em vez disso, o termo "força" tem de ser aprendido junto com termos como "massa" e "peso". E são aprendidos em situações em que ocorrem juntos, situações que exemplificam leis da natureza. Argumentei, em outro lugar, que não se pode aprender "força" (e adquirir assim o conceito correspondente) sem recurso à lei de Hooke e/ou às três leis de Newton sobre o movimento, ou então à sua primeira e terceira leis junto com a lei da gravidade.[8]

Essas duas características dos termos para espécies tornam necessária uma terceira, aquela sobre a qual este estudo tem se concentrado. Em um sentido que não explicarei aqui com mais detalhes, as expectativas adquiridas na aprendizagem de um termo para espécies, embora possam diferir de indivíduo para indivíduo, fornecem aos indivíduos que o adquiriram o significado desse termo.[9] Mudanças nas expectativas a respeito dos referentes de um termo para espécies são, portanto, mudanças em seu significado, de modo tal que apenas uma variedade limitada de expectativas pode ser acomodada em uma única comunidade linguística. Contanto que dois membros da comunidade tenham expectativas compatíveis a respeito dos referentes de um termo que compartilham, não haverá dificuldade. Um deles, ou ambos, pode saber coisas a respeito desses referentes que o outro não sabe, mas ambos selecionarão as mesmas coisas e podem aprender ainda mais, um do outro, a respeito dessas coisas. Mas se os dois têm ex-

---

8 Sobre o problema de aprender "força", ver meu Possible Worlds in History of Science (ver nota 3 deste capítulo). Esse artigo também discute, embora no contexto do *desenvolvimento* de conceitos, em vez de no da *aquisição* de conceitos, a importância do conjunto de contraste que contém "líquido" para a determinação dos referentes de "água".

9 Explicar esse sentido de "significado" exigiria dar corpo à afirmação de que termos para espécies não têm significado por si próprios, mas apenas em suas relações a outros termos em uma região isolável de um léxico estruturado. É a congruência de estrutura que leva a que os significados sejam os mesmos para aqueles que adquiriram diferentes expectativas desde sua experiência de aprendizagem.

pectativas incompatíveis, um deles irá, vez por outra, aplicar o termo a um referente ao qual o outro categoricamente nega que se aplique. A comunicação é, então, ameaçada, e a ameaça é especialmente severa porque, como as diferenças de significado em geral, a diferença entre os dois não pode ser ajuizada de maneira racional. Um dos indivíduos envolvidos, ou ambos, pode não estar agindo em conformidade com o uso social padrão, mas é apenas em relação ao uso social que se pode dizer, de qualquer um deles, que está certo ou errado. Nesse sentido, aquilo a respeito de que diferem é convenção, em vez de fato.

Uma maneira de descrever essa dificuldade é como um caso de polissemia: os dois indivíduos estão aplicando o mesmo nome a conceitos diferentes. Mas essa descrição, embora correta até onde alcança, falha em capturar toda a profundidade do problema. Há um remédio-padrão para a polissemia, amplamente empregado na filosofia analítica: dois nomes são introduzidos onde antes havia apenas um. Se o termo polissêmico é "água", as dificuldades podem ser dissipadas substituindo-o por um par de termos, digamos, "água$_1$" e "água$_2$", um termo para cada um dos conceitos que compartilhavam anteriormente no nome "água". Embora os dois novos termos difiram em significado, a maioria dos referentes de "água$_1$" são referentes de "água$_2$" e vice-versa. Mas cada termo também se refere a uns poucos itens aos quais o outro não se refere, e era a respeito da aplicabilidade de "água" em tais casos que os dois membros da comunidade discordavam. Introduzir dois termos onde antes havia um parece resolver a dificuldade ao permitir aos disputantes ver que sua discordância era simplesmente semântica. Discordavam a respeito de palavras, não de coisas.

Essa maneira de resolver o desacordo, contudo, é linguisticamente inaceitável. Tanto "água$_1$" quando "água$_2$" são termos para espécies: as expectativas que incorporam, portanto, são projetáveis. Contudo, algumas dessas expectativas são diferentes, o que resulta em dificuldades na região onde ambas se aplicam. Chamar um item nessa região comum de "água$_1$" induz um conjunto de expectativas a seu respeito; chamar o mesmo item de "água$_2$" induz um outro conjunto, parcialmente incompatível. Não se podem aplicar ambos os nomes, e qual deles escolher não mais diz respeito a convenções linguísticas, mas a questões de evidência e de fato. E, se as questões de fato são levadas a sério, então, a longo prazo, apenas um dos dois termos pode sobreviver dentro de uma única comunidade linguística.

A dificuldade é mais óbvia com termos que trazem consigo expectativas nômicas, como "força". Se um referente se situasse na região em que há uma superposição (digamos, entre o uso aristotélico e o newtoniano), estaria sujeito a duas leis naturais incompatíveis. Para expectativas nórmicas, a proibição precisa ser um tanto enfraquecida: só se proíbe a superposição a termos pertencentes ao mesmo conjunto de contraste. "Macho" e "cavalo" podem superpor-se, mas não "cavalo" e "vaca".[10] Os períodos em que uma comunidade linguística realmente emprega termos superpostos para espécies acaba em uma de duas maneiras: ou um toma inteiramente o lugar do outro, ou a comunidade se divide em duas, um processo não dessemelhante à especiação e que é, como sugerirei mais tarde, a razão para a especialização cada vez maior das ciências.

O que disse até agora, é claro, é a minha versão da solução ao que Ian chamou de o problema do novo mundo. Termos para espécies fornecem as categorias que são pré-requisitos à descrição do mundo e à generalização a respeito dele. Se duas comunidades diferem em seus vocabulários conceituais, seus membros descreverão o mundo de maneira diferente e farão generalizações diferentes a respeito dele. Às vezes, tais diferenças podem ser resolvidas importando-se os conceitos de uma comunidade para o vocabulário conceitual da outra. Mas, se os termos a serem importados forem termos para espécies que se superpõem aos já existentes, não é possível nenhuma importação, ao menos não uma importação que permita a ambos reter seu significado, sua projetabilidade, seu estatuto como termos para espécies. Algumas das espécies que habitam os mundos das duas comunidades são, então, irreconciliavelmente diferentes, e a diferença não ocorre mais entre descrições, mas entre as populações descritas. Seria inapropriado, nessas circunstâncias, dizer que os membros das duas comunidades vivem em mundos diferentes?

***

---

10 A referência ao conjunto de contraste que comporta "macho" e "fêmea" indica tanto as dificuldades quanto a importância de desenvolver versões mais refinadas desse princípio da "não superposição". Creio que nenhuma criatura individual é, ao mesmo tempo, *um* macho e *uma* fêmea, embora possa exibir tanto características masculinas como femininas. Talvez, o bom uso também permita descrever um indivíduo como ambos, macho e fêmea, usando-se os termos como adjetivos, mas a locução parece-me forçada.

Estive até agora discutindo o que Ian chama de espécies científicas, ou pelo menos as espécies que a natureza exibe aos membros de uma cultura, e retornarei a elas ao discutir, na próxima seção, o artigo de Jed Buchwald. Mas antes será útil considerar um exemplo da importância do princípio da não superposição para espécies sociais. Os artigos de John Heilbron e de Noel Swerdlow fornecem uma ilustração fundamental.

O "Mathematicians Mutiny" [O motim do matemático] de John é um exemplo esplêndido do ofício do historiador. É também totalmente relevante para o meu velho artigo ao qual ele o aplica. Embora ele ajuste esse artigo a uma camisa de força ainda mais estreita do que aquela que eu próprio elaborei, aprendi com os estudos mais complexos e nuançados do desenvolvimento e das inter-relações dos campos científicos, fornecidos por John ali e alhures, bem como os aceito inteiramente. Tomados em conjunto, seus estudos constituem uma realização marcante e ainda em desenvolvimento. Mas as observações metodológicas de John acerca do vocabulário que o historiador precisa para descrever os fenômenos que estuda parecem-me erradas de modo que, com frequência, prejudicou o entendimento histórico.

O produto fundamental da pesquisa histórica consiste em narrativas de desenvolvimento ao longo do tempo. Qualquer que seja seu assunto, a narrativa deve sempre começar pela preparação do palco. Se o assunto são as crenças sobre a natureza, deve iniciar com uma descrição de quais crenças eram aceitas na época e no local em que a narrativa começa. Essa descrição precisa incluir também uma especificação do vocabulário no qual os fenômenos naturais eram descritos e as crenças sobre eles enunciadas. Se, em vez disso, a narrativa trata de atividades ou práticas de grupo, deve iniciar com uma descrição das várias práticas reconhecidas na época em que a narrativa começa, bem como deve indicar o que era esperado dessas práticas tanto pelos praticantes quanto por aqueles à sua volta. Além disso, a preparação do palco deve introduzir os nomes para essas práticas (preferivelmente, os nomes usados pelos praticantes) e exibir as expectativas contemporâneas a seu respeito: como elas foram justificadas e como foram criticadas em sua própria época?

Para aprender a natureza e os objetos dessas crenças e expectativas, o historiador emprega as técnicas do que certa vez delineei sob a rubrica de tradução, mas que, agora, sustentaria que estão voltadas ao aprendizado da linguagem, uma distinção à qual retornarei mais adiante. Para comunicar os resultados aos leitores, o historiador torna-se um professor de idiomas e mostra-lhes como usar os termos, a maioria deles, ou todos eles, termos para espécies, correntes quando do início do período enfocado, mas não mais disponíveis na linguagem compartilhada pelo historiador e seus leitores. Alguns desses termos – "ciência" ou "física", por exemplo – ainda existem na linguagem dos leitores, mas com significados alterados, e estes têm de ser desaprendidos e substituídos por seus predecessores. Quando o processo está completo, ou suficientemente completo para os propósitos do historiador, a preparação de palco requerida foi providenciada, e a narrativa pode começar. Ela pode, além do mais, ser relatada inteiramente nos termos ensinados no início ou nos termos que os sucedem, estes introduzidos durante a narrativa. É apenas na operação inicial de ensinar, ao preparar o palco, que o historiador precisa, como outros tipos de professores de idiomas, fazer uso da linguagem que os leitores trazem consigo. (Ver a observação de John acerca de meu uso de uma terminologia anacrônica no título de meu artigo "Mathematical *versus* Experimental Traditions in the Development of Physical Science" [Tradições matemáticas *versus* tradições experimentais no desenvolvimento da física].) É, evidentemente, sempre tentador, e por vezes irresistivelmente conveniente, usar os termos mais recentes, já familiares, ou outros termos que, como os usos sincrônicos de John, apartam-se dos que eram empregados na época. Evitam-se circunlóquios, e o resultado não é invariavelmente nocivo. Mas o preço da conveniência é sempre um grande risco: uma sensibilidade apurada e um grande controle são necessários para evitar danos. A experiência sugere que poucos historiadores desenvolvem essas qualidades na medida suficiente; eu próprio, com certeza, fiquei com frequência aquém disso.

O perigo de usar os nomes de campos científicos contemporâneos ao discutir o desenvolvimento científico passado é o mesmo que o de aplicar a terminologia científica moderna ao descrever crenças passadas. Assim como "força" e "elemento", "física" e "astronomia" são termos para espécies e trazem consigo expectativas comportamentais. Esses e outros nomes de ciências individuais são adquiridos uns com os outros em um conjunto de contraste, e as expectativas que habilitam alguém a selecionar exemplos da prática de cada um deles são ricos em características que diferenciam os exemplos de uma prática dos exemplos de outra, mas pobres em características compartilhadas por exemplos de uma única prática.

É por isso que é necessário aprender em conjunto os nomes de várias ciências antes de selecionar exemplos da prática de qualquer uma delas. Assim, a inserção de um nome não corrente na época normalmente resulta numa violação do princípio de não superposição e gera expectativas conflitantes a respeito do comportamento. Creio que é essa a lição a ser aprendida dos exemplos de John a respeito de Lavoisier e Poisson. Seus três usos ortograficamente distintos têm o mérito de mostrar por que os debates surgiram, mas não apontam o caminho ou desempenham algum papel para a sua resolução. Para mim, esses exemplos sugerem não a necessidade dos três usos nas descrições históricas, mas o problema causado quando se deixa de evitar dois deles.

O perigo mais óbvio resulta daquilo que John denomina o uso diacrônico – o recurso à terminologia moderna –, o qual, sugere ele, poderia ser distinguido pela grafia em itálico. O artigo de Noel Swerdlow é uma tentativa admiravelmente bem-sucedida e, ainda assim, urgentemente necessária de superar um exemplo proeminente de tal uso. Quando me iniciei na história da ciência, era costumeiro, em grande parte pela influência de Pierre Duhem, falar da "ciência medieval", e eu próprio usei com frequência essa expressão muito questionável. Várias pessoas, e isso provavelmente ainda me inclui, também falam com regularidade da "física medieval" e, às vezes, também da "química medieval". Alguns especialistas falam ainda de uma "dinâmica medieval" e "cinemática medieval", traçando uma distinção para a qual não pude encontrar nos textos nem necessidade nem base. Em seu sentido mais estrito, essa introdução de distinções conceituais modernas leva a interpretações errôneas, algumas das quais influenciaram diretamente a compreensão de figuras tão recentes quanto Galileu. Em seu sentido mais amplo, representado por expressões como "ciência medieval" e "física medieval", o uso de um vocabulário moderno levou a debates sobre se o Renascimento desempenhou algum papel na origem da ciência moderna – um debate que, embora jamais conclusivo, com frequência minimizou o papel do Renascimento no desenvolvimento científico. Ainda que a situação tenha melhorado consideravelmente nos quarenta anos desde que me iniciei nesse campo, resíduos importantes desse debate permanecem, resíduos que, Noel sustenta, devem ser postos de lado. Apesar de toda a minha pretensão de abraçar uma posição livre de anacronismos, aprendi lições importantes com seu artigo e tenho certeza de que outros farão o mesmo.

Até aqui, discuti o uso dos nomes de campos chamado por John de "diacrônico", não o uso que denomina "sincrônico" e emprega para se referir a "uma ciência ou ciências durante um período de tempo bastante restrito". Esse uso apresenta problemas mais sutis que o diacrônico, mas são problemas do mesmo tipo geral. Em uma carta dirigida a mim, John justifica a introdução de nomes sincrônicos para os campos assinalando que "o uso contemporâneo raramente é uniforme, mesmo em um único momento histórico, e certamente não no decurso de um período longo o suficiente para interessar ao historiador", e sei o que ele tem em mente. Mas o historiador não tem necessidade de introduzir termos especiais que expressem a média das variações no uso, conforme, digamos, o tempo, o lugar e a afiliação. Da mesma forma que para as diferenças muito similares entre os idioletos de indivíduos distintos, o processo de agrupamento em torno de uma média toma conta de si mesmo. Se as variações no uso, seja de indivíduo para indivíduo, seja de grupo para grupo, não interferem, na época em foco, na comunicação bem-sucedida dos problemas relevantes para a narrativa, o historiador pode simplesmente usar os termos empregados por seus objetos de estudo. Se as variações fizeram mesmo uma diferença histórica, requer-se do historiador que as discuta. Em nenhum desses casos seria apropriado seguir uma média. O mesmo é verdadeiro quanto à variação no decurso do tempo. Se a variação é sistemática e ampla o suficiente para que os membros de uma geração posterior tenham dificuldade em entender os predecessores que lhes são importantes, então o historiador tem de mostrar como e por que essas mudanças aconteceram. Se a compreensão não é afetada pela passagem do tempo, então não há mais razão para introduzir um termo novo do que para escolher se será usada a versão mais velha ou a mais nova. De fato, neste último caso, é difícil ver em que sentido há então duas versões dentre as quais uma poderia ser escolhida.

Gostaria de deixar claro que não estou sugerindo que se exija do historiador relatar cada mudança de uso, seja de lugar para lugar, de grupo para grupo ou de uma época para outra. As narrativas históricas, por sua natureza, são intensamente seletivas. Requer-se dos historiadores que incluam nelas apenas aqueles aspectos dos registros históricos que afetem a exatidão e a plausibilidade de sua narrativa. Se ignorarem tais itens – incluindo-se as mudanças de uso –, arriscam-se tanto a críticas quanto a correções. Mas a omissão de mudanças e a aceitação do risco daí decorrente é uma coisa; introduzir termos novos é outra. Acontece com o uso diacrônico de John o mesmo que ocorre com seu uso sincrônico: termos novos podem disfarçar problemas que se requer que os historiadores enfrentem. A autorização para alterar a linguagem descritiva das épocas que eles descrevem deve, penso eu, ser negada.

***

O rico e evocativo artigo de Jed Buchwald faz o tema voltar das espécies sociais para as espécies científicas, e o de Norton Wise levanta a questão da afinidade entre elas. As ligações mais óbvias e diretas entre o artigo de Jed e a problemática que desenvolvi são os breves comentários que ele faz da diferença entre o conceito de raios de luz e o de polarização, tal como encontrados na teoria ondulatória e na teoria da emissão da luz.[11] (Para os raios também é relevante a óptica geométrica.) Os comentários de Jed não fazem referência a espécies ou ao princípio da não superposição, e não é preciso fazer nenhuma. Mas esses exemplos podem ser facilmente reformulados. "Raio", por exemplo, é usado como um termo para espécies tanto pela teoria ondulatória quanto pela teoria da emissão: a superposição de seus referentes nos dois casos (junto com a superposição das espécies de polarização apropriadas às duas teorias) acarreta as dificuldades que o artigo de Jed discute. Nesse brilhante ensaio, que parte daquele apresentado no simpósio, Jed analisa sistematicamente numerosos aspectos da transição da teoria da emissão para a teoria ondulatória da luz como se fossem o resultado de mudanças em espécies. Seu artigo, creio, provavelmente introduzirá um novo estágio na análise histórica de episódios envolvendo mudança conceitual.[12]

O segundo ponto de contato entre o artigo de Jed e as minhas observações acerca de espécies refere-se à tradução. Na *Estrutura*, falei de mudança

---

11 Uma apresentação mais unificada e correspondentemente mais clara desses conceitos pode ser encontrada na introdução do livro de Buchwald, *The Rise of the Wave Theory of Light*, p.xiii-xx.

12 Ver seu Kinds and the Wave Theory of Light, *Studies in the History and Philosophy of Science*, v.23, p.39-74. Os diagramas principais nesse artigo tinham originalmente sido destinados a um apêndice ao ensaio apresentado nesse simpósio.

de significado como um aspecto característico das revoluções científicas; depois, à medida que fui progressivamente identificando incomensurabilidade com diferença de significado, referi-me repetidas vezes às dificuldades da tradução. Mas eu, naquela ocasião, oscilava, em geral sem me dar totalmente conta disso, entre a minha impressão de que era possível uma tradução de uma teoria velha para uma nova e a minha sensação oposta de que não o era. Jed cita uma longa passagem (do "Pós-escrito" acrescentado à segunda edição da *Estrutura*) na qual assumi a primeira dessas alternativas e descrevi, com a rubrica de tradução, um processo por meio do qual "os participantes em um colapso de comunicação" poderiam restabelecer a comunicação, cada qual estudando o uso da linguagem feito pelo outro e aprendendo, por fim, a entender o comportamento do outro. Concordo inteiramente com o que Jed diz ao discutir essa passagem; em particular, embora o processo descrito seja vital para os historiadores, os próprios cientistas raramente ou nunca o usam. Mas é importante também reconhecer que eu estava errado em falar de tradução.[13] O que eu descrevi, percebo agora, era o aprendizado de linguagem, um processo que não precisa tornar possível a tradução total e, ordinariamente, não o faz.

Tenho nos últimos anos enfatizado que o aprendizado de linguagem e a tradução são dois processos muito diferentes: o resultado do primeiro é o bilinguismo, e indivíduos bilíngues afirmam repetidamente que há coisas que conseguem expressar numa língua, mas que não conseguem expressar na outra. Tais barreiras à tradução são pressupostas como dadas se o assunto a ser traduzido for literatura, especialmente poesia. Minhas observações acerca de espécies e termos para espécies pretendiam sugerir que as mesmas dificuldades na comunicação surgem entre membros de diferentes comunidades científicas, quer sejam eles separados pela passagem do tempo, quer pelo treinamento diferente requerido para a prática de especialidades diferentes. Acrescenta-se que, tanto para a literatura quanto para a ciência, as dificuldades na tradução surgem da mesma origem: o malogro frequente de linguagens diferentes em preservar as relações estruturais entre palavras ou, no caso da ciência, entre termos para espécies. As associações e nuan-

---

13 O mesmo uso de "tradução" é citado de outro lugar por Ernan McMullin. Com o que ele tem a dizer a respeito do fenômeno ao qual faço referência, concordo mais uma vez inteiramente, porém, mais uma vez, a referência que fiz não deveria ter sido à tradução.

ças tão fundamentais à expressão literária dependem obviamente dessas relações. Mas, como tenho sugerido, isso é também o que ocorre com os critérios para determinar a referência de termos científicos, critérios vitais à precisão das generalizações científicas.

O terceiro modo pelo qual o artigo de Jed apresenta pontos em comum com as minhas observações acerca de espécies relaciona-se também ao artigo de Norton Wise, e a relação é, em ambos os casos, mais problemática e especulativa do que aquelas que discuti até agora. O artigo de Jed fala de um núcleo ou subestrutura inarticulado, o qual ele contrasta com uma superestrutura explicitamente articulada. As pessoas que compartilham uma subestrutura, sugere ele, podem discordar das articulações apropriadas, mas as pessoas que diferem com respeito à subestrutura simplesmente se entenderão mal umas com as outras, em geral sem se dar conta de que algo mais do que um desacordo está envolvido. Essas propriedades ecoam aquelas do módulo mental que denominei "o léxico" quando atualizei minha solução do problema do mundo novo, o módulo no qual cada membro de uma comunidade linguística armazena os termos para espécies e conceitos de espécies usados pelos membros da comunidade para descrever e analisar os mundos naturais e sociais. Seria demasiado sugerir que Jed e eu falamos da mesma coisa, mas com certeza exploramos o mesmo terreno, e vale a pena especificar mais detalhadamente esse terreno compartilhado.

Por brevidade, restringirei minha atenção à parte mais populosa do léxico, aquela que contém conceitos aprendidos em conjuntos de contraste e que trazem consigo expectativas nórmicas. O que essa parte de seus léxicos fornece aos membros da comunidade é um conjunto de expectativas aprendidas a respeito das similaridades e diferenças entre os objetos e as situações que povoam seu mundo. Ao se defrontar com exemplos tirados de várias espécies, qualquer membro da comunidade pode dizer quais casos pertencem a qual espécie, mas as técnicas por cujo intermédio o fazem dependem menos das características compartilhadas por membros de determinada espécie do que daquelas que distinguem os membros de uma para outra espécie de membros. Todos os membros competentes da comunidade produzirão os mesmos resultados, mas, como indiquei anteriormente, não precisam usar o mesmo conjunto de expectativas ao fazê-lo. A comunicação plena entre os membros da comunidade exige apenas que façam referência aos mesmos objetos e situações, mas não que tenham as mesmas expectativas acerca deles.

O processo de comunicação contínuo possibilitado pela unanimidade de identificação permite aos membros individuais da comunidade que aprendam as expectativas uns dos outros, fazendo provável que a congruência de seus corpos de expectativas aumente com o tempo. No entanto, embora as expectativas dos membros individuais da comunidade não precisem ser as mesmas, o êxito na comunicação requer que as diferenças entre elas sejam extremamente restritas. Faltando-me tempo para desenvolver a natureza dessa restrição, vou simplesmente rotulá-la com um termo técnico. Os léxicos dos vários membros de uma comunidade linguística podem variar nas expectativas que induzem, mas todos eles têm de possuir a mesma *estrutura*. Se não a possuírem, as consequências serão a incompreensão mútua e um radical colapso de comunicação.

Para ver o quão estreitamente essa posição corresponde à de Jed, basta ler as minhas "expectativas" lexicalmente induzidas como as "articulações" de um núcleo, das quais Jed trata. As pessoas que compartilham um núcleo, como as que compartilham uma estrutura lexical, podem compreender umas às outras, comunicar-se a respeito de suas diferenças etc. Entretanto, se os núcleos ou as estruturas lexicais diferem, então o que parece ser um desacordo a respeito de fatos (a que espécie pertence determinado item?) mostra-se ser incompreensão (as duas pessoas usam o mesmo nome para espécies diferentes). Os indivíduos que iriam, em potencial, comunicar-se, deparam-se com a incomensurabilidade e a comunicação fracassa de um modo particularmente frustrante. Mas porque o que está envolvido é a incomensurabilidade, o pré-requisito faltante à comunicação – um "núcleo" para Jed, uma "estrutura lexical" para mim – pode apenas ser exibido, mas não articulado. O que os participantes na comunicação deixam de compartilhar não é tanto uma crença, mas uma cultura em comum.

O artigo de Norton também se ocupa dos elementos comuns que constituem uma cultura científica compartilhada, e seus equilíbrios mediadores [*mediating balances*] comportam-se um tanto como o núcleo de Jed, visto que isolam características compartilhadas por itens localizados em vários nós diferentes de sua rede. Nesse caso, contudo, as semelhanças se verificam entre itens no mundo social, em vez de no mundo natural. Isto é, elas se verificam entre as práticas nos vários campos científicos, bem como entre eles e a cultura mais abrangente (note-se a introdução feita por Norton da figura da França republicana). Tendo me declarado por muitos anos profundamente cético a respeito da frequência com que podiam ser encontradas as conexões fundamentadas desse tipo muito abrangente, sinto-me obrigado a anunciar que fui em grande parte convertido, sobretudo em consequência das contribuições de Norton, em especial aquela sobre a Grã-Bretanha do século XIX.[14] Tais conexões entre as práticas que Norton discute não podem, penso, ser uma coincidência ou meras invenções produzidas por uma imaginação criativa. Estou convencido de que representam algo de grande importância para a compreensão da ciência. Porém, nesse estágio inicial do desenvolvimento do estudo de tais conexões, estou profundamente incerto do que possam significar: parece-me faltarem partes essenciais da história exigidas pelos pontos de vista de Norton.

Em primeiro lugar, não sei o que seria a "cultura científica racionalista" de Norton, nem como são reconhecidas ou selecionadas as práticas entre as quais seus equilíbrios oscilam. Minha leitura inicial de seu artigo sugeriu que eram simplesmente as ciências tais como praticadas na cultura nacional da França do final do século XVIII, mas Norton assegurou-me que essa não é de modo algum sua intenção. Nem todas as práticas científicas francesas pertencem à sua rede, sustenta ele, e algumas das práticas que pertencem são encontradas em outras culturas nacionais. Além disso, nem pode sua rede ser identificada apenas pela ponte com respeito à qual seus nós são similares: num conjunto de práticas arbitrariamente selecionado serão em geral encontradas similaridades em um ou outro respeito. Não estou sugerindo que seja necessária uma *definição* de cultura científica racionalista, mas sinto a falta de uma descrição de suas características definidoras, de características que, coletivamente, me permitissem selecionar algumas práticas como exemplificando a cultura e outras não. O ponto não é que eu queira questionar a história de Norton. Ele reconhece as práticas envolvidas, e tenho grande confiança em seu julgamento. Estou certo de que, afinal, fornecerá uma resposta à minha questão. Mas até que saiba algo a respeito de como Norton reconhece as práticas que constituem os nós de sua rede, literalmente não entenderei o que ele está tentando me dizer.

Essa dificuldade é agravada por outra, que estou bem menos certo de poder ser resolvida e à qual sou particularmente sensível, porque exempli-

---

14 Ver especialmente Smith; Wise, *Energy and Empire: A Biographical Study of Lord Kelvin*; e artigos anteriores de Wise aí citados.

fica uma armadilha na qual caí repetidas vezes na *Estrutura*. Norton ilustra as pontes fornecidas por seus equilíbrios mostrando um pequeno número de indivíduos interagindo através delas: Lavoisier com Laplace, Condillac com Lavoisier, Lavoisier com Condorcet. Mas usa essas ilustrações para sugerir que as pontes não ligam apenas pessoas, mas também práticas – química, astronomia física, eletricidade, economia política e outras –, e essa sugestão leva a três dificuldades, as quais indicarei em ordem crescente de importância.

Menciono a primeira dificuldade apenas por causa de uma de suas consequências. Para que essas pontes sejam generalizadas dos indivíduos às várias práticas científicas, seria preciso mostrar que operavam para um número considerável de praticantes, bem como ilustrar as diferenças que sua existência impôs às práticas que ligavam. Não sou, contudo, aquele que atirará pedras em pessoas que generalizam demasiadamente, e o ponto que estou tentando mostrar é diferente. A velocidade da transição identificada por Norton de um indivíduo a um grupo obscurece uma outra explicação possível do comportamento individual que ele relata. Talvez os equilíbrios mediadores não sejam características das várias culturas científicas, mas da cultura mais ampla na qual têm lugar essas práticas. Isso poderia tornar disponíveis pontes aos indivíduos sem afetar em absoluto o modo de práticas de grupo. Tal explicação pode não estar correta, mas é preciso que se permita sua consideração. E considerá-la iria, entre outros desideratos, fornecer o espaço necessário para perguntar o que está correto na posição dos obstinados que insistem, por exemplo, em que química é química, física é física, e matemática é matemática em qualquer cultura em que ocorram.

A terceira dificuldade é de um outro tipo, mais importante. A meu ver, a passagem feita por Norton de um indivíduo a um grupo envolve um erro categorial deletério, erro do qual fui repetidamente culpado na *Estrutura* e que é endêmico também nos escritos de historiadores, sociólogos, psicólogos sociais e outros. O erro é tratar, de um lado, os grupos como indivíduos em tamanho grande e, de outro, os indivíduos como grupos em tamanho pequeno. Ele implica, em sua forma mais grosseira, que se fale da mente grupal (ou interesse grupal) e, em suas formas mais sutis, que se atribua ao grupo uma característica compartilhada por todos os seus membros, ou pela maioria deles. O exemplo mais clamoroso desse erro na *Estrutura* é minha repetida menção a mudanças de *gestalt* como características da experiência sofrida pelo grupo. Em todos esses casos, o erro é gramatical. Um grupo não experienciaria uma mudança de *gestalt*, nem mesmo no improvável evento de que cada um de seus membros a experienciasse. Um grupo não tem uma mente (ou interesses), embora cada um de seus membros presumivelmente os tenha. Pela mesma razão, um grupo não faz escolhas ou toma decisões, mesmo que cada um de seus membros o faça. O resultado de uma votação, por exemplo, pode decorrer dos pensamentos, interesses e decisões de membros do grupo, mas nem a votação, nem seu resultado é uma decisão. Se, como tem sido tradicionalmente pressuposto, um grupo não fosse nada mais do que o agregado composto por seus membros atômicos individuais, esse erro gramatical seria irrelevante. Mas se tem cada vez mais reconhecido que um grupo não é apenas a soma de seus componentes e que a identidade de um indivíduo é constituída em parte pelos (ou mais propriamente, é determinada pelos) grupos dos quais ele é um membro. Precisamos muito aprender modos de compreender e descrever grupos que não dependam dos conceitos e termos que aplicamos, de maneira não problemática, a indivíduos.

Não domino esses modos de entender, mas, recentemente, empreendi dois passos nessa direção. O primeiro deles – já mencionado, embora ainda me falte espaço para explicá-lo – é a distinção entre um léxico e uma estrutura lexical. Cada membro de uma comunidade possui um léxico, o módulo que contém os conceitos de espécies dessa comunidade, e, em cada léxico, os conceitos de espécies são revestidos de expectativas sobre as propriedades de seus vários referentes. Mas, embora as espécies devam ser as mesmas nos léxicos de todos os membros da comunidade, as expectativas não precisam sê-lo. Na verdade, em princípio, as expectativas nem mesmo precisam se superpor. O que se requer é somente que deem aos léxicos de todos os membros da comunidade a mesma estrutura, e é essa estrutura, não as variadas expectativas por intermédio das quais diferentes membros a expressam, que caracteriza a comunidade como um todo.

Meu outro passo à frente é a descoberta de uma ferramenta que, por enquanto, mal aprendi a usar. Porém, estou atualmente aprendendo muito com a descoberta de que os quebra-cabeças acerca da relação dos membros de um grupo com o grupo têm um paralelo bem preciso no campo da biologia revolucionária: a intrincada relação entre organismos individuais e a espécie [*species*] a que pertencem. O que caracteriza o organismo individual é um conjunto de genes; o que caracteriza a espécie é o *pool* gênico da população inteira que se entrecruza, o qual, à parte o isolamento geográfico, constitui a espécie. Compreender o processo de evolução tem parecido nos últimos anos requerer cada vez mais que se conceba o *pool* gênico não como o mero agregado de genes de organismos individuais, mas como se fosse, ele próprio, um tipo de indivíduo do qual os membros da espécie são partes.[15] Estou persuadido de que esse exemplo contém pistas importantes para o sentido em que a ciência é intrinsecamente uma atividade comunitária. Estou bem seguro de que o solipsismo metodológico, a visão tradicional da ciência como, pelo menos em princípio, um jogo praticado por apenas uma pessoa, demonstrar-se-á um erro especialmente pernicioso.

Que o artigo de Norton provoque reflexões desse tipo é um indicador da seriedade com que o leio. Tenho plena certeza de que ele está a caminho de descobertas significativas, e espero por elas com considerável ansiedade. Mas essas descobertas estão ainda emergindo. Até agora, eu as julgo extraordinariamente difíceis de compreender.

***

Chego finalmente ao relativismo e ao realismo, questões centrais dos artigos de Ernan McMullin e Nancy Cartwright, mas também implícitas em vários dos outros artigos. Como no passado, Ernan demonstra estar entre meus críticos mais perspicazes e simpáticos, e pressuporei muito do que ele disse de modo que me concentre nos pontos em que nossas concepções divergem. Desses, o mais importante para nós dois envolve o que Ernan considera ser minha posição antirrealista e minha correspondente falta de preocupação com valores epistêmicos (em oposição aos valores associados à resolução de quebra-cabeças). Essa caracterização, contudo, não captura bem a natureza de meu empreendimento. Meu objetivo é duplo. Por um lado, pretendo justificar afirmações de que a ciência é cognitiva, que seu produto é conhecimento da natureza e que os critérios que usa na avaliação de crenças são, nesse sentido, epistêmicos. Por outro, pretendo negar qualquer significado a afirmações de que crenças científicas sucessivas tornem-se cada vez mais prováveis ou aproximações cada vez melhores à verdade e

---

15 Ver Hull, Are Species Really Individuals?, *Systematic Zoology*, v.25, p.174-91, 1976.

sugerir, simultaneamente, que o objeto das asserções de verdade não pode ser uma relação entre crenças e um mundo assumido como independente da mente, ou "exterior".

Adiando reparos sobre a natureza das asserções de verdade, começo com a questão da ciência que se aproxima da verdade e chega cada vez mais perto dela. Que asserções que tenham essa função sejam sem sentido é uma consequência da incomensurabilidade. Este não é o lugar para elaborar os argumentos necessários, mas sua natureza é sugerida por minhas observações anteriores acerca das espécies [kinds], do princípio de não superposição e da distinção entre a tradução e o aprendizado de linguagem. Não há, por exemplo, como, mesmo num vocabulário newtoniano enriquecido, exprimir as proposições aristotélicas, regularmente interpretadas de maneira errônea, como asserções da proporcionalidade de força e movimento ou da impossibilidade de um vazio. Usando nosso léxico conceitual, essas proposições aristotélicas não podem ser expressas – são simplesmente inefáveis – e estamos impedidos pelo princípio de não superposição de ter acesso aos conceitos requeridos para expressá-las. Segue-se que não há nenhuma métrica compartilhada disponível para comparar nossas asserções sobre força e movimento com as de Aristóteles e fornecer, assim, uma base para uma afirmação de que as nossas (ou, quanto a isso, as dele) estão mais próximas da verdade.[16] Podemos, é claro, concluir que nosso léxico admite uma maneira mais poderosa e precisa que a sua de lidar com o que são, *para nós*, os problemas da dinâmica, mas estes não eram seus problemas, e léxicos não são, de qualquer forma, o gênero de coisas que podem ser verdadeiras ou falsas.

Um léxico ou estrutura lexical é o produto, a longo prazo, de experiência tribal nos mundos natural e social, mas seu estatuto lógico, como em geral

---

16 As discussões de Aristóteles de força e movimento, é claro, incluíam enunciados que podem ser transpostos para um vocabulário newtoniano e, então, criticados. Suas explicações do movimento contínuo de um projétil, depois de deixar a mão do arremessador, são exemplos particularmente bem conhecidos. Mas a base de nossas críticas são observações que, embora em muitos casos possam ter sido realizadas por Aristóteles, foram feitas explicitamente por seus sucessores, e que levaram ao desenvolvimento da assim chamada teoria do ímpeto, uma teoria que evitava as dificuldades com que Aristóteles se deparou, mas que não afetou diretamente as concepções aristotélicas de força e movimento. Esse exemplo é desenvolvido em meu What Are Scientific Revolutions?, *Occasional Paper*, v.18, 1981; reimpresso em Krüger; Daston; Heidelberger (Eds.), *The Probabilistic Revolution*, p.7-22; também reimpresso neste volume como o Ensaio 1.

o dos significados das palavras, é o de uma convenção. Cada léxico torna possível uma forma de vida correspondente na qual a verdade ou falsidade de proposições pode ser tanto afirmada quanto racionalmente justificada, mas a justificação de léxicos ou de uma mudança lexical pode apenas ser pragmática. Com o léxico aristotélico disponível, faz sentido falar da verdade ou falsidade das asserções aristotélicas nas quais termos como "força" ou "vazio" desempenham um papel essencial, mas os valores de verdade obtidos não precisam ter relevância para a verdade ou falsidade de asserções aparentemente similares feitas pelo léxico newtoniano. Seja lá no que for que eu acreditasse quando escrevi *The Copernican Revolution* [A revolução copernicana], não assumiria agora (não obstante o que pensa Ernan) "que os modelos [astronômicos] mais simples, os mais bonitos, têm maior probabilidade de serem verdadeiros". Embora simplicidade e beleza forneçam critérios importantes de escolha nas ciências (como é o caso ao se proceder à concatenação causal de fenômenos, o que Ernan também menciona), elas são, quando está envolvida uma mudança lexical, instrumentais em vez de epistêmicas. Para o que elas são instrumentais será meu tópico final, mais adiante.

Tudo isso é o caso de se o sentido de "epistêmico" for aquele que acho que Ernan tem em mente, o sentido no qual a verdade ou a falsidade de um enunciado ou de uma teoria é uma função de sua relação com um mundo real, independente da mente e da cultura. Há, contudo, um outro sentido, no qual critérios como simplicidade podem ser chamados epistêmicos, o qual já figurou, implícita ou explicitamente, em vários dos trabalhos apresentados neste simpósio. Sua aparição mais sugestiva é também a mais curta: a descrição de Michael Friedman da distinção de Reichenbach entre dois sentidos do *a priori* kantiano, um que "envolve não revisabilidade e [...] fixidez absoluta através dos tempos", e outro que significa "'constitutivo do conceito do objeto de conhecimento'". Ambos os sentidos tornam o mundo, em certo sentido, dependente da mente, mas o primeiro desarma a aparente ameaça à objetividade ao insistir na absoluta fixidez das categorias, ao passo que o segundo relativiza as categorias (e com elas o mundo experienciado) ao tempo, ao lugar e à cultura.

Embora seja uma fonte mais articulada de categorias constitutivas, meu léxico estruturado assemelha-se ao *a priori* de Kant quando este é tomado em seu segundo sentido, o sentido relativizado. Ambos são constitutivos da *experiência possível* do mundo, mas nenhum deles dita o que essa experiência deve ser. Ao contrário, são constitutivos do âmbito infinito de experiências possíveis que poderiam concebivelmente ocorrer no mundo real ao qual dão acesso. Quais dessas experiências concebíveis ocorrem nesse mundo real é algo que precisa ser aprendido tanto da experiência cotidiana quanto da experiência mais sistemática e refinada que caracteriza a prática científica. Ambas as experiências são mestras rigorosas, resistindo firmemente à promulgação de crenças inadequadas à forma de vida permitida pelo léxico. O que resulta de uma atenção respeitosa a elas é conhecimento da natureza, e os critérios que servem para avaliar as contribuições a esse conhecimento são, correspondentemente, epistêmicos. O fato de que a experiência no interior de outra forma de vida – outro tempo, lugar ou cultura – poderia ter, de um outro modo, constituído o conhecimento é irrelevante para o seu estatuto de conhecimento.

Penso que as páginas finais do artigo de Norton Wise defendem um ponto de vista muito similar a esse. Durante boa parte de seu artigo, a tecnologia (para sua cultura, os vários equilíbrios) é vista como a provedora de um mediador culturalmente fundamentado entre instrumentos e realidade, em uma extremidade de seu cilindro (ver sua figura 18),[17] e entre instrumentos e teorias, na outra.[18] Exceto por serem as tecnologias concebidas

---

17 Wise, Meditations: Enlightenment Balancing Acts, or the Technologies of Rationalism. In: Horwich, *World Changes: Thomas Kuhn and the Nature of Science*, p.224. Na edição original do texto comentado, as figuras citadas por Kuhn têm os números 17 e 18 (e não 18 e 19, como mencionado no texto). Entretanto, ao que tudo indica, essa numeração é incorreta e, seguindo-se a sequência efetivamente presente naquele texto, as mesmas figuras deveriam ter os números 8 e 9. (N. E.)

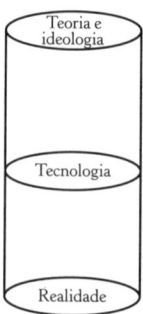

18 É provável que Norton usasse o termo "ideologia" em vez de "teoria", mas regularmente identifica os dois, como na figura 18, a qual ilustra o ponto presente. As razões para a diferença em nossa escolha de termos ficarão evidentes.

como situadas em culturas locais, nenhum filósofo tradicional da ciência teria o que criticar nesse modelo. É claro que não são necessários instrumentos, incluindo-se os órgãos dos sentidos, para mediar entre realidade e teoria. Até esse ponto do argumento, não se exige nenhuma referência a qualquer coisa como uma realidade construída ou dependente da mente. Mas Norton dobra então seu cilindro sobre si mesmo para formar uma rosca, e a imagem muda decisivamente (ver sua figura 19).[19] Uma geometria que exige uma figura com duas extremidades é substituída por uma que demanda três fatias simetricamente localizadas. A tecnologia continua a fornecer uma via de mão dupla entre teorias e realidade, mas a realidade fornece o mesmo tipo de via entre teoria e tecnologia, e as teorias fornecem uma terceira via entre realidade e tecnologia. A prática científica exige todos esses três tipos de mediação, e nenhum deles têm prioridade. Cada uma de suas três fatias – tecnologia, teoria e realidade – é constitutiva das outras duas. E todas as três são requeridas para a prática cujo produto é o conhecimento. Quando Norton conclui seu artigo descrevendo sua tarefa como a de "retratar a epistemologia cultural", acho que acerta inteiramente. Mas eu também acrescentaria "ontologia cultural".

O instigante artigo de Nancy Cartwright indica como avançar na mesma direção, mas, para meus propósitos, suas observações iniciais acerca da distinção teoria/observação precisam antes ser um tanto reformuladas. Concordo que essa distinção seja necessária, mas não pode ser somente a distinção entre os "termos peculiarmente recônditos [da ciência moderna e] aqueles a que estamos mais acostumados em nossa vida cotidiana". Mais apropriadamente, os conceitos de termos teóricos têm de ser relativizados a uma ou outra teoria particular. Termos são teóricos relativamente a uma particular teoria se podem ser adquiridos somente com o auxílio dessa teoria; são termos observacionais se precisam ter sido adquiridos alhures,

---

19 Wise, op. cit., p.245.

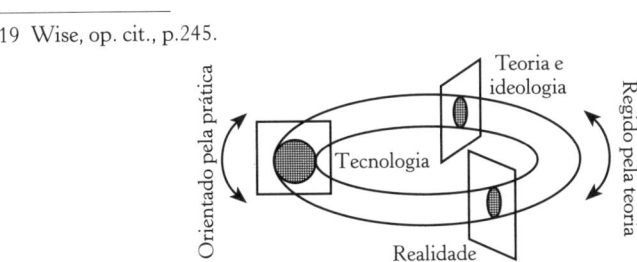

antes que a teoria possa ser aprendida.[20] "Força", assim, é um termo teórico com respeito à dinâmica newtoniana, mas observacional com respeito à teoria eletromagnética. Tal perspectiva está muito próxima à terceira das interpretações que Nancy sugere para a expressão "previamente disponível" de Peter Hempel, e essa interpretação foi muito presente, como devem ter sugerido minhas observações iniciais, para a considerável aproximação havida entre mim e Peter.

Substituir o conceito de termos observacionais pelo de termos previamente disponíveis envolve três vantagens especiais. Em primeiro lugar, acaba com a aparente equivalência entre "observacional" e "não teórico": muitos dos termos recônditos da ciência moderna são tanto teóricos quanto observacionais, embora a observação de seus referentes requeira instrumentos recônditos. Em segundo lugar, ao contrário de sua predecessora, a distinção entre termos teóricos e previamente disponíveis fica livre para tornar-se evolucionária, como acho que deve ser: os termos previamente disponíveis, quer para um indivíduo, quer para uma cultura, são a base para a ampliação adicional tanto do vocabulário quanto do conhecimento. Em terceiro lugar, ver essa distinção como evolucionária concentra a atenção no processo pelo qual um vocabulário conceitual é transmitido de uma geração à próxima – primeiro a crianças sendo preparadas (socializadas) para a sociedade adulta de sua cultura e, depois, a jovens adultos sendo preparados (novamente, socializados) para assumir seu lugar entre os praticantes de sua disciplina.

Para os propósitos presentes, o último ponto é o crucial, pois irá rapidamente me trazer de volta ao realismo. Na teoria do léxico, a que já me referi repetidas vezes, um papel-chave é desempenhado pelo processo por cujo intermédio os léxicos são transmitidos de uma geração à próxima, seja de pais para filhos, seja de praticantes experientes para aprendizes. Nesse processo, a exibição de exemplos concretos desempenha o papel central: a "exibição" pode ser realizada seja apontando-se para exemplos reais no mundo cotidiano ou no laboratório, seja descrevendo-se, no vocabulário previamente disponível, esses exemplos potenciais para o estudante ou

---

20 Para esse ponto de vista, ver particularmente Stegmüller, *The Structure and Dynamics of Theories*, p.40-57. Sua origem encontra-se em Sneed, *The Logical Structure of Mathematical Physics*; mas sua apresentação aí é bastante dispersa.

iniciante. O que é adquirido nesse processo, é claro, são os conceitos para espécies de uma cultura ou subcultura. Mas o que vem junto com eles, inseparavelmente, é o mundo no qual vivem os membros da cultura.

Nancy omite o contexto evolutivo, o qual considero ser central, mas ilustra duplamente o processo: para as espécies científicas, por meio da passagem referente à segunda lei de Newton que ela resgata da segunda edição da *Estrutura*; e para as espécies sociais, por meio de sua discussão das fábulas. O pêndulo, o plano inclinado e o repouso são exemplos de $f = ma$, e é o fato de serem exemplos de $f = ma$ que os torna similares entre si. Sem terem sido expostos a eles ou a outros equivalentes como exemplos de $f = ma$, os estudantes não conseguiriam aprender a ver nem as similaridades entre eles, nem o que seria uma força ou uma massa; isto é, não conseguiriam adquirir os conceitos de força e massa ou o significado dos termos que os nomeiam.[21] Igualmente, os três exemplos de fábula – doninha/galo, raposa/doninha e lobo/raposa – são ilustrações concretas daquilo que, a falta de melhor termo, denominarei "situação de poder", a situação na qual funcionam termos como "forte", "fraco", "predador" e "presa". É por ilustrarem o mesmo aspecto da situação que, simultaneamente, tornam-se similares uns aos outros e constroem a situação específica que a fábula exprime. Sem exposição a essas situações, ou a situações similares, um candidato à socialização na cultura que as exibe não conseguiria adquirir as espécies sociais denominadas "os fortes", "os fracos", "predadores" ou "presas".

Embora outros recursos estejam disponíveis para adquirir conceitos sociais como esses, as fábulas e as máximas que as acompanham têm o mérito particular da simplicidade, o que é presumivelmente a razão pela qual têm desempenhado papel tão importante na socialização das crianças. Nancy fala delas como "superficiais" [*thin*], termo que também aplica, por exemplo, a modelos como o plano sem atrito e o pêndulo ideal. Estes últimos são, por assim dizer, as fábulas dos físicos (e a segunda lei de Newton é a máxima agregada a elas), e é sua característica superficialidade [*thinness*] que os torna tão especialmente úteis para socializar membros potenciais da profissão. É por isso que figuram com tanto destaque em manuais científicos.

---

21 Esse ponto é apresentado mais precisamente em meu Possible Worlds in the History of Science (ver nota 3 deste capítulo). "Força" pode ser adquirido sem "massa" pela exposição a exemplos da lei de Hooke. "Massa" pode então ser adicionado ao vocabulário conceitual pela apresentação de ilustrações ou da segunda lei de Newton, ou então de sua lei da gravitação.

Exceto por minha insistência em situá-los no interior do processo de aprendizagem ou socialização, todos esses pontos estão explícitos no artigo de Nancy, e o mesmo acontece com um outro para cuja descrição ela me forneceu novas palavras. Uma vez que tenham sido adquiridos os termos novos (ou as versões revisadas dos velhos), não há nenhuma prioridade ontológica entre seus referentes e os referentes dos termos previamente disponíveis empregados no processo de aquisição. O concreto (pêndulo ou doninha) não é nem mais nem menos real que o abstrato (força ou presa). Existem, é claro, prioridades tanto lógicas quanto psicológicas entre os elementos desses pares. Não se podem adquirir os conceitos newtonianos de força e massa sem um acesso prévio a conceitos tais como espaço, tempo, movimento e corpo material. Tampouco se podem adquirir os conceitos de predador e presa sem acesso prévio a conceitos tais como espécies de criatura, morte e matar. Mas não existem, como Nancy afirma, relações nem de fato nem de redução de significado entre os elementos desses pares (entre força e massa, por um lado, e espaço, tempo etc., por outro; ou entre predador e presa, por um lado, e morte, matar etc., por outro). Na ausência de tais relações, não há nenhuma base para escolher um ou outro conjunto justaposto como o mais real. Insistir nesse ponto não é limitar o conceito de realidade, mas, ao contrário, dizer o que é a realidade.

É em nossa resposta a essa análise compartilhada que meu caminho e o de Nancy divergem, mas de uma maneira que estou achando especialmente instrutiva. Tanto Nancy quanto eu somos impelidos a um pluralismo relutante. Mas ela chegaria ao seu permitindo restrições à universalidade das generalizações científicas verdadeiras, sugerindo, por exemplo, que a verdade da segunda lei de Newton não depende de sua aplicação a todos os seus modelos potencialmente concretos. O alcance da segunda lei, para ela, é incerto: em uma parte de seu domínio, a lei pode ser verdadeira, ao passo que em outra pode vigorar alguma outra lei. Para mim, contudo, essa forma de pluralismo está excluída. "Força", "massa" e similares são termos para espécies, são os nomes de conceitos de espécies. Seu alcance é limitado apenas pelo princípio de não superposição e é, assim, parte de seu significado, parte daquilo que possibilita a seleção de seus referentes e o reconhecimento de seus modelos. Descobrir que o alcance de um conceito de espécie é limitado por algo extrínseco, algo diferente de seu significado, é descobrir que ele jamais teve alguma aplicação apropriada.

Nancy introduz restrições de alcance para explicar os ocasionais fracassos da busca por modelos aproveitáveis das leis que considera verdadeiras. Eu, em vez disso, resolveria tais fracassos pela introdução de algumas espécies novas que substituíssem algumas daquelas anteriormente em uso. Essa mudança ocorre na estrutura lexical, uma mudança que traz consigo uma forma correspondentemente modificada de prática profissional e um diverso mundo profissional no qual conduzi-la. O pluralismo de domínios de Nancy é, para mim, um pluralismo de mundos profissionais, um pluralismo de práticas. No mundo de cada prática, leis verdadeiras devem ser universais, mas algumas das leis que governam um desses mundos não podem nem sequer ser enunciadas no vocabulário conceitual empregado em outro e parcialmente constitutivo dele. O mesmo princípio de não superposição que torna necessária a universalidade de leis verdadeiras impede os praticantes residentes em um mundo de importar determinadas leis que governam outro. A questão não é que leis verdadeiras num mundo possam ser falsas em outro, mas que podem ser inefáveis, inacessíveis a um exame conceitual ou observacional. É a possibilidade de escrutínio discursivo [*effability*], mas não a verdade, aquilo que minha concepção relativiza, conforme mundos e práticas. Essa formulação é compatível com viagens entre mundos: um físico do século XX pode entrar no mundo, digamos, da física do século XVIII ou da química do século XX. Mas esse físico não poderia exercer sua profissão em nenhum desses outros mundos sem abandonar aquele de onde veio. Isso leva a que uma viagem entre mundos seja tão difícil quanto subversiva e explica por que, como enfatiza Jed Buchwald, os praticantes de uma ciência quase nunca a empreendem.

Outro passo ainda me traz de volta ao artigo de Ernan e ao último dos problemas a serem considerados nele. Os episódios evolucionários que introduzem novas espécies e removem as velhas são, evidentemente, aqueles que chamei, na *Estrutura*, de "revoluções". Naquela época, considerava-os episódios no desenvolvimento de uma ciência ou especialidade científica isolada, episódios que eu, algo descuradamente, comparei a mudanças de *gestalt* e descrevi como envolvendo mudança de significado. Claramente, ainda penso neles como episódios transformadores no desenvolvimento de ciências individuais, mas os vejo agora também como desempenhando um segundo papel, intimamente relacionado com aquele e igualmente fundamental: são, com frequência, e talvez sempre, associados a um aumento no número de especialidades científicas requeridas para a aquisição continuada de conhecimento científico. Esse ponto é empírico, e a evidência, uma vez verificada, é esmagadora: o desenvolvimento da cultura humana, incluindo-se o das ciências, tem sido caracterizado, desde o princípio da história, por uma vasta e cada vez mais acelerada proliferação de especialidades. Esse padrão é aparentemente um pré-requisito para o desenvolvimento continuado do conhecimento científico. A transição para uma nova estrutura lexical, para um conjunto revisado de espécies, permite a resolução de problemas com os quais a estrutura prévia era incapaz de lidar. Mas o domínio da nova estrutura é, normalmente, mais restrito do que o da velha, às vezes muito mais restrito. O que fica fora dele torna-se o domínio de uma outra especialidade científica, na qual permanece em uso uma forma desenvolvida com base nas velhas espécies. A proliferação de estruturas, práticas e mundos é o que preserva a amplitude do conhecimento científico; a prática intensa nos horizontes dos mundos individuais é o que aumenta sua profundidade.

Esse é o padrão que me levou, ao final das minhas observações a respeito do artigo de Ian Hacking, a falar de especialização como especiação, e o paralelo com a evolução biológica vai mais longe. O que permite a correspondência cada vez mais estreita entre uma prática especializada e seu mundo é quase equivalente ao que permite a adaptação cada vez maior de uma espécie a seu nicho biológico. Assim como uma prática e seu mundo, uma espécie e seu nicho são interdefinidos; nenhum componente de qualquer um desses pares pode ser conhecido sem o outro. E também, em ambos os casos, essa interdefinição parece exigir isolamento: por um lado, a crescente incapacidade que os residentes de diferentes nichos têm para a concretização do acasalamento híbrido e, por outro, a crescente dificuldade de comunicação entre os praticantes de especialidades diferentes.

Esse viés de desenvolvimento por proliferação levanta o problema ao qual, numa formulação mais comum, é dedicada a maior parte do artigo de Ernan: qual é o processo por meio do qual têm lugar a proliferação e a mudança lexical, e em que medida se pode dizer que é governado por considerações racionais? Acerca dessas questões, mais do que a respeito de qualquer uma das que discuti anteriormente, minhas opiniões permanecem muito próximas daquelas desenvolvidas na *Estrutura*, embora possa agora articulá-las de modo mais pleno. Na verdade, Ernan já articulou a maioria delas para mim. Há apenas dois pontos em sua apresentação de minha posição que suscitam em mim alguma inclinação a discordar. O primeiro é o uso feito por ele da distinção entre revoluções superficiais e profundas: embora as revoluções realmente difiram em tamanho e em grau de dificuldade, os problemas épistêmicos que apresentam são, para mim, idênticos. O segundo é a interpretação de Ernan do propósito com que me refiro ao problema da indução de Hume: compartilho sua intuição de que a abordagem evolucionária da ciência irá dissolver (e não resolver) o problema de Hume; o objetivo de minhas referências ocasionais a ele foi simplesmente o de me furtar à responsabilidade de uma solução.

Em outras áreas, o que preciso fazer é explicar aquilo que Ernan vê como equívocos e inconsistências de minha posição. Isso vai requerer que eu pressuponha, ao menos em princípio, que vocês já tenham posto de lado a noção de um mundo completamente externo do qual a ciência vai se aproximando cada vez mais, isto é, um mundo independente das práticas das especialidades científicas que o exploram. Uma vez alcançado esse ponto, mesmo se apenas imaginariamente, surge uma questão óbvia: qual é o objetivo da pesquisa científica se não for uma correspondência com a realidade exterior? Embora creia que ela demande reflexão e desenvolvimento adicionais, a resposta fornecida na *Estrutura* ainda me parece ser a correta: estejam ou não cientes os praticantes individuais, eles são treinados, e recompensados por isso, para resolver quebra-cabeças intrincados – sejam eles instrumentais, teóricos, lógicos ou matemáticos – na interface de seu mundo fenomenal com as crenças de sua comunidade a respeito dele. É isso o que eles são treinados a fazer e o que, na medida em que retenham o controle de seu tempo, fazem durante a maior parte de sua vida profissional. A grande fascinação que isso propicia – que, para os não iniciados, frequentemente parece uma obsessão – é mais do que suficiente para torná-lo um fim em si mesmo. Para os praticantes, nenhum outro objetivo é necessário, embora os indivíduos com frequência elejam outros tantos.

Se esse é o caso, contudo, a racionalidade do rol usual de critérios para a avaliação da crença científica fica patente. Exatidão, precisão, alcance, simplicidade, fertilidade, consistência etc. simplesmente *são* os critérios que os solucionadores de quebra-cabeças devem sopesar ao decidir se determinado quebra-cabeça sobre a correspondência entre fenômenos e crenças foi ou não resolvido. Exceto por não precisarem ser satisfeitos todos de uma vez, são eles características "definidoras" do quebra-cabeça resolvido. É por aumentar a precisão com que se aplicam, e o âmbito em que se aplicam, que os cientistas são recompensados. Selecionar uma lei ou teoria que não lhes respondesse tão completamente quanto uma competidora existente seria contraditório em relação aos próprios objetivos da seleção, e uma ação autodesqualificante é o indicador mais seguro de irracionalidade.[22] Empregados por praticantes treinados, esses critérios, cuja rejeição seria irracional, constituem a base para a avaliação do trabalho efetuado durante os períodos de estabilidade lexical e são igualmente básicos para os mecanismos de resposta que, em períodos tensos, produzem especiação e mudança lexical. À medida que o processo evolucionário continua, os exemplos pelos quais os praticantes aprendem a reconhecer exatidão, alcance, simplicidade etc. mudam tanto dentro de um campo quanto entre os campos. Mas os critérios que esses exemplos ilustram são, eles próprios, necessariamente permanentes, pois abandoná-los seria abandonar a ciência junto com o conhecimento trazido pelo desenvolvimento científico.

A busca da resolução de quebra-cabeças envolve constantemente os praticantes em questões de política e poder, tanto no interior das práticas de resolução de quebra-cabeças quanto entre elas, e igualmente entre elas e a cultura não científica circunjacente. Na evolução das práticas humanas, contudo, tais interesses foram dominantes desde o início. O que o desenvolvimento posterior trouxe consigo não foi sua subordinação, mas a especialização das funções em que são empregados. A resolução de quebra--cabeças é uma das famílias de práticas que surgiram durante essa evolução, e o que ela produz é o conhecimento da natureza. Aqueles que proclamam que nenhuma prática movida por interesses pode ser apropriadamente identificada como a busca racional do conhecimento cometem um erro profundo e impactante.

---

22 Esses pontos são elaborados em dois artigos meus que Ernan cita: Objectivity, Value Judgement, and Theory Choice. In: *The Essential Tension*, p.320-9; e Rationality and Theory Choice, *The Journal of Philosophy*, v.80, p.563-70, 1983, reimpresso neste volume como o Ensaio 9. Os temas desenvolvidos no segundo desses artigos são ainda outro produto de minhas interações com C. G. Hempel, aquele ao qual, na primeira seção deste artigo, prometi retornar.

PARTE 3

UM DEBATE COM THOMAS S. KUHN

UM DEBATE COM THOMAS S. KUHN

Aristides Baltas
Kostas Gavroglu
Vassiliki Kindi

"A Discussion with Thomas S. Kuhn" é uma transcrição editada de um debate, gravado em fita, que durou três dias – essencialmente, uma longa entrevista – entre Kuhn e Aristides Baltas, Kostas Gavroglu e Vassiliki Kindi. O encontro teve lugar em Atenas de 19 a 21 de outubro de 1995. O ensejo para isso foi a outorga a Kuhn do título de doutor honoris causa *pelo Departamento de Filosofia e História da Ciência da Universidade de Atenas, e um simpósio em sua homenagem nessa universidade. Os participantes do simpósio incluíam, além dos debatedores acima, Costas B. Krimbas e Pantelis Nicolacopoulos. Os anais do simpósio, bem com esta discussão, foram publicados em um número especial de* Neusis: Journal for the History and Philosophy of Science and Technology *(1997). A entrevista foi mais uma vez ligeiramente editada para este volume.*[1]

***

K. GAVROGLU: Bem, vamos começar com seus dias de escola, especialmente os tipos de disciplina que o interessavam, os tipos de disciplina que você detestava, que espécies de professor encontrou...

T. KUHN: Comecei minha educação – ou comecei a ir à escola, o que é outra coisa – em Nova York, em Manhattan. E lá eu estive por alguns anos

---

1 Com exceção de um caso, devidamente assinalado, e de traduções de títulos de livros, artigos etc., todas as inserções ao texto que se encontram entre colchetes foram feitas pelos editores norte-americanos. (N. E.)

em uma escola progressista, desde o jardim de infância até a quinta série. A escola progressista encoraja um tipo de pensamento independente. Por outro lado, não fazia muita coisa para ensinar as matérias regulares. Lembro-me de que, certa vez, quando eu provavelmente já estava na segunda série, meus pais estavam ficando bastante desencorajados porque eu aparentemente não sabia ler; meu pai ficou me mostrando letras e então comecei rapidamente a fazer progressos. Depois, quando fui para a sexta série, a família mudou-se para fora da cidade, umas quarenta ou cinquenta milhas para longe de Nova York, até Croton-on-Hudson, e lá passei a frequentar uma pequena escola, também progressista, chamada Hessian Hills School. Ela não existe mais. Mas foi particularmente boa em me ensinar a pensar por mim mesmo. Era uma escola de orientação bem esquerdista; a mulher que tinha sido sua diretora e fundadora chamava-se Elizabeth Moos. Ela era sogra de um sujeito chamado William Remington – talvez vocês se lembrem dele, acabou preso por ter sido um correio comunista, isso foi algo que veio a público na época de McCarthy. Assim, havia por lá vários professores radicais de esquerda, mas todos nós éramos encorajados a ser pacifistas. Não havia nenhum treinamento marxista ou qualquer coisa desse tipo; nossos pais nos diziam que essa era uma escola radical, mas nós próprios não a víamos exatamente assim. Tive, lá, um professor que me influenciou. Vários professores que me influenciaram, mas em especial um professor de matemática chamado Leon Sciaky.[2] Todos gostavam muito dele, era muito bom no ensino da matemática. O que mais tive com ele foi álgebra elementar, mas eu sempre tinha sido... não muito ruim, mas somente medíocre em aritmética, eu cometia erros demais, somava as coisas e o resultado nunca era o mesmo dois dias em seguida. Eu sabia as tabuadas da multiplicação, mas nunca realmente passei de nove vezes nove. Mas, ao mudar subitamente para coisas mais abstratas, com variáveis, passei a me interessar por matemática, e isso foi pelas mãos dele. Passei a adorar matemática, era muito bom nisso, e essa foi uma experiência bastante especial. Também era razoavelmente bom, acho, em outras coisas... Não havia notas na escola; quando se verificou que eu estava me saindo particularmente bem, eu fiquei bastante surpreso – eu não sabia disso. Permaneci lá na sexta, sétima, oitava e

---

2 Leon Sciaky nasceu em Salônica; ele escreveu um livro de memórias, *Farewell to Salonica: Portrait of an Era*, 1946.

nona séries – quatro anos. Tive um bom professor de estudos sociais. Aqui o caráter radical da escola apareceu um pouco – nós lemos, em grupo, partes substanciais da *Economic Interpretation of the Constitution of the United States* [A interpretação econômica da constituição dos Estados Unidos], de Beard, e discutimos o livro. Em minha classe havia seis ou sete pessoas; era aquele tipo de educação muito restritiva; restritiva a fim de propiciar uma educação estimuladora da autonomia. E penso que isso trouxe uma grande contribuição para a minha independência de espírito.

A. BALTAS: Você poderia nos contar algo mais sobre a noção de escola progressista: é um tipo particular de escola?

T. KUHN: Não. Educação progressista era um movimento que – até onde sei – realmente se originou de algumas propostas de John Dewey. Ela enfatizava menos as matérias de estudo que a independência de espírito, a confiança na capacidade de usar a própria cabeça. Era então comum dizer que ela não ensinava a soletrar; havia muito pouco exercício. Nós começamos a ter aulas de francês, e três anos depois eu ainda não conseguia me lembrar nada de francês – esse tipo de coisa. Mas eu fui ficando intelectualmente independente. Não tenho certeza de que a Hessian Hills School – a qual realmente penso que foi uma importante influência formativa – estivesse certa: uma educação focada em pontos específicos, com muito pouca coisa de matérias de estudo predeterminadas, bastante trabalho individual, ou aquilo que se pensava estar fazendo individualmente. O que eu diria é que, quando fui para o MIT, descobri que perto da época em que estavam prestes a se formar, os estudantes, muitos deles, jamais haviam escrito um trabalho de dez ou doze páginas, o tipo de trabalho que eu costumava pedir. Escrevi pelo menos um trabalho de 25 páginas enquanto estava na sexta ou sétima série. Ou seja, havia mais disso por lá. E aquele gosto pelo trabalho, aquele clima de encorajamento, penso, foi muito importante para coisas que aconteceram mais tarde. Agora, aquela escola só ia até a nona série. De fato, ela frequentemente só ia até a oitava série; mas para o nosso grupo foi até a nona, e depois disso eu fui embora para um internato. Meus pais ficaram preocupados de que eu fosse achar a transição difícil, então me mandaram para uma escola pequena.

K. GAVROGLU: O fato de haver várias pessoas de esquerda na escola, ou de o clima geral ser de esquerda, era algo, naquela época, desdenhado ou, para um certo grupo de pessoas, algo bom?

T. KUHN: Tenho certeza de que havia círculos em que era desdenhado; eu era mais radical que meus pais, mas eles não desprezavam isso. Por outro lado, devo falar um pouquinho mais a respeito disso. Aquela era uma época e um grupo etário em que as pessoas estavam começando a ingressar em algo chamado American Student Union [União Americana de Estudantes]. Um pré-requisito para ser membro da American Student Union era estar disposto a fazer o Juramento de Oxford. É um juramento de que você não iria lutar, nem mesmo pelo seu país. E lembro-me de falar com meu pai a respeito disso, porque eu realmente não me sentia feliz com a afirmação de que eu não lutaria pelo meu país. Eu queria ser um membro da União de Estudantes, mas não tinha certeza de que poderia fazer isso. E recordo dele me dizendo: "Eu fiz um monte de juramentos e mais tarde os quebrei. Mas não creio que alguma vez tenha feito um juramento pensando que iria quebrá-lo". E eu levei isso muito a sério e não ingressei na União de Estudantes. Por outro lado, houve na minha escola um encontro de estudantes vindo de várias escolas progressistas, e não me lembro do que estávamos falando, não lembro qual era o assunto oficial, mas acabei aparecendo numa reportagem no *Peekskill*, um jornal de Nova York. Não sei se foi pelo nome, mas fui eu quem levantou e disse: "Quem lucra com nossos protetorados nacionais? Nem você, nem eu, só os capitalistas. Esqueçamos as Filipinas". Bem, isso dá a vocês algo do clima.

A. BALTAS: Quando, aproximadamente, ocorreram esses incidentes?

T. KUHN: Bem, eu saí de Hessian Hills na nona série em 1937, e isso deve ter sido em um dos dois anos precedentes, o que dá a vocês uma ideia aproximada de quando isso aconteceu. Fui então passar um ano numa escola da Pensilvânia chamada Solebury. Era boa e não tive dificuldades especiais por lá, e a ideia era de que eu a experimentasse por um ano e poderia ficar se realmente gostasse dela, mas, caso contrário, seria transferido para um tipo ainda mais avançado de escola preparatória. Gostei da escola, mas não fiquei entusiasmado; estava sentindo falta do tipo de interação que experimentara em Hessian Hills. Assim, no ano seguinte, fui transferido para uma escola da qual, de fato, gostei menos ainda, uma escola preparatória em Watertown, Connecticut. Creio que não haja nada especial a dizer acerca de nenhuma das duas. Isto é, tive bons professores e outros não tão bons, mas nada especial, exceto um excelente professor de inglês na décima primeira série na Taft School. Lembro que lemos muito Robert Browning.

Isso foi importante para mim. Fora isso, o ensino de ciências lá era medío-cre. Lembro de um curso de física que foi dado por alguém que sabia um pouco de química, mas não muito, e não sabia nada de física, ou não muita coisa. E subitamente me percebi sugerindo – não posso ter sugerido que o calor era a energia cinética média das moléculas, mas mais ou menos inven-tei um pouco de teoria cinética e levei isso para o professor, acho que duas vezes, e da segunda vez ele disse: "Olhe, espere até que você esteja pronto para falar sobre isso!". Ficou claro que era um tipo de encorajamento que eu não ia obter, porque acho que ele não sabia a resposta. E era física rela-tivamente elementar.

Assim, essas escolas me deram mais educação formal, mais línguas – embora eu jamais fosse muito bom, eu realmente nunca fui muito bom em línguas estrangeiras. Posso ler em francês, posso ler em alemão e, se for largado num desses países, posso ir me virando por uns tempos, mas meu domínio de línguas estrangeiras não é bom, nunca foi, e isso é um tanto quanto irônico, porque muito de minhas ideias atualmente tem a ver com linguagem.

Depois dessas duas escolas, nas quais eu me saí bem – quer dizer, vamos deixar isso registrado, tirei boas notas –, eu fui para Harvard.

K. GAVROGLU: Qual era a profissão de seu pai?

T. KUHN: Meu pai, e isso é de alguma importância para mim, for-mou-se engenheiro hidráulico. Ele havia frequentado Harvard. Para resu-mir, havia um programa conjunto no qual ele podia obter, em cinco anos, os graus de bacharel e mestre em Harvard e no MIT, e ele ingressou nesse programa. O programa fora estabelecido em razão de um testamento, e então o testamento foi anulado pelos tribunais ou algo assim, de modo que o programa foi dividido outra vez. Ele concluiu esse programa de cinco anos, acho que em 1916, e então o *Lusitania* foi afundado e ele foi para a guerra. Acabou no Corpo de Engenheiros do Exército, e acho que esse foi o período mais feliz e produtivo de sua vida. Depois da guerra – seu pai havia morrido enquanto ele estava fora – ele retornou, ficou algum tempo em Cincinnati, para ajudar sua mãe, e trabalhou um pouco com engenharia civil, o que não era muito interessante. Daí, casou. O que ele costumava dizer, e não confio em tudo o que dizia, é que sentiu que, especificamente em engenharia hidráulica, não podia competir com as pessoas mais jovens e, assim, usou seus talentos, que eram consideráveis, em outras coisas. Eu nasci em Cincinnati. Esse era seu lar – ele levou minha mãe para lá, ela era uma garota de Nova York. Quando tinha seis meses de idade, eu me mudei para Nova York com meus pais. Ele passou a trabalhar no que mais tarde seria a engenharia industrial. Trabalhou por uns tempos para um banco, como alguém que investigava possibilidades de investimentos e dava conselhos tanto para o banco quanto para os clientes. Ele esteve bastante ativo na época da administração de reconstrução nacional, fez coisas relacionadas com a indústria do tabaco, testemunhou diante do Congresso e outras coisas desse gênero. Mas acho que nunca foi o tipo de pessoa bem-sucedida que tinha esperado ser e que, em outras circunstâncias, poderia ter sido. E acredito que aqueles à sua volta o consideravam – isso eu acho, mas só uma única pessoa me disse isso – como alguém que não realizou o que prometia ser, alguém que era brilhante, que poderia ter feito muito mais, e que houve aí um real desperdício de talento. Acho que isso é verdade. Meu pai nunca teria dito isso, mas acho que tinha essa sensação. Eu o admirava muito. Por muitos anos pensei que, com exceção de James Conant, ele foi a pessoa mais brilhante que jamais conheci. Ele não era propriamente um intelectual, mas tinha uma mente muito aguçada. Costumava me apanhar em erros o tempo todo, e isso não me fez muito bem.

K. GAVROGLU: Ele teve um interesse ativo na sua educação, além daquele de procurar enviá-lo a boas escolas e de ficar de olho em como você estava se saindo? Ele realmente se interessou pelos detalhes da sua educação?

T. KUHN: Não. Ele era o tipo de pessoa que dizia: "E aí, o que você sabe dizer em francês?" e eu dizia: "*l'élephant*"! Era ele quem ficava com medo de que eu não estivesse aprendendo a ler e quem por um tempo ficava me mostrando letras ou palavras – coisa de que não me lembro bem. Mas não esteve ativamente envolvido, exceto por coisas pontuais como essas.

K. GAVROGLU: E como era sua mãe a esse respeito?

T. KUHN: Minha mãe também não esteve ativamente envolvida. Mas, de uma maneira curiosa, embora não fosse nem de perto tão brilhante quanto meu pai, ela era mais intelectual. Algumas vezes, de um jeito um tanto excêntrico – mas ela leu mais livros. Ela trabalhou um pouco com editoração profissional. Fui educado a acreditar – todo mundo dizia – que eu puxei a meu pai; e isso era ótimo, eu o admirava muito, tinha receio dele e tudo o mais. Também me disseram que meu irmão mais novo era exatamente como minha mãe. Mais tarde, percebi que era justamente o contrário. Meu irmão era muito mais parecido com meu pai, ao passo que eu era muito mais parecido com minha mãe. Agora, em parte, percebi isso pelo seguinte. Como vocês sabem, e falarei mais de como cheguei a isso, me formei em física. Eu insistia muito em ser um físico *teórico*. Mas adorava trabalhos manuais, e, mais tarde, construí aparelhos para radioamador. Nunca fui um radioamador licenciado, mas, naqueles velhos tempos, costumava estar entre válvulas e baterias; eu também fazia as compras dos materiais. Nunca conseguira descobrir definitivamente por que é que decidira ser um físico teórico em vez de um físico experimental. Finalmente compreendi que era porque a física teórica era mais próxima a uma atividade intelectual e que, nesse ponto, estava seguindo minha mãe, e não meu pai. Perceber isso foi um choque considerável para mim, mas, no fim das contas, é claro que não tenho arrependimentos de como isso acabou se resolvendo. Mas tinha sido um mistério para mim, e era bem explicitamente um mistério, por que é que eu tinha tido tal determinação em fazer isso.

A. BALTAS: Você tem apenas um irmão mais novo?

T. KUHN: Tenho apenas esse irmão mais novo. Bem, depois que eu concluí a Taft School, segui de lá para Harvard, que fora a universidade de meu pai. Nessa ocasião, minha vida mudou marcadamente, porque, o que eu não disse até este ponto, mas devo dizer agora, é que durante a escola eu realmente quase não tivera amigos. Eu era solitário. Tenho sido solitário desde então, mas isso me desgostava muito. De alguma forma, eu não era um membro do grupo e queria terrivelmente ser um membro do grupo. Harvard era grande o bastante, tinha orientação intelectual suficiente e uma grande variedade de grupos. Você não precisava ser um membro para fazer parte de um grupo, e podia fazer parte de vários. E comecei a me sentir como se eu estivesse muito mais próximo de fazer parte de alguma coisa do que tinha sido antes, e comecei a ter relações sociais mais felizes. Isso não foi tão longe quanto poderia ter ido, mas longe o suficiente para me dar uma percepção muito diferente de mim mesmo. Tive uma conversa muito agradável com meu pai, no verão antes de ir para Harvard, pela qual vocês vão se interessar. Eu tinha sido realmente bom em matemática no ensino médio; estava um ano adiantado, fizera um ano de cálculo com só uma única pessoa na minha escola preparatória, no ano anterior, e tinha tido um ano de física muito mal lecionada. Eu não culpava a física por isso, mas isso impedira de que eu conseguisse... então conversei com meu pai. Não havia dúvida de que eu iria me graduar em ciências ou matemática, ou física ou matemática. Deveria eu ser um físico ou um matemático? E isso também vai dizer a vocês algo que sabem perfeitamente bem, sobre como a situação mudou nos anos posteriores. Isso deve ter ocorrido no verão de 1940. Ele me disse: "Olhe, se você prefere claramente uma delas, então faça isso mesmo. Mas, se você está de fato dividido entre as duas, acho que provavelmente deveria fazer física. Porque, se você fizer matemática, a menos que acabe num desses departamentos de matemática muito bons, tudo o que resta é ser professor de ensino médio ou ser um atuário para uma companhia de seguros. Ao passo que, se você fizer física, não vai ser muito diferente, mas há alguns lugares como o Laboratório da General Electric [General Electric Lab] e o Laboratório Naval de Pesquisas [Naval Research Laboratory] onde você ainda pode fazer pesquisa, mesmo que não esteja numa dessas universidades orientadas à pesquisa". Assim, fiz física.

K. GAVROGLU: E nessa época você realmente se candidatou a estudar em um determinado departamento. Não é que estivesse se candidatando à Faculdade de Ciências.

T. KUHN: Não, no final do seu primeiro ano você declarava em que especialidade queria se graduar. E isso era uma especialidade em um departamento. Assim, eu me matriculei em física. Veja, tive uma experiência estranha a esse respeito em meu primeiro ano, uma que, creio, provavelmente também teve influência formativa. Acho que parte de minha ênfase na resolução de problemas, quebra-cabeças, pode vir disso, ou ter sido influenciada ou preparada por isso. Eu sempre fui um excelente estudante. Sempre tinha sido um aluno que tirava conceito "A" direto na escola, esse tipo de coisa. Mas, por alguma razão, estava tendo problemas com a cadeira de física. Era um curso rápido de física, um curso de física de dois anos para os que futuramente escolheriam física como a área de especialização. Acho que isso foi em meu ano de calouro, eu não me saí muito bem nas provas; na metade do meu primeiro semestre tive média "C". Fui conversar com o professor e disse: "Será que alguém pode ser um físico com isto?", e ele me encorajou a fazer a tentativa, não disse "Não" ou algo assim, mas também não disse "É claro que sim". O que ele me disse é que eu deveria me preparar melhor para os exames, e realmente comecei a aprender como resolver os problemas. Nós os chamávamos de problemas, eu os chamo agora de quebra-cabeças. E tirei um "A-menos" na metade do ano, e "A"s daí em diante. Mas, puxa, foi desconcertante não tirar o meu "A". Quer dizer, isso também teve uma influência considerável em algum momento de minha trajetória. Assim, lá estava eu, em meu primeiro ano me vi como um graduado em física. É claro que no ano seguinte...

K. GAVROGLU: Antes de passar para o ano seguinte, você considerou candidatar-se a algum outro lugar, ou estava mais ou menos decidido que iria ser Harvard porque seu pai já havia estado lá?

T. KUHN: Acho que a resposta é que Harvard era o lugar para onde eu queria ir, vários tios etc. tinham estado lá, eu gostava do que sabia de lá, tinha visitado Harvard e gostado de lá. Com certeza, me inscrevi em pelo menos um ou dois outros lugares, para me assegurar de que seria aceito por alguém; me lembro de que estava fora, fazendo uma visita, quando a aceitação de Harvard chegou, e eu fiquei extremamente satisfeito.

Anos mais tarde, foi publicado um estudo em que minha classe funcionou como parâmetro. Eu fora algo como uma de 1.016 pessoas admitidas em um número total de 1.024 candidatos habilitados. Quer dizer, ficou terrivelmente mais competitivo depois. Na época, eu achava que era terrivelmente competitivo, mas de fato não era. Isso era um mito. Agora, meu primeiro ano foi o de 1941-1942. No outono do meu segundo ano, aconteceu Pearl Harbor, e todos nós mais ou menos nos preparamos para ir à guerra ou algo assim. Relevante para o meu caso, por ser um estudante de física, é que o Departamento de Física passou a dedicar-se, em grande parte, a treinar pessoas em eletrônica. Eu tinha uma concentração muito maior em física, mas uma física distribuída de maneira um tanto estranha. Havia algumas disciplinas que todo físico normal teria feito, mas que eu não fiz até ingressar na pós-graduação e, mesmo assim, de maneira não muito completa. E eu me concentrei em fazer isso o mais rápido possível. Terminei em três anos, em vez de quatro, por ter frequentado cursos de verão durante dois verões seguidos. O resultado foi que, no total, tive menos do que poderia ter tido de outros assuntos além de ciência, e isso ficou evidente de duas maneiras em particular. No primeiro ano, fiz uma outra disciplina que me influenciou profundamente, e sobre a qual eu deveria dizer alguma coisa. Decidi que queria fazer um curso de filosofia. Eu não sabia o que era filosofia, mas tinha um tio estranho que era spinozista. Ele era um spinozista independente;

colecionava coisas e escrevia a respeito de Spinoza. A família, em sua maior parte, não gostava dele, mas eu de certa forma gostava. E queria saber mais a respeito de filosofia. Havia algumas disciplinas em filosofia regularmente abertas a calouros, e havia uma outra, chamada História da Filosofia, que, é claro, não era história, mas consistia em estudos detalhados, no semestre do outono, de Aristóteles e Platão, e no da primavera, acho, Descartes, Spinoza, Hume e Kant. Eles impuseram vários obstáculos para que eu me inscrevesse nela, mas insisti, e mais uma vez, no início, tive dificuldades com essa cadeira; e acho que em parte não foi culpa minha. Eu tinha um professor responsável pela disciplina que era muito estranho, embora muito bem conhecido, não a pessoa que lecionava. A pessoa que lecionava era um grego, Raphael Demos, que escreveu sobre os cientistas do Iluminismo Grego. Em todo caso, eu tinha um professor responsável pela disciplina, Isenberg; e ele sempre me derrubava, quer dizer, eu não me saía muito bem nos testes, mas continuava fazendo perguntas. Uma delas, em particular, incomodou-me terrivelmente – ele estava ensinando Platão e a ideia platônica do bem. Hoje não tenho nem mesmo certeza de que vou lembrar exatamente qual a doutrina platônica sobre a qual estou discutindo, mas era a noção ilustrada pela história do indivíduo que estava prestando exames para ingressar na faculdade de medicina e queria ser médico. Entretanto, na noite anterior ao exame, ele foi se divertir e ficou acordado até muito tarde e não foi bem nas provas. Se tivesse pensado e avaliado a situação, não teria se comportado assim e teria entrado na faculdade de medicina. E eu perguntei: "Olhe, suponhamos que ele, com certeza, tivesse aumentado suas *chances* de entrar na escola de medicina, mas suponhamos que, estatisticamente, elas ainda não fossem muito boas e suponhamos que ele realmente quisesse ir ver aquele filme naquela noite; por que seria para ele irracional (embora essa não fosse a palavra relevante) fazer isso?". E o professor tratou essa questão como se fosse terrivelmente estranha. Ele não a entendeu. Perguntei a mesma coisa na semana seguinte, e ele mais ou menos levou a classe a rir de mim. Foi um episódio absurdo. Quer dizer, eu sei que vocês são físicos, vocês percebem qual era a pergunta, não era uma pergunta estúpida. E acho que, no meio do ano, eu tirei apenas um "B-menos" naquela disciplina. Então o professor foi embora para algum outro lugar, e o curso foi assumido no semestre da primavera por uma outra pessoa. Eu disse [agora mesmo que] não vinha me saindo muito bem: essa foi a cadeira na qual eu realmente aprendi algo mais sobre como estudar. Eu revisava a matéria e tomava notas detalhadas, realmente me esforcei e comecei a me sair melhor nos exames orais. E [então] eu pedi para ficar na *honors section*[3] [daquela disciplina] e obtive permissão. Estava totalmente fascinado por esse assunto, embora não o entendesse muito bem. O campo estava composto por Descartes, Spinoza, Hume e Kant. Spinoza não me afetou muito, Descartes e Hume eram ambos corriqueiros, eu os podia compreender facilmente; Kant foi uma revelação. Lembro que todo mundo fez uma apresentação no encontro da área, e eu dediquei minha fala a Kant e à noção de pré-condições do conhecimento. Coisas que tinham de ocorrer, caso contrário você não seria capaz de conhecer nada. Ela [minha apresentação] foi bastante apreciada, mas essa noção simplesmente me deixou perplexo, e vocês podem ver por que é uma história importante.

K. GAVROGLU: Você poderia falar um pouco mais a respeito dela?

T. KUHN: Oh, é uma história importante, porque eu ando por aí explicando minha própria posição dizendo que sou um kantiano com categorias móveis. Ela tem o que não é mais exatamente um *a priori* kantiano, mas aquela experiência certamente me preparou para o sintético *a priori* de Kant. E eu realmente falo a respeito do sintético *a priori*. Bem, eu tinha pensado que iria estudar mais filosofia enquanto ainda estivesse na graduação. Também pensei que fosse estudar mais literatura enquanto estivesse na graduação. Não tinha gostado muito dessa visão geral da literatura inglesa que estudei no primeiro ano. Achei que o professor não estava nos tratando com muito respeito – ele ficava fazendo piadas, não sobre nós, mas sobre as coisas que nós supostamente devíamos estudar. Mas, no segundo ano, tive um curso muito bom sobre literatura norte-americana, e teria continuado com isso; quero dizer, gostei de estudar literatura e queria ter mais filosofia. Mas lá estava eu; nós estávamos em guerra, eu já estava bem adiantado em meu segundo ano, ia ficar lá só mais um ano depois disso; assim, não avancei em nenhuma dessas duas áreas. Na sequência, graduei-me um ano antes do normal, mas isso não era incomum naquela época. Fiz nessa época uma outra coisa que devo mencionar. Eu me candidatei ao jornal, o *Crimson* de Harvard. No começo do meu segundo ano eu tinha um companheiro de quarto que já havia se candidatado quando era calouro e entrado na equipe

---

3 *Honors section*: setor ou âmbito de um curso que se rege pelo *honors system*, sistema baseado em grupos de estudos avançados que se autogerencia e avalia. (N. T.)

de notícias; eu me candidatei ao corpo editorial e cheguei a chefe do corpo editorial no meu último ano. Esse foi o ano em que entramos em guerra, então lá estava eu escrevendo editoriais sobre nossa presença na guerra e sobre o que Harvard deveria fazer, e assim por diante. Já nessa época eu tinha o problema que tenho tido desde então, o de achar muito difícil escrever. Assim, sempre demorava uma eternidade para escrever um editorial, e jamais consegui ter aquela capacidade do jornalista de sentar e produzir alguma coisa. Isso era mais do que uma pequena desvantagem.

K. GAVROGLU: Era uma posição eletiva?

T. KUHN: Sim, era uma posição eletiva e havia uma competição para os que estivessem interessados. O corpo editorial sênior me selecionou como candidato. Eu fazia parte da chapa. Mas havia bastante oposição à chapa por alguns dos membros, e eu me lembro de estar sentado no andar de baixo com a outra pessoa que fora indicada por alguns dos membros enquanto a discussão continuava no andar de cima, perguntando-me quem iria conseguir o lugar – isso não era sem precedentes, mas também não era o usual. E isso revela a vocês alguma coisa a respeito do grau em que eu tinha sido apenas parcialmente socializado pela minha transição a Harvard. Sim, eu ganhei o lugar. Mas foi uma experiência estranha.

A. BALTAS: Você mencionou o escrever, e você é considerado uma das poucas pessoas na área que demonstra cuidado com a escrita. Quando menciona sua dificuldade em escrever, isso se ajusta bem com a imagem que tenho a seu respeito, porque escrever é algo difícil. É uma boa coisa que você não tenha sucumbido ao estilo jornalístico. A questão é sua relação com o escrever.

T. KUHN: Isso é algo com que minha mãe teve muito a ver. Ela trabalhou um pouco com editoração, e ela lia bastante. Quando criança, e ainda hoje, não costumo escrever cartas às pessoas; eu escrevo as cartas burocráticas que tenho de escrever. Sou um correspondente terrível, e costumava ter dificuldades por causa disso. Minha mãe me disse certa vez: "Você pode dizer o que quiser, mas tenha muito cuidado com aquilo que escreve". Minha mãe me disse um monte de coisas, nem todas elas sábias, mas todas elas deixaram sua marca. Minha mãe era uma mulher extraordinariamente desprovida de tato. Ela não conseguia *não* dizer o que tinha em mente, e o que ela tinha em mente nem sempre era muito bem ponderado. Lembro da primeira vez que comecei a sair com uma certa garota; eu não tinha tido o número normal de namoros à época em que terminei a pós-graduação, e havia uma moça que passei a encontrar mais do que ocasionalmente. Minha mãe, que não conhecia essa moça, viu-nos numa rua em Nova York e simplesmente me disse uns dias depois: "Vi você e G..., e ela não é a pessoa certa para você". Ora!

K. GAVROGLU: Antes que passemos à pós-graduação. Você estava fazendo a graduação enquanto havia uma guerra na Europa. E a sociedade norte-americana, em certos níveis, é, nesse momento, uma sociedade dividida, há emoções muito intensas a respeito de como os Estados Unidos irão lidar com a situação. Como você se relaciona com essa situação, e como ela é vista pelas pessoas na universidade? Isso é uma questão para as pessoas na universidade? Obviamente, à medida que o tempo avança, isso passa a ser uma questão, Pearl Harbor é uma questão, mas, e antes disso? E qual era sua própria posição a respeito?

T. KUHN: Veja, fico surpreso em perceber o quão pouco eu lembro. Vou lhes contar alguma coisa a respeito disso. Disse que eu era bastante radical durante a nona série na escola. Costumávamos marchar nos desfiles de 1º de Maio, em solidariedade aos trabalhadores. Depois que fui embora para outra escola, isso diminuiu bastante. Mantive minhas convicções liberais, mas não era mais, de forma alguma, um ativista, e nunca mais fui um ativista desde então. Isso [o não ter sido mais um ativista] me constrange às vezes. No que diz respeito às minhas próprias atitudes e às de minha família, nós ficamos muito contentes quando Roosevelt tomou as providências para auxiliar os britânicos; nós até achávamos que os Estados Unidos deviam entrar em guerra; mas não nos sentimos contentes por isso. Lembre-se de que essa era uma família judia – não muito judia, mas quero dizer que todos nós éramos legítimos judeus. Judeus não praticantes. Os pais de minha mãe tinham sido praticantes, embora não praticantes ortodoxos. Os pais de meu pai não o tinham sido, o ramo de Cincinnati da família. Assim, não era uma questão fundamental, mas, sem dúvida, nos deixava mais dispostos a ir atrás de Hitler do que estaríamos em outras circunstâncias. Na verdade, mesmo tendo certeza de que havia pessoas ao meu redor que pensavam muito diferente, não me lembro absolutamente disso. A sensação que tenho é a de que todas as pessoas ao meu redor se sentiam mais ou menos da mesma maneira. Mas, é claro, isso ficou irrelevante depois de Pearl Harbor.

K. GAVROGLU: Não houve quem se manifestasse, mesmo entre os estudantes, contra o envolvimento na guerra depois de Pearl Harbor?

T. KUHN: Se houve, eu com certeza não lembro, e não penso que realmente tenha havido.

K. GAVROGLU: Você poderia nos contar alguma coisa sobre os cursos em Harvard? De que disciplinas gostou mais? E diga algo sobre os professores de Harvard, que tinha na época um dos melhores departamentos de física, não o melhor, eu acho. Talvez Columbia fosse melhor.

T. KUHN: Ou Chicago. Harvard não era conhecida por um departamento de física particularmente bom.

K. GAVROGLU: Nem mesmo naquela época?

T. KUHN: Não. Acho que a física em Harvard começou a ficar boa somente depois da guerra. John van Vleck estava lá então, mas não estudei com Van Vleck, só fui conhecer Van Vleck mais tarde. Wendell Furry foi a pessoa com quem tive aulas naquele curso para calouros do qual falei a vocês. Eu gostava dele, era um bom professor. Street ministrou o segundo ano daquele curso. Nunca cheguei a conhecê-lo bem, mas ele era um físico conhecido na área de espectroscopia.

K. GAVROGLU: Você não teve nada a ver com Slater, ele estava no MIT.

T. KUHN: É verdade, não tive nada a ver com ele. Tinha ouvido falar dele e o conheci durante o Projeto de Física Quântica, mas não, não tive nada a ver com ele. Fiquei logo mais próximo de pessoas que estavam ensinando eletrônica. [Leon] Chaffee, e um sujeito chamado King [Ronald W. P. King], que era muito bom na teoria de antenas. Nenhum deles deixou marca profunda. Chaffee era um professor incrivelmente ruim, King era um professor muito bom. Estava um ano adiantado em matemática, mas não tive coragem suficiente para entrar no curso de cálculo do segundo ano; assim, fiz o curso de cálculo do primeiro ano e o achei tão fácil que não ia às aulas: eu costumava resolver meus problemas e enviá-los por meio de outra pessoa que assistia ao curso. Isso não quer dizer que nunca fui à aula, mas raramente fui depois das primeiras semanas, e me saí bem. Já no curso do segundo ano, fui um pouquinho além do meu nível. Quer dizer, eu mais ou menos entrei diretamente na segunda metade do curso do segundo ano. Foi quando entrei no terceiro ano que as coisas, de repente, ficaram terrivelmente difíceis para mim. Quem ministrava as aulas era George

Birkhoff, um matemático famoso e um dos piores professores que você pode imaginar. Nós estudávamos integrais múltiplas e diferenciação parcial, e eu não conseguia perceber direito o que estava acontecendo. Eu me saí razoavelmente bem, mas, de fato, nunca tive a sensação de que estava dominando o assunto. Eu tinha um amigo que era muito bom e, quando nós estávamos praticamente no nível esperado no ano seguinte, eu perguntei a ele: "Como você está indo?", e ele disse que estava indo bem. Eu lhe contei que tinha tido um monte de problemas para entender o curso, e ele comentou: "Mas como você pode ter tido, era justamente o que já tínhamos feito antes, só que com mais variáveis". E eu disse "Oh", e alguma coisa fez um estalo e tudo se encaixou em seus devidos lugares. E, embora eu ainda nem sempre resolva corretamente integrais múltiplas, sim, ele estava certo. É isso o que era, e Birkhoff me impediu de vê-lo.

K. GAVROGLU: Você não falou muito dos cursos técnicos.

T. KUHN: Você tem de lembrar que eu estive lá só por três anos. No primeiro e no segundo anos, minhas cadeiras principais de física foram essa sequência em dois anos, que é uma sequência difícil, mas uma boa sequência. Não consigo me lembrar do que mais eu possa ter cursado, não lembro exatamente o que fiz em física no meu terceiro ano. O que eu, na verdade, fiz foi cursar um monte de cadeiras de eletrônica e obter créditos em física por isso. Estudei a teoria eletromagnética, com certeza; fiz um curso sobre eletricidade e magnetismo que foi razoavelmente bom, mas não tive um entusiasmo extraordinário por ele. Ainda não era realmente Maxwell; Page e Adams era o livro-texto, vocês se lembram disso?[4] Era nesse nível. Não consigo lembrar – fiz uma cadeira de termodinâmica com [Percy W.] Bridgman quando estava na pós-graduação; posso ter feito uma disciplina anterior na graduação sobre termodinâmica, caso em que teria sido com Philipp Frank, mas não tenho certeza se fiz ou não. Sempre gostei bastante de termodinâmica; a sensação de um assunto que é, em grande parte, matemática mas que dá a você consequências físicas importantes é uma experiência estranha, saborosa.

K. GAVROGLU: E cursos sobre relatividade?

T. KUHN: Fiz uma cadeira de relatividade na pós-graduação. Lembre--se de que tive muito pouca física enquanto estava na graduação. Não tive

---

4 Page; Adams Jr., *Principles of Electricity: An Intermediate Text in Electricity and Magnetism.*

nenhuma disciplina em óptica, o que normalmente deveria ter tido. Não tenho certeza se tive alguma disciplina de termodinâmica; provavelmente tive uma disciplina intermediária de mecânica.

A. BALTAS: E cursos de história, fora aquele de filosofia que você mencionou, de humanidades em geral?

T. KUHN: Cursei uma disciplina de história. História não era algo de que me julgasse aficionado. Foi um curso de verão sobre a história britânica no século XIX. Por que fiz esse curso eu não sei, o professor era bastante apreciado, e eu próprio gostei dele, mas o assunto não iria me ajudar em nada. Também fiz um curso de verão sobre ciência política com Max Lerner, que também era, em certo sentido, um velho amigo da família. Mas como você vê, fiz pouca coisa que não fosse ou eletricidade ou eletrônica, e não consigo dizer agora exatamente o que foi. Por outro lado, eu estava muito ocupado com o jornal [o *Crimson*], e meus amigos eram, em geral, pessoas ligadas a literatura ou a alguma outra coisa. A maior parte não era de físicos, matemáticos, engenheiros, embora houvesse alguns. Assim, para minha grande surpresa, fui eleito no segundo ano membro de uma coisa chamada Signet Society, que não era realmente um dos clubes de Harvard, mas uma espécie de sociedade de discussões intelectuais que promovia almoços e coisas assim. E então, no meu terceiro ano, cheguei a presidente dela. Provavelmente, fui o único físico a ser presidente da Signet. Embora estivesse muitíssimo concentrado em meus estudos, embora não tivesse feito muitos cursos de literatura (acho que tive, por apenas dois anos, um de literatura inglesa, do qual não gostei muito, e um de literatura norte-americana com Matthiessen e Murdock, dois professores muito famosos de Harvard a quem eu admirava muito), eu era conhecido por essa combinação. E isso é algo a ser registrado, pois desempenhará um papel mais tarde.

E então eu me graduei e fui trabalhar para algo chamado Laboratório de Pesquisas em Rádio [Radio Research Laboratory]. O Laboratório de Pesquisas em Rádio estava fisicamente localizado em Harvard, na ala norte do prédio da biologia, incluindo-se dois pisos extras, de madeira, construídos no topo da ala norte. Eu estava no grupo teórico e meu chefe era Van Vleck. Pesquisávamos medidas defensivas contra radar. King estava lá na época, projetando antenas especiais, até mesmo uma antena rotatória instalada num avião e que, supostamente, era capaz de fazer a triangulação de estações de radar. Eu estava em grande parte estabelecendo fórmulas-padrão (cujas derivações não pude nem começar a entender – ou, pelo menos, achei que não pudesse –, e não me deram tempo para descobrir) para a determinação de perfis de radar em função da distância – há uma fórmula-padrão baseada na raiz quadrada da altura das duas antenas etc., com várias tolerâncias para condições de propagação, e assim por diante. Eu produzia gráficos mostrando quando a pessoa iria captar tal e tal avião, [e] fazia mapas. Acho que fiz um conjunto deles, ou fiz algo direcionado para a cobertura de radar de Kamchatka. A que distância os japoneses podiam chegar, ou a que distância nós podíamos chegar dos japoneses. Hoje, nem sei com certeza qual dos dois...

A. BALTAS: Isso era um emprego, quer dizer, você foi contratado lá?

T. KUHN: Sim, fui contratado por causa de meu grau acadêmico, meu treinamento e porque qualquer um com aquele tipo de treinamento era necessário para a guerra. E isso me arrumou uma isenção provisória: não fui convocado nessas circunstâncias. Não é por isso que eu o estava fazendo, mas nunca me lastimei. Quer dizer, não é que eu queria ser convocado e eles não me deixaram. Comecei no outono de 1943 e estive naquilo por cerca de um ano. Eles tinham um laboratório de base avançada em Great Malvern, na Inglaterra, e por volta de um ano depois, acho, pedi para ser enviado para lá; eu nunca tinha estado no estrangeiro, fui para lá e devo confessar que foi meu primeiro voo de avião. Entrei num avião em LaGuardia, aterrissamos uma vez em Nova Scotia ou na Islândia, eu acho, e então descemos na Escócia, em Glasgow. Eu nunca tinha estado num avião, e lá estávamos nós! Eu ficava recitando passagens do *Voo noturno*, de Saint-Exupéry – era emocionante! E assim eu fiquei em Malvern por algum tempo, e então fui meio que emprestado a uma unidade técnica de inteligência no Quartel-General da Força Aérea Estratégica dos Estados Unidos, que ficava em Bushy Park, nos arredores de Londres – eu vivia em Londres. Isso foi difícil, eu estava tendo problemas, como o de me ajustar e de me interessar no que estavam me pedindo para fazer. Mas não era tão mau, e dava para se divertir um pouco.

Então, de lá passei a ser um civil em uniforme, e fui para a França, ou para o continente – também aí foi a primeira vez que estive lá. Usava uniforme, de modo que, se fosse capturado, não seria considerado um espião. Fui examinar estações de radares e coletar informações adicionais sobre elas.

Essa foi uma das experiências mais fantásticas da minha vida. Porque entrei num avião e aterrissei na base da península de Cherbourg. Supunha-se que eu fosse para as docas de submarinos em Rennes, onde, supostamente, havia uma grande instalação de radar alemã. Ora, isso foi justamente durante a ruptura das linhas inimigas, com [o general] Patton investindo através da França, e ninguém sabia direito onde é que estava o exército. Mas era para eu me juntar a um grupo que já estava lá. Eu estava num carro de comando com um capitão que estivera nesse grupo, ele o conhecia, estava indo para lá comigo e de lá iria para – esqueci para onde. Quando chegamos, o grupo não estava mais lá. Ninguém sabia onde estava, mas todo mundo apostava que tinha se dirigido para Paris, e que nós poderíamos encontrá-lo. Ninguém estava muito seguro do que estava acontecendo em Paris. Mas nós nos pusemos a caminho e, assim, nos demos conta de que, considerando-se o motorista, esse capitão e eu, eu era o único que tinha estudado alguma coisa de francês. E isso fazia muito tempo, eu ficava tentando me lembrar do que sabia da língua. Ficava dizendo "soldado-*soldat*", não, isso não pode estar certo, isso é alemão. Assim, nós dirigimos e dirigimos, e acho que passamos a noite em algum lugar no caminho, e logo cedo na manhã seguinte nos levantamos e continuamos dirigindo. Outras dessas paisagens que jamais esquecerei: nós cruzávamos uma planície e subitamente, surgindo acima do horizonte, apareceu alguma coisa – nós observamos, foi ficando mais alta... Chartres! Eram essas duas torres esquisitas da catedral de Chartres. Nós fomos direto para a cidade e nem saímos [do carro], ficamos andando a esmo, mas, uau, que emocionante! E quando saímos de Chartres, começamos a passar por um comboio que estava na estrada e o ultrapassamos, passamos à frente, entramos em Paris, de algum jeito chegamos ao Petit Palais, que acabou sendo o lugar onde estava estabelecido esse grupo ao qual eu supostamente devia me juntar. Nós o encontramos afinal. E lá ficamos. Tínhamos estado lá por cerca de uma hora, quando o comboio começou a entrar nos Champs-Elysées. Era De Gaulle entrando em Paris! E de repente houve tiros de rifle, dados por alguém no telhado de um prédio do outro lado da rua. Alguém atirou, um membro da milícia foi abatido. E ainda estavam ocorrendo combates em Le Bourget, do outro lado de Paris. Ou seja, foi uma ocasião marcante.

Oh, estou contando para vocês histórias da minha vida. Contarei mais uma, totalmente irrelevante para qualquer coisa que tenha me acontecido mais tarde, a não ser por lhes dizer mais alguma coisa a meu respeito, algo que não os surpreenderá.

Eu trabalhava, fazia dupla com um especialista em radar da RAF; ele se chamava Chris Palmer. Mandaram que ele e eu subíssemos na Torre Eiffel, para ver que tipo de instalações havia lá em cima. Assim, nos pusemos a caminho, chegamos à Torre Eiffel e falamos com alguém que nos disse *"L'ascenseur ne marche pas"*.[5] Nós concluímos: "Bolas, vamos ter de subir a pé", e eles tinham enrolado fios ao redor das escadas no nível inferior e nós subimos até o terceiro nível – e lá veio o elevador. Ele parou e nos convidou a entrar. E maldição, nós entramos. Sempre me culpei porque nunca subi a pé a Torre Eiffel!

K. GAVROGLU: Depois você retornou à Inglaterra?

T. KUHN: Permaneci [em Paris] por algumas semanas, e foram semanas instigantes. Voltei para a Inglaterra por algum tempo, e então retornei [para a França]. A transformação dos franceses nesse ínterim! Da primeira vez, eu claudicava no francês, e as pessoas ficavam me dizendo como eu falava bem a língua; e havia danças nas ruas etc. etc. Voltei para lá não mais do que seis semanas depois, eu acho, e eles nem falavam com você! Uma mudança total. A essa altura, fui designado para a Nona Divisão de Bombeiros em Rheims, como conselheiro sobre medidas de despistamento de radares. Havia um... como se chamava isso... grupo de engenharia industrial? – não era bem assim que era chamado. Essas pessoas que aplicam matemática e ciência a problemas estratégicos e a outros problemas desse tipo de uma maneira um tanto assistemática. Naquela ocasião, frequentemente se dizia que a principal vantagem de participar dessas coisas é que eles podiam responder ao general de uma forma que ninguém dentro da estrutura do exército realmente podia. Assim, eu me envolvi com isso e então, ainda mais tarde, quando entramos na Alemanha, fui despachado outra vez para examinar instalações de radar, para tentar falar com as pessoas na Alemanha e descobrir o que estava acontecendo por lá. Claro que não descobri muita coisa; mas vi a cidade de Hamburgo arrasada, nunca vou esquecer isso. Também vi Saint-Lô no dia em que chegamos à França, e jamais vou esquecer isso também. Nada disso teve muito a ver com o que aconteceu mais tarde, senão pelo fato de, enquanto tudo acontecia, ter percebido cada

---

5 *L'ascenseur ne marche pas.* "O elevador não está funcionando." (N. T.)

vez mais que não estava de modo algum interessado em trabalhar com radares. Isso me deu uma ideia um tanto negativa do que seria um físico. É claro que era uma ideia totalmente errada. Vários de meus colegas de aula, em situações algo similares, em vez de trabalhar com radares ou medidas de despistamento de radares, acabaram em Los Alamos. Não acho impossível que, tivesse eu ido para Los Alamos, ainda estivesse trabalhando em física. Eu duvido; quer dizer, acho que havia muitos outros fatores envolvidos, mas certamente um crescente desagrado – não, talvez seja uma palavra forte demais –, mas de fato comecei a acumular um número crescente de dúvidas de se isso era mesmo para mim. Acho muito difícil pesar os vários fatores que entraram nas minhas decisões, mas isso certamente fez parte.

A. BALTAS: Falemos acerca dessas suas primeiras dúvidas de se dedicar à física. Estavam relacionadas com a guerra?

T. KUHN: Eu tinha sido um "físico". Coloco isso agora entre aspas, porque, em certo sentido, eu não fora educado para ser um físico em vista do que tinha acontecido, mas as coisas se encaminhavam nessa direção, e eu achava isso bastante enfadonho, o trabalho não era interessante. Eu ainda acreditava na ciência e lembro que havia alguém com quem eu costumava falar da necessidade de replanejar a educação de ciências, coisas assim. Mas eu não estava de modo algum seguro, começava a ter dúvidas de se uma carreira em física era o que eu realmente queria – em particular na física teórica. E acho que bem pode ter sido nessa época, embora possa ter sido mais tarde, que essa questão – por que insisti em ser um físico teórico? – começou a surgir. Essas dúvidas não eram tão profundas, ou algo assim, mas elas estavam lá. Quer dizer, eu estava frustrado por não ter voltado a lidar com um pouco de filosofia. Assim, em 1945, logo depois do *VE Day*,[6] retornei aos Estados Unidos; lá estava eu mais uma vez de volta a Harvard. E a guerra não tinha acabado; havia alguma dúvida naquela época sobre se nós iríamos ou não ser embarcados para o Japão. Mas não demorou muito para que isso também passasse. Entrementes (quer dizer, creio que voltei no final da primavera ou no início do verão de 1945, eu acho), eu tinha voltado para o laboratório e, quando chegou o outono, os combates ainda continuavam no Japão, embora parecesse que não iriam continuar eter-

---

6 *VE Day*. Dia comemorativo da vitória dos Aliados na Europa, na Segunda Guerra Mundial (8 de maio de 1945). (N. T.)

namente, e obtive permissão – porque o ritmo de trabalho no laboratório estava ficando mais lento – para me inscrever numa cadeira de física, ou em duas, enquanto ainda estava empregado no laboratório. Um dos cursos que frequentei então foi o de teoria de grupos, com Van Vleck. E achei aquilo um tanto confuso. Eu havia feito uma disciplina introdutória de teoria quântica enquanto estava na graduação – era obrigatório fazer. A teoria de grupos é um assunto interessante, e embora eu nunca tenha tido a sensação de que dominasse o assunto, essa sensação da matemática gerando resultados físicos era atraente. Van Vleck não era um professor excepcionalmente bom.

Enfim, a guerra acabou na Europa [e eu me inscrevi na pós-graduação em física em Harvard]. Não consigo lembrar exatamente quando fiz isso. Dado ter feito muita física na graduação, dado estar de volta a Harvard, onde eu não tinha planejado ingressar na pós-graduação – mas teria sido estúpido não o fazer, em vista da continuidade –, teria me tomado pelo menos um ano, caso me reprogramasse e fosse para outro lugar. Requisitei permissão ao departamento para empregar metade de meu primeiro ano fora da física, para explorar outras possibilidades. E era, em particular, a filosofia o que eu tinha em mente, e cursei algumas cadeiras de filosofia. Bem, assim, lá estava eu no primeiro ano da pós-graduação e obtive permissão para fazer metade dos meus cursos em filosofia. Bem, fiz isso por um semestre, provavelmente o semestre do outono de 1945, e infelizmente aconteceu que a maioria dos bons professores que teriam me interessado, na filosofia, não estava lá. Eles ainda não haviam retornado. Fiz duas disciplinas e me dei conta de que havia um monte de filosofia que eu não tinha estudado, que não compreendia, e não estava achando muito agradável aprender desse modo. Eu não sabia exatamente por que as pessoas envolvidas estudavam o que estavam estudando. E decidi bastante rapidamente: sim, eu estava interessado em filosofia, mas, meu Deus, eu era um estudante de pós-graduação, eu, de uma ou outra forma, tinha estado na guerra, não podia retornar e ficar parado assistindo àquela titica para estudantes de graduação e recomeçar tudo a partir dali. Assim, decidi que ia obter o meu título em física. Mas também estava claro, e tornando-se cada vez mais claro, que eu não me realizava muito com o ensino que estava tendo na pós-graduação em física. Ele não era muito diferente do ensino na graduação. Em parte, penso, embora continuasse a me sair bem, eu não era mais um garoto brilhante e não estava claro que fosse bom o suficiente para continuar fazendo esse papel... quer dizer, realmente brilhar. Eu com certeza poderia ter sido um físico profissional... Retrospectivamente, acho que eu estava errado. Retrospectivamente, em vista do que aprendi sobre o assunto como historiador da ciência e conhecendo mais sobre a carreira, acho que teria sido um físico pra lá de bom! Não acho que teria sido um Julian Schwinger ou, vocês sabem, desse primeiro nível, mas acho que poderia ter feito um trabalho bastante respeitável. Se teria gostado muito disso, eu não sei. Mas certamente dúvidas acerca da minha capacidade tiveram algo a ver com um crescente desencanto. Uma sensação de não estar focado – havia essa coisa toda sobre ter sido presidente da Signet e gostar de literatura e filosofia – e agora, se era para eu ser bem-sucedido na pós-graduação e daí em diante, realmente tinha de concentrar minha atenção num ponto e dedicar toda a minha energia a isso; e achei isso difícil de fazer. Assim, minhas notas continuaram a ser inteiramente respeitáveis, mas acho que comecei a tirar alguns B's, esse tipo de coisa, e eu estava hesitando muito; em parte, era simplesmente porque eu não sabia o que iria fazer se deixasse a física. Eu estava examinando outras coisas e pensando a respeito delas, nenhuma das quais me animou muito. Costumava falar com meu pai acerca disso – jornalismo científico ou alguma coisa desse gênero. E então, é claro, eu tive essa extraordinária experiência da qual já falei, de Conant me pedir para ser seu assistente em seu curso. Quem não agarraria a oportunidade de trabalhar com Conant por um semestre?

K. GAVROGLU: Antes de passarmos a Conant, havia alguma pessoa na física que o encorajasse em suas buscas, por exemplo, na filosofia ou em algum outro lugar fora da física?

T. KUHN: Não. Eles me deram permissão e foram compreensivos, eles sabiam que eu não tinha a maior das dedicações. Mas voltei depois de um semestre e fui adiante.

A. BALTAS: Eu gostaria de lhe fazer uma pergunta um tanto estranha. Você tinha, quando começou, quando decidiu fazer física, na pós-graduação ou depois, algum tipo de sonho utópico, no sentido de "eu descubro os segredos da natureza", "eu faço isso por algo maior, independentemente de alcançá-lo ou não"? Ou era apenas algo relacionado com circunstâncias do trabalho?

T. KUHN: Não, acho que no início – vocês sabem que eu teria ficado muito feliz em ganhar o Prêmio Nobel – eu certamente desejava fama em algum sentido. Não me lembro disso desse jeito, mas deve ter sido o caso.

K. GAVROGLU: Você estudou física do estado sólido com Van Vleck, o que obviamente não era uma das coisas mais em moda para se fazer. Estava interessado no assunto em si ou em trabalhar com Van Vleck?

T. KUHN: Nenhuma das duas coisas. Na época em que decidi sobre um tópico para a tese, eu estava bastante seguro de que não faria carreira na física, e não queria prolongar minha estada na pós-graduação. Caso contrário, teria tentado obter uma chance de trabalhar com Julian Schwinger, mas havia um monte de coisas que eu não sabia e que teria tido de estudar se fosse fazer as coisas desse jeito. Eu queria o título – teria sido estúpido ter ido tão longe e não obter os certificados resultantes. Mas eu não queria ter de enfrentar qualquer quantidade extra de estudo. Agora, na prática, esse título obtido com Van Vleck levou bastante tempo, eu gastei um monte de tempo apertando botões numa máquina de calcular. Mas foi isso que motivou a decisão.

K. GAVROGLU: E essa decisão também o levou a Van Vleck...

T. KUHN: Sim, quer dizer, eu gostava de Van Vleck, mas ele não é a pessoa com quem eu trabalharia se não quisesse terminar logo com aquilo. Acho que teria sido Schwinger, ou eu teria, ao menos, tentado estudar com Schwinger.

K. GAVROGLU: Schwinger era o que naquela época? Um professor jovem e brilhante, fazendo coisas que você considerava fundamentais?

T. KUHN: Vi Schwinger pela primeira vez quando eu ainda estava no Laboratório de Pesquisas de Rádio. Costumávamos, às vezes, ir ao MIT, para o Laboratório de Radar, para assistir a conferências. Ele fez lá uma palestra sobre o cálculo integral de variações e cálculo de ondas. Eu realmente não entendi tudo e não estava muito interessado em fazer cálculos de ondas, mas havia tal grau de elegância na apresentação e tal grau de domínio de um material profundamente técnico que era simplesmente fascinante vê-lo falar. Depois, acho que tive teoria eletromagnética com ele e talvez tenha posteriormente frequentado, como ouvinte, cursos de teoria quântica ou algo parecido. Ele era um fenômeno, sem dúvida.

K. GAVROGLU: Ok, Conant.

T. KUHN: Conant me convidou para ser seu assistente.

K. GAVROGLU: Como Conant o descobriu?

T. KUHN: Recordem, na graduação eu tinha sido chefe de edição do jornal *Crimson*, na época em que estávamos entrando na guerra. Assim, acabei conhecendo não Conant, que estava afastado o tempo todo, mas o reitor da faculdade. E quando saiu o relatório geral sobre educação, que Conant tinha arranjado para que fosse feito para ele, o reitor me pediu para escrever um resumo do tal relatório para o boletim dos ex-alunos; e eu também era uma de várias pessoas escrevendo comentários sobre o relatório; eu era o estudante entre os que estavam escrevendo comentários sobre o relatório. Assim, eu era conhecido por esse universo de interesses. Quem deu meu nome para Conant eu não tenho certeza – há várias pessoas que poderiam ter feito isso. Mas eu tinha a reputação de ser o físico que fora presidente da Signet Society, havia várias coisas desse tipo no meu currículo. Fui uma das duas pessoas a quem Conant convidou para que fossem seus assistentes. Da primeira vez, ele deu esse curso com base naquele livrinho chamado *On Understanding Science* [Sobre entender a ciência], que tinham sido as Conferências Terry, em Yale. Aceitei prontamente; e nunca esqueci de todo a primeira vez em que o encontrei. Lá estava eu, sem ter terminado minha tese de física e alheio a esse tipo de material – eu tinha por então lido as provas de prelo de *Understanding Science* –, sendo solicitado a expor um estudo de caso sobre a história da mecânica para esse curso? Nossa! Isso também era típico de Conant; ele fazia esse tipo de coisa. Assim, essa foi a primeira vez – eu assistira a algumas das aulas de Sarton, como estudante de graduação, e as tinha achado pomposas e enfadonhas. E, no fundo, eu não era um historiador; *estava*, de fato, interessado em filosofia, mas não tinha nenhum interesse real em história, e essa experiência com Aristóteles[7] foi extremamente importante. Penso que Conant, em seus próprios relatos de caso e em suas aulas, nunca privilegiou, como eu privilegiei, a necessidade de mencionar aquilo em que as pessoas tinham acreditado *antes* do evento. Ele sempre começava mais ou menos com o início da obra estudada. Haveria alguma coisa a respeito dela, mas havia muito pouca preparação para chegar à pessoa responsável pela obra. Sempre tive a sensação de que se deve fazer mais do que isso, e isso significa que se deve preparar o palco, dentro de um outro referencial conceitual, de modo que se chegue a essas coisas. E isso foi o que aquela experiência fez por mim. Mas o ponto principal é que isso realmente não me deixou *interessado* na história da ciência, e há os que sentem, e sentem com alguma justiça, que eu nunca realmente cheguei

---

7 Ver o Ensaio 1, "O que são revoluções científicas?", neste volume.

a ser um historiador. Acho que, no fim, eu cheguei a ser um historiador, mas de um tipo restrito e um tanto peculiar. Eu costumava pensar – desculpem-me – que, com a possível exceção de Koyré, e talvez nem mesmo com a exceção de Koyré, eu conseguia ler os textos e entrar na mente das pessoas que os escreveram melhor do que qualquer outra pessoa no mundo. Eu adorava fazer isso. Eu realmente tinha orgulho e satisfação em fazer isso. Assim, ser um historiador *desse* tipo era algo que eu estava bastante disposto a ser e me divertia muito sendo, e fiz o melhor que pude para ensinar outras pessoas a sê-lo. Voltarei a isso. Mas meus objetivos, o tempo todo, eram os de fazer filosofia partindo disso. Quer dizer, eu estava perfeitamente disposto a fazer história, e precisava me preparar mais. Não iria tentar de novo ser um filósofo, aprender a fazer filosofia; e se tivesse, jamais teria sido capaz de escrever aquele livro! Mas minhas ambições sempre foram filosóficas. E pensei na *Estrutura*, quando finalmente cheguei a ela, como um livro para filósofos. E, puxa, eu me enganei por um tempo bem longo!

K. GAVROGLU: Então você começou a se preparar para o curso.

T. KUHN: Então comecei a me preparar para o curso, o que me levou a ler Aristóteles. Lecionei com Conant nesse curso por um semestre e, ao final desse período, eu sabia o que queria fazer. Eu queria aprender história da ciência o suficiente para me estruturar para fazer filosofia. Fui falar com Conant – eu tinha desenvolvido um relacionamento razoavelmente íntimo com ele, até onde alguém era capaz de ter um relacionamento amigável com ele. Ele era uma pessoa bastante reservada, um tanto frio – não exatamente frio, mas muito reservado. Perguntei a ele se estaria disposto a apoiar meu ingresso na Sociedade dos *Fellows*.[8] Oficialmente, essa era uma questão que você não faria; mas eu me senti à vontade para isso, ele me patrocinou, e eu ingressei no time. Tive de adiar minha entrada um pouco enquanto terminava a tese. Em certo sentido, depois disso nunca mais olhei para trás.

K. GAVROGLU: Antes disso... Claro que a bomba atômica já havia sido jogada no Japão. Quais foram os seus sentimentos e os das pessoas com quem você estava diretamente relacionado, pessoas próximas a Los Alamos? Você teve alguma relação com Los Alamos?

T. KUHN: Praticamente eu não tive nenhuma relação com Los Alamos, embora fosse próximo a algumas pessoas que tinham alguma relação.

---

8 *Society of Fellows*. Equivalente a quadro de professores colaboradores. (N. T.)

Eram consultores governamentais de alto nível, mas não necessariamente seniores, que voavam para cá e para lá e tinham contato com um monte dessas coisas. E um deles me contou a respeito do projeto de Los Alamos. E, de fato, o contexto no qual ele me falou disso foi quando as V2s começaram a cair na Inglaterra; o medo era de que elas estivessem carregando ogivas atômicas. Claro que não estavam, os alemães não estavam prontos, nem iriam ficar prontos de jeito nenhum durante aquele espaço de tempo, mas esse era o temor – temor de que eu não estava ciente – que as pessoas tinham. Um sujeito – acho que seu nome era David Griggs, ele era uma pessoa bem informada – me falou da bomba atômica. Assim, lembro que estava em um trem indo para Washington, acho que para o Laboratório Naval de Pesquisas para alguns testes, ou algo parecido, e na plataforma da Pennsylvania Station em Nova York eu olhei para fora e vi a manchete no jornal. Eu sabia o que deveria ser, e era a bomba atômica. Acho que, se questionado, eu aprovaria, eu sabia que havia pessoas que achavam que nós simplesmente não deveríamos tê-la jogado, que nós deveríamos ter feito uma demonstração dela, mas o sentimento geral era: "Olhe, nós temos de acabar com isso". Eu olhava com simpatia aqueles que achavam que talvez nós devêssemos ter usado uma outra técnica. Mas eu não sabia o suficiente para realmente ter quaisquer grandes convicções a esse respeito, ou qualquer grande sensação de que teria funcionado; e provavelmente não teria funcionado. Assim, não sou daqueles que ficaram terrivelmente perturbados pelo comportamento do governo. Não sei se conheci alguém que tivesse ficado muito profundamente perturbado, embora muitos admirassem esse grupo e concordassem com eles e desejassem que tivessem sido capazes de fazer mais do que fizeram. E acho que eu teria me associado a eles, mas não era uma grande questão para mim, quer dizer, talvez tenha concluído que havia chegado a época de terminar com aquilo.

A. BALTAS: Gostaria de voltar ao que você disse antes. O que naquela época significava a filosofia para você?

T. KUHN: Vou lhes contar uma história. Eu tinha um colega de classe, também no *Crimson*, numa época em que, se não me engano, eu estava na pós-graduação, penso que ele também estivesse numa pós. Ele se casou e, para minha surpresa, pediu-me para ser um dos padrinhos no seu casamento – eu nunca fora padrinho num casamento, mas fui. Conheci sua noiva, de quem gostei muito, e encontrei essa mulher – G..., aquela que minha mãe disse que não servia para mim –, ela era uma das damas de honra, e foi isso que estabeleceu a relação entre nós. Algum tempo depois, ela ofereceu um coquetel para mim em Nova York, para que eu conhecesse alguns de seus amigos. Eu fui, e estava conversando com uma mulher muito bonita – não exatamente bonita, mas muito atraente, com um belo busto, bem torneada. Não sei a respeito de que era a conversa, mas de repente, como às vezes acontece, as vozes na sala baixaram e todos (inclusive eu) puderam me ouvir dizer: "Eu quero saber o que é a Verdade!". Assim, isso é o que a filosofia significava para mim. E isso bem pode ter sido antes de eu me associar com Conant. Não consigo datar exatamente esse episódio, mas não pode ter sido muito tempo depois. Talvez eu já estivesse na Sociedade dos *Fellows*, mas é possível que não.

A. BALTAS: Está muito estreitamente relacionado com o incidente de Aristóteles. Eles se relacionam muito bem.

T. KUHN: Sim, e pode ter ocorrido tanto antes quanto depois. Minha experiência com Aristóteles por certo tornou isso problemático, mas não tenho certeza de qual exatamente tenha sido o primeiro problema, se isso foi antes daquilo. Assim, realmente não posso apresentar isso a vocês de uma perspectiva evolutiva. Mas, desde o começo, isso significou alguma coisa; não quero dizer que fosse o objetivo único, mas isso é o que significava para mim estar estudando filosofia ou ter ambições filosóficas, era esse o tipo de coisa que significava para mim.

K. GAVROGLU: Não é incomum, para muita gente, começar a busca da verdade por meio da física e passar, no estágio seguinte, à filosofia.

T. KUHN: Mas lembre, quando eu disse isso, não estava dizendo que queria saber o que é verdadeiro; eu estava dizendo que queria saber o que é *ser* verdadeiro. E isso não é algo que se alcance pela física.

K. GAVROGLU: Não, não. Você tem razão.

T. KUHN: Nós paramos [a fita anterior] justamente quando eu tinha decidido que ia então mudar para a história da ciência, pretendendo fazer algo filosófico com ela, e pedi ao presidente Conant para me indicar para a Sociedade dos *Fellows*. Ele fez a recomendação e eu ingressei na Sociedade, para um período de três anos, mas eu realmente não cumpri, como acabou se verificando, todos os três anos. Tive de usar no início algum tempo para terminar minha tese e publicar alguns artigos em torno dela, pelo menos para terminar a tese. Mas creio que, em novembro de 1948, comecei a trabalhar na Sociedade dos *Fellows*. Era extremamente importante estar lá, porque isso me eximia de outras responsabilidades, e o que eu estava tentando fazer era me instruir para ser um historiador da ciência. Em parte, envolvia apenas leitura, da qual a menor parte foi dedicada à história da ciência. Acho que foi durante esses anos – quer dizer, não lembro o que deu em mim, acho que por ter lido a tese de Merton[9] – que, de um jeito ou de outro, descobri Piaget, que eu li bastante, começando com seu *Mouvement et vitesse* [Movimento e velocidade].[10] Eu ficava pensando, puxa, essas crianças desenvolvem ideias do mesmo jeito que os cientistas, com a diferença – e isso foi algo que senti que o próprio Piaget não havia entendido suficientemente, e não tenho certeza de que eu tenha me dado conta inicialmente – de que elas estão sendo ensinadas, estão sendo socializadas, não se trata de um aprendizado espontâneo, mas de um aprendizado do que já está previamente definido. E isso foi importante.

A. BALTAS: Você pode nos contar alguma coisa a respeito da Sociedade em si?

T. KUHN: A Sociedade, naqueles dias, e ainda é mais ou menos assim, não tenho certeza de quanto mudou, era um grupo de 24 *fellows*, usualmente, oito eleitos a cada ano. E um grupo de *fellows* seniores que faziam a eleição. O grupo inteiro jantava junto toda segunda-feira à noite. E os jantares eram muito bons, de modo que havia um certo elemento de cerimônia, bem como de sociabilidade. Os *fellows* também almoçavam juntos, acho que duas vezes por semana, e isso era menos cerimonioso, mas os aproximava, e a quantidade de interação variava bastante. Não me lembro bem nem mesmo de quem fazia parte de meu grupo, mas não creio que tenha havido alguém com quem conversei na Sociedade que tenha sido extraordinariamente importante para o meu desenvolvimento, embora as conversas fossem boas e eu usufruísse de alguma sensação de apoio e coisas do gênero. Um *fellow* sênior naquela época era Van Quine. E isso foi justamente – não me lembro das datas – isso foi justamente na época em que seu artigo sobre analítico-sintético estava sendo publicado.[11] Como eu disse outro dia, esse

---

9 Merton, Science, Technology and Society in Seventeenth-Century England. *Osiris*, v.4, p.360-632, 1938; reimpresso com uma nova introdução pelo autor em *Science, Technology, and Society in Seventeenth-Century England*.

10 Piaget, *Les notions de mouvement et de vitesse chez l'enfant*.

11 Quine, Two Dogmas of Empiricism; reimpresso em *From a Logical Point of View*.

ensaio teve um impacto considerável sobre mim, porque eu já estava lu-
tando com o problema do significado, e descobrir, pelo menos, que eu não
tinha de procurar condições necessárias e suficientes foi extremamente importante. Quine foi importante para mim por causa daquele artigo e pelos
problemas que *Word and Object* [Palavra e objeto][12] impôs para eu descobrir por que tinha tanta certeza de que o livro estava errado (sem contar que
o que existe lá não é bem um argumento), descobrir onde ele descarrilava.
Podemos retornar a esse assunto depois. Só bem recentemente é que fui
capaz de formulá-lo de uma maneira que considero satisfatória. Entretanto,
durante esses três anos na Sociedade, por intermédio da leitura, eu começava a encontrar o meu caminho na área e a me estabelecer; bem como a fazer
uma outra coisa que, a meu ver, *devo* deixar registrada. Eu disse algo ontem
a respeito... sobre não ter tido muitos amigos antes de ir para Harvard; eu
era claramente um jovem neurótico e inseguro. Também era certo que,
de um jeito ou de outro, meus pais, acho que em particular minha mãe,
se preocupavam com isso: eu não namorava, esse tipo de coisa. Minhas
relações com mulheres eram praticamente inexistentes. Mas isso ocorria
em parte porque meu ambiente era um ambiente masculino. O resultado é
que fui persuadido, sem muita dificuldade, a ir fazer psicanálise. Quando
criança, tinha tido alguma experiência com psiquiatria infantil, experiência
que não tinha em grande conta e de que não trago lembranças agradáveis.
Fiz análise aqueles anos em Harvard com um sujeito que, em retrospecto,
odeio, porque acho que se comportou de maneira extremamente irresponsável comigo. Ele costumava pegar no sono e, quando eu o surpreendia
roncando, ele agia como se eu não tivesse nenhum motivo para estar furioso
ou perturbado com isso. Por outro lado, eu tinha lido anteriormente a *Psi-
copatologia da vida cotidiana* de Freud. Nem por um momento gosto das
categorias teóricas que ele apresenta, nem sinto que, para mim, ao menos,
elas tenham alguma importância. Mas a *técnica* de compreender as pessoas
e capacitá-las a se compreender melhor – não estou certo de que produza
algum tipo real de terapia – é com certeza pra lá de interessante! Eu mesmo
acho que teria muita dificuldade em documentar isso, mas acho que muito
do que comecei a fazer como historiador, ou o nível de minha capacidade
para fazê-lo – "entrar na cabeça de outras pessoas" é uma expressão que

---

12 Id., *Word and Object*.

eu usei vez ou outra – veio de minha experiência com a psicanálise. Assim, nesse sentido, acho que devo muitíssimo a ela. Lastimo que esteja ganhando a péssima reputação que está adquirindo atualmente, embora pense que ela muito a mereceu; mas acho que o que acaba sendo esquecido é que há um ofício, um aspecto prático nela, para o qual não conheço nenhuma outra rota, e que tem uma enorme relevância intelectual.

O período de psicanálise deve ter ocorrido em sua maior parte antes que eu entrasse na Sociedades dos *Fellows*, pois terminou quando duas coisas aconteceram: eu me casei e meu psicanalista se mudou de cidade. Nessa altura, terminei minha tese, que foi datilografada por aquela que já era então minha esposa. Esse foi um casamento que durou quase trinta anos e que produziu três crianças adoráveis, as quais eu considero imensamente gratificantes.

Acho que não produzi nada enquanto estava na Sociedade; eu li muito. E também, é claro, como já disse, eu perdi o começo do primeiro ano pela necessidade de terminar minha tese. No segundo ano, eu não tive encargos. E, então, no terceiro ano, Conant decidiu parar de dar o curso e convidou Leonard Nash, um químico e professor famoso, e a mim para assumi-lo. Eu não tinha conhecido antes Leonard Nash. O convite foi bom para mim, não poderia ter recusado e, naquele momento, sabendo que iria ter muito pouco tempo no ano seguinte, minha esposa e eu fomos à Europa. Não era incomum para membros da Sociedade passar o último ano na Europa para desenvolver sua pesquisa. Nós partimos em uma viagem de dois meses para encontrar colegas no estrangeiro; eu nem mesmo estava pronto para eles, porque não tinha avançado o suficiente em história da ciência. Mas ficamos um pouco na Inglaterra e um pouco na França. Não acho que tenhamos ido mais longe do que isso na Europa.

K. GAVROGLU: Deixe-me perguntar uma coisa. Você nos disse que o que achava realmente instigante era filosofia, e então ingressou na Sociedade dos *Fellows* e ficou mergulhado até o pescoço em história da ciência. Obviamente isso tinha algo a ver com o curso do qual era professor, é claro, mas era apenas isso?

T. KUHN: Eu tinha feito aquela tentativa de avaliar meu ingresso em filosofia imediatamente depois da guerra, logo que voltei e entrei na pós-graduação, e decidi que não iria voltar e fazer filosofia em nível de graduação. E em certos aspectos estou extremamente feliz por não o ter feito, porque teriam me ensinado de tal modo que adquirisse uma maneira de ver as coisas que me auxiliaria de várias formas como filósofo, mas que teria feito de mim um tipo diferente de filósofo. Assim eu decidi, quando pleiteei entrar na Sociedade, fazer historia da ciência. Minha ideia era, e minha candidatura à Sociedade presumia isso, que alguma filosofia importante resultaria daí, mas eu precisava, em primeiro lugar, aprender mais história, fazer mais história e me estabelecer profissionalmente como um historiador antes de tirar alguma coisa dali.

K. GAVROGLU: E quais eram suas relações com o Departamento de História da Ciência em Harvard, que era um departamento bem estabelecido?

T. KUHN: Não, não era. Veja, nessa época não havia nenhum Departamento de História da Ciência em Harvard.

K. GAVROGLU: Mas, e Sarton e seu grupo?

T. KUHN: Não havia realmente um grupo, quer dizer, Sarton afugentava as pessoas que queriam estudar com ele. Ele lhes dizia: "Claro, mas você vai ter que aprender árabe, latim e grego" e coisas do gênero, e pouquíssimas pessoas iriam fazer isso.

K. GAVROGLU: Por que, então, você não se associou diretamente a Sarton, já que estava interessado em fazer história da ciência?

T. KUHN: Veja, minha ideia era de que havia um tipo de história da ciência a ser feita que Sarton não estava fazendo. Quer dizer, eu não teria dito então as coisas que hoje diria a respeito dele, e reconheço que em certo sentido muito importante ele era um grande homem, mas era certamente um historiador *Whig* e via a ciência como a maior conquista humana e o modelo para tudo o mais. Não é que eu pensasse que a ciência *não* era uma grande conquista humana, mas eu a via como uma entre várias. Eu poderia ter aprendido de Sarton um monte de dados, mas não teria aprendido nenhuma das coisas que queria explorar. Qualquer um que tenha obtido um título em história da ciência naquela época foi conversar com Sarton e obteve o título dessa maneira, não havia um programa; mas essa não era uma maneira que servisse para mim. Veja, quando pouco depois ingressei na Sociedade de História da Ciência [History of Science Society], havia então talvez menos do que meia dúzia de pessoas nos Estados Unidos – escrevi sobre isso em algum lugar – empregadas no ensino da história da ciência. Havia várias outras pessoas que ensinavam isso em algum dos departamentos de ciências. Mas o que ensinavam, com frequência, não era exatamente história – pelo menos, em meus termos, não exatamente história; era história de manuais. Já disse outras vezes que alguns dos maiores problemas que tenho tido em minha carreira provêm de cientistas que pensam estar interessados em história.

A. BALTAS: Há uma sentença na *Estrutura*: "Se a história for vista como algo mais que um repositório de anedotas ou cronologia...": Poderia comentar a respeito dela?

T. KUHN: Sim – evidentemente, anedotas e cronologia foram feitas tanto por pessoas que não eram cientistas quanto por cientistas. Mas as coisas que eu fazia eram, potencialmente pelo menos, subversivas com relação àquilo que, por muitas boas razões, fazia parte da ideologia dos cientistas. Na verdade, estou dizendo coisas sobre esse assunto que só aprendi com o passar dos anos, à medida que tentava compreender minha situação. De modo geral, minhas relações com os cientistas (até que saiu o livro sobre Planck)[13] tinham sido, com poucas exceções, bastante cordiais; e por vários deles, até vários físicos, a *Estrutura* teve uma acolhida muito boa. É certo que não foi amplamente lida por cientistas. Eu costumava dizer que, se o sujeito passar pela universidade fazendo ciência e matemática, pode muito bem obter seu grau de bacharel sem ter sido exposto à *Estrutura*. Mas, se passar pela universidade em *qualquer* outro campo, lerá a *Estrutura* pelo menos uma vez. Isso não é exatamente o que eu tinha desejado.

K. GAVROGLU: Você disse que ler a tese de Merton foi uma experiência relativamente importante.

T. KUHN: Foi lá que eu obtive a referência a Piaget, e isso foi importante. Há apenas umas poucas coisas desse tipo... Acho que foi em *Experience and Prediction* [Experiência e predição],[14] de Reichenbach, que encontrei uma referência a um livro chamado *Entstehung und Entwicklung einer wissenschaftlichen Tatsache* [Gênese e desenvolvimento de um fato científico].[15] Eu disse, meu Deus, se alguém escreveu um livro com esse título – eu tenho de lê-lo! Presume-se que essas coisas supostamente não tenham... elas podem ter uma *Entstehung*, mas presume-se que não tenham uma

---

13 Kuhn, *Black-Body Theory and the Quantum Discontinuity: 1894-1912*; reimpressão, 1987.
14 Reichenbach, *Experience and Prediction*.
15 Fleck, *Entstehung und Entwicklung einer wissenschaftlichen Tatsache* [Ed. norte-americana: *Genesis and Development of a Scientific Fact*].

Entwicklung. Não creio que tenha *aprendido* muito ao ler esse livro, poderia ter aprendido mais se o alemão polonês não tivesse sido tão difícil. Mas com certeza obtive muito reforço importante. Havia alguém que estava, em vários aspectos, pensando sobre as coisas da mesma maneira que eu, pensando como eu a respeito do material histórico. Nunca me senti de modo algum confortável, e ainda não me sinto, com o "coletivo de pensamento" [de Fleck]. Sem dúvida, era um grupo, uma vez que era coletivo, mas o modelo [de Fleck para isso] eram a mente e o indivíduo. Fiquei simplesmente enfadado com isso, não conseguia dar-lhe sentido. Não conseguia aceitá-lo e achava-o um tanto quanto repugnante. Isso me auxiliou a mantê-lo a uma certa distância, mas foi muito importante que eu tenha lido aquele livro, porque me fez concluir: "Bem, não sou o único que está vendo as coisas desse jeito".

K. GAVROGLU: Você teve algum relacionamento com algum dos demais historiadores da ciência, seja por correspondência, seja, ao menos, intelectualmente? Incluo tanto europeus quanto americanos.

T. KUHN: Enquanto ainda estava na Sociedade dos *Fellows*, eu não conheci nenhum dos outros. Tinha encontrado Sarton, conhecia Bernard Cohen; Bernard tem feito um excelente trabalho para a história da ciência, mas não é, de forma alguma, alguém que pense da mesma maneira que eu a respeito do desenvolvimento. Não há concordância total entre nós. Em todo o caso, no terceiro ano, ofereci, com Nash, um curso de educação geral: "Ciência para o não cientista". Foi uma experiência estranha, e acho que certas coisas que me aconteceram naquele ano tiveram muita relevância [para mim] desde então. Muita gente tinha ido assistir ao curso quando Conant o ministrava; eles queriam ouvir o presidente da universidade em ação. Eu mesmo não acho, mas seria difícil ter certeza, que tenham apreendido muita coisa daquilo. Quer dizer, tiveram uma experiência de alguma importância, porque ouviram coisas que o presidente – um homem muito brilhante – queria dizer a eles. Mas não penso que tiveram um envolvimento intelectual profundo com aquilo. Nash e eu queríamos aumentar o envolvimento intelectual. Mas o que aconteceu foi que o número de matrículas no curso, é claro, despencou de imediato, embora não até um nível brutalmente baixo, e nos demos conta, de repente, que não estávamos atingindo os alunos – eles realmente não percebiam ou compreendiam o que tentávamos fazer – ou, pelo menos, a maioria deles. Havia como que uma elite de estudantes naquele curso, eles ficaram entusiasmados do jeito que adoro deixar os estudantes entusiasmados; eles ainda se lembram e falam disso. Mas a maioria das pessoas estava sentada lá como estátuas. Foi então que lecionar começou a ser difícil para mim. Eu tinha lecionado no curso de Conant da primeira vez que o assumi, apresentei aquele relato de caso; lecionara também algumas outras coisas e sempre tinha sido fácil: eu escrevia algumas notas, entrava na classe e dava a aula. E não ia muito mal. Mas passei a gastar tempo demais na preparação, a ficar muito nervoso de antemão, e jamais consegui superar isso por completo. Quero dizer que nunca recobrei a desenvoltura original de simplesmente entrar na aula com notas rascunhadas – sabendo que dominava o assunto – e começar a falar. O que me custou algumas coisas; acho que provavelmente incluindo alguma facilidade em me sentar e escrever sem dificuldade, embora para mim escrever sempre tenha sido diferente do que falar, como já disse.

Logo antes daquele último ano, como falei, minha esposa e eu tínhamos ido à Inglaterra, e lá eu conheci algumas pessoas, em particular o grupo no University College, que era então um dos dois lugares no mundo onde havia um programa de história da ciência – o outro era mesmo a Universidade de Wisconsin. E nós fomos à França. Em alguma ocasião anterior, eu já havia conhecido Koyré – acho que ele estivera nos Estados Unidos. Meu francês não era bom, os franceses não eram muito acolhedores, mas [Koyré] me deu uma carta de apresentação para Bachelard, e disse que eu definitivamente devia me encontrar com Bachelard. Entreguei a carta, fui convidado a ir até lá, subi as escadas. A única coisa dele que eu tinha lido era seu *Esquisse d'une problème physique* [Esboço de um problema de física],[16] acho que é esse o título. Mas eu tinha ouvido falar que ele fizera um trabalho brilhante sobre literatura norte-americana, sobre Blake e outras coisas assim; supus que me receberia e que estaria disposto a conversar em inglês. Um sujeito bem corpulento, de camiseta, veio até a porta e me convidou a entrar; eu disse "Meu francês é ruim, podemos falar em inglês?". Não, ele me fez falar em francês. Bem, a coisa toda não durou muito. Talvez seja de se lastimar, porque, embora acredite ter lido um pouco mais do material relevante desde então e tenha reservas reais a seu respeito, ele era, não obstante, alguém que percebia, ao menos, um pouco da coisa. Mas ele

---

16 Bachelard, *La philosophie du non: essai d'une philosophie du nouvel esprit scientifique.*

estava tentando limitá-la demasiadamente... Ele possuía categorias, e categorias metodológicas, e movia tudo em trilhos, sistematicamente demais para mim. Mas havia aí coisas a serem descobertas que não descobri, ou não descobri daquela maneira. As relações inglesas que então estabeleci foram realmente com o grupo do University College. Mary Hesse e Alistair Crombie, conheci Mackie, conheci Heathcote, conheci Armytage. Mas eu obviamente possuía mais proximidade com Mary Hesse, algo mais com Alistair Crombie e, na França, realmente com ninguém, exceto, é claro, com Koyré, que não estava na França durante essa viagem. Voltei então para os Estados Unidos, no final do verão. Esse foi o ano em que os Estados Unidos entraram em guerra na Coreia. E todos os aviões haviam sido requisitados para propósitos militares. Tivemos muita dificuldade para voltar. Mas eu tinha de voltar e começar a lecionar. Bem, aquele verão na Europa se resumiu a isso.

K. GAVROGLU: A respeito de Koyré e Mary Hesse em particular, você lembra de algumas das coisas que vocês discutiram?

T. KUHN: Veja, noto que deixei de fora algo extremamente importante. Quando Conant me pediu para trabalhar naquele relato de caso, que foi em certo sentido meu primeiro trabalho em história da ciência, eu comecei a ler Aristóteles, para descobrir quais tinham sido as crenças *anteriores*. Bem logo depois disso, por sugestão de Bernard Cohen, eu peguei os *Études galiléennes* [Estudos galileanos], de Koyré,[17] e adorei. Quer dizer, isso me mostrava uma maneira de fazer as coisas que eu simplesmente não tinha imaginado que existisse. Em certo sentido, não era de todo estranho quanto poderia ter sido, porque eu havia lido e admirado muito *The Great Chain of Being* [A grande corrente da existência], de Lovejoy.[18] Mas que você pudesse fazer isso com a *ciência* não tinha exatamente me ocorrido, e isso era o que Koyré, em certo sentido, me mostrava. E isso foi importante. Gostei de Mary Hesse e conversamos um tanto. A coisa de que melhor me recordo nas minhas interações com Mary Hesse – e é claro que é muito cedo neste momento para falar sobre isso – é que, depois que a *Estrutura* saiu, ela escreveu uma resenha muito gentil do livro em *Isis*, uma resenha muito favorável. A vez seguinte em que a vi estávamos na Inglaterra, e lembro de estar

17 Koyré, *Études galiléennes*.
18 Lovejoy, *The Great Chain of Being*.

andando com ela e entrando no Whipple Museum[19] – é mais uma dessas imagens gravadas na mente. Ela voltou-se para mim e disse: "Tom, agora o único problema para você é mostrar em que sentido a ciência é empírica" – ou que diferença faz a observação. Eu praticamente caí sentado; é claro que ela estava com a razão, mas eu não via as coisas dessa maneira. Uma outra história fora de sequência que eu não quero esquecer: pouco antes do falecimento de Alexandre Koyré – o que ocorreu muitos anos depois, ele morreu logo depois que a *Estrutura* foi publicada –, recebi uma última carta sua. Nós realmente não tínhamos nos correspondido muito, mas ele me escreveu – por aquela época, sabia-se que estava doente e provavelmente morrendo. Ele disse: "Estive lendo seu livro", e não sei que adjetivo usou, mas era algo extremamente favorável. Ele disse, e mais uma vez foi algo inesperado – depois de pensar sobre isso, achei que ele estava certo –, ele disse: "Você reuniu as histórias interna e externa da ciência, que no passado estiveram muito separadas". Ora, eu não tinha, de forma alguma, pensado dessa maneira sobre aquilo que estava fazendo. Percebi o que ele queria dizer e, vindo dele, era particularmente significativo, dado ter sido ele tão contrário à história externa; seus dons eram os de um analista de ideias. E isso me marcou, ao menos causou imenso prazer.

A. BALTAS: Você poderia nos contar como o conheceu?

T. KUHN: Eu não o vi muito pessoalmente. Eu o conheci através dos *Études galiléennes*; ele estava então nos Estados Unidos, penso que estivesse visitando Harvard, e acho que Bernard me apresentou a ele. Eu o vi de tempos em tempos, mas nunca com maior proximidade, nunca numa base de interação contínua. Assim, não foram as interações pessoais que fizeram diferença.

Depois que voltei dessa viagem à Europa, comecei a lecionar no curso de Conant, do qual já falei, e uma das coisas que aconteceram, embora não tivesse sido a primeira delas, foi que Karl Popper deu as Conferências James, acho que foram as Conferências James, em Harvard. Eu tinha razões para achar que fosse gostar delas, e estava claramente interessado por elas. Fui apresentado a Popper logo no início, e ele e eu nos encontramos algumas vezes. Popper ficava constantemente falando de como as teorias

---

19 Whipple Museum: museu da Cambridge University especializado em história da ciência. (N. T.)

posteriores *englobam* as anteriores, e eu pensava que as coisas não funcionavam exatamente daquele jeito; soava muito positivista para mim. Mas Popper me fez um imenso favor. Esse é outro exemplo de obter livros que significaram alguma coisa para mim por meio de pessoas de quem eu não teria esperado. Ele me levou ao *Identity and Reality* [Identidade e realidade], de Émile Meyerson.[20] Não gostei de modo algum da filosofia dele. Mas, puxa! Como gostei do tipo de coisas que ele via no material histórico. Ele excursionou brevemente nesse material, quer dizer, não como um historiador, mas ele estava entendendo bem as coisas, de modo diferente daquele em que a história da ciência estava sendo escrita. Uma outra pessoa que descobri durante a viagem à França – não tinha estado ciente dela antes, e [a essas alturas] ela já não estava mais entre nós –, alguém cujo trabalho eu tinha em alta consideração e que foi de alguma importância para mim, foi Hélène Metzger. Ainda outra pessoa cujo trabalho exerceu alguma influência sobre mim – [embora] eu não tenha lido [seu trabalho] tanto assim, e nunca a tenha encontrado – foi uma medievalista que trabalhava em Roma, no Vaticano, Anneliese Maier. É difícil dizer quais deles foram importantes, mas esses foram trabalhos de história que eu admirava. Um gênero de história e uma abordagem da história que eu admirava e com que me deparei relativamente cedo.

K. GAVROGLU: Ainda estou pensando em algo que você disse antes. Não é a ocasião agora, mas bem poderia ser perguntado... Você disse que Koyré lhe enviou uma carta dizendo, de uma forma ou de outra, que a *Estrutura* combina, por assim dizer, as abordagens internalista e externalista. Você disse que não havia tido consciência disso? Acho difícil aceitar que não tenha percebido isso.

T. KUHN: Eu não tinha pensado nela como tendo esse efeito. Isto é, percebi o que ele quis dizer... Eu pensava nela como bem claramente internalista. As pessoas na Inglaterra ficam constantemente surpresas de que eu seja um internalista. Elas não conseguem aceitar isso. Agora, há algo que deixei de fora que deveria entrar aqui: naquele curso de Conant no qual trabalhei da primeira vez – e acho que fizemos a mesma coisa mais tarde –, Conant introduziu uma significativa dimensão social. Isso veio dele, eu gostei, embora nunca tenha absolutamente me envolvido com aquela abordagem.

---

20 Meyerson, *Identity and Reality*.

Ele havia publicado um pequeno artigo sobre Cambridge *versus* Oxford durante a Restauração, e sobre o porquê de a ciência na Inglaterra se desenvolver da maneira pela qual se desenvolveu. Em todo caso, nós lemos uma significativa seleção de Hessen, lemos Merton – essa foi a oportunidade em que, pela primeira vez, tomei ciência da tese de Merton –, lemos *Science and Society in Seventeenth-Century England* [Ciência e sociedade na Inglaterra do século XVII], de G. N. Clark; nós lemos provavelmente tudo isso, e talvez alguma outra coisa, não tenho certeza. Eu tinha lido um pouco de Zilsel e, no geral, pensava bem dele. Talvez o tenha encontrado naquela época, mas não estou certo. Entretanto, havia coisas desse tipo, as quais estavam presentes em minhas preocupações. Se examinarem a introdução ao livro sobre a revolução copernicana, verão que eu mais ou menos peço desculpas pela falta de quase todos os elementos externos e assinalo que, se os incluísse, diria mais acerca da importância do calendário e de outras coisas do gênero.

Só para esclarecer esse aspecto: embora eu nunca tenha realmente feito um trabalho sobre a dimensão externa, embora esteja profundamente consciente e tenha falado um pouco das diferenças nas técnicas de pesquisa, nas fontes etc., sei que envolve um estado de espírito muito diferente. Já escrevi alguma coisa de cunho metodológico sobre as relações entre interno e externo, particularmente naquele artigo, "History of Science" [História da ciência], na *Encyclopedia of Social Science*, bem como em outros lugares. Sempre estive consciente disso, sempre quis ver ambas as coisas entrelaçadas e acho que elas ainda quase nunca estão. Penso que há dificuldades importantes para isso... O que me parece ser, entre as coisas que li, o melhor exemplo da conjunção de ambas é também um caso muito especial. É o livro *Great [Devonian] Controversy* [A grande controvérsia devoniana],[21] que considero esplêndido. Mas aí a coisa estava simplesmente pedindo para ser feita de ambos os modos ao mesmo tempo, e aquela área científica permitia que fosse feito dessa maneira. Não sei como administrar esse problema.

Tudo bem, veja. Deixe-me voltar atrás, ou ir para a frente. Eu tinha falado de lecionar com Leonard Nash o curso que assumimos de Conant. Depois disso, passei a ser um instrutor, por um ano, e então um professor

---

21 Rudwick, *The Great Devonian Controversy.*

assistente por vários outros anos em Harvard. Meu compromisso fundamental continuava a ser com o curso de educação geral, mas comecei a lecionar um pouco de história da ciência em outro lugar. Desenvolvi um curso próprio, uma espécie de curso avançado para a graduação, que realmente era formativo [para mim], e que ainda é um de meus cursos favoritos, embora não o tenha ministrado há anos. Esqueci como era chamado exatamente... "O desenvolvimento da mecânica de Aristóteles a Newton". Eu começava fazendo as pessoas lerem textos aristotélicos e a falarem sobre como neles se entendia o movimento, quais eram as chamadas leis do movimento e por que não eram chamadas dessa maneira; trabalhava com algum material medieval e, então, encerrava com Galileu e um pouco de Newton. Esse era um curso do qual eu gostava. Eu comecei isso – penso que inicialmente tenha oferecido esse curso algumas vezes em Harvard –, ministrei-o em Berkeley e, depois, em outros lugares. Eu tinha um grupo dirigido de estudantes de graduação, que é uma maneira de ensinar estudantes em grupos pequenos, cursos de especialização desenvolvidos para pequenos grupos – não tinha havido nada disso anteriormente na área de história da ciência. Não consigo me lembrar do que mais eu fiz.

A. BALTAS: Quanto tempo você ficou em Harvard, depois de sua tese até ir embora de lá?

T. KUHN: Minha tese foi defendida no meu primeiro ano na Sociedade dos *Fellows*, em 1949. Acho que 1947 foi o ano em que conheci Conant. Estive lá desde então até 1957 – 1956 ou 1957. Acho que 1957 foi o ano em que fui para Berkeley.[22]

A. BALTAS: E o motivo para a mudança?

T. KUHN: Oh, o motivo para a mudança foi que Harvard não me quis. E, por muitas razões, foi muito bom que não tenha querido. Eu não gostei disso, e fui uma dessas pessoas que estiveram, no mínimo, sob o perigo real de sofrer um colapso porque Harvard não as quis por lá. Era algo que acontecia a pessoas que passavam tempo demais em Harvard.

Uma outra coisa que aconteceu enquanto eu ainda estava na Sociedade – não era incomum que se pedisse a pessoas na Sociedade dos *Fellows* para ministrarem as Conferências Lowell. Algumas ficaram famosas, incluindo-se, creio, "A ciência no mundo moderno", por Whitehead. E havia outras

---

22 Na verdade, foi em 1956.

muitas conhecidas. Essa série de conferências ainda existe, mas, na época, a coisa era bastante *pro forma*, o público já não era a elite intelectual de Boston etc. Eu me incumbi de ministrar essas conferências; acho que as apresentei no ano seguinte ao meu retorno da Europa. Creio que com o título de "A busca pela teoria física". Passei um tempo horrível preparando-as e quase tive um colapso nervoso. Mas me desincumbi delas. O que eu tentava fazer era escrever a *Estrutura* em três palestras, e houve várias outras tentativas à medida que o tempo passou. Há agora cópias delas nos arquivos. Elas não são muito boas, mas, com certeza, indicam o que eu estava tentando fazer. Uma coisa que aconteceu ao longo de sua elaboração: dei uma palestra em que pretendia rastrear o papel do atomismo no desenvolvimento da ciência. Eu estava persuadido, por certas razões, de que tinha sido uma influência transformadora no século XVII. Ainda acho isso. Acho que, de muitas maneiras, a natureza da transformação ainda não foi inteiramente apreciada, embora desde então tenha aprendido várias coisas a esse respeito. Só para registro, a parte disso que eu acho ainda não inteiramente apreciada é a extensão em que o atomismo, ao lado de outras fontes, auxiliou a dizer que se podem aprender coisas sobre a natureza, ainda que sem simplesmente examinar as coisas enquanto acontecem, mas, sim, por meio do que Bacon chamou de "torcer a cauda do leão". Isso é extraordinariamente importante para o desenvolvimento de uma tradição experimental e se ajusta de modo muito confortável ao atomismo e nem um pouco confortável a qualquer espécie de essencialismo. É algo que... eu ensinei isso, disse apenas uma rápida palavra sobre isso por escrito, em um outro trabalho, mas acho que é um ponto criticamente importante. E penso que é uma dessas coisas que não têm sido percebidas. Eu sempre pretendi retornar um dia a esse assunto e escrever um artigo que tratasse efetivamente de Bacon e Descartes, da emergência da epistemologia pela primeira vez como um tema no século XVII, o que também tinha a ver com o fato de que os átomos não falam por si mesmos.

V. KINDI: Isso seria um resultado da influência da filosofia sobre a ciência ou, talvez, da ciência sobre a filosofia?

T. KUHN: Veja, uma das coisas nas quais agora insisto, que não é de modo algum tratada adequadamente na *Estrutura das revoluções científicas*, é que não se podem usar títulos posteriores para os campos de estudo. Não são apenas as ideias que mudam, é a estrutura das disciplinas que estão trabalhando com elas. Assim, ainda não se pode, no século XVII, separar da ciência esse tipo de filosofia. Essa separação começou a acontecer depois de Descartes, mas não se encontra no Descartes inicial, encontra-se apenas parcialmente em Leibniz... não se encontra em Bacon. Os empiristas britânicos começaram a dar-lhe força... Locke em particular. Isso era algo a respeito do que eu queria escrever um livro. Bem, outras pessoas escreveram livros sobre esse assunto desde então, e eu fiquei muito ocupado com outras coisas – nunca virá à luz um livro escrito por mim sobre isso. Mas essa foi uma das coisas que emergiram. Agora, no decurso desses fatos, pensando sobre o atomismo... pode-se até acreditar que o atomismo do século XVII era parecido significativamente com o atomismo de Epicuro e Demócrito, mas aquilo com que ele *não* era parecido era com os atomismos, antigos e medievais, que consideravam os átomos indivisíveis, mas lhes atribuíam qualidades aristotélicas, ou algo similar a qualidades aristotélicas, de modo que os átomos eram fogo, ar, terra e água – [ao contrário], isso era um atomismo de matéria e movimento. Ocorreu-me subitamente que, se você acreditasse *nisso*, acreditaria que pode fazer qualquer coisa com base em qualquer outra – é uma base natural para a transmutação. Comentei essa ideia com Leonard Nash e ele disse: "Não sei, é muito plausível, mas o modo de descobrir isso, é claro, está em ver o que Boyle dizia". Assim, bem cedinho numa manhã de segunda-feira, estava eu de plantão, na frente da Biblioteca Widener[23] esperando para entrar. Entrei correndo e fui às estantes que continham os livros de Boyle, peguei um volume das *Collected Works* [Obras reunidas], achei o *Skeptical Chemist* [O químico cético] e comecei a ler. Bem no início, há uma observação em que um dos interlocutores diz à figura principal, que representa Boyle: "Soa-me muito como se você não acreditasse nos elementos", ou algo assim. E Boyle diz: "Essa é uma pergunta muito boa. Fico feliz por você ter me perguntado". E então prossegue, dizendo: "Por elemento quero me referir àquelas coisas das quais todas as outras são feitas e pelas quais todas elas podem ser divididas". Ora, considera-se que isso seja, embora não o seja inteiramente, a definição de um elemento. E creditou-se a Boyle a primeira definição de elemento, mas o que ele está fazendo nesse momento... diz ele: "Por elemento quero me referir,

---

23 Widener Library: uma das bibliotecas de Harvard. A história da ciência está entre as principais áreas de seu acervo. (N. T.)

como acho que todos os químicos o fazem" – [mas esta frase é] substituída por reticências quando essa definição é citada! E ele diz: "Vou dar a vocês razões para acreditar que não existem tais coisas". E isso constitui quase que todo o meu primeiro artigo.[24] Acho que é um artigo muito bom – é totalmente ilegível, porque eu pensava ter de persuadir um grupo de historiadores de química muito eruditos. O que descobri, gradualmente, foi que ninguém sabia nem de longe tanto quanto eu a respeito desse problema. Não deveria ter sobrecarregado o artigo, como o fiz, com evidência corroboradora e com montes de citações. No decurso daquilo, eu também descobri ou percebi uma coisa estranha na 31ª questão de Newton, que tem a ver com a *aqua regia*, algo que dissolve a prata, mas não o ouro, e algo diferente, que dissolve o ouro, mas não a prata. Achei que havia aí um erro de impressão, e ainda penso que há. E isso é uma anomalia aparecendo. A anomalia a respeito de Boyle é a primeira. Aquele realmente foi publicado antes,[25] é um trabalho pequeno – esses foram meus dois primeiros artigos. E durante essa época em Harvard, quando nós – Nash e eu – assumimos o curso, eu o iniciei com palestras sobre a revolução copernicana. O livro, embora seja mais detalhado, foi realmente modelado com muita precisão [nessas aulas]; é um extenso relato de caso. E ilustra algo sobre o que estou profundamente convencido. Às vezes, há que retroceder muito, de modo que se ache o ponto de partida, para escrever algo que indique o quão poderosas eram essas crenças anteriores e por que elas enfrentaram problemas. Não poderia ter começado mais cedo do que na pré-história; tive de retroceder praticamente até esse ponto. E assim fiz – ainda é algo inusual. Durante esses anos, fui abordado por Charles Morris. Ele era um dos autores da *Encyclopedia of Unified Science* [Enciclopédia da ciência unificada] e escreveu um livro muito influente, cujo nome não consigo lembrar agora, que teve origem tanto em sua monografia quanto na enciclopédia; ele me perguntou se eu assumiria um volume na enciclopédia. Esse volume tinha originalmente sido atribuído, acho, a um italiano que acabou na Argentina – Aldo Mieli, provavelmente. Se se examinar a lista, a história da ciência não era um dos volumes inicialmente planejados, mas foi incluída bem antes que qualquer coisa aparecesse, sob a responsabilidade de diferentes autores. Eles tinham procurado Bernard

---

24 Kuhn, Robert Boyle and Structural Chemistry in the Seventeenth-Century, *Isis*, v.43, p.12-36, 1952.

25 Id., Newton's "31ˢᵗ Query" and the Degradation of Gold, *Isis*, v.42, p.296-8, 1951.

[Cohen], que sugeriu que eu o escrevesse. E eu, pensando em usá-lo para produzir a primeira versão, uma versão curta da *Estrutura*, disse que sim, e solicitei uma bolsa da Guggenheim, perto do final de minha temporada em Harvard. Meu projeto – eu já estava escrevendo *A revolução copernicana* – era terminar isso, e escrever a monografia para a enciclopédia. Bem, não terminei *A revolução copernicana*, e a monografia para a enciclopédia apareceu somente quinze anos depois. Não, não quinze anos depois – foram quinze anos entre a época em que essas ideias *surgiram* e a época em que finalmente fui capaz de escrever a *Estrutura*. Assim, é mais ou menos nesse ponto em que eu me encontrava nesses anos; eu publiquei meu primeiro livro justamente no final desse período.

V. KINDI: *A revolução copernicana* foi publicado em...

T. KUHN: 1957, acho.

A. BALTAS: Por que escolheu a revolução copernicana?

T. KUHN: Oh, eu já estava escrevendo o livro – eu o desenvolvia durante as aulas. Precisava de um livro, tinha esse material, podia escrever um livro e não achei que fosse um livro estúpido de se escrever. Quer dizer, não era o que mais gostaria de fazer, mas era algo que valia a pena ser feito. Mas, se o escolhi, foi porque dei aulas sobre o assunto.

V. KINDI: E o pedido de bolsa à Guggenheim, foi feito antes?

T. KUHN: Ganhei uma bolsa da Guggenheim provavelmente em 1955-1956 [na verdade, 1954-1955]. Mas deixe-me dizer algo sobre o irrealismo de minhas previsões em relação ao meu projeto e ao que eu podia fazer... quer dizer, nunca fui muito bom em dizer quanto tempo levaria para fazer as coisas: nos dez últimos anos, tenho dito que levarei mais dois anos para terminar esse livro no qual ainda estou trabalhando, e ainda acho que precisarei de mais dois anos. Mas o fato é que é nisso que estava trabalhando.

V. KINDI: E você já tinha a ideia de escrever a *Estrutura*? *A estrutura das revoluções científicas*?

T. KUHN: Oh, veja, eu tinha desejado escrever a *Estrutura* desde aquela experiência com Aristóteles. É por isso que eu havia ingressado na história da ciência – eu não sabia exatamente que cara aquilo iria ter, mas estava ciente da não cumulatividade, e sabia algo do que eu considerava serem as revoluções. Quer dizer, em retrospectiva, acho que eu estava errado, do modo como falei na outra noite; mas isso era o que eu realmente queria fazer. E, graças a Deus, isso me tomou bastante tempo, porque, entrementes, eu havia trilhado outras vias, e as ideias... não as liberei prematuramente *demais*. Eu, de fato, as liberei um tanto quanto prematuramente, mas... graças a Deus!

V. KINDI: Algumas de suas ideias são similares às desenvolvidas por Hanson em seu livro *Patterns of Discovery* [Padrões de descoberta], especialmente no capítulo 1, sobre "Observação".

T. KUHN: Sim. Mas ainda não acredito numa lógica da descoberta, embora pense que se possa falar, não a respeito da *lógica*, mas das *circunstâncias*, de modo que iluminem a descoberta.

V. KINDI: E quanto ao *ver*?

T. KUHN: Encontramos aí o aspecto da mudança de *gestalt* associado ao ver, o aspecto referencial presente nisso.

V. KINDI: Qual deles você tinha encontrado e com origem em quê?

T. KUHN: Tinha chegado a eles pela experiência com Aristóteles. Mas também cheguei a isso em outras circunstâncias. Quando ensinava a respeito de Galileu, costumava abordar o assunto de uma maneira pela qual coisas relativamente anômalas assumiam papel central. Eu achava que entendia por quê... Você sabe, encontra-se em Galileu a afirmação de que um corpo em queda livre, queda que tem início no topo de uma torre, move-se em semicírculo numa razão constante, e termina no centro da Terra. Isso foi muito importante para mim. Eu achava que tinha descoberto por que ele estava dizendo isso. Há também a asserção, que as pessoas julgam ser a melhor, de que os corpos nunca serão arremessados pela Terra, não importa quão rápido ela esteja girando. Ora, isso é um erro, e acho que sei qual é a fonte desse erro; se você souber como a chamada "latitude de formas" medieval analisava esses problemas do movimento, você pode identificá-lo. É um erro comum na história antiga, porque as pessoas não costumavam ter tanto a noção de movimento acelerado quanto... isso depende do viés medieval... Assim, eram essas questões de referencial que iluminavam as anomalias, que estavam bem no centro do que eu fazia.

A. BALTAS: Estamos no ponto em que você estava saindo de Harvard e indo para Berkeley. Vamos destacar isso, quer dizer, o que fez lá, quem conheceu, com quem interagiu...

T. KUHN: Uma história importante. Eu tinha um amigo, que era um tutor – enquanto eu, por aquela época, estava na Kirkland House, em Harvard – e era amigo de um sujeito chamado Steven Pepper, que era chefe do

Departamento de Filosofia em Berkeley. Ele sabia que eu estava saindo de Harvard e procurando um emprego, e falou de mim para Steven Pepper, e este entrou em contato comigo. Os filósofos em Berkeley queriam contratar um historiador da ciência. Eles não sabiam que não queriam um, não sabiam que essa não era uma disciplina filosófica – eu agarrei a oportunidade, porque queria fazer filosofia. Ofereceram-me o emprego e me perguntaram, no último minuto, se eu gostaria de ficar em história também e eu disse: "Claro!". Eu não tinha proposto isso, não sabia que era possível, mas claramente me propiciava um ambiente melhor, em certos aspectos um local melhor. Fui para lá e fiquei, ao mesmo tempo, nos departamentos de história e de filosofia. Então, verificou-se que Berkeley não podia arrolar um curso em ambos os departamentos ao mesmo tempo; eu tinha de dividir meus cursos. Um curso podia ter a observação "ver também os cursos de filosofia" ou vice-versa, mas não havia jeito de se dar um código a um curso de história em um departamento de filosofia. Eu achava que sabia que computadores podiam fazer isso, mas me asseguravam que não podiam, que não iria funcionar; fiquei louco da vida com isso! Em todo caso, fiz as coisas daquele jeito. E dei, acho, dois cursos em história e dois em filosofia. Dois deles eram cursos panorâmicos. Eu nunca tinha dado um curso panorâmico antes em história da ciência, nunca havia *tido* um curso panorâmico em história da ciência. De modo que cada aula que eu dava equivalia a um projeto de pesquisa, e isso foi muito bom para mim. Depois de um tempo, não conseguia extrair muito [mais] daquele curso panorâmico, mas aprendi um monte de história da ciência, aprendi como examinar livros que não viam as coisas do jeito como eu as via e descobri, não obstante, o que devia estar acontecendo para que houvesse esse distanciamento. Foi dessa maneira que aprendi a fazer a história da biologia para o curso panorâmico. E aprendi alguns dos problemas de tentar organizar o desenvolvimento da ciência. Outras das coisas que realmente fiz, que também ficou evidente em parte de minha obra escrita, e que julgo muito importante: a divisão usual da história da ciência – a antiga-medieval de um lado e, de outro, a ciência moderna começando no século XVII – simplesmente não funciona. Há um grupo de ciências que se iniciam na Antiguidade e chegam a um primeiro ápice nos séculos XVI e XVII, esse é o caso da mecânica, partes da óptica e da astronomia. E há uma grande quantidade de outros campos de ciências que quase não existem na Antiguidade e ainda não obtiveram identidade muito definida: os campos experimentais. Assim, eu costumava trabalhar Newton no outono e, depois, voltar, na primavera, ao início do século XVII e concentrar-me em Bacon, Boyle e os movimentos experimentais. Essa é uma maneira bem melhor do que a usual de se organizar um curso panorâmico de um ano – efetivamente, deu origem a meu artigo sobre "Tradição matemática *versus* tradição experimental no desenvolvimento das ciências físicas".[26] É um artigo muito esquemático, mas foi lá que avancei com aquela coisa de "não designe os campos pelos seus assuntos, [mas] olhe e veja o que os campos eram", que eu não tinha sustentado na *Estrutura* – é um traço ruim da *Estrutura*. Então, no Departamento de Filosofia eu dei esse curso que já mencionei, de Aristóteles a Newton. Foi lá também que, todos os anos, dirigi um seminário de pós-graduação. De fato, não se podiam promover seminários de pós-graduação nesse campo em Berkeley. Mais claramente, o sujeito conseguia estudantes suficientes, mas poucos deles estavam preparados para o curso. Assim, tinha-se de escolher uma área, deixar as pessoas trabalharem em todos os níveis de complexidade e, então, acompanhar isso. Algumas coisas úteis resultaram disso, mas realmente não foi senão até eu ir para Princeton que se constituiu um grupo com o qual se pudesse contar, podia-se nomear um assunto no qual se iria trabalhar e arrumar pessoas que fossem trabalhar nele...

Logo no início do período que passei em Berkeley, fui convidado – de fato, no ano em que fui para lá, tinha sido convidado – para ir ao Centro de Ciências Comportamentais [em Stanford]. Eu não podia, porque acabara de aceitar um novo emprego em Berkeley, esse seria o ano inicial. Mas depois de ter estado em Berkeley por um ano ou dois, fui convidado outra vez. Tirei uma licença e fui para lá [para o Centro], e esse foi o ano que dediquei à preparação da *Estrutura*. Foi um período incrivelmente difícil. Já deveria ter mencionado um artigo com bastante peso formativo, artigo que havia escrito anteriormente. Ainda em Berkeley, me pediram para fazer uma conferência sobre "o papel da mensuração em xyz", dentro de um ciclo que as Ciências Sociais estavam promovendo. Foi lá que fiquei conhecendo o primeiro ministro de vocês, Andy [Andreas Papandreou]. Ele fez uma

---

26 Id., Mathematical *versus* Experimental Traditions in the Development of Physical Science, *Journal of Interdisciplinary History*, v.7, p.1-31, 1976; reimpresso em *The Essential Tension*, p.31-65.

palestra sobre economia, eu uma sobre física. O artigo que, afinal, originou-se de lá é "A função da medição na física moderna",[27] e isso, de fato,
foi de extrema importância. É exatamente naquela pequena sentença, bem
no início, sobre uma extensa operação de limpeza – nem mesmo me lembro direito de como ela foi introduzida –, mas é lá que se inaugura a noção
de ciência normal em meus trabalhos. Não é que eu tenha pensado que
tudo era revolucionário – revolução perpétua é uma autocontradição. Mas,
de um jeito ou de outro, percebi a ciência normal como resolução de quebra-cabeças, embora ainda não estivesse realmente tudo lá; foi algo que surgiu naquele momento, e que me ajudou a estar pronto, pensei, para escrever
a *Estrutura*, que era meu projeto para o ano seguinte. Bem, o que aconteceu
foi que escrevi um capítulo sobre revoluções, vagarosamente, mas não com
dificuldades excessivas, e falando sobre [mudanças de] *gestalt*... Então,
tentei escrever um capítulo sobre ciência normal. E fui descobrindo reiteradamente que eu tinha de – uma vez que assumia uma abordagem clássica,
a leitura-padrão sobre o que uma teoria científica era – estipular todo tipo
de pressupostos acordados sobre isso ou aquilo, pressupostos que seriam
empregados na axiomatização, ou como axiomas ou como definições. Eu
era historiador o suficiente para saber que não existia esse acordo entre as
pessoas que estavam [envolvidas]; esse foi o ponto crucial, em que entrou
em cena a ideia do paradigma como um modelo. Quando isso foi ajustado,
e isso ocorreu bem para o final do ano, o livro meio que se escreveu sozinho.
Lutei o ano todo e consegui aprontar algo como dois capítulos e um artigo,
ou algo assim, naquele ano. Mas retornei e escrevi a monografia inteira
muito rapidamente, enquanto também estava ensinando nos doze-dezes-
seis meses seguintes em Berkeley. Esse foi o caminho para o livro. Agora,
uma questão para a qual não sei a resposta – esse é um ponto em que meu
trabalho é frequentemente vinculado ao de Polanyi. Polanyi veio ao Centro
naquele ano e fez uma palestra sobre *conhecimento tácito*. Reconheço que
gostei da palestra, e é possível que ela tenha me auxiliado a chegar à ideia
de um paradigma, embora não esteja certo disso. Não há uma grande razão
pela qual ela devesse ter auxiliado, porque conhecimento tácito também
era conhecimento proposicional em algum sentido. É aí que você vai re-

---

27 Id., "The Function of Measurement in Modern Physical Science", *Isis*, v.52, p.161-93,
1961; reimpresso em *The Essential Tension*, p.178-224.

conhecer a observação que fiz a respeito do seu artigo, Aristides: que nós precisamos encontrar algo...

A. BALTAS: ... algo que não seja proposicional...

T. KUHN: Sim. Mas eu não poderia ter dito isso. Assim, eu simplesmente não sei. É perfeitamente possível; nós lemos alguma coisa de Polanyi no curso de Conant. Conant o introduziu no curso, e eu gostei muito do que li – não lembro exatamente o que era, exceto por ter me sentido por demais confortável quanto àqueles pontos em que ele mais ou menos fala como se a percepção extrassensorial constituísse a fonte do que os cientistas faziam. Não acreditei nisso. Tal sensação também cabe para essa história de conhecimento tácito. Não sei. Mas Polanyi com certeza foi uma influência. Não acho que uma influência muito grande, mas foi muito útil para mim que ele tenha feito o que fez. Com relação a isso, uma outra história – dois livros que saíram enquanto eu tentava escrever a *Estrutura*. Um deles foi *Personal Knowledge* [Conhecimento pessoal],[28] de Polanyi, e outro foi *Foresight and Understanding* [Previsão e entendimento], de Toulmin. Particularmente com *Personal Knowledge*, eu dei uma olhada e disse, *não devo* ler esse livro agora. Eu teria de retornar aos primeiros princípios e começar tudo de novo, e não ia fazer isso. Também disse isso com respeito a *Foresight and Understanding*, com o qual eu poderia ter trabalhado um pouco mais. Mais tarde, quando realmente procurei ler *Personal Knowledge*, descobri que não gostei. Nunca passei daquele pedaço inicial sobre estatística, que me parece estar simplesmente muito longe do alvo, inteiramente incorreto. Eu de fato li mais tarde *Foresight and Understanding*[29] de Toulmin, e entendi por que Toulmin poderia ter se irritado comigo por roubar suas ideias, mas não acho que eu tenha feito isso. Deixem-me ser perfeitamente claro: não tenho certeza, de modo algum, de que ele tenha se sentido assim, ele jamais disse isso. Toulmin foi uma das pessoas que eu tinha encontrado durante essa viagem à Inglaterra no final do período em que estive na Sociedade dos *Fellows* – eu me entendi muito bem com ele, ele me mostrou Oxford um dia, mas não chegamos a ficar tão íntimos assim. Mas, desde a época em que veio para os Estados Unidos, ele e eu não temos nos dado muito bem.

A. BALTAS: E em relação a seus colegas em Berkeley...

---

28 Polanyi, *Personal Knowledge*.
29 Toulmin, *Foresight and Understanding*.

T. KUHN: Bem, eu diria que apenas um – quer dizer, havia pessoas receptivas, mas, em geral, não no Departamento de Filosofia. A pessoa que foi *extraordinariamente* importante foi Stanley Cavell. Minhas interações com ele me ensinaram muito, me encorajaram muito e me sugeriram certas maneiras de pensar sobre meus problemas – maneiras que me foram extremamente importantes.

V. KINDI: Você o conheceu lá?

T. KUHN: Ele também estivera na Sociedade dos *Fellows*. Eu o conheci justamente antes que ele e eu fossemos para Berkeley. A Sociedade dos *Fellows* tinha um jogo de *softball*[30] toda primavera, e ele havia acabado de retornar da Europa. Nós estávamos justamente indo embora, e eu o conheci lá. Mas não cheguei a conhecê-lo bem até chegarmos a Berkeley. Esse foi um relacionamento muito próximo e significativo nessa época. Estamos ambos em Cambridge e eu não o vejo mais, lamento isso.

V. KINDI: Feyerabend estava lá?

T. KUHN: Feyerabend estava lá. Ele chegou mais tarde durante meu tempo lá. Minhas lembranças não são tão precisas quanto eu gostaria que fossem. Acho que me lembro de uma conversa com Feyerabend. Ele estava em sua escrivaninha e eu estava em pé na porta de sua sala, que era bem próxima da minha. Agora, não tenho muito certeza disso, quer dizer, é o tipo de coisa que eu poderia facilmente ter imaginado. Eu lhe disse algo sobre minhas ideias, incluindo a palavra *incomensurabilidade*, e ele disse: "Oh, você também está usando essa palavra". E ele me mostrou algumas das coisas que estava fazendo; a *Estrutura* apareceu no mesmo ano que seu longo artigo no *Minnesota Studies*. Estávamos falando a respeito de algo que era, em certo sentido, a mesma coisa. Eu fiz mais confusão com isso do que ele; hoje acho que é *tudo* linguagem e associo o termo a mudança de valores. Ora, valores são adquiridos junto com a linguagem, de modo que o erro não é assim tão grave, mas certamente tornou mais difícil para que as pessoas vissem – ou para que eu visse... Eu não sabia o suficiente a respeito de significado, assim, estava me baseando em mudanças de *gestalt*; acho que falei de mudança de significado na *Estrutura*, mas recentemente dei uma olhada para descobrir os trechos, e fiquei surpreso de ver quão poucos deles há.

---

30 *Softball*: variedade de beisebol que usa uma bola um pouco maior e mais macia que a do jogo tradicional. (N. T.)

V. KINDI: Como você chegou aos termos *paradigma* e *incomensurabilidade*?

T. KUHN: Veja, *incomensurabilidade* é fácil.

V. KINDI: Você se refere à matemática?

T. KUHN: Não lembro a quem eu contei essa história recentemente, mas acho que foi desde que estou aqui. No tempo em que eu era um brilhante matemático de ensino médio e comecei a aprender cálculo, alguém me deu – ou talvez eu tenha pedido isso, porque tinha ouvido falar a respeito – uma espécie de grande livro de cálculo em dois volumes escrito por, não me lembro por quem. Eu nunca realmente o li, mas li as partes iniciais. E, bem no começo, ele apresenta a demonstração da irracionalidade da raiz quadrada de 2. Eu a achei linda. Aquilo foi extremamente instigante; eu aprendi aí e nesse momento o que era *incomensurabilidade*. Assim, estava tudo preparado para mim, quer dizer, era uma metáfora, mas capturava muito bem o que eu estava procurando. Assim, foi aí que a encontrei. *Paradigma* era uma palavra perfeitamente boa, até que eu a estraguei. Quer dizer, era a palavra certa até o momento em que eu disse que não precisa haver concordância quanto aos axiomas. Se as pessoas concordam que essa é a aplicação correta dos axiomas, quaisquer que eles sejam, que isso é uma aplicação modelar, então elas podem discordar a respeito dos axiomas; exatamente como em lógica, sem que isso faça nenhuma diferença, elas podem discordar a respeito dos axiomas, podem trocar axiomas e definições de um lado para outro com total liberdade e, às vezes, o fazem. Aqui na física, se se trocam axiomas e definições, muda-se, até certo ponto, a natureza do campo. Mas persiste a ideia de que se poderia ter uma tradição científica na qual as pessoas concordassem que um dado problema tivesse sido resolvido, embora ainda pudessem discordar veementemente a respeito de se havia átomos ou não, ou coisas desse tipo. Os paradigmas tinham sido tradicionalmente modelos, especialmente modelos gramaticais da maneira correta de fazer as coisas.

A. BALTAS: Essa é sua primeira conexão com a palavra – quer dizer, é por isso que você a assumiu.

T. KUHN: Isso mesmo.

V. KINDI: Você não tinha conhecimento talvez do uso de Lichtenberg de *paradigma*, ou do uso que Wittgenstein fazia do termo...

T. KUHN: Eu certamente não tinha ciência de nenhum dos dois. Lichtenberg chamou a atenção, e estou um pouco surpreso de que não se tenha esfregado em meu nariz o uso que Wittgenstein faz do termo. Mas não, eu não tinha conhecimento. A primeira vez que o termo foi introduzido em um trabalho publicado por mim foi num artigo chamado "A tensão essencial",[31] que li numa conferência. E lá eu o uso corretamente. Mas eu tinha procurado descrever o que os cientistas..., a maneira pela qual uma tradição trabalhava em termos de consenso. E acerca de que existia consenso? Havia consenso acerca de modelos, mas também com respeito a várias outras coisas que não são modelos. E eu prossegui usando o termo para tudo, para todas as coisas, o que levou a que fosse muito fácil ter uma ideia completamente errada do que eu achava ser minha posição, e simplesmente fazer disso a tradição toda, que é a maneira principal pela qual ele tem sido usado desde então.

V. KINDI: E o 21 usos de Masterman?[32]

T. KUHN: Certo, vou lhes contar uma história. Essa história é de uma ocasião um pouco posterior. Houve um Colóquio Internacional de Filosofia da Ciência realizado no Bedford College, Londres. Os anais apareceram no volume intitulado *Criticism and the Growth of Knowledge* [A crítica e o desenvolvimento do conhecimento]. Naquele encontro, eu apresentei um texto, Popper coordenou a mesa, Watkins comentou o trabalho e, conforme o plano original previsto, deveria haver uma discussão posterior. Uma das pessoas que tinham sido convidadas a participar dessa discussão posterior foi Margaret Masterman – a quem eu nunca havia encontrado, mas de quem já havia ouvido falar, e o que eu tinha ouvido sobre ela não era totalmente bom: basicamente, que ela era maluca. Durante a discussão, ela se levantou do fundo da sala, andou até a mesa, virou-se para o público, colocou as mãos nos bolsos e prosseguiu, dizendo: "Na área em que trabalho, nas Ciências Sociais" (ela dirigia algo chamado Laboratório de Linguagem de Cambridge), "todo mundo está falando sobre paradigmas. Essa é a palavra". E acrescentou: "Estive recentemente no hospital, li o livro e acho que encontrei, 21", 23, ou o que seja, "usos diferentes para ela". E, querem saber? Eles estão mesmo lá! Mas ela continuou dizendo, e isso é o que as

---

31 Kuhn, The Essential Tension: Tradition and Innovation in Scientific Research. In: Taylor (Ed.), *The Third (1959) University of Utah Research Conference on the Identification of Creative Scientific Talent*, p.162-74; reimpresso em *The Essential Tension*, p.225-39.

32 Masterman, The Nature of a Paradigm. In: Lakatos; Musgrave (Eds.), *Criticism and the Growth of Knowledge*, v.4, p.59-89, 1970.

pessoas não sabem, embora esteja mais ou menos presente em seu artigo, "Acho que sei o que é um paradigma". E prosseguiu, arrolando quatro ou cinco características de um paradigma. Eu fiquei sentado lá e disse, "meu Deus, se eu tivesse falado por uma hora e meia poderia ter incluído todas elas, ou nem mesmo assim". Mas ela entendeu direitinho! E aquilo de que particularmente me recordo ter ela dito, embora não consiga articulá-lo inteiramente, é muito pertinente ao assunto: um paradigma é aquilo que se usa quando a teoria está ausente. A partir de então, eu e ela dialogamos bastante, durante o resto de minha estada.

A. BALTAS: Esse congresso aconteceu em Londres, em 1965, eu acho, então seu livro já tinha sido lançado havia três anos. Já estava publicado quando você chegou a Londres... Qual foi a reação inicial?

V. KINDI: Já havia sido publicado na *Encyclopedia*, certo?

T. KUHN: Sim, isso apareceu em 1962. Veja, vou lhes contar uma história sobre isso também. Contei a vocês que eu tinha redigido o manuscrito muito rapidamente, depois de ter voltado do Centro de Ciências Comportamentais de Stanford. Eu tinha esperanças de que ele fosse importante. Quis fazê-lo, não fiquei inteiramente satisfeito, mas estava bastante entusiasmado por ele. Eu não sabia que recepção isso iria ter. Comecei a ter grande resistência a inseri-lo na *Encyclopedia of Unified Science*, porque tal enciclopédia tinha sido algo marcante quinze anos antes, mas sua reputação havia declinado consideravelmente, e ela já não estava mais na vanguarda. Mas eu tinha um compromisso. Fui conversar com um amigo meu na [University of] California Press sobre o que seria correto fazer nessas circunstâncias. E ele me disse: "olha, o diretor assistente da [University of] Chicago Press é um sujeito adorável, chamado Curley Bowen. Escreva para ele contando seus problemas e veja o que ele diz". Assim, escrevi uma longa carta para Curley Bowen – ele tinha então acabado de receber uma cópia preliminar do manuscrito, que ia precisar de algumas revisões, mas não creio que fossem muitas. Descrevi o problema – o que eu estava vendo como problema – e também disse: "Não seria o caso... ele tem o dobro do tamanho de qualquer uma das outras monografias e não sei como reduzi-lo. Mas, se você o publicasse integralmente, ou próximo a isso, independentemente da enciclopédia, eu o resumiria de uma forma ou outra para a enciclopédia". Pus isso no correio, acho que no fim da tarde de domingo, ou na segunda pela manhã. Na quarta-feira, quando eu estava saindo de casa, na Califórnia, o telefone tocou, e era Bowen. Ele disse: "Não se preocupe com nada, nós vamos...". Uau, que experiência para ter com um editor! Minhas relações com Chicago, embora ele tenha saído de lá bem cedo, têm sido muito boas desde então. Ele disse: "Nós vamos publicá-lo, você não precisa cortar nada". E eles o publicaram, e também publicaram inicialmente uma versão em capa dura, da qual omitiram as coisas da enciclopédia. E, depois disso, o livro mais ou menos tomou conta de si mesmo.

Acho que, com exceção de uma história – que gostaria de registrar –, nós chegamos ao fim do tempo que passei em Berkeley. Mas uma coisa estranha, para mim bastante destrutiva, aconteceu a essa altura. Eu tinha sido convidado a assumir um emprego na Johns Hopkins. O emprego de lá teria me promovido a professor titular, teria me dado um salário significativamente mais alto e a oportunidade de nomear três ou quatro pessoas mais; era uma grande oferta. Fui para o Leste e falei para ambos os meus chefes de departamento [filosofia e história] que ia dar uma olhada naquilo. Eu disse: "Acho que não há nada com que vocês devam se preocupar, e vou lhes dizer, se houver, mas simplesmente gostaria de deixar registrado que farei isso". Realmente fui e, de fato, achei a proposta extremamente atraente. Voltei e disse ao chefe de departamento que não sabia o que ia acontecer e o que pensar a esse respeito. Mas, de fato, eu estava achando a oferta extremamente atraente. Então me perguntaram o que seria preciso fazer para que eu permanecesse [em Berkeley], e eu disse: "Veja, se nessas circunstâncias vocês não me derem um cargo de professor titular, eu gostaria ao menos de saber por quê. O título não significa muita coisa para mim, tenho certeza de que não conseguirão igualar a parte financeira, mas não preciso pedir a vocês que igualem, embora não desprezasse um aumento". Mas, eu disse: "o que *preciso* ter é uma expansão de pessoal associado"; eu obtive permissão para nomear uma outra pessoa – isso foi tudo o que pude obter, uma indicação de professor iniciante. E, enquanto estava pensando sobre isso, disse para mim mesmo: "olha, talvez daqui a cinco anos eu vá para Hopkins, mas estive aqui apenas dois ou três anos". É uma instituição muito rica, quer dizer, rica em pessoas muito boas. E decidi que não podia abandoná-la naquele momento. Falei isso para o chefe do Departamento de História e fui ao chefe do Departamento de Filosofia e falei o mesmo, e ele disse: "Não decida tão rápido. Espere um pouco". Mas, de fato, eu já havia escrito para a Hopkins dizendo que não ia mais. Não creio que tenha contado isso para ele. Assim, continuei fazendo o que estava fazendo, le-cionar, e várias semanas depois, saindo de uma aula, recebi uma chamada pedindo para eu descer até o escritório do chanceler. O chanceler interino, que era meu colega na filosofia, Ed Strong, e que tinha, ele próprio, feito algum trabalho em história, queria falar comigo. Fui até lá, e ele me disse: "A recomendação para sua promoção passou agora por todas as instâncias, é favorável, e estou com ela em minha mesa. Só há uma coisa. Os filósofos seniores votaram unanimemente para a sua promoção – na história". E eu disse: "Suponhamos que eu não aceite isso". Ele disse: "Você vai obtê-la do mesmo jeito, mas...". E eu completei: "Você quer dizer, 'mas por que alguém quereria ficar onde não é desejado?'". Ele meio que confirmou com a cabeça. Eu estava extremamente furioso, como vocês podem imaginar, e profundamente ferido, quer dizer, isso é uma ferida que jamais desapare-ceu por completo. O fato de que eu tinha sido requisitado por filósofos e estava num Departamento de Filosofia... Eu sabia que não era inteiramente simpático a eles, mas eu queria demais estar lá, eram meus estudantes de filosofia que estavam trabalhando comigo, não em filosofia mas em histó-ria, que eram, mesmo assim, meus estudantes mais importantes. Eu disse: "Vou ter de pensar a respeito disso". E Strong disse: "Oh, mas eu tenho de levar isso aos diretores na sexta-feira, se é para ser aprovado antes da próxima reunião". Falei: "Você terá minha decisão até sexta-feira". Então eu subi e tive uma briga terrível com o chefe do Departamento de Filosofia. E, finalmente, eu disse: "Está bem, que mais eu posso fazer, vou aceitar". Eu lamentei muito desde então. Quer dizer, senti que o que eu devia ter feito é dizer: "Escute, vou aceitar isso depois de discutir a situação com os membros seniores do Departamento de Filosofia. Se eles ainda quiserem fazer as coisas desse jeito, vou aceitar. Mas não vou aceitar nesses termos". Acho que, se eu tivesse dito isso, eles não teriam me enfrentado. Em todo caso, no aspecto moral, eu não deveria simplesmente ter deixado que me tratassem daquele jeito. Mas me feriu bastante. Fiquei por mais um ano ou algo assim, e não foi por causa disso que saí de Berkeley. Mas houve certas coisas que aconteceram em Berkeley que diminuíram meu prazer em estar lá, embora não o tenham tirado completamente. Recebi uma oferta para ir para Princeton, e em Princeton eu teria um colega sênior que iria estabele-cer o programa. Nós dois iríamos trabalhar juntos, e haveria mais gente em nosso grupo. E essa era simplesmente uma situação muito mais administrável. Recebi essa oferta enquanto estava na Dinamarca. Eu disse que não poderia responder até retornar, mas me concentraria nisso tanto quanto pudesse ao voltar, e que visitaria Princeton. Assim, quando nós voltamos, o que aconteceu provavelmente no outono de 1963, minha esposa e eu fomos a Princeton, fizemos uma visita, e decidi que eu iria aceitar essa oferta – e foi o que fiz.

K. GAVROGLU: Por que você estava na Dinamarca?

T. KUHN: Pouco depois de eu haver terminado o manuscrito da *Estrutura*, um comitê de membros da Sociedade Americana de Física [American Physical Society] solicitou que eu dirigisse um projeto de arquivos sobre a história da teoria quântica. Uma das pessoas que me pediram foi o homem com quem eu tinha feito minha tese de doutorado, Van Vleck. E eu aceitei. Se ainda não tivesse terminado a *Estrutura*, eu não teria aceitado. Mas a coisa que eu estava morrendo por ver feita – meu grande compromisso para comigo mesmo – e que eu sabia que queria fazer a seguir era simplesmente aquele livro a respeito de ciência e filosofia no século XVII. Mas pensei, esse eu posso deixar de lado. E assim fiz. E aceitei a tarefa; e o resto dessa história vocês basicamente conhecem. Não há nada de especial a dizer a esse respeito, exceto uma coisa: esse projeto provavelmente teve alguma influência real. Nós resgatamos um monte de microfilmes de arquivos e conseguimos manuscritos e cartas depositados em vários lugares. E os catalogamos. Essa foi provavelmente a parte mais importante de tudo. Fazer entrevistas era frustrante demais! Algumas das entrevistas são realmente muito boas. Mas o que os físicos queriam, até os que patrocinavam o projeto, era retratar o desenvolvimento das ideias, e isso, é claro, é o que eu também queria. Com base em minha experiência como historiador, eu sabia que autobiografias científicas são invariavelmente inexatas, elas contam a história errada. Mas, normalmente, se se debruçar sobre os artigos publicados e o que mais possa haver, e se perguntar por que ele contou esta história em vez daquela... obterá pistas muito importantes para uma reconstrução. O que eu não havia previsto foi o número de vezes em que as pessoas iam dizer: "Não sei, não consigo lembrar; como e por que você espera que eu vá me lembrar disso?". Nesse sentido, por causa desse tipo de coisa, nós alcançamos muito menos do que eu tinha esperado. O outro lado disso é que aquilo sobre o que você consegue levar os cientistas a falar muito livre e detalhadamente é algo do gênero "Como era estar em Munique?", e assim por diante, e quem foram os professores importantes, e qual foi sua primeira experiência quando você foi de lá para Göttingen ou vice-versa, ou o que seja. Com isso, você conseguia alguma conversa. Se você começasse nos pontos em que eu costumava tentar começar e perguntasse: "Como você ingressou na ciência? Seus pais aprovavam?", com demasiada frequência a resposta era: "Isso não é física". Bem, esse era o projeto de física quântica; e voltei dele para dar uma olhada em Princeton, e no ano seguinte fomos para Princeton.

V. KINDI: Você poderia falar sobre os estudantes que trabalharam com você?

T. KUHN: Nunca tive muitos alunos de pós-graduação. Presumivelmente isso ocorre em parte porque *não havia* tantos estudantes de pós-graduação, em parte porque costumo afugentá-los. Eu faço críticas. Meus dois primeiros estudantes de pós-graduação – embora um deles não tenha oficialmente obtido seu título comigo – foram, primeiro, John Heilbron, e [segundo] Paul Forman, que foi quem afinal obteve seu título com Hunter Dupree, depois que fui embora, mesmo que tenha chegado a isso por intermédio de minha orientação. John tinha praticamente terminado uma tese de física, mas ficou doente e, enquanto estava doente, leu *History of Magic and Experimental Science* [História da magia e da ciência experimental], de Thorndike, e decidiu que queria ser um historiador da ciência.

Talvez esteja misturando duas histórias ao contar isso a vocês, porque minha primeira experiência em Berkeley, sentado na minha sala, não tendo lecionado nada, foi a de um estudante de pós-graduação em filosofia – ah não, não estou enganado, não – que desceu, queria saber mais sobre o curso, e me perguntou: "O que você acha de Dampier?". Dampier é uma história de todas as ciências num único volume,[33] e eu disse algo como: "Nunca fui capaz de lê-lo por inteiro, acho que é extremamente enfadonho". E ele disse: "Oh, eu acho maravilhoso!". Mas você logo nota por que eu achei que poderia ter confundido essas duas histórias.

Assim, esse foi o início do meu trabalho de orientação de alunos. Deve ser dito: houve outros alunos – acho que nenhum que tenha adquirido a autoridade e a reputação que John tem... ainda sou um devoto de "Weimar Culture and the Quantum Theory" [A cultura de Weimar e a teoria quân-

---

33 Dampier; Dampier, *Cambridge Reading in the Literature of Science.*

tica], de Paul.[34] Sabia-se que não poderia estar inteiramente correto, mas acho que ele fez concessões demais quando mais ou menos recuou diante das críticas. Lembro quando li o livro pela primeira vez. Eu estava em Princeton e coloquei uma notícia no mural da secretaria do departamento, dizendo: "Acabo de ler o ensaio mais instigante que já vi desde que descobri Alexandre Koyré!". Bem, esses foram meus dois primeiros alunos. Houve alguns outros em Princeton, e eu gostaria de dizer alguma coisa sobre eles quando chegarmos lá. Mas, como tanto John quanto Paul indicam, eu expus meus estudantes ao tipo de história da ciência que eu faço, eles são, em princípio, capazes de fazê-la, e cada um deles mostrou isso já em seus trabalhos iniciais. Mas ambos se afastaram inteiramente disso. Assim, nesse sentido, não produzi nenhuma cria. Com uma exceção, e essa exceção é de fato Jed Buchwald – que não foi um aluno meu de pós-graduação, mas de graduação. Eu o encaminhei para a história da ciência, e esse foi o momento em que ele decidiu trabalhar com o assunto. Mas sempre foi motivo de um certo desapontamento que essas coisas de que eu gosto de fazer, e que ensinei as pessoas a fazer, não sejam levadas adiante. Mas há muitas razões para isso. Uma delas, é claro, é que as pessoas têm de se afastar de seus orientadores de doutorado; e outra é que o campo tem se movido para muito longe do tipo de história da ciência que eu faço... fazia. Mas ainda não gosto inteiramente disso!

V KINDI: Você teve orientandos em filosofia da ciência?

T. KUHN: Não. Nunca tive um aluno de pós-graduação de filosofia. Em Princeton eu não teria tido, no MIT eu poderia ter tido, mas estou muito afastado das fontes principais de problemas na tradição filosófica, problemas que estão sendo trabalhados por meus colegas. Tive uma ou duas pessoas que começaram a ser orientadas por mim, mas eu mais ou menos as afugentei. Uma delas finalmente olhou para mim durante uma discussão e disse, e ele era muito bom nisso: "Você realmente acha que isso é fora de esquadro, não é?", e eu disse: "Sim, eu acho". Ele se levantou e foi procurar outro orientador e fez a tese sobre um assunto diferente. A outra, nós finalmente pedimos para que aceitasse um título de mestre e fosse fazer alguma

---

34 Forman, Weimar Culture, Causality and Quantum Theory, 1918-1927: Adaptation by German Physicists and Mathematicians to a Hostile Intellectual Environment, *Historical Studies in the Physical Sciences*, v.3, p.1-115, 1971.

outra coisa. Essas foram as duas pessoas que estavam em departamentos de filosofia, e isso foi no MIT. Promovi seminários para filósofos, ocasionalmente em Princeton e regularmente [no MIT?], e tive algumas interações muito boas por lá. Isso é algo a que poderemos voltar depois.

Noto que, naquilo que já foi dito, deixei de lado algo que deveria ser incluído: a questão de onde eu tirei a imagem contra a qual me rebelava na *Estrutura*. Isso é, em si, uma história estranha e não inteiramente boa. Não inteiramente boa no sentido de que me dou conta, em retrospectiva, de que fui moderadamente irresponsável. Como falei, eu fiquei muito interessado, tomei um interesse real pela filosofia em meu ano de calouro e não tive, naquela ocasião, a oportunidade de praticá-la – pelo menos não no início. Aconteceu que, depois de eu ter me graduado e ido para o Laboratório de Pesquisas de Rádio – e, de fato, esse também foi o caso para a maior parte do tempo em que estive na Europa –, eu não estava mais tendo tarefas de escola ou artigos para escrever. Eu tinha o que era basicamente um emprego das nove às cinco; e, de súbito, eu tinha tempo para ler. E comecei a ler o que achei que fosse filosofia da ciência – parecia a coisa natural para se ler. E li coisas como *Knowledge of the External Word* [Conhecimento do mundo exterior], de Bertrand Russell,[35] e um bom número de outras obras meio populares, meio filosóficas; li alguma coisa de Von Mises; certamente li *Logic of Modern Physics* [A lógica da física moderna], de Bridgman;[36] li algo de Philipp Frank; li um pouco de Carnap, mas não o Carnap que as pessoas mais tarde apontaram como aquele que tem reais paralelos comigo. Vocês sabem, esse artigo que apareceu recentemente.[37] É um artigo muito bom. Já confessei, com grande embaraço, o fato de que eu não o conhecia [esse Carnap]. Por outro lado, também é verdade que, se eu tivesse sabido dele, se tivesse me enfronhado naquela literatura, naquele nível, eu provavelmente nunca teria escrito a *Estrutura*. E a visão que emerge na *Estrutura* não é a mesma visão de Carnap, mas é interessante que, vindo de polos parcialmente diferentes... Carnap, permanecendo dentro da tradição, tenha sido levado a isso; eu já havia me rebelado e chegado a isso vindo de

---

35 Russell, *Our Knowledge of the External World*.
36 Bridgman, *The Logic of Modern Physics*.
37 Irzik; Grunberg, Carnap and Kuhn: Arch Enemies or Close Allies?, *British Journal for the Philosophy of Science*, v.46, p.285-307, 1995.

outra direção e, em todo caso, permanecíamos diferentes. Mas esse era o estado de coisas em minha mente na época em que tive essa experiência de ter sido chamado para trabalhar no curso de Conant. E era contra esse tipo de imagem cotidiana do positivismo lógico – eu nem mesmo pensei nisso como empirismo lógico por algum tempo –, foi contra isso que eu reagi quando examinei meus primeiros casos em história. Bem, tínhamos chegado a Princeton...

A. BALTAS: Sim, você havia publicado a *Estrutura*, havia iniciado o projeto sobre as fontes da mecânica quântica, estava se mudando para Princeton...

T. KUHN: Sim. Bem, eu realmente havia terminado os Arquivos, quer dizer, eu ainda estava envolvido com parte do processo de organizar o catálogo depois que fui para Princeton, e isso tomou bastante de meu tempo durante o primeiro ano em Princeton.

A. BALTAS: Talvez uma boa maneira de continuar é fazer a você a seguinte pergunta: você havia publicado a *Estrutura* em 1962. Do jeito que percebemos as coisas, que pode estar errado, é que o grande estouro, por assim dizer, a grande explosão na recepção da *Estrutura*, aconteceu depois de 1965, mais ou menos, quando aconteceu aquele evento em Londres. Quer dizer, *Criticism and the Growth of Knowledge* foi publicado nos anos 1970 ou por aí, ou já há boatos circulando sobre seu debate com Popper, ou coisas desse tipo. Esse é o tipo de imagem que nós temos, que pode estar completamente errada.

T. KUHN: Não posso dizer que estejam errados, estou um pouco surpreso com isso; eu não teria contado a história desse jeito. Mas é bem possível que a evidência mostre que estou errado. Eu próprio diria... Foi crescendo ano a ano, mais ou menos sob seu próprio ímpeto, e eu não teria pensado que houve uma explosão particular relacionada em 1965. Por outro lado, o que bem pode ter acontecido em 1965, ou como resultado de 1965, é que os filósofos começaram a prestar mais atenção. Quero dizer, grande parte do público anterior era de cientistas sociais. Mas não apenas cientistas sociais. Quer dizer, o livro foi resenhado de maneira favorável por Shapere na revista que é publicada em Cornell.[38] Favoravelmente, exceto por algumas fortes reservas que julguei em geral infundadas. As pessoas

---

38 *Philosophical Review*, v.73, p.383-94, 1964.

se incomodaram com a ideia de "paradigma" desde o início, e não penso que estivessem erradas nisso. Tornou-se, para mim, mais difícil lembrar às pessoas o que eu realmente estava procurando; mas, se eu mesmo tivesse examinado mais precisamente o que fiz, poderia ter feito melhor. Tenho algumas impressões, mas não tenho inteira certeza de que sejam exatas, e algumas delas vêm de certas sensações de desapontamento, ou algo assim. As reações iniciais – o livro teve boas resenhas.

A. BALTAS: Em que tipo de revista, principalmente na filosofia ou...

T. KUHN: Eu quase teria de voltar e examinar o arquivo em que guardo as resenhas. De forma genérica, provavelmente a maior parte não em revistas de filosofia. Mas não saiu apenas a resenha de Shapere. Mary Hesse escreveu uma resenha em *Isis*, disso eu me lembro... Compreendi gradualmente que boa parte da reação estava vindo de cientistas sociais, e eu estava inteiramente despreparado para isso; pensei no livro como dirigido a filósofos. Mas acho que não muitos deles o leram, acho que foi notado por um círculo muito mais amplo que esse; não teve nenhuma influência especial na filosofia por algum tempo, embora os filósofos por certo o conhecessem. Mas me lembro – acho que foi Peter Hempel quem me disse ter ido a um congresso, acho que foi em Israel, no qual alguns disseram: "Esse livro deveria ser queimado!" e "Toda essa conversa sobre irracionalidade!...". Irracionalidade em particular, irracionalidade e relativismo – a coisa que me incomodou na resenha de Shapere foi a conversa sobre relativismo. Percebi por que ele disse isso, mas pensei, se ele tivesse pensado um pouco mais seriamente sobre o que era relativismo e sobre o que eu estava dizendo, não teria dito nada parecido com aquilo. Se *fosse* relativismo, seria um tipo interessante de relativismo que precisava ser mais estudado antes que lhe fosse aplicado o rótulo. Na prática, eu diria que não é um livro relativista. E embora tivesse tido problemas inicialmente, eu tentei, no final da *Estrutura*, dizer em que sentido eu achava que havia progresso. Eu expandi minha resposta a isso, falei a respeito da acumulação de quebra-cabeças e acho que hoje sustentaria muito decididamente que a metáfora darwiniana no final do livro está correta, bem como deveria ter sido levada mais a sério do que foi; *ninguém* a levou a sério. As pessoas passaram reto por ela. A questão de parar de nos ver, isto é, deixar de nos ver como chegando cada vez *mais perto de* alguma coisa, mas de nos ver, em vez disso, como movendo-nos *para longe de* onde estávamos – isso era algo diferente de qualquer coisa que tenha experimentado até ter de enfrentar concretamente esse problema. Mas dizer isso foi importante para mim e levou a outras coisas que aconteceram desde então. E acho que poderia ter sido notada e mais reconhecida. O que se seguiu de tudo isso, Vasso, eu vi em um de seus artigos,[39] que fala de como exatamente as coisas que me fizeram impopular nos anos 1960 me fizeram popular na década de 1980. E acho que essa é uma observação muito reveladora e muito apropriada, mas está errada em um aspecto: os anos 1960 foram os anos de rebeliões estudantis. A certa altura me disseram que "Kuhn e Marcuse são os heróis na [Universidade] Estadual de São Francisco". Aqui estava o sujeito que escrevera dois livros sobre revoluções... Os estudantes costumavam vir a mim dizendo coisas como "Obrigado por nos falar sobre os paradigmas – agora que sabemos o que são, podemos nos dar bem sem eles". Todos vistos como exemplos de opressão. Isso não era, de modo algum, o que eu queria dizer. Lembro de ter sido convidado a participar e falar em um seminário em Princeton organizado por estudantes de graduação durante a época das agitações. E eu ficava repetindo: "Mas eu não disse isso! Mas eu não disse isso! Mas eu não disse isso!". Finalmente, um aluno meu, ou um estudante no programa que tinha ajudado um pouco a me meter nisso, e tinha se juntado à assistência, disse aos estudantes: "Vocês têm que se dar conta de que, para o que vocês estão pensando, esse é um livro profundamente conservador". E é; quer dizer, no sentido de que eu tentava explicar como a mais rígida de todas as disciplinas e, em certas circunstâncias, a mais autoritária, podia ser também a mais fértil em novidades. Mas, para encontrar meu caminho através daquela aporia, eu tinha de estabelecê-la; e é claro que seu estabelecimento como uma aporia encontrou toda sorte de resistência. Assim, é difícil dizer como eu me sentia. Eu achei que estava sendo, diria, maltratado; muito mal compreendido. E não gostei do que a maioria das pessoas inferia do livro. Por outro lado, nem por um momento pensei que isso fosse tudo o que acontecia. Houve pessoas que o notaram e realmente pareciam levá-lo adiante e aceitá-lo, provavelmente, no início, mais do jeito que, no início, alguns dos sociólogos o encararam. Tive muito boas reações iniciais de cientistas.

---

39 Kindi, Kuhn's *The Structure of Scientific Revolutions* Revisited. *Journal for General Philosophy of Science*, v.26, p.75-92, 1995.

A. BALTAS: Físicos, biólogos...

T. KUHN: Sim, das duas áreas. Várias pessoas me disseram que esse livro foi a primeira coisa de filosofia que elas tinham lido, que realmente dava a impressão de corresponder ao que faziam. E eu dei valor a isso, e havia outras coisas... Quer dizer, claramente, eu queria que fosse um livro importante; estava claramente sendo um livro importante – eu não gostei da maioria das razões pelas quais estava sendo um livro importante; tinha consciência de que, se eu tivesse de fazê-lo de novo, eu poderia, se tivesse a oportunidade, eliminar alguns dos mal-entendidos. Mas, mesmo que eu não pudesse fazer isso, eu faria tudo de novo do jeito como estava. Quer dizer, tive desapontamentos, mas não tive remorsos.

A. BALTAS: Há incidentes em suas discussões com filósofos que tenham sido significativos, tanto no que se refere à sua própria percepção do que havia feito quanto a respeito da recepção geral do livro? Alguns incidentes em congressos, ou pessoas que falaram com você sobre isso e que tenham então lhe sugerido novos ângulos...

T. KUHN: Inicialmente, não muitos. Fui convidado para falar em alguns lugares, e fiquei feliz com isso, mas não fui muito bem recebido. Eu realmente não estava chegando até os filósofos, embora alguns deles estivessem muito interessados. Quando me estabeleci em Princeton, comecei a trabalhar bastante com Peter [Hempel]. Esse foi o primeiro filósofo, acho que de qualquer gênero, mas certamente o primeiro filósofo na tradição do empirismo lógico que começou a responder, a responder seriamente ao que eu estava fazendo. E sua posição ao longo do percurso não se tornou a minha, e não há Wittgenstein nela. Mas mudou marcadamente de um modo que considero significativo. E, quando eu tentava comparar as duas tradições, costumava chamar atenção para o momento em que Hempel, em vez de falar a respeito de termos teóricos e observacionais, começou a falar a respeito de *termos previamente disponíveis* – o que não tenho certeza de que seja minha responsabilidade, mas penso que bem pode ser. E isso, em si mesmo, já é colocar as coisas em um tipo de perspectiva histórica evolutiva. Não acho que ele o tenha visto exatamente dessa maneira, mas foi um passo muito importante.

V. KINDI: E o que nos diz dos outros filósofos da ciência daquele período – Feyerabend ou Lakatos? Vocês foram todos recebidos juntos, em certo sentido.

A. BALTAS: A guinada historicista, como foi chamada.

T. KUHN: É difícil falar disso. Certamente alguns filósofos empunharam isso, e não foram poucos. E começaram a falar da filosofia histórica da ciência. Do meu ponto de vista, estava feliz em ver isso, mas impressionou-me muito fortemente que todos eles tenham abandonado por completo o problema do *significado* quando levaram a cabo essa guinada, e que tenham, portanto, abandonado a incomensurabilidade, e que, assim, tenham afinal eliminado [o que para mim era] a problemática filosófica. Com Feyerabend, eu tive experiências estranhas. Ele estava em Berkeley, e eu lhe passei o rascunho do manuscrito do livro que tinha enviado a Chicago. Acho que em certo sentido ele gostou, mas estava extremamente incomodado por causa desse negócio todo de dogma, rigidez, que, é claro, é exatamente o contrário de tudo aquilo em que ele próprio acreditava. E não consegui fazê-lo falar sobre qualquer outra coisa, exceto sobre isso. Eu tentei, e tentei: se íamos almoçar juntos, ou algo assim, ele ficava sempre voltando a isso. Fui ficando cada vez mais frustrado e, por fim, simplesmente parei de tentar. Assim, ele e eu realmente nunca tivemos uma boa conversa acerca desses problemas. Os elementos quase sociológicos de minha abordagem eram esmagados pelo seu anseio por uma sociedade ideal. E nós realmente nunca fizemos contato.

V. KINDI: E sobre as que vieram depois, como Laudan ou Van Fraassen? Parece que o campo não lida mais com o fenômeno da ciência como um todo, com o tipo de questões que você levantou, e agora retornou aos problemas usuais da filosofia da ciência, indução, confirmação, bayesianismo...

T. KUHN: Estou surpreso de que você inclua Van Fraassen.

V. KINDI: Não quero dizer que ele pertença à tradição historicista. Eu o incluo porque ele trata de questões como a dicotomia teoria/observação.

T. KUHN: Mas isso foi muito antes de mim.

V. KINDI: Você não contribuiu para que ela fosse enfraquecida?

T. KUHN: Já estava sendo enfraquecida. Acho que, em certo sentido, ele tentava recuperá-la, para mostrar que ainda era uma noção viável. E não fui seu primeiro solapador. A distinção teoria/observação já estava com problemas antes de mim. Putnam foi indubitavelmente alguém mais importante do que eu, para os filósofos, no enfraquecimento da distinção. Há vários artigos muito importantes de Putnam sobre isso.

A. BALTAS: Há uma certa incomensurabilidade acontecendo nesse momento, porque, no sentido seguinte, eu acho que isso é visto de um jeito bem diferente nos Estados Unidos. É melhor esclarecer isso. Acho que, na Grécia com certeza, e acho que também em lugares como a Itália ou a França, não sei muito a respeito de outros lugares, a percepção desse período é a seguinte: temos o positivismo lógico com seus próprios problemas etc., alguma crítica dentro da tradição, e então aparece *você* e muda o paradigma, por assim dizer. E, ao mudar isso, as pessoas que já tinham feito coisas paralelas – como, digamos, criticar o principal referencial empirista lógico – juntam forças com você, por assim dizer, não no sentido real de escrever artigos em conjunto, mas todos são vistos como...

V. KINDI: Você abriu o campo...

T. KUHN: Tenho certeza de que isso está correto, mas, mesmo assim, fui totalmente surpreendido ao ver Van Fraassen e Laudan postos no mesmo... Laudan é uma pessoa que disse fazer filosofia histórica da ciência. Ele diz coisas a meu respeito que não são absolutamente o caso. As pessoas apontam isso para ele, e ele simplesmente as continua dizendo. Ele tenta se agarrar à visão tradicional do progresso científico, cada vez mais perto da verdade, abandonando totalmente os problemas que [eu tinha] identificado. Do meu ponto de vista, isso é algo muito ruim!

Alguém que fez tanto filosofia quanto história, que me encorajou e de quem eu gosto bastante é Ernan McMullin. Ele realmente tem me dado apoio ao longo desses anos. Ele não gosta de algumas coisas de que tento persuadi-lo a gostar, mas isso tem sido útil. O que descobri é que, agora – e com isso me deleito –, ao passo que os historiadores da ciência se afastam cada vez mais da substância científica, vários *filósofos* da ciência importantes foram cada vez mais levados a trabalhar um pouco em história. E a fazem mais próximos à maneira pela qual eu gostaria de vê-la sendo feita. Essa tem sido uma trajetória muito agradável de observar.

V. KINDI: Quem são os filósofos a quem você está se referindo agora?

T. KUHN: Bem, John Earman fez um pouco disso. Clark Glymour também o fez, mas não acho que por minha influência (embora em Earman esse provavelmente seja o caso). John foi um dos formandos pela área de filosofia do Programa em Filosofia e História da Ciência em Princeton. Eu o tive como aluno em um seminário no primeiro ano em que estive em Princeton, e conversei com ele algumas vezes depois disso, e ele seguiu adiante. Ou seja, desempenhei um papel. Ron Giere é outra pessoa que começou a fazer algo assim. Gradualmente, foi se estabelecendo uma abordagem diferente de exemplos históricos entre os filósofos da ciência. Só descobri quão grande tinha sido a mudança quando, subitamente, fui eleito presidente da Associação de Filosofia da Ciência [Philosophy of Science Association], cerca de cinco ou seis anos atrás. Eu não tinha nem mesmo sido um membro da Associação, exceto por um ano após o qual eu saí, ou algo desse gênero. O cenário entre os filósofos da ciência era simplesmente muito, muito diferente. E eu claramente tinha tido algo importante – embora não sozinho – a ver com isso. É importante relembrar Russ Hanson, e, em certa e menor medida, Polanyi, Toulmin. Acho que Russ Hanson foi provavelmente mais importante que qualquer um desses dois. Feyerabend e outros tantos... Havia muita gente se movendo nessa direção. Não creio que as pessoas que trabalhavam com história, de modo geral, vissem tudo do jeito que eu estava vendo. Elas não voltavam e perguntavam-se "O que isso faz com a noção de verdade, o que faz com a noção de progresso", ou, se o faziam, achavam muito facilmente respostas que a mim pareciam superficiais. Não que eu soubesse as respostas, mas não creio que as delas fossem respostas que iriam resistir ao exame pelo qual precisavam passar. Eu estava preocupado com isso, quer dizer, eu tinha voltado a escrever história para variar; mas tudo o que eu queria era voltar e resolver esses problemas, e realmente não sabia como fazê-lo. Ficava dizendo: é como andar sobre um palco, abrir portas, para ver quais delas têm apenas uma tela pintada por detrás e quais levam a uma outra sala. Bem, pouco a pouco, encontrei uma que levava a outra sala, ou a parte do caminho para uma outra sala: a teoria causal da referência. Kripke fez uma grande diferença,[40] porque eu estava totalmente convencido de que era um avanço com respeito aos nomes próprios – mas, por outro lado, não funcionou para as outras coisas, substantivos comuns. Os resultados de Putnam também ajudaram – mas eu simplesmente não conseguia me resignar a dizer: "Se o calor é movimento molecular, então sempre foi movimento molecular". Esse simplesmente não era o ponto. Mas obtive muitas ferramentas importantes a partir disso, e uma delas era voltar a pensar sobre a revolução copernicana, e subitamente perceber: olhe, você pode rastrear os planetas individuais, Marte, os

---

40 Kripke, *Naming and Necessity*.

corpos celestes, ao longo da revolução copernicana. O que você não pode rastrear ao longo dela é "planetas". Planetas simplesmente são uma coleção diferente antes e depois dela. Havia um tipo de fissura localizada que se ajustava muito estreitamente. E, hoje, num grau que surpreende a mim e a outros, simplesmente diz-se: "No sistema ptolemaico, os planetas giravam em torno da Terra e, no copernicano, giram em torno do Sol". Mas esse é um enunciado incoerente! E é mesmo! É muito fácil não se perceber isso, porque você começa então a dizer que há um número finito de planetas, e que eles têm nomes próprios; você faz isso desse jeito. Mas, nem por isso, o enunciado deixa de ser incoerente. Esse tipo de coisa é muito sugestivo, e penso que é preciso falar disso. Também sempre esteve claro para mim, ou estava claro para mim já há algum tempo, que Hilary e eu éramos as duas pessoas que, com certeza, levavam a sério os problemas examinados por mim. Foi quando Hilary começou a falar sobre realismo interno. Eu pensei, que diabo, *agora* ele está falando a minha língua. Bem, ele meio que parou de falar a minha língua. Mas, nesse momento, esses problemas começavam a ficar importantes na filosofia de um modo que não ocorrera antes. Ninguém podia razoavelmente mostrar qualquer coisa que não fosse respeito por Putnam; podiam caçoar um pouco dele, porque avançou tão longe e então recuou tanto, e escreveu a mesma coisa tantas vezes, mudando a cada vez. Pois o Putnam que escrevera um artigo sobre incomensurabilidade chamado "How Not to Talk about Meaning" [Como não falar sobre o significado],[41] no qual a coisa toda era definida como uma corda – isto é, pode-se mudar um fio ou mudar outro fio, mas ainda era a mesma corda e, portanto, não havia o tipo de problema a cujo respeito Feyerabend e eu falávamos –, aquele Putnam mudou muito... realismo interno e as coisas que acompanharam isso. E a teoria causal me parece... refletir sobre a teoria causal foi muito importante para mim. Não acho que funcione para substantivos comuns. Mas é extremamente interessante examinar por que ela parece funcionar. E isso se torna mais claro no que estou trabalhando agora – os sentidos em que ela quase funciona. Não funciona ao longo de períodos de revolução ou algo assim, mas funciona muito bem entre eles. E quando se reconstrói o que ocorreu depois de uma revolução, parece voltar

---

41 Putnam, How Not to Talk about Meaning. In: Cohen; Wartofsky (Eds.), *In Honor of Philipp Frank*; reimpresso em *Mind, Language and Reality*.

a funcionar outra vez. Nesse artigo meu que mencionei outro dia, chamado "Mundos possíveis na história da ciência",[42] eu falo do que está errado com "água é e sempre foi H_2O", de Putnam. Isso tem se infiltrado gradualmente na discussão filosófica, e eu me sinto um tanto reconfortado por isso; acho que estou sendo mais lido em cursos de filosofia do que costumava ser, tem se falado mais a meu respeito, e tenho tido mais influência. Mas devo dizer, como já disse, que nunca estive no gênero de situação amável em que vocês me deixaram aqui. E isso é tanto mais agradável dados esses antecedentes.

A. BALTAS: O que você pode nos contar a respeito do [livro] *Black-Body*? Quer dizer, você se tornou um grande sucesso com as *Revoluções científicas*, poder-se-ia esperar que continuasse daí, que se explicasse melhor do que no "Pós-escrito"[43] e coisas assim; e surge um livro que, ao menos à primeira vista, não parece muito com o que era esperado... no que se refere, por exemplo, à aplicação, digamos, entre aspas.

T. KUHN: Eu disse repetidamente, e vou dizer mais uma vez: não se pode fazer história *tentando* documentar, ou explorar, ou aplicar um ponto de vista tão esquemático... Claramente, eu faço história de um modo diferente, por causa das coisas que penso que aprendi, que estão por trás da *Estrutura*, e oscilei de um lado para o outro – não se pode fazer as duas coisas ao mesmo tempo. A filosofia sempre foi mais importante, e se eu tivesse visto um jeito de voltar e trabalhar diretamente com os problemas filosóficos na época em que escrevi o livro *Black-Body*, eu provavelmente teria feito isso. Veja, vou lhes contar até a que ponto isso chega. Antes de a publicação ser lançada, eu tinha concordado em conversar com algumas pessoas a respeito do livro, e quando me juntei a esse pequeno grupo, que, supostamente, deveria ser pequeno o suficiente para se sentar ao redor de uma mesa, aconteceu de a sala estar lotada, ou quase lotada. Assim, tive de fazer uma palestra de improviso, e fiz. Quando terminei, alguém levantou a mão e perguntou: "É tudo muito interessante, mas, me diga, você encontrou a incomensurabilidade?". Eu pensei, "Jesus! Não sei, nem mesmo pensei a respeito disso". Mas, sim, quero dizer, eu *tinha* encontrado, e percebi mais tarde o que era, percebi particularmente quando comecei a

---

42 Kuhn, Possible Worlds in History of Science. In: Allén (Ed.), *Possible Worlds in Humanities, Arts and Sciences*, p.9-32; reimpresso neste volume como o Ensaio 6.
43 Id., "Postscript". In: *The Structure of Scientific Revolutions*, 2.ed., p.174-210.

receber resenhas de pessoas como Martin Klein: tinha a ver com o elemento de energia *hv*. Quer dizer, há um aspecto disso a cujo respeito eu falo no livro. Falo da carta de Planck a Lorenz, de 1910 ou 1911, na qual Planck diz que é a mudança de ressoador para oscilador. Ele diz: "Você verá que parei de chamá-los ressoadores, eles são osciladores"; e minha opinião é de que isso é uma mudança muito significativa. Ressoadores respondem a um estímulo, osciladores, simplesmente vão para cá e para lá. E outros, quer dizer... o "elemento" de energia de Planck não deve ser entendido como se deve entender o "quantum" de energia de Planck, e assim por diante. Ou seja, está lá, mas eu não estava procurando particularmente por isso. E a razão para lhes contar essa história sobre a pergunta é apenas dizer a vocês que eu não tinha pensado a respeito disso! Era uma pergunta perfeitamente boa; percebi depois como respondê-la, mas ela simplesmente me derrubou na ocasião, e eu me limitei a gaguejar alguma coisa.

V. KINDI: Porque você não aplica a teoria filosófica ao fazer história.

T. KUHN: Não. Se você tem uma teoria que quer confirmar, você *pode* seguir adiante e fazer história de modo que ela se confirme, mas simplesmente não é o que deve ser feito.

A. BALTAS: Porque tem havido muita discussão sobre a relação entre história e filosofia da ciência, que tipo de conselho você daria, qual é a sua posição no sentido de dar algum conselho a jovens que queiram fazer qualquer uma delas, ou ambas?

V. KINDI: Você disse alguma coisa na conferência, algo como entrar na mente deles...

T. KUHN: Sim, e é isso o que acho que o historiador intelectual tem de fazer. É exatamente aquilo a que os filósofos sistematicamente resistem. Mas a maneira como eles contam a história... a história da filosofia, contando a história de Descartes, o que ele acertou e o que ele errou, e o que poderia ter sido feito para juntar as duas coisas.

Escrevi um artigo sobre as relações entre história e filosofia da ciência[44] no qual sustento que, embora eu seja o coordenador de um programa em "história e filosofia da ciência", não existe um tal campo. E tentei falar um

---

44 Id., The Halt and the Blind: Philosophy and History of Science, *British Journal for the Philosophy of Science*, v.31, p.181-92, 1980.

pouco de minha experiência de ter filósofos, historiadores e cientistas na mesma classe. Os filósofos e os cientistas estão muito mais próximos uns dos outros, porque todos eles preocupam-se com o que está certo e o que está errado – não com o que aconteceu – e, portanto, tendem, ao olhar um texto, a simplesmente selecionar o verdadeiro e o falso com base em um ponto de vista moderno, com base no que já sabem. O historiador, ao menos caso se conforme aos meus padrões, insiste em dizer: esse é um ser humano respeitável, [assim,] como é que ele poderia alguma vez ter pensado em algo desse tipo? Uma observação de que particularmente gosto no trabalho de Vasso é simplesmente essa... Quer dizer, sim, as pessoas me trataram como se eu fosse um tolo! Quero dizer, como diabos alguém poderia ter pensado que eu fosse acreditar em algo como isso! Isso era realmente bastante destrutivo, e eu bem cedo simplesmente parei de ler as coisas a meu respeito, em especial as vindas dos filósofos. Porque ficava furioso demais. Eu sabia que não podia responder, mas ficava furioso demais tentando lê-las e eu as jogava longe, e não terminava de lê-las, e acabava perdendo qualquer coisa que pudesse ter sido de utilidade nisso, por causa dessa fúria. Era doloroso demais.

Sobre história e filosofia... Bem, falei que esses são campos bem diferentes. Falo deles como ideologias diferentes, com metas diferentes e, correspondentemente, com métodos diferentes, com diferenças sobre o que obrigatoriamente se tem responsabilidade. Ambos dirão: "sim, mas isso é trivial, mas isso não importa". Mas os historiadores e os filósofos se sentem autorizados a dizê-lo, bem como capazes de dizê-lo, em circunstâncias muito diferentes. Por outro lado, tenho a impressão de que pode haver bastante fertilização cruzada, caso se consiga ter alguma interação entre os dois grupos, o que se torna mais difícil do que fácil em um sentido, porque os historiadores pararam de lidar com questões técnicas. Mas acho que há muita coisa a fazer em interação, e pelo menos me apresento como um exemplo, porque, embora nunca seja um filósofo e um historiador ao mesmo tempo, os dois de fato interagem. E esse é o arranjo ideal, do meu ponto de vista.

K. GAVROGLU: Depois do aparecimento da *Estrutura*... e não totalmente independente dela, a história da ciência ramificou-se em algumas abordagens bem articuladas. O que se tornou conhecido como o Programa Forte tem sido a mais controversa. Embora você tenha, não muito sistematicamente, expresso sua posição sobre o Programa Forte, acho que poderia ser interessante que nos dissesse qual a sua opinião sobre as contribuições acadêmicas [*scholarship*] de tal Programa.

T. KUHN: Deixem-me contar-lhes duas histórias. Uma é que, quando apresentei aquela conferência sobre as relações entre a história e a filosofia da ciência, um filósofo veio até mim depois e disse: "Mas nós temos uma *contribuição acadêmica* tão boa! Nós temos *acadêmicos* tão bons na história da filosofia!". Sim, mas eles não estão fazendo história. Quer dizer, eu não disse isso naquela ocasião. Mas digo isso porque você usou a expressão, o que penso da contribuição acadêmica. Ela é, com frequência, pra lá de boa! Vocês e eu falamos sobre *Leviathan and the Air Pump* [Leviatã e a bomba de ar],[45] no qual eu acho que a contribuição acadêmica é muito boa, e que é um livro muito fascinante. Incomoda-me demais que eles [os autores] não consigam entender o que agora todo mundo aprende no ensino médio, ou mesmo na escola elementar, a respeito da teoria do barômetro... Eles falam sistematicamente da "vacuidade" dos diálogos entre Hobbes e Boyle, e entendem tudo muito mal. Eu disse a vocês, quando falamos antes sobre isso, eles falam de como Boyle oscila entre falar sobre "pressão" e falar sobre "a mola do ar". Não é uma maneira consistente de falar, mas há um motivo muito importante pelo qual ele não deixou de se expressar dessa forma; essas não são coisas irrelevantes. Ele usa um modelo hidrostático. Os modelos hidrostáticos lidam com um fluido incomprimível. O ar não é um fluido incomprimível. Assim, o que se obtém, em um caso, pressionando diretamente para baixo, pode ser obtido, em outro, também por compressão; e podem-se ter as duas coisas juntas. Se ele oscila entre as duas formas... é porque elas não são incompatíveis; são maneiras diferentes de falar sobre a mesma coisa, mas seria melhor que estivessem mais profundamente integradas do que estavam no momento em que Boyle falava delas; há, aí, uma incompletude. De fato, elas evidenciam a impossibilidade de demonstrar que as explicações do barômetro que falam de um fluido sutil entrando e enchendo o topo... não se pode, de fato, mostrar que elas estão erradas – essas são as explicações da antiperistalse. Claro que não se pode mostrar que elas estão erradas, mas o que [Shapin e Schaffer] deixam totalmente de perceber é o poder explicativo muito maior do que se obtém, incluindo-se aí diretamente o experimento de Puy-de-Dôme e muitos ou-

---

45 Shapin; Schaffer, *Leviathan and the Air Pump*.

tros. Desse modo, há toda uma possível justificação racional para se oscilar entre uma e outra dessas maneiras, quer se pense que mostrou que há um vácuo na natureza, quer não. E esse tipo de coisa me incomoda. E como eu também disse a você, Kostas, o que realmente mais me incomoda nisso é que os próprios estudantes de história da ciência não ligam. Falei isso com Norton [Wise]; foi ele que, de certa forma, me levou a ler *Leviathan and the Air Pump*; que penso ser, de muitas maneiras, um livro extraordinariamente interessante e bom. Assim, não é a contribuição acadêmica que me incomoda. Norton, que é ele próprio um físico, pensou a esse respeito, sentiu que eu estava certo e tratou da questão com seus alunos. Ele me disse que ninguém na classe podia ver que isso tivesse alguma importância. É com isso que me incomodo. Quer dizer, isso me aborrece. Agora as coisas estão novamente mudando de direção, e não sei o que vai sair daí. Não é que eu pense que está tudo errado. Falei a vocês que o termo "negociação" me parece realmente correto, mas, quando falo em "deixar a natureza entrar", está claro que esse é um aspecto ao qual o termo "negociação" se aplica apenas metaforicamente, ao passo que é razoavelmente literal nos outros casos. Mas não se falará de nada que mereça ser chamado de ciência caso se exclua o papel da [natureza]. Algumas dessas pessoas simplesmente afirmam que ela não tem papel algum, que ninguém mostrou que faz alguma diferença. Ora, não creio que continuem mais dizendo coisas assim, mas não penso que se esteja retornando ao ponto de partida, ao ponto em que eles realmente começaram com isso... não li o último livro de Pickering, *The Mangle of Practice* [A desfiguração da prática].[46]

V. KINDI: E a respeito do grupo de Stegmüller?

T. KUHN: Olhe, eu não sei; é indiscutível o quanto eu tive a ver com Sneed. Fiquei conhecendo o trabalho deles por intermédio de Stegmüller. Ele me enviou uma cópia da revista – acho que falei com Aristides sobre isso, e creio que ficaria feliz de ter isso gravado na fita. Ele me enviou uma cópia de *Theorienstrukturen und Theoriendynamik* [Estrutura e dinâmica de teorias],[47] com uma dedicatória muito amável e um cartão no qual ele se descrevia como um carnapiano que estava talvez se tornando um protokuh-

---

46 Pickering, *The Mangle of Practice: Time, Agency and Science*.
47 Stegmüller, *Probleme und Resultate der Wissenschaftstheorie und analytischen Philosophie* [Ed. norte-americana: *The Structure and Dynamics of Theories*].

niano, ou algo assim. Comecei a olhar o livro e me dei conta: "Tenho de aprender a ler isso", mas estava tudo em alemão e nos termos da teoria de conjuntos, e eu não conhecia a teoria de conjuntos, não sabia o que era uma função tal como representada na teoria de conjuntos. Eu ainda realmente não sei teoria de modelos e não tenho o vocabulário em alemão para nada disso. Mas me dei conta de que tinha de ler o livro; isso me tomou dois ou três anos – um ano e meio, talvez. Eu costumava levá-lo em avião, coisas assim, e bebericar um pouco mais dele. Achei que era imensamente instigante! A coisa que nele eu não podia apoiar era a tese da redução, que era basicamente mais uma vez a tese da linguagem única. Mas achei que o que ele dizia sobre paradigmas chegava mais perto do que eu tinha em mente do que qualquer outra coisa que havia visto escrita por um filósofo. Ou, na verdade, por qualquer outra pessoa... consideravam-se os paradigmas como exemplos e, desse ponto de vista, dizia-se que não se tem uma estrutura a menos que se incluam nela, ao menos alguns, exemplos. Ora, essas eram afirmações extremamente interessantes, mais que isso, algo do que estive fazendo desde então alimentou-se, de certa maneira, da discussão acerca delas. Quer dizer, provavelmente nunca teria escrito a porção a respeito da aprendizagem de força, massa etc. naquele artigo, se não tivesse sido exposto alguns anos antes às ideias de Sneed-Stegmüller. Creio ser algo de primeiríssima classe. Certamente teve um impacto sobre mim, e isso vai mais uma vez ficar evidente: vou falar um pouco disso nesse livro que estou escrevendo. Eu disse a Sneed: "Não creio que você tenha chegado a isso por meu intermédio", e ele disse: "Não esteja tão certo, eu tinha lido você!".

Tentei fazer que filósofos ficassem mais interessados nesse assunto. E, no todo, por um longo tempo, não tive nenhum sucesso. Agora, todo mundo está falando a respeito da concepção semântica das teorias – mas, no geral, deixando Sneed e Stegmüller de fora. E acho que vejo agora a razão; estive dando uma olhada no livro de Fred Suppe, e acho que percebo o porquê. Eles não querem voltar a qualquer coisa que se pareça com...

A. BALTAS: Modelos?

T. KUHN: Bem, não é isso. Quer dizer, estruturas são formais. Eles veem a ramseyficação, o uso de sentenças de Ramsey, como reintroduzindo – e é por isso que Sneed as usa – algo parecido com a distinção teoria/observação. E pensam que não há mais lugar para isso. Mas, a menos que você tenha algo como isso... não simplesmente o teórico/observacional, também não acredito nisso, mas com certeza um vocabulário antecedente, ou vocabulário compartilhado... Se se adota a perspectiva dinâmica, deve-se ter algo que fale da revisão de terminologia e introdução de nova terminologia como parte da introdução de uma nova teoria, de uma nova estrutura. E não penso que se possa fazer isso sem aquele elemento. Segue-se daí que eu ainda aponte a versão de Sneed-Stegmüller como uma das que melhor se ajustam ao que está ocorrendo. Ela se adapta à abordagem histórica evolutiva.

K. GAVROGLU: Ainda que você tenha tido pelo menos dois orientandos em história da ciência, você não teve nenhum em filosofia da ciência.

T. KUHN: Nunca orientei um estudante de pós-graduação em filosofia.

K. GAVROGLU: Podemos passar à última questão.

T. KUHN: Sim. Veja, há apenas um de meus alunos – ele não obteve seu título comigo –, Jed Buchwald, que faz o tipo de história das ideias analíticas que faço e que adoro fazer. Fui eu quem o levou à história da ciência quando ele era um estudante de graduação; obtive seu título em Harvard. E prosseguiu nisso desde então. Mas todos os meus demais estudantes, de uma maneira ou de outra, tomaram mais a direção... não, isso não é inteiramente verdadeiro... mas, na maior parte, eles se voltaram para coisas que são muito mais orientadas para ciência e sociedade, ambiente social da ciência, instituições, e assim por diante. O que é um desenvolvimento natural, considerando-se a direção que o campo tomou e dada a necessidade de qualquer estudantes de pós-graduação de ganhar sua independência do papai. Mas eu teria me alegrado se Jed não tivesse sido o único a continuar com isso.

A. BALTAS: Tenho duas questões – uma não é realmente uma questão, mas você disse que não tinha terminado com Princeton ainda, você pode querer acrescentar alguma coisa a respeito de seus colegas, a atmosfera entre os estudantes...

T. KUHN: Veja, há apenas uma única coisa que eu realmente gostaria de acrescentar. Eu gostei demais de Princeton. Tive bons colegas, tive bons estudantes. Não fui muito longe na minha tentativa de dialogar com os filósofos, e uma das vantagens de estar no MIT é que os filósofos não têm tanta certeza de que sejam tão bons quanto aqueles em Princeton. Assim, é mais fácil chegar até eles – não é muito fácil, de qualquer modo, pois eles *são* muito bons. As coisas por lá transcorreram bem para mim, e o motivo pelo qual saí e fui para o MIT é porque eu tinha me divorciado. Não era nada envolvendo MIT *versus* Princeton como tal. Olhe, há uma coisa que deveria ser mencionada. Depois de ter estado lá... não tenho certeza de qual teria sido a data, um tanto depois de minha chegada, mas não no final de meu período lá, Princeton anunciou sua disposição em deixar que as pessoas negociassem uma carga de trabalho reduzida com salário reduzido. Minha mãe morreu nesse ínterim, eu estava em condições de fazê-lo e queria mais tempo para meu próprio trabalho. E assim fiz. Fui então convidado a ser membro estável do Instituto de Estudos Avançados, algo alheio à faculdade. Por isso, eu fiquei com um escritório lá. Isso me levou a interagir com algumas pessoas que talvez não tivesse conhecido de modo algum, e algumas dessas interações variaram de pouca a muita importância. Aquela que teve muita importância, creio, foi com Clifford Geertz, o antropólogo. Fiquei conhecendo algumas outras pessoas de quem gostei e das quais obtive encorajamento, mas não acho que tenha havido muita influência intelectual – uma foi a de Quentin Skinner, que é filósofo e cientista político em Cambridge, na Inglaterra, e a outra foi a de um jovem historiador, chamado William Sewell, que está agora no Departamento de Ciência Política em Chicago. Ambos desenvolvem seus trabalhos de maneira profundamente atraente.

K. GAVROGLU: Por que o MIT e não Harvard?

T. KUHN: Harvard não me queria. Além do mais, se [Harvard tivesse me convidado e] eu tivesse podido recusar, "Recuse!" teria sido um excelente conselho. Quando se soube que eu estava procurando colocação, Harvard não me chamou, o MIT sim. Mas vocês sabem o suficiente a respeito do Departamento de Harvard para ver por que aconteceria.

A. BALTAS: A outra questão é um tipo de declaração política diante de tradições em filosofia. Uma das observações feitas a seu respeito – e eu acho que numa conversa privada nós mais ou menos concordamos nisso – é que seu trabalho talvez não tenha em parte explicado por que teve a influência que teve. É um tipo de trabalho que cruza as fronteiras entre as tradições filosóficas. Você não pode ser rotulado de metafísico continental, mas, também, não pode ser rotulado como alguém que não sabe lógica e teorias da explicação, e coisas assim. Assim, dado que essa divisão está sendo de algum jeito transposta, como você se vê ante isso?

T. KUHN: Oh, pensei que você me perguntaria sobre as tradições na filosofia. Veja, deve haver algo correto aí, quer dizer, você começa constatando: eis aqui um homem que nunca foi treinado como filósofo, que tem sido um amador aprendendo cada vez mais coisas sobre o assunto por si mesmo, de interações etc. – mas não um filósofo. Um físico que se tornou historiador para responder a objetivos filosóficos. A filosofia que eu conheço e à qual fui exposto, e as pessoas de meu ambiente com quem falo vieram todas, de uma maneira ou de outra, da tradição inglesa do empirismo lógico. Essa era uma tradição que, de modo geral, não tinha uso algum para a tradição filosófica continental e, particularmente, para a tradição filosófica alemã. Penso que, em um sentido ou outro, posso ser descrito como tendo, em certa medida, reinventado essa tradição para meu próprio uso. Claramente não é a mesma coisa, há várias maneiras por que ela segue outras direções, retrocede etc. – há todo um corpo de trabalho aí que eu nem mesmo conheço muito bem. Mas, quando as pessoas dizem "Heidegger diz isso", ou algo do gênero, sim, ele provavelmente disse, eu não li, e se tivesse lido me dá prazer pensar que isso ajudaria a transpor a lacuna. E acho que isso é parte do que se está fazendo. Esse é um ponto de vista que sustento, mas não é uma declaração a respeito de tradições filosóficas em geral; não existiria filosofia não fossem as tradições.

K. GAVROGLU: Quem foi o Kuhn público?

T. KUHN: A resposta a essa questão, Kostas, é complicada. Conheci alguém em Princeton que me congratulou por eu ter evitado ser um guru. Seria demais dizer que, em absoluto, eu não o quisesse ser, embora não o quisesse de nenhuma maneira que consiga imaginar; isso me deixava morrendo de medo. Quer dizer, eu sou ansioso, um neurótico – não fico roendo as unhas, não sei por que não roo as unhas... Assim, tenho uma fortíssima propensão a recusar convites para aparecer na TV; recebi alguns, não muitos, mas isso é, em parte, porque corre a notícia de que eu os recuso. De certa forma, sinto-me assim também em relação a entrevistas. Embora tenha dado algumas entrevistas, tento estabelecer condições (a) de que eu não seja entrevistado por alguém que não conhece meu trabalho, incluindo meu trabalho mais recente, e (b) que eu possa olhar a transcrição antes que seja publicada e reter algum controle sobre ela. E essas não são condições bem-vindas no grande mundo em que são feitas as entrevistas. Assim, não houve muitas entrevistas, o que é uma boa coisa. Esse não é um comentário a respeito desta entrevista... Vejam, estou dizendo algumas coisas que estou feliz em pensar que circularão em algum lugar.

K. GAVROGLU: Mas lembro que uma vez você mencionou para mim, e então, por alguma razão, não pudemos continuar a conversa, esse julgamento a respeito do criacionismo ao qual pediram que você fosse, no Arizona.

T. KUHN: Olha, desse eu declinei acho que por uma excelente razão. [As pessoas que me abordaram estavam resistindo aos criacionistas. Eu era simpático a elas, mas] não achei que houvesse chance alguma... Quer dizer, eu era usado pelos criacionistas, pelo amor de Deus![48] Pelo menos em certa medida. E não pensei ser possível alguém que não acreditasse inteiramente na Verdade e em chegar cada vez mais perto dela, e que achasse que a essência da demarcação da ciência fosse a resolução de quebra-cabeças, ser capaz de desempenhar esse papel. Achava que isso iria fazer mais mal do que bem, e foi o que disse a eles.

K. GAVROGLU: E sobre quando você estava na National Science Foundation e as diretrizes de pesquisa na história e filosofia da ciência?

T. KUHN: Eu certamente estive em vários comitês nos velhos tempos. Em comitês, particularmente em comitês de bolsa, para analisar candidatos a bolsa, mas também estive em vários outros comitês. Eu considerava uma obrigação profissional e o fiz. Mas nunca tentei desempenhar um papel de liderança. E, nas poucas vezes em que fiquei, de um modo ou de outro, muito furioso a respeito de alguma coisa que estava acontecendo, fui totalmente ineficaz – em parte porque eu estava furioso.

A. BALTAS: Você não comentou absolutamente nada de seu trabalho mais recente, no que está trabalhando agora, mas talvez possa nos dar uma ideia de qual é o estado da área atualmente.

T. KUHN: Que área?

A. BALTAS: Ambas. Quer dizer, tanto história quanto filosofia da ciência.

T. KUHN: Não estou próximo o suficiente da história da ciência. Quero dizer que eu realmente, como venho nestes últimos dez, quinze anos, de fato tentando desenvolver essa posição filosófica, simplesmente parei de ler história da ciência. Não tenho lido praticamente nada em história da ciência. Olhe, a verdade é que a época em que parei de ler história da ciência,

---

48 Os criacionistas citaram Kuhn em apoio à sua posição contra a ciência.

não totalmente, mas em grande parte, foi quando eu estava escrevendo a *Estrutura*. Eu tive de parar de ler para fazer isso. A hora em que acabei aquele trabalho, a literatura tinha se expandido extraordinariamente. Mas isso não significa que eu parei de lê-la; continuei lendo coisas nos campos em que estava trabalhando até Princeton, e continuei acompanhando parte da literatura. Ninguém teria podido acompanhá-la em sua totalidade, e eu nem mesmo tentei. Mas agora não estou fazendo nada disso. Vejo referências de uma ou outra coisa, e penso: isso parece muito interessante e nem sabia que existia. Assim, não quero comentar a respeito do estado atual da área, exceto no sentido em que já comentei ao dizer que gostaria que fosse dada mais atenção às internalidades da ciência. Além desse ponto, não quero ir.

A. BALTAS: E a filosofia da ciência?

T. KUHN: [sussurro conspiratório] Acho que está todo mundo esperando pelo meu livro!

V. KINDI: Nós certamente precisamos dele. Você tem outros interesses? ... como ouvir música, um interesse em pintura...

K. GAVROGLU: Obsessões. Obsessões exceto filosofia da ciência.

T. KUHN: Você realmente não quer saber! Eu leio romances policiais.

V. KINDI: Oh, isso soa a Wittgenstein.

T. KUHN: E certamente gosto de música – demorei para descobrir que gostava, em parte porque eu tinha um pai musical e um irmão mais novo muito musical, e isso não foi bom para minha relação com a música. As pessoas costumavam ter sinfonias nos toca-discos, ou me levavam a sinfonias; eu não gostava disso, quer dizer, elas me aborreciam pra caramba! Quando descobri a música de câmara, meus sentimentos mudaram. Não ouço muito, é difícil, para mim, ficar sentado quieto, mas gosto do gênero. E isso nós ainda fazemos, não vamos muito a concertos, por uma ou outra razão. Gosto de teatro, embora nós não o frequentemos muito. Eu gosto, ou costumava gostar, de ler. Mas a maior parte do que leio são romances policiais. Lembro que meus filhos costumavam caçoar – não exatamente me ridicularizar, mas esperar que eu lesse outro tipo de coisa. Mas lembro que quando minha filha entrou para a academia, passou a ler romances policiais! Ela me disse: "É a única coisa que eu consigo ler que não parece trabalho!". É isso! Jehane desdenhava os romances policiais quando casou comigo, e agora lê quase tantos deles quanto eu! Sou um corruptor das mentes!

PUBLICAÇÕES DE THOMAS S. KUHN

Uma versão anterior desta bibliografia das publicações de Thomas S. Kuhn foi preparada por Paul Hoyningen-Huene e incluída em seu livro Reconstructing Scientific Revolutions: *Thomas S. Kuhn's Philosophy of Science (Chicago: University of Chicago Press, 1993). Stefano Gattei atualizou e expandiu essa bibliografia para o volume* Thomas S. Kuhn: *Dogma contro critica (Milano: Rafaello Cortina Editore, 2000), que ele editou. Os editores e a University of Chicago Press agradecem a ambos pela permissão de incluir a bibliografia neste volume.*

***

Livros e Artigos

1945   On General Education in a Free Society (Abstract). *Harvard Alumni Bulletin*, v.48, n.1, 22 de setembro de 1945, p.23-4.

1945   On General Education in a Free Society (Subjective View). *Harvard Alumni Bulletin*, v.48, n.1, 22 de setembro de 1945, p.29-30.

1949   The Cohesive Energy of Monovalent Metals as a Function of Their Atomic Quantum Defects (Tese de doutorado). Harvard University, Cambridge, MA.

1950   (com John H. van Vleck) A Simplified Method of Computing the Cohesive Energies of Monovalent Metals. *Physical Review*, v.79, p.382-8.

1950   An Application of the W. K. B. Method to the Cohesive Energy of Monovalent Metals. *Physical Review*, v.79, p.515-9.

1951   A Convenient General Solution of the Confluent Hypergeometric Equation, Analytic and Numerical Development. *Quarterly of Applied Mathematics*, v.9, p.1-16.

1951   Newton's "31ˢᵗ Query" and the Degradation of Gold. *Isis*, v.42, p.296-8.

1952   Robert Boyle and Structural Chemistry in the Seventeenth Century. *Isis*, v.43, p.12-36.

1952   Reply to Marie Boas: Newton and the Theory of Chemical Solution. *Isis*, v.43, p.123-4.

1952   The Independence of Density and Pore-Size in Newton's Theory of Matter. *Isis*, v.43, p.364-5.

1953   Resenha de *Ballistics in the Seventeenth Century*: A Study in the Relations of Science and War with Reference Principally to England, de A. Rupert Hall. *Isis*, v.44, p.284-5

1953   Resenha de *The Scientific Work of René Descartes (1596-1650)*, de Joseph F. Scott, e de *Descartes and the Modern Mind*, de Albert G. A. Balz. *Isis*, v.44, p.285-7.

1953   Resenha de *The Scientific Adventure*: Essays in the History and Philosophy of Science, de Herbert Dingle. *Speculum*, v.28, p.879-80.

1954   Resenha de *Main Currents of Western Thought*: Reading in Western European Intellectual History from the Middle Ages to the Present, editado por Franklin L. Baumer. *Isis*, v.45, p.100.

1954   Resenha de *Galileo Galilei*: Dialogue on the Great World Systems, edição revisada e anotada por Giorgio de Santillana, e de *Galileo Galilei*: Dialogue Concerning the Two Chief World Systems – Ptolemaic and Copernican, traduzido por Stillman Drake. *Science*, v.119, p.546-7.

1955   Carnot's Version of "Carnot's Cycle". *American Journal of Physics*, v.23, p.91-5.

1955   La Mer's Version of "Carnot's Cycle". *American Journal of Physics*, v.23, p.387-9.

1955   Resenha de *New Studies in the Philosophy of Descartes*: Descartes as Pioneer and Descartes' Philosophical Writings, editado por Norman K. Smith, e de *The Method of Descartes: A Study of the Regulae*, de Leslie J. Beck. *Isis*, v.46, p.377-80.

1956   History of Science Society. Minutes of Council Meeting of 15 September 1955. *Isis*, v.47, p.455-7.

1956   History of Science Society. Minutes of Council Meetings of 28 December 1955. *Isis*, v.47, p.457-9.

1956   Report of the Secretary, 1955. *Isis*, v.47, p.459.

1957   *The Copernican Revolution*: Planetary Astronomy in the Development of Western Thought. Prefácio de James B. Conant. Cambridge, MA: Harvard University Press, 1957. (Edições sucessivas: 1959, 1966 e 1985.)

1957   Resenha de *A Documentary History of the Problem of Fall from Kepler to Newton: De Motu Gravium Naturaliter Cadentium in Hypothesi Terrae Motae*, de Alexandre Koyré. *Isis*, v.48, p.91-3

1958   The Caloric Theory of Adiabatic Compression. *Isis*, v.49, p.132-40.

1958   Newton's Optical Papers. In: *Isaac Newton's Papers and Letters on Natural Philosophy, and Related Documents*, edição e introdução geral de I. Bernard Cohen. Cambridge, MA: Harvard University Press, p.27-45.

1958   Resenha de *From the Closed World to the Infinite Universe*, de Alexandre Koyré. *Science*, v.127, p.641.

1958   Resenha de *Copernicus*: The Founder of Modern Astronomy, de Angus Armitage. *Science*, v.127, p.972.

1959   The Essential Tension: Tradition and Innovation in Scientific Research. In: *The Third (1959) University of Utah Research Conference on the Identification of Creative Scientific Talent*, editado por Calvin W. Taylor. Salt Lake City: University of Utah Press, 1959, p.162-74. Reimpresso em *The Essential Tension*: Selected Studies in Scientific Tradition and Change. Chicago: University of Chicago Press, 1977, p.225-39.

1959   (com Norman Kaplan) Committee Report on Environmental Con-
ditions Affecting Creativity. In: *The Third (1959) University of
Utah Research Conference on the Identification of Creative Scientific
Talent*, editado por Calvin W. Taylor. Salt Lake City: University of
Utah Press, 1959, p.313-6.

1959   Energy Conservation as an Example of Simultaneous Discovery.
In: *Critical Problems in the History of Science*, editado por Mar-
shall Clagett. Madison: University of Wisconsin Press, p.321-56.
Reimpresso em *The Essential Tension*: Selected Studies in Scientific Tradition and Change. Chicago: University of Chicago Press,
1977, p.66-104.

1959   Resenha de *A History of Magic and Experimental Science*, v.7 e 8
(*The Seventeenth Century*), de Lynn Thorndike. *Manuscripta*, v.3,
p.53-7.

1959   Resenha de *The Tao of Science*: An Essay on Western Knowledge
and Eastern Wisdom, de Ralph G. H. Siu. *Journal of Asian Studies*,
v.18, p.284-5.

1959   Resenha de *Sir Christopher Wren*, de John N. Summerson. *Scripta
Mathematica*, v.24, p.158-9.

1960   Engineering Precedent for the Work of Sadi Carnot. *Archives In-
ternationales d'Histoire des Sciences*, ano XIII, v.52-53, p.251-5,
dezembro de 1960. Também em *Actes du IXᵉ Congrès International
d'Histoire des Sciences*, Asociación para la Historia de la Ciencia
Española, v.I, Barcelona: Hermann & Cie, 1960, p.530-5.

1961   The Function for Measurement in Modern Physical Science. *Isis*,
v.52, p.161-93. Reimpresso em *The Essential Tension*: Selected
Studies in Scientific Tradition and Change. Chicago: University of
Chicago Press, 1977, p.178-224.

1961   Sadi Carnot and the Cagnard Engine. *Isis*, v.52, p.567-74.

1962   *The Structure of Scientific Revolutions*. International Encyclopedia
of Unified Science: Foundations of The Unity of Science, v.2, n.2.
Chicago: University of Chicago Press, 1962. [Ed. bras.: *A estrutura
das revoluções científicas*. São Paulo: Perspectiva, 1978.]

1962   Comment [on *Intellect and Motive in Scientific Inventors*: Implications for Supply, de Donald W. MacKinnon]. In: *The Rate and Direction of Inventive Activity*: Economic and Social Factors. Princeton: Princeton University Press, p.379-84. (National Bureau of Economic Research, Special Conference Series, v.13.)

1962   Comment [on *Scientific Discovery and the Rate of Invention*, de Irving H. Siegel]. In: *The Rate and Direction of Inventive Activity*: Economic and Social Factors. Princeton: Princeton University Press, p.450-7. (National Bureau of Economic Research, Special Conference Series, v.13.)

1962   Historical Structure of Scientific Discovery. *Science*, v.136, p.760-74. Reimpresso em *The Essential Tension*: Selected Studies in Scientific Tradition and Change. Chicago: University of Chicago Press, 1977, p.165-77.

1962   Resenha de *Forces and Fields*: The Concept of Action at a Distance in the History of Physics, de Mary B. Hesse. *American Scientist*, v.50, p.442A-3A.

1963   The Function of Dogma in Scientific Research. In: *Scientific Change*: Historical Studies in the Intellectual, Social and Technical Conditions for Scientific Discovery and Technical Invention, from Antiquity to the Present, editado por Alistair C. Crombie. Londres: Heinemann Educational Books, p.347-69.

1963   Discussion [on The Function of Dogma in Scientific Research]. In: *Scientific Change*: Historical Studies in the Intellectual, Social and Technical Conditions for Scientific Discovery and Technical Invention, from Antiquity to the Present, editado por Alistair C. Crombie. Londres: Heinemann Educational Books, p.386-95.

1964   A Function for Thought Experiments. In: *Mélanges Alexandre Koyré*. Paris: Hermann, 1964, p.307-34 (*L'aventure de l'esprit*, v.2). Reimpresso em *The Essential Tension*: Selected Studies in Scientific Tradition and Change. Chicago: University of Chicago Press, 1977, p.240-65.

1966   Resenha de *Towards an Historiography of Science, History and Theory*, Beiheft 2, de Joseph Agassi. *British Journal for the Philosophy of Science*, v.17, p.256-8.

1967   (com John L. Heilbron, Paul Forman e Lini Allen) *Sources for History of Quantum Physics*: An Inventory and Report. Philadelphia: The American Philosophical Society. (Memoirs of the American Philosophical Society, v.68.)

1967   The Turn to Recent Science: Resenha de *The Questioners*: Physicists and the Quantum Theory, de Barbara L. Cline; *Thirty Years that Shook Physics*: The Story of Quantum Theory, de George Gamow; *The Conceptual Development of Quantum Mechanics*, de Max Jammer; *Korrespondenz, Individualität, und Komplementariät*: eine Studie zur Geistesgeschichte der Quantentheorie in den Beiträgen Niels Bohrs, de Klaus M. Meyer-Abich; *Niels Bohr*: The Man, His Science, and the World They Changed, de Ruth E. Moore; e *Sources of Quantum Mechanics*, editado por Bartel L. van der Waerden. *Isis*, v.58, p.409-19.

1967   Resenha de *The Discovery of Time*, de Stephen E. Toulmin e June Goodfield. *American Historical Review*, v.72, p.925-6.

1967   Resenha de *Michael Faraday*: A Biography, de Leslie Pearce Williams. *British Journal for the Philosophy of Science*, v.18, p.148-54.

1967   Reply to Leslie Pearce Williams. *British Journal for the Philosophy of Science*, v.18, p.233.

1967   Resenha de *Niels Bohr*: His Life and Work As Seen By His Friends and Colleagues, editado por Stefan Rozental. *American Scientist*, v.55, p.339A-40A.

1968   The History of Science. In: *International Encyclopedia of the Social Sciences*, v.14, editado por David L. Sills. New York: The Macmillan Company & The Free Press, p.74-83. Reimpresso em *The Essential Tension*: Selected Studies in Scientific Tradition and Change. Chicago: University of Chicago Press, 1977, p.105-26.

1968   Resenha de *The Old Quantum Theory*, editado por D. ter Haar. *British Journal for the History of Science*, v.98, p.80-1.

1969   (com John L. Heilbron) The Genesis of the Bohr Atom. *Historical Studies in the Physical Sciences*, v.1, p.211-90.

1969   Contributions [to the discussion of New Trends in History]. *Daedalus*, v.98, p.896-7, 928, 943, 944, 969, 971-2, 973, 975, 976.

1969   Comment [on the Relations of Science and Art]. *Comparative Studies in Society and History*, v.11, p.403-12. Reimpresso como: Comments on the Relations of Science and Art. In: *The Essential Tension*: Selected Studies in Scientific Tradition and Change. Chicago: University of Chicago Press, 1977, p.340-51.

1969   Comment [on *The Principle of Acceleration*: A Non-dialectical Theory of Progress, de Folke Dovring]. *Comparative Studies in Society and History*, v.11, p.426-30.

1970   Logic of Discovery or Psychology of Research? In: *Criticism and the Growth of Knowledge*: Proceedings of the International Colloquium in the Philosophy of Science, London 1965, v.4, editado por Imre Lakatos e Alan E. Musgrave. Cambridge: Cambridge University Press, p.1-23. [Ed. bras.: *A crítica e o desenvolvimento do conhecimento*. São Paulo: Cultrix/Edusp, 1979.] Reimpresso em *The Essential Tension: Selected Studies in Scientific Tradition and Change*. Chicago: University of Chicago Press, 1977, p.266-92.

1970   Reflections on My Critics. In: *Criticism and the Growth of Knowledge*: Proceedings of the International Colloquium in the Philosophy of Science, London 1965, v.4, editado por Imre Lakatos e Alan E. Musgrave. Cambridge: Cambridge University Press, p.231-78. Reimpresso neste volume como o Ensaio 6.

1970   *The Structure of Scientific Revolutions*. 2.ed. rev. International Encyclopedia of Unified Science: Foundations of the Unity of Science, v.2, n.2. Chicago/Londres: The University of Chicago Press.

1970   Comment [on *Uneasily Fitful Reflections on Fits of Easy Transmission*, de Richard S. Westfall]. In: *The Annus Mirabilis of Sir Isaac Newton 1666-1966*, editado por Robert Palter. Cambridge, MA: MIT Press, p.105-8.

1970   Alexandre Koyré & the History of Science: On an Intellectual Revolution. *Encounter*, v.34, p.67-9.

1971   Notes on Lakatos. In: *PSA 1970*: In Memory of Rudolf Carnap, Proceedings of the 1970 Biennial Meeting, Philosophy of Science Association, editado por Roger C. Buck e Robert S. Cohen. Dordrecht/Boston: D. Reidel, p.137-46. (Boston Studies in the Philosophy of Science, v.8.)

1971   Les notions de causalité dans le développment de la physique. Tra-
        duzido por Gilbert Voyat. In: *Les theóries de la causalité*, de Mario
        Bunge, Francis Halbwachs, Thomas S. Kuhn, Jean Piaget e Leon
        Rosenfeld. Paris: Presses Universitaires de France, 1971, p.7-18.
        (Bibliothèque Scientifique Internationale, Études d'épistémologie
        génétique, v.25.) Reimpresso em *The Essential Tension*: Selected
        Studies in Scientific Tradition and Change. Chicago: University of
        Chicago Press, 1977, p.21-30.

1971   The Relations between History and History of Science. *Daedalus*,
        v.100, p.271-304. Reimpresso em *The Essential Tension*: Selected
        Studies in Scientific Tradition and Change. Chicago: University of
        Chicago Press, 1977, p.127-61.

1972   Scientific Growth: Reflections on Ben David's "Scientific Role".
        Minerva, v.10, p.166-78.

1972   Resenha de *Paul Ehrenfest 1*: The Making of a Theoretical Physi-
        cist, de Martin J. Klein. *American Scientist*, v.60, p.98.

1973   Historical Structure of Scientific Discovery. In: *Historical Concep-
        tions of Psychology*, editado por Mary Henle, Julian Jaynes e John J.
        Sullivan. New York: Springer, p.3-12.

1973   (editor, com Theodore M. Brown) *Index to the Bobbs-Merrill His-
        tory of Science Reprint Series*. Indianapolis, IN: Bobbs-Merrill.

1974   Discussion [on The Structure of Theories and the Analysis of Data,
        de Patrick Suppes]. In: *The Structure of Scientific Theories*, editado
        por Frederick Suppe. Urbana: University of Illinois Press, p.295-7.

1974   Discussion [on History and the Philosopher of Science, de I. Ber-
        nard Cohen]. In: *The Structure of Scientific Theories*, editado por
        Frederick Suppe. Urbana: University of Illinois Press, p.369-70,
        373.

1974   Discussion [on Science as Perception-Communication, de David
        Bohm, e Professor Bohm's View of the Structure and Development
        of Theories, de Robert L. Causey]. In: *The Structure of Scientific
        Theories*, editado por Frederick Suppe. Urbana: University of Illi-
        nois Press, p.409-12.

1974   Discussion [on Hilary Putnam's Scientific Explanation: An Editorial Summary-Abstract, de Frederick Suppe, e Putnam on the Corroboration of Theories, de Bas C. van Fraassen]. In: *The Structure of Scientific Theories*, editado por Frederick Suppe. Urbana: University of Illinois Press, p.454-5.

1974   Second Thoughts on Paradigms. In: *The Structure of Scientific Theories*, editado por Frederick Suppe. Urbana: University of Illinois Press, p.459-82. Reimpresso em *The Essential Tension*: Selected Studies in Scientific Tradition and Change. Chicago: University of Chicago Press, 1977, p.293-319.

1974   Discussion [on Second Thoughts on Paradigms]. In: *The Structure of Scientific Theories*, editado por Frederick Suppe. Urbana: University of Illinois Press, p.500-6, 507-9, 510-3, 515-7.

1975   Tradition mathématique et tradition expérimentale dans le développement de la physique. *Annales*, ano XXX, v.5, setembro-outubro de 1975, p.975-98.

1975   The Quantum Theory of Specific Heats: A Problem in Professional Recognition. In: *Proceedings of the XIV International Congress for the History of Science 1974*, v.1. Tokyo: Science Council of Japan, p.17-82.

1975   Addendum to "The Quantum Theory of Specific Heats". In: *Proceedings of the XIV International Congress for the History of Science 1974*, v.4. Tokyo: Science Council of Japan, p.207.

1976   Mathematical *versus* Experimental Traditions in the Development of Physical Science. *Journal of Interdisciplinary History*, v.7, p.1-31. Reimpresso em *The Essential Tension*: Selected Studies in Scientific Tradition and Change. Chicago: University of Chicago Press, 1977, p.31-65.

1976   Theory-Change as Structure Change: Comments on the Sneed Formalism. *Erkenntnis*, v.10, p.179-99. Reimpresso neste volume como o Ensaio 7.

1976   Resenha de *The Compton Effect*: Turning Point in Physics, de Roger H. Stuewer. *American Journal of Physics*, v.44, p.1231-2.

1977   *Die Entstehung des Neuen*: Studien zur Struktur der Wissenschafts-
       geschichte. Editado por Lorenz Krüger, traduzido por Hermann
       Vetter. Frankfurt am Main: Suhrkamp.

1977   *The Essential Tension*: Selected Studies in Scientific Tradition and
       Change. Chicago: University of Chicago Press. [Ed. bras.: *A tensão
       essencial*: estudos selecionados sobre tradição e mudança científica.
       São Paulo: Unesp, 2011.]

1977   The Relations between History and the Philosophy of Science. In:
       The Essential Tension: Selected Studies in Scientific Tradition and
       Change. Chicago: University of Chicago Press, 1977, p.3-20.

1977   Objectivity, Value Judgment and Theory Choice. In: *The Essential
       Tension*: Selected Studies in Scientific Tradition and Change. Chi-
       cago: University of Chicago Press, 1977, p.320-39.

1978   *Black-Body Theory and the Quantum Discontinuity*: 1894-1912.
       Oxford: Oxford University Press.

1978   Newton's Optical Papers. In: *Isaac Newton's Papers and Letters
       On Natural Philosophy, and Related Documents*. 2.ed., edição e
       introdução geral de I. Bernard Cohen. Cambridge, MA: Harvard
       University Press.

1979   History of Science. In: *Current Research in Philosophy of Science*,
       editado por Peter D. Asquith e Henry E. Kyburg. East Lansing,
       MI: Philosophy of Science Association, p.121-8.

1979   Metaphor in Science. In: *Metaphor and Thought*, editado por An-
       drew Ortony. Cambridge: Cambridge University Press, p.409-19.
       Reimpresso neste volume como o Ensaio 8.

1979   Prefácio a Ludwick Fleck, *Genesis and Development of Scientific
       Fact*, editado por Thaddeus J. Trenn e Robert K. Merton, traduzi-
       do por Fred Bradley e Thaddeus J. Trenn. Chicago: University of
       Chicago Press, p.vii-xi.

1980   The Halt and the Blind: Philosophy and History of Science. *British
       Journal for the Philosophy of Science*, v.31, p.181-92.

1980   Einstein's Critique of Planck. In: *Some Strangeness in the Propor-
       tion*: A Centennial Symposium to Celebrate the Achievements of
       Albert Einstein, editado por Harry Woolf. Reading, MA: Addi-
       son-Wesley, p.186-91.

1980   Open Discussion Following Papers by J. Klein and T. S. Kuhn. In: *Some Strangeness in the Proportion*: A Centennial Symposium to Celebrate the Achievements of Albert Einstein, editado por Harry Woolf. Reading, MA: Addison-Wesley, p.194.

1981   What Are Scientific Revolutions? *Occasional Paper*, v.18, Center for Cognitive Science, MIT. Reimpresso em *The Probabilistic Revolution*: Ideas in History, v.1, editado por Lorenz Krüger, Lorraine J. Daston e Michael Heidelberger. Cambridge, MA: MIT Press, p.7-22; reimpresso neste volume como o Ensaio 1.

1983   Commensurability, Comparability, Communicability. In: *PSA 1982*: Proceedings of the 1982 Biennial Meeting of the Philosophy of Science Association, v.2, editado por Peter D. Asquith e Thomas Nickles. East Lansing, MI: Philosophy of Science Association, p.669-88; reimpresso neste volume como o Ensaio 2.

1983   Response to Commentaries [on Commensurability, Comparability, Communicability]. In: *PSA 1982*: Proceedings of the 1982 Biennial Meeting of the Philosophy of Science Association, v.2, editado por Peter D. Asquith e Thomas Nickles. East Lansing, MI: Philosophy of Science Association, p.712-6.

1983   Reflections on Receiving the John Desmond Bernal Award. *4S Review: Journal of the Society for Social Studies of Science*, v.1, p.26-30.

1983   Rationality and Theory Choice. *Journal of Philosophy*, v.80, p.563-70. Reimpresso neste volume como o Ensaio 9.

1983   Prefácio a Bruce R. Wheaton, *The Tiger and the Shark*: Empirical Roots of Wave Particle Dualism. Cambridge: Cambridge University Press, p.ix-xiii.

1984   Revisiting Planck. *Historical Studies in the Physical Sciences*, v.14, p.231-52.

1984   *Black-Body Theory and the Quantum Discontinuity*: 1894-1912. Reimpresso com um pós-escrito em "Revisiting Planck", p.349-70. Chicago: University of Chicago Press, 1987.

1984   Professionalization Recollected in Tranquility. *Isis*, v.75, p.29-32.

1985   Specialization and Professionalism within the University [painel com Margaret L. King e Karl J. Weintraub]. *American Council of Learned Societies Newsletter*, v.36, n.3 e 4, p.23-7.

1986   The Histories of Science: Diverse Worlds for Diverse Audience. *Academe*, v.72, n.4, p.29-33.

1986   Rekishi Shosan toshite no Kagaku Chishiki [Conhecimento científico como um produto histórico], traduzido por Chikara Sasaki e Toshio Hakara. *Shisô*, 8 (746), p.4-18.

1989   Possible Worlds in History of Science. In: *Possible Worlds in Humanities, Arts and Sciences*: Proceedings of Nobel Symposium 65, editado por Sture Allén. Berlin: Walter de Gruyter, p.9-32. (Research in Text Theory, v.14.) Reimpresso neste volume como o Ensaio 3.

1989   Speaker's Reply [on Possible Worlds in History of Science]. In: *Possible Worlds in Humanities, Arts and Sciences*: Proceedings of Nobel Symposium 65, editado por Sture Allén. Berlin: Walter de Gruyter, p.49-51. (Research in Text Theory, v.14.)

1989   Prefácio a Paul Hoyningen-Huene, *Die Wissenschaftsphilosophie Thomas S. Kuhns*: Rekonstruktion und Grundlagenprobleme. Braunschweig, Wiesbaden: Friedrich Vieweg & Sohn, p.1-3.

1990   Dubbing and Redubbing: The Vulnerability of Rigid Designation. In: *Scientific Theories*, editado por C. Wade Savage. Minneapolis: University of Minnesota Press, p.298-318. (Minnesota Studies in the Philosophy of Science, v.14.)

1991   The Road since *Structure*. In: *PSA 1990*: Proceedings of the 1990 Biennial Meeting of the Philosophy of Science Association, v.2, editado por Arthur Fine, Micky Forbes e Linda Wessels. East Lansing, MI: Philosophy of Science Association, p.3-13. Reimpresso neste volume como o Ensaio 4.

1991   The Natural and the Human Sciences. In: *The Interpretive Turn*: Philosophy, Science, Culture, editado por David R. Hiley, James F. Bohman e Richard Shusterman. Ithaca, NY: Cornell University Press, p.17-24. Reimpresso neste volume como o Ensaio 10.

1992   The Trouble with the Historical Philosophy of Science. Robert and Maurine Rothschild Distinguished Lectures, 19 November 1991, Occasional Publications of the Department of the History of Science. Cambridge, MA: Harvard University, 1992. Reimpresso neste volume como o Ensaio 5.

1993   Afterwords. In: *World Changes*: Thomas Kuhn and the Nature of Science, editado por Paul Horwich. Cambridge, MA: MIT Press, p.311-4. Reimpresso neste volume como o Ensaio 11.

1993   Introdução a Bas C. van Fraassen, From Vicious Circle to Infinite Regress e Back Again. In: *PSA 1992*: Proceedings of the 1992 Biennial Meeting of the Philosophy of Science Association, v.2, editado por David Hull, Micky Forbes e Kathleen Okruhlik. East Lansing, MI: Philosophy of Science Association, p.3-5.

1993   Prefácio a Paul Hoyningen-Huene, *Reconstructing Scientific Revolutions*: Thomas S. Kuhn's Philosophy of Science, traduzido por Alexander T. Levine. Chicago: University of Chicago Press, p.xi-xiii.

1995   Remarks on Receiving the Laurea of the University of Padua. In: *L'Anno Galileiano*, 7 dicembre 1991-7 dicembre 1992, Atti delle celebrazioni galileiane (1592-1992). Trieste: Edizioni Lint, I, p.103-6.

1996   *The Structure of Scientific Revolutions*. 3.ed. Chicago: University of Chicago Press.

1997   Antiphónissi [Réplica a Kostas Gavroglu, Honoring Thomas S. Kuhn], traduzido por Varvara Spiropúlu. *Neusis*, v.6, spring-summer 1997, p.13-7.

1997   Paratiríssis ke schólia [Observações finais, ao término de um simpósio em homenagem a Thomas S. Kuhn], traduzido por Varvara Spiropúlu. *Neusis*, v.6, spring-summer 1997, p.63-71.

1999   Remarks on Incommensurability and Translation. In: *Incommensurability and Translation*: Kuhnian Perspectives on Scientific Communication and Theory Change, editado por Rema Rossini Favretti, Giorgio Sandri e Roberto Scazzieri. Cheltenham, U. K./ Northampton, MA: Edward Elgar, p.33-7.

Entrevistas

Paradigmi dell'evoluzione scientifica. In: Giovanna Borradori, *Conversazioni americane*, com W. O. Quine, D. Davidson, H. Putnam, R. Nozick,

A. C. Danto, R. Rorty, S. Cavell, A. MacIntyre e T. S. Kuhn. Roma-Bari: Laterza, 1991, p.189-206.

Profile: Reluctant Revolutionary. Thomas S. Kuhn unleashed "paradigm" on the world. Editado por John Horgan. *Scientific American*, v.264, p.14-5, maio de 1991.

Paradigms of scientific evolution. In: Giovanna Borradori, *The American Philosopher*: Conversations with Quine, Davidson, Putnam, Nozick, Danto, Rorty, Cavell, MacIntyre and Kuhn. Traduzido por Rosanna Crocitto. Chicago: University of Chicago Press, 1994, p.153-67.

Un entretien avec Thomas S. Kuhn. Editado e traduzido por Christian Delacampagne. *Le Monde*, ano LI, n.15.561, 5-6 fevereiro de 1995, p.13.

Thomas Kuhn: Le rivoluzioni prese sul serio. Editado e traduzido por Armando Massarenti. *Il Sole*-24 Ore, ano CXXXI, n.324, 3 de dezembro de 1995, p.27.

A Physicist Who Became a Historian for Philosophical Purposes: A Discussion between Thomas S. Kuhn and Aristides Baltas, Kostas Gavroglu and Vassiliki Kindi. *Neusis*, v.6, spring-summer 1997, p.145-200. Reimpresso na primeira seção da Parte 3 deste volume.

Note sull'incommensurabilità. Editado por Mario Quaranta, traduzido por Stefano Gattei. *Pluriverso*, ano II, v.4, p.108-14, dezembro de 1997.

Gravação em vídeo

The Crisis of the Old Quantum Theory, 1922-1925. Science Center, Harvard University, Cambridge, MA, 5 de novembro de 1980. 120 minutos.

REFERÊNCIAS BIBLIOGRÁFICAS

APEL, K.-O. The *A Priori* of Communication and the Foundation of the Humanities. *Man and World*, v.5, p.3-37, 1972. [Reimpresso em DALLMAYR, E. A.; MCCARTHY, T. A. (Eds.). *Understanding and Social Inquiry*. Notre Dame: University of Notre Dame Press, 1977. p.292-315.]

AUSTIN, J. L. Other Minds. In: *Philosophical Papers*. Oxford: Clarendon Press, 1961. p.44-84.

BACHELARD, G. *La philosophie du non*: essai d'une philosophie du nouvel esprit scientifique. Paris: Presses Universitaires de France, 1940.

BIAGIOLI, M. The Anthropology of Incommensurability. *Studies in History and Philosophy of Science*, v.21, p.183-209, 1990.

BLACK, M. Metaphor. In: *Models and Metaphors*. Ithaca, NY: Cornell University Press, 1962.

BRAITHWAITE, R. B. *Scientific Explanation*. Cambridge: Cambridge University Press, 1953.

BRIDGMAN, P. W. *The Logic of Modern Physics*. New York: Macmillan, 1927.

BROWN, T. M. The Electric Current in Early Nineteenth-Century French Physics. *Historical Studies in the Physical Sciences*, v.1, p.61-103, 1969.

BUCHWALD, J. Z. *The Rise of the Wave Theory of Light*. Chicago: University of Chicago Press, 1989.

_____. Kinds and the Wave Theory of Light. *Studies in the History and Philosophy of Science*, v.23, p.39-74, 1992.

CAVELL, S. Must We Mean What We Say?. In: *Must We Mean What We Say?*: A Book of Essays. New York: Scribner, 1969. p.1-42.

COHEN, L. J. The Semantics of Metaphor. In: ORTONY, A. (Ed.). *Metaphor and Thought*. Cambridge: Cambridge University Press, 1979. p.64-77.

DAMPIER, W. C.; DAMPIER, W. M. *Cambridge Reading in the Literature of Science*: Being Extracts from the Writings of Men of Science to Illustrate the Development of Scientific Thought. Cambridge: Cambridge University Press, 1924.

DAVIDSON, D. The Very Idea of a Conceptual Scheme. *Proceedings and Addresses of the American Philosophical Association*, v.47, p.5-20, 1974.

FEYERABEND, P. K. Explanation, Reduction, and Empiricism. In: FEIGL, H.; MAXWELL, G. (Eds.). *Scientific Explanation, Space and Time*. Minneapolis: University of Minnesota Press, 1962. p.28-97. [Minnesota Studies in the Philosophy of Science, v.3].

_____. Consolations for the Specialist. In: LAKATOS, I.; MUSGRAVE, A. (Eds.). *Criticism and the Growth of Knowledge*: Proceedings of the International Colloquium in the Philosophy of Science, London 1965. v.4. Cambridge: Cambridge University Press, 1970. [Ed. bras.: *A crítica e o desenvolvimento do conhecimento*. São Paulo: Cultrix/Edusp, 1979.]

FLECK, L. *Entstehung und Entwicklung einer wissenschaftlichen Tatsache*. Basel: Benno Schwabe & Co., 1939. [Ed. norte-americana: *Genesis and Development of a Scientific Fact*. Eds. T. J. Trenn e R. K. Merton; Trad. F. Bradley e T. J. Trenn; Pref. T. S. Kuhn. Chicago: University of Chicago Press, 1979.]

FORMAN, P. Weimar Culture, Causality and Quantum Theory, 1918-1927: Adaptation by German Physicists and Mathematicians to a Hostile Intellectual Environment. *Historical Studies in the Physical Sciences*, v.3, p.1-115, 1971.

FOUCAULT, M. *A arqueologia do saber*. 7.ed. Rio de Janeiro: Forense Universitária, 2008.

GOMBRICH, E. H. *Art and Illusion*: A Study in the Psychology of Pictorial Representation. New York: Pantheon, 1960.

GOODMAN, N. *Fact, Fiction, and Forecast*. 4.ed. Cambridge, MA: Harvard University Press, 1983.

HACKING, I. Language, Truth, and Reason. In: HOLLIS, M.; LUKES, S. (Eds.). *Rationality and Relativism*. Cambridge, MA: MIT Press, 1982. p.49-66.

HANSON, N. R. *Patterns of Discovery*. Cambridge: Cambridge University Press, 1958.

HEILBRON, J. L.; KUHN, T. S. The Genesis of the Bohr Atom. *Historical Studies in the Physical Sciences*, v.1, p.211-90, 1969.

HEMPEL, C. G. *Fundamentals of Concept Formation in Empirical Science*. Chicago: University of Chicago Press, 1952. [International Encyclopedia of Unified Science, v.2, n.7.]

_____. *Aspects of Scientific Explanation and Other Essays in the Philosophy of Science*. New York: Free Press, 1965.

_____. Scientific Rationality: Analytic *vs.* Pragmatic Perspectives. In: GERAETS, T. F. (Ed.). *Rationality Today*. Ottawa: University of Ottawa Press, 1979. p.46-58.

_____. Turns in the Evolution of the Problem of Induction. *Synthese*, v.46, p.389-404, 1981.

_____. Valuation and Objectivity in Science. In: COHEN, R. S.; LAUDA, L. (Eds.). *Physics, Philosophy and Psychoanalysis: Essays in Honor of Adolf Grünbaum*. Boston: Reidel, 1983. p.73-100.

HESSE, M. Comment on Kuhn's Commensurability, Comparability, Communicability. In: ASQUITH, P. D.; NICKLES, T. (Eds.). *PSA 1982*: Proceedings of the 1982 Biennial Meeting of the Philosophy of Science Association. v.2. East Lansing, MI: Philosophy of Science Association, 1983.

HORWICH, P. *Truth*. Oxford: Blackwell, 1990.

_____. (Ed.). *World Changes*: Thomas Kuhn and the Nature of Science. Cambridge, MA: Bradford/MIT Press, 1993.

HOYNINGEN-HUENE, P. *Reconstructing Scientific Revolutions*: Thomas S. Kuhn's Philosophy of Science. Trad. A. T. Levine. Chicago: University of Chicago Press, 1993.

HULL, D. J. Are Species Really Individual?. *Systematic Zoology*, v.25, p.174-91, 1976.

IRZIK, G.; GRUNBERG, T. Carnap and Kuhn: Arch Enemies or Close Allies?. *British Journal for the Philosophy of Science*, v.46, p.285-307, 1995.

KINDI, V. Kuhn's *The Structure of Scientific Revolutions* Revisited. *Journal for General Philosophy of Science*, v.26, p.75-92, 1995.

KITCHER, P. Theories, Theorists, and Theoretical Change. *Philosophical Review*, v.87, p.519-47, 1978.

_____. Implications of Incommensurability. In: ASQUITH, P. D.; NICKLES, T. (Eds.). *PSA 1982*: Proceedings of the 1982 Biennial Meeting of the Philosophy of Science Association. v.2. East Lansing, MI: Philosophy of Science Association, 1983.

KLEIN, M. J. Einstein and the Wave-Particle Duality. *The Natural Philosopher*, v.3, p.1-49, 1964.

KOYRÉ, A. *Études galiléennes*. Paris: Hermann, 1939-1940.

KRIPKE, S. A. *Naming and Necessity*. Cambridge, MA: Harvard University Press, 1972.

_____. Naming and Necessity. In: DAVIDSON, D.; HARMAN, G. (Eds.). *The Semantics of Natural Language*. Dordrecht: D. Reidel, 1972.

KRÜGER, L.; DASTON, L. J.; HEIDELBERGER, M. *The Probabilistic Revolution*. v.1. Ideas in History. Cambridge, MA: MIT Press, 1987.

KUHN, T. S. Newton's '31ª Query' and the Degradation of Gold. *Isis*, v.42, p 296-8, 1951.

_____. Robert Boyle and Structural Chemistry in the Seventeenth-Century. *Isis*, v.43, p.12-36, 1952.

_____. The Essential Tension: Tradition and Innovation in Scientific Research. In: TAYLOR, C. W. (Ed.). *The Third (1959) University of Utah Research Conference on the Identification of Creative Scientific Talent*. Salt Lake City: University of Utah Press, 1959. p.162-74. [Reimpresso em *The Essential Tension*. Chicago: University of Chicago Press, 1977. p.225-39. Ed. bras.: *A tensão essencial*. São Paulo: Editora Unesp, 2011.]

_____. *The Structure of Scientific Revolutions*. Chicago: University of Chicago Press, 1962. [2.ed. rev., 1970. Ed. bras.: *A estrutura das revoluções científicas*. São Paulo: Perspectiva, 1978.]

KUHN, T. S. The Function of Measurement in Modern Physical Science. *Isis*, v.52, 1962. [Reimpresso em *The Essential Tension*. Chicago: University of Chicago Press, 1977. p.178-224. Ed. bras.: *A tensão essencial*. São Paulo, Editora Unesp, 2011.]

_____. A Function for Thought Experiments. In: COHEN, I. B.; TATON, R. *Mélanges Alexandre Koyré*: L'aventure de l'esprit. v.2. Paris: Hermann, 1964. p.307-34.

_____. Comment [on the Relations of Science and Art]. *Comparative Studies in Society and History*, v.11, p.403-12, 1969. [Reimpresso como Comment on the Relations of Science and Art. In: *The Essential Tension*. Chicago: University of Chicago Press, 1977. p.340-510. Ed. bras.: *A tensão essencial*. São Paulo: Editora Unesp, 2011.]

_____. The Invisibility of Revolutions. In: *The Structure of Scientific Revolutions*. 2.ed. rev. Chicago: University of Chicago Press, 1970. p.136-43. [Ed. bras.: *A estrutura das revoluções científicas*. São Paulo: Perspectiva, 1978.]

_____. Logic of Discovery or Psychology of Research?. In: LAKATOS, I.; MUSGRAVE, A. (Eds.). *Criticism and the Growth of Knowledge*: Proceedings of the International Colloquium in the Philosophy of Science, London 1965. v.4. Cambridge: Cambridge University Press, 1970. [Ed. bras.: *A crítica e o desenvolvimento do conhecimento*. São Paulo: Cultrix/Edusp, 1979.]

_____. Second Thoughts on Paradigms. In: SUPPE, F. (Ed.). *The Structure of Scientific Theories*. Urbana: University of Illinois Press, 1974. p.459-82. [Reimpresso em *The Essential Tension*. Chicago: University of Chicago Press, 1977. p.293-319. Ed. bras.: *A tensão essencial*. São Paulo: Editora Unesp, 2011.]

_____. Theory Change as Structure Change: Comments on the Sneed Formalism. *Erkenntnis*, v.10, p.179-99, 1976. [Reimpresso neste volume.]

_____. *The Essential Tension*: Selected Studies in Scientific Tradition and Change. Chicago: University of Chicago Press, 1977. [Ed. bras.: *A tensão essencial*: estudos selecionados sobre tradição e mudança científica. São Paulo: Editora Unesp, 2011.]

_____. Mathematical *versus* Experimental Traditions in the Development of Physical Science. In: *The Essential Tension*. Chicago: University of Chicago Press, 1977. p.31-65. [Ed. bras.: *A tensão essencial*. São Paulo: Editora Unesp, 2011.]

_____. Objectivity, Value Judgment, and Theory Choice. In: *The Essential Tension*. Chicago: University of Chicago Press, 1977. p.320-9. [Ed. bras.: *A tensão essencial*. São Paulo: Editora Unesp, 2011.]

_____. *Black-Body Theory and the Quantum Discontinuity: 1894-1912*. Oxford/New York: Clarendon/Oxford University Press, 1978. [Reimpr. Chicago: University of Chicago Press, 1987.]

_____. Metaphor in Science. In: ORTONY, A. (Ed.). *Metaphor and Thought*. Cambridge: Cambridge University Press, 1979. p.409-19. [Reimpresso neste volume.]

_____. Commensurability, Comparability, Communicability. In: ASQUITH, P. D.; NICKLES, T. (Eds.). *PSA 1982*: Proceedings of the 1982 Biennial Meeting of the Philosophy of Science Association. v.2. East Lansing, MI: Philosophy of Science Association, 1983. p.669-88. [Reimpresso neste volume.]

KUHN, T. S. The Halt and the Blind: Philosophy and History of Science. *British Journal for the Philosophy of Science*, v.31, p.181-92, 1980.

_____. What Are Scientific Revolutions?. *Occasional Paper*, v.18, Center of Cognitive Science, Cambridge, MA: Massachusetts Institute of Technology, 1981. [Reimpresso em KRÜGER, L.; DASTON, L. J.; HEIDELBERGER, M. *The Probabilistic Revolution*. v.1. Ideas in History. Cambridge, MA: MIT Press, 1987. p.7-22. Também reimpresso neste volume.]

_____. Rationality and Theory Choice. *Journal of Philosophy*, v.80, p.563-70, 1983. [Reimpresso neste volume.]

_____. Revisiting Planck. *Historical Studies in the Physical Sciences*, v.14, p.231-52, 1984. [Reimpresso sob a forma de um novo pós-escrito em *Black-Body Theory and the Quantum Discontinuity*: 1894-1912. Chicago: University of Chicago Press, 1987. p.349-70.]

_____. Possible Worlds in History of Science. In: ALLÉN, S. *Possible Worlds in Humanities, Arts and Sciences*: Proceedings of Nobel Symposium 65. Berlin: Walter de Gruyter, 1989. p.9-32. [Research in Text Theory, v.14. Reimpresso neste volume.]

_____. Dubbing and Redubbing: The Vulnerability of Rigid Designators. In: SAVAGE, C. W. (Ed.). *Scientific Theories*. Minneapolis: University of Minnesota Press, 1990. p.309-14. [Minnesota Studies in the Philosophy of Science, v.14.]

LAKATOS, I. Falsification and the Methodology of Scientific Research Programmes. In: LAKATOS, I.; MUSGRAVE, A. (Eds.). *Criticism and the Growth of Knowledge*: Proceedings of the International Colloquium in the Philosophy of Science, London 1965. Cambridge: Cambridge University Press, 1970, v.4. [Ed. bras.: *A crítica e o desenvolvimento do conhecimento*. São Paulo: Cultrix/Edusp, 1979.]

_____; MUSGRAVE, A. (Eds.). *Criticism and the Growth of Knowledge*: Proceedings of the International Colloquium in the Philosophy of Science, London 1965. Cambridge: Cambridge University Press, 1970, v.4. [Ed. bras.: *A crítica e o desenvolvimento do conhecimento*. São Paulo: Cultrix/Edusp, 1979.]

LEWIS, D. How to Define Theoretical Terms *Journal of Philosophy*, v.67, p.427-46, 1970.

_____. Psychophysical and Theoretical Identifications. *Australasian Journal of Philosophy*, v.50, p.249-58, 1972.

LEWONTIN, R. C. Adaptation. *Scientific American*, v.239, p.212-30, 1978.

LOVEJOY, A. O. *The Great Chain of Being*. Cambridge, MA: Harvard University Press, 1936.

LYONS, J. *Semantics*. Cambridge: Cambridge University Press, p.237-8, v.1, 1977.

MASTERMAN, M. The Nature of a Paradigm. In: POPPER, K. R. *Conjectures and Refutations The Growth of Scientific Knowledge*. London: Routledge & Kegan Paul, 1963.

MASTERMAN, M. The Nature of a Paradigm. In: LAKATOS, I.; MUSGRAVE, A. (Eds.). *Criticism and the Growth of Knowledge*: Proceedings of the International

Colloquium in the Philosophy of Science, London 1965. Cambridge: Cambridge University Press, 1970, v.4. [Ed. bras.: *A crítica e o desenvolvimento do conhecimento*. São Paulo: Cultrix/Edusp, 1979.]

MERTON, R. K. Science, Technology, and Society in Seventeenth-Century England. *Osiris*, v.4, p.360-632, 1938.

_____. *Science, Technology, and Society in Seventeenth-Century England*. New York: Harper & Row, 1970.

MEYERSON, E. *Identity and Reality*. Trad. Kate Lownwenberg. Londres: Allen and Unwin, [1908] 1930.

NIDA, E. A. Linguistics and Ethnology in Translation-Problems. In: HYMES, D. U. (Ed.). *Language and Culture in Society*: A Reader in Linguistics and Anthropology. New York: Harper and Row, 1964.

ORTONY, A. The Role of Similarity in Similes and Metaphors. In: ORTONY, A. (Ed.). *Metaphor and Thought*. Cambridge: Cambridge University Press, 1979. p.186-201.

PAGE, L.; ADAMS JR., N. I. *Principles of Electricity*: An Intermediate Text in Electricity and Magnetism. New York: Van Nostrand, 1931.

PARTEE, B. H. Possible Worlds in Model-Theoretic Semantics: A Linguistic Perspective. In: ALLÉN, S. (Ed.) *Possible Worlds in Humanities, Arts and Sciences*: Proceedings of Nobel Symposium 65. Berlin: Walter de Gruyter, 1989. p.93-123 [Research in Text Theory, v.14.]

PIAGET, J. *Les notions de mouvement et de vitesse chez l'enfant*. Paris: Presses Universitaires de France, 1946.

PICKERING, A. *The Mangle of Practice*: Time, Agency and Science. Chicago: University of Chicago Press, 1995.

POLANYI, M. *Personal Knowledge*. London: Routledge & Kegan Paul, 1958.

POPPER, K. R. *Conjectures and Refutations The Growth of Scientific Knowledge*. London: Routledge & Kegan Paul, 1963.

_____. Normal Science and its Dangers. In: LAKATOS, I.; MUSGRAVE, A. (Eds.). *Criticism and the Growth of Knowledge*: Proceedings of the International Colloquium in the Philosophy of Science, London 1965. Cambridge: Cambridge University Press, 1970, v.4. [Ed. bras.: *A crítica e o desenvolvimento do conhecimento*. São Paulo: Cultrix/Edusp, 1979.]

PUTNAM, H. How Not to Talk about Meaning. In: COHEN, R.; WARTOFSKY, M. (Eds.). *In Honor of Philipp Frank*. New York: Humanities Press, 1965. [Boston Studies in the Philosophy of Science, v.2.] [Reimpresso em *Mind, Language and Reality*. Cambridge: Cambridge University Press, 1975 (Philosophical Papers, v.2).]

_____. Explanation and Reference. In: *Mind, Language and Reality*. Cambridge: Cambridge University Press, 1975. [Philosophical Papers, v.2.]

_____. The Meaning of "Meaning". In: *Mind, Language and Reality*. Cambridge: Cambridge University Press, 1975. [Philosophical Papers, v.2.]

_____. *Meaning and the Moral Sciences*. London: Routledge, 1978.

PUTNAM, H. *Reason, Truth, and History*. Cambridge: Cambridge University Press, 1981.

QUINE, W. V. O. *Word and Object*. Cambridge, MA: Technology Press of the Massachusetts Institute of Technology, 1960. [Ed. bras.: *Palavra e objeto*. Petrópolis: Vozes, 2010.]

_____. Two Dogmas of Empiricism. In: *From a Logical Point of View*. 2.ed. Cambridge, MA: Harvard University Press, 1961. [Ed. bras.: *De um ponto de vista lógico*. São Paulo: Editora Unesp, 2011.]

RAMAN, V. V.; FORMAN, P. Why Was It Schrödinger Who Developed De Broglie's Ideas?. *Historical Studies in the Physical Sciences*, v.1, p.291-314, 1969.

REICHENBACH, H. *Experience and Prediction*. Chicago: University of Chicago Press, 1938.

RIVE, A. de la. *Traité d'électricité théorique et appliquée*. Paris: J. B. Bailière, 1856. v.2.

RUDWICK, M. J. S. *The Great Devonian Controversy*: The Shaping of Scientific Knowledge among Gentlemanly Specialists. Chicago: University of Chicago Press, 1985.

RUSSELL, B. *Our Knowledge of the External World*. 2.ed. London: Allen & Unwin, 1926.

SAVAGE, C. W. (Ed.). *Scientific Theories*. Minneapolis: University of Minnesota Press, 1990. [Minnesota Studies in the Philosophy of Science, v.14.]

SCHAGRIN, M. L. Resistance to Ohm's Law. *American Journal of Physics*, v.31, 1963.

SCHEFFLER, I. *Science and Subjectivity*. Indianapolis: Bobbs-Merrill, 1967.

SCIAKY, L. *Farewell to Salonica*: Portrait of an Era. New York: Current Books, 1946.

SCRIVEN, M. Truisms as the Ground for Historical Explanations. In: GARDINER, P. (Ed.). *Theories of History*. New York: Free Press, 1959.

SHAPERE, D. Resenha de *The Structure of Scientific Revolutions*. *Philosophical Review*, v.73, p.383-94, 1964.

_____. Meaning and Scientific Change. In: COLODNY, R. G. (Ed.) *Mind and Cosmos*: Essays in Contemporary Science and Philosophy. Pittsburgh: University of Pittsburgh Press, 1966. p.41-85. [University of Pittsburgh Series in the Philosophy of Science, v.3.]

SHAPIN, S.; SCHAFFER, S. *Leviathan and the Air Pump*: Hobbes, Boyle, and the Experimental Life. Princeton: Princeton University Press, 1985.

SMITH, C.; WISE, M. N. *Energy and Empire*: A Biographical Study of Lord Kelvin. Cambridge: Cambridge University Press, 1989.

SNEED, J. D. *The Logical Structure of Mathematical Physics*. Dordrecht: Reidel, 1971.

STALNAKER, R. C. *Inquiry*. Cambridge, MA: MIT Press, 1984.

STEGMÜLLER, W. Accidental ("Non-substantial") Theory Change and Theory Dislodgment. *Erkenntnis*, v.10, p.147-78, 1976.

_____. *Probleme und Resultate der Wissenschaftstheorie und analytischen Philosophie*. Berlin: Springer-Verlag, 1973. (Theorie und Erfahrung, v.2, Theorienstrukturen und Theoriendynamik, parte 2.) [Ed. norte-americana: *The Structure and Dynamics of Theories*. Trad. W. Wohlhueter. New York: Springer-Verlag, 1976.]

TAYLOR, C. Interpretation and the Sciences of Man. *Review of Metaphysics*, v.25, p.3-51, 1971. [Reimpresso em DALLMAYR, E. A.; MCCARTHY, T. A. *Understanding and Social Inquiry*. Notre Dame: University of Notre Dame Press, 1977. p.101-31.]

_____. Interpretation and the Sciences of Man. In: TAYLOR, C. (Ed.). *Philosophy and the Human Sciences*. Cambridge: Cambridge University Press, 1985.

TOULMIN, S. E. *Foresight and Understanding*. Bloomington: Indiana University Press, 1961.

_____. The Evolutionary Development of Natural Science. *American Scientist*, v.55, p.456-71, 1967.

_____. Does the Distinction between Normal and Revolutionary Science Hold Water?. In: LAKATOS, I.; MUSGRAVE, A. (Eds.). *Criticism and the Growth of Knowledge*: Proceedings of the International Colloquium in the Philosophy of Science, London 1965. Cambridge: Cambridge University Press, 1970, v.4. [Ed. bras.: *A crítica e o desenvolvimento do conhecimento*. São Paulo: Cultrix/Edusp, 1979.]

VAN FRAASSEN, B. *The Scientific Image*. Oxford: Clarendon, 1980.

VOLTA, A. On the Electricity Excited by the Mere Contact of Conducting Substances of Different Kinds. *Philosophical Transactions*, v.90, p.403-31, 1800.

WATKINS, J. W. N. Against "Normal Science". In: LAKATOS, I.; MUSGRAVE, A. (Eds.). *Criticism and the Growth of Knowledge*: Proceedings of the International Colloquium in the Philosophy of Science, London 1965. Cambridge: Cambridge University Press, 1970, v.4. [Ed. bras.: *A crítica e o desenvolvimento do conhecimento*. São Paulo: Cultrix/Edusp, 1979.]

WHITE, J. B. *When Words Lose Their Meaning*: Constitutions and Reconstitutions of Language, Character, and Community. Chicago: University of Chicago Press, 1984.

WIGGINS, D. *Sameness and Substance*. Cambridge, MA: Harvard University Press, 1980.

WISE, N. Meditations: Enlightenment Balancing Acts, or the Technologies of Rationalism. In: HORWICH, P. (Ed.). *World Changes*: Thomas Kuhn and the Nature of Science. Cambridge, MA: The MIT Press, 1993.

ÍNDICE ONOMÁSTICO

A

Adams, 325
Ampère, 181
Aristóteles, 26, 27, 28, 29, 30, 31, 42, 43, 49,
    78, 79, 200, 261, 281, 298, 320, 334, 335,
    337, 345, 349, 353, 354, 356
Armytage, 345
Austin, 94

B

Bachelard, 344
Bacon, 350, 351, 356
Balmer, 175, 189
Baltas, Aristides, 15, 19, 358, 381
Banks, Joseph, 32
Beard, 313
Bernoulli, Daniel, 210
Biagioli, Mario, 123
Birkhoff, George, 324, 325
Black, Max, 241, 242, 244, 247, 249
Blake, 344
Bohm, 175
Bohr, 78, 175, 181, 187, 188, 189, 190, 192,
    248
Boltzmann, Ludwig, 37, 38, 39, 43
Bowen, Curley, 362, 363
Boyd, Richard, 17, 241, 242, 243, 244, 245,
    247, 248, 249, 250, 251, 252, 253
Boyle, 24, 41, 282, 351, 352, 356, 380

Bridgman, Percy W., 325, 368
Browning, Robert, 314
Buchwald, Jed, 286, 290, 291, 292, 293,
    305, 367, 383

C

Carnap, 160, 207, 278, 279, 368
Cartwright, Nancy, 297, 301, 302, 303, 304,
    305
Cassirer, Ernst, 265, 266
Cavell, Stanley, 359
Chaffee, Leon, 324
Clark, G. N., 348
Cohen, Bernard, 246, 343, 345, 346, 352,
    353
Compton, 191, 192
Conant, James, 316, 332, 333, 334, 335,
    337, 340, 343, 344, 345, 346, 347, 348,
    349, 358, 369
Condillac, 295
Condorcet, 295
Copérnico, 108, 213, 250, 251
Cornell, 369
Crombie, Alistair, 345

D

Dalton, 186, 205, 213, 238, 250
Dampier, 366
Darwin, C. G., 188

Davidson, Donald, 13, 15, 52
De Broglie, 190, 191, 192
De Gaulle, 328
Demócrito, 351
Demos, Raphael, 320
Descartes, 214, 320, 321, 350, 351, 378
Dewey, John, 313
Duhem, Pierre, 288
Dupree, Hunter, 366

E

Earman, John, 278, 279, 374
Einstein, 189, 191, 192, 200
Epicuro, 351
Euclides, 27

F

Feyerabend, Paul, 47, 48, 116, 156, 158, 159, 160, 161, 162, 163, 173, 175, 185, 196, 198, 201, 203, 359, 372, 373, 375, 376
Field, 251
Fleck, 343
Forman, Paul, 366, 367
Frängsmyr, 110
Frank, Philipp, 325, 368
Freud, 339
Friedman, Michael, 278, 299

G

Galileu, 26, 28, 185, 210, 213, 288, 349, 354
Gavroglu, Kostas, 15, 19, 381, 385
Geertz, Clifford, 384
Giere, Ron, 375
Glymour, Clark, 116, 374
Griggs, David, 336

H

Hacking, Ian, 126, 280, 281, 285, 286, 306
Hanson, Russ, 116, 354, 375
Heathcote, 345
Heidegger, 385
Heilbron, John, 286, 287, 288, 289, 290, 366, 367

Hempel, Carl G. (Peter), 18, 255, 256, 257, 258, 263, 275, 276, 277, 278, 282, 302, 370, 372
Hesse, Mary, 71, 73, 74, 116, 345, 370
Hessen, 348
Hobbes, 380
Hooke, 90, 93, 228, 229, 259, 283
Hume, 264, 307, 320, 321
Huyghens, 210

I

Isenberg, 320

J

Joule-Lenz, 181

K

Kant, 18, 132, 253, 299, 320, 321
Kepler, 187, 282
Kindi, Vassiliki (Vasso), 15, 19, 371, 379
King, Ronald W. P., 324, 326
Kitcher, Philip, 15, 52, 55, 56, 57, 65, 70, 71, 72, 74
Klein, Martin, 378
Koyré, 335, 344, 345, 346, 347, 367
Kripke, Saul, 84, 100, 102, 241, 244, 375

L

Lakatos, 156, 158, 159, 161, 164, 165, 166, 167, 168, 173, 174, 175, 176, 187, 188, 189, 190, 191, 192, 196, 202, 372
Laplace, 182, 295
Laudan, 373, 374
Lavoisier, 49, 181, 288, 295
Leibniz, 351
Lerner, Max, 326
Lewis, David, 62, 84
Leyden, 33, 35, 43
Lichtenberg, 360
Locke, 351
Lorenz, 378
Lovejoy, 345
Lyons, 119
Lysenko, 196

M

Mackie, 345
Maier, Anneliese, 347
Masterman, 156, 157, 159, 172, 207, 208, 211, 361
Matthiessen, 326
Maxwell, 49, 325
Maxwell-Lorentz, 188
McCarthy, 312
McMullin, Ernan, 297, 299, 305, 306, 307, 374
Mendeleiev, 189
Merton, 338, 342, 348
Metzger, Hélène, 347
Meyerson, Émile, 347
Mieli, Aldo, 352
Miller, 110, 113
Moos, Elízabeth, 312
Morris, Charles, 352
Murdock, 326

N

Nagaoka, 188
Nash, Leonard, 340, 343, 348, 351, 352
Newton, 25, 26, 28, 29, 42, 49, 60, 78, 89, 90, 91, 92, 103, 185, 187, 200, 209, 210, 222, 227, 228, 229, 230, 259, 260, 262, 283, 303, 304, 349, 352, 356
Nicholson, 189

O

Ohm, 36, 181
Ortony, 246

P

Page, 325
Palmer, Chris, 329
Papandreou, Andreas (Andy), 356
Parsons, Talcott, 265
Patton, 328
Pepper, Steven, 354, 355
Pera, Marcello, 140
Piaget, 338, 342
Pickering, 381
Planck, Max, 37, 38, 39, 40, 41, 43, 45, 78, 79, 189, 191, 342, 378

Platão, 320
Poisson, 185, 288
Polanyi, Michael, 116, 357, 358, 375
Popper, Karl (sir Karl), 156, 157, 158, 159, 160, 161, 163, 164, 165, 169, 170, 171, 172, 173, 174, 175, 176, 177, 182, 184, 185, 186, 194, 199, 200, 201, 202, 207, 346, 347, 361, 369
Priestley, 55, 181
Putnam, Hilary, 15, 48, 52, 100, 102, 103, 104, 128, 145, 241, 244, 373, 375, 376, 377
Puy-de-Dôme, 380

Q

Quine, 52, 53, 54, 64, 65, 66, 70, 80, 81, 84, 117, 203, 204, 205, 233, 278, 338, 339

R

Ramsey, 62, 63, 223, 382
Reichenbach, 160, 299, 342
Remington, William, 312
Rothschild, Robert e Maurine, 133
Russell, Bertrand, 368
Rutherford, 188, 189

S

Saint-Exupéry, 327
Sarton, 334, 341, 343
Scheele, 181
Schrödinger, 191, 249
Schwinger, Julian, 332, 333
Sciaky, 312
Scott, Walter, 243, 244
Shapere, 369, 370
Shils, Edward, 265
Skinner, Quentin, 384
Slater, 324
Sneed, Joseph, 17, 63, 217, 218, 219, 220, 221, 222, 223, 224, 225, 226, 227, 228, 229, 230, 231, 232, 234, 235, 236, 237, 238, 239, 381, 382, 383
Sommerfeld, 181
Spinoza, 320, 321

Stegmüller, Wolfgang, 17, 63, 217, 218, 220, 221, 224, 228, 229, 230, 231, 232, 234, 235, 238, 239, 381, 382, 383
Street, 324
Strong, Ed, 364
Suppe, Fred, 382
Swerdlow, Noel, 286, 288

T

Tarski, 199, 200
Taylor, Charles, 18, 266, 267, 268, 269, 270, 271, 272, 273
Thomson, 188
Toulmin, Stephen, 116, 156, 158, 159, 169, 178, 179, 180, 181, 202, 358, 375

V

Van Fraassen, Bas, 122, 373, 374
Van Vleck, John, 324, 326, 331, 333, 365

Volta, Alessandro, 32, 33, 34, 35, 43, 78
Von Mises, 368

W

Watkins, 155, 156, 158, 161, 162, 169, 170, 175, 177, 178, 185, 186, 187, 200, 361
Weber, Max, 265, 266
Whewell, William, 260
Wiggins, David, 269
Williams, 182
Wise, Norton, 290, 292, 293, 294, 295, 297, 300, 301, 381
Whitehead, 349
Wittgenstein, 93, 244, 246, 360, 361, 372, 387

Z

Zeeman, 189, 190
Zilsel, 348

SOBRE O LIVRO

Formato: 16 x 23 cm
Mancha: 27,5 x 49 paicas
Tipologia: Horley Old Style 11/15
Papel: Off-white 75 g/m² (miolo)
Cartão Supremo 250 g/m² (capa)

2ª edição Editora Unesp: 2017

EQUIPE DE REALIZAÇÃO

Capa
Marcelo Girard

Edição de texto
Frederico Ventura (Copidesque)
Tulio Kawata (Revisão)

Editoração eletrônica
Eduardo Seiji Seki

Assistência editorial
Alberto Bononi
Richard Sanches

Impresso por :

gráfica e editora

Tel.:11 2769-9056